Das ABC des Uhrmachers

Ein Lexikon

zum täglichen Gebrauch in Laden und Werkstatt für jeden Uhrmacher
und für alle, die in der Uhrenbranche tätig sind

Von

Gewerbestudienrat Anton Gruber

Uhrmachermeister Georg Münch

und Uhrmachermeister Karl Strock

Reprint der Ausgabe von 1955

HEEL

Impressum

HEEL Verlag GmbH
Gut Pottscheidt
53639 Königswinter
Telefon 02223 9230-0
Telefax 02223 923026
Mail: info@heel-verlag.de
Internet: www.heel-verlag.de

Bei dem vorliegenden Buch handelt es sich um einen Reprint aus dem Jahr 1955.
Die Rechteinhaber des Buches waren trotz größter Bemühungen leider nicht zu ermitteln.
Sollten Rechte Dritter bestehen, bitten wir um Benachrichtigung.

Herausgeber der Neuauflage: Michael Stern, Berlin

Digitalisierung: © Michael Stern, Berlin

Titelgestaltung: Stefan Witterhold, HEEL Verlag

Haftungsausschluss
Die in diesem Buch enthaltenen Informationen wurden von dem Autor damals nach bestem Wissen zusammengetragen. Allerdings haben sich im Laufe der Zeit Arbeitsverfahren, physikalische Einheiten, Normen und Begriffe geändert. Das Werk spiegelt den Verfahrens- und Technologiestand um 1955 wider. Die an diesem Buch Beteiligten übernehmen keinerlei Verantwortung bzw. Haftung für mögliche Schäden. Dies gilt auch für durchgeführte Arbeiten gemäß den hier vorgestellten Beschreibungen und Darstellungen - diese sind immer nur als Anregungen zu verstehen und entsprechen nicht immer den heute gültigen Vorschriften

Die Anzeigen auf den Seiten 259-261 sind historische Motive.

Alle Angaben ohne Gewähr, Irrtümer vorbehalten

Printed in Czech Republic

ISBN: 978-3-95843-585-8

Vorwort

Dem Uhrmacherhandwerk als einem der ersten ein technisches Lexikon in die Hand zu geben, hat durchaus seine Berechtigung. Fürs erste entspricht es schlechthin dem Zuge der Zeit, ein Wörterbuch selbst für ein einziges Handwerk zu entwerfen, und fürs zweite wird man dem Uhrmacher als dem „Akademiker im Handwerk" kaum das Recht absprechen, als erster ein technisches Wörterbuch zu Rate zu ziehen. Dabei hat gerade ein solches Nachschlagewerk den Vorteil, innerhalb des Berufes für Meister, Gehilfe und Lehrling gleich wertvoll zu sein. Aber nicht nur für die Werkstatt, sondern auch für den Laden ist das ABC ein willkommener Ratgeber. Für den Uhrmacher ist das Buch eine Fundgrube gediegenen Wissens und alle diejenigen, welche die Uhr zum Ziel ihrer Lebensarbeit gemacht haben, werden in der Lage sein, für irgend eine Frage die Erklärung zu finden. Das ABC gibt über alle diese Fragen erschöpfende Auskunft. Der Vollkommenheit des Stoffes hat die Schriftleitung dergestalt Genüge geleistet, daß drei Autoren zugleich das Werk ausarbeiteten. Es erübrigt sich zu sagen, daß jeder der Sachbearbeiter sein Referat meisterhaft beherrscht.

Wenn nicht einmal Kosten noch Mühen den Verlag abhielten, zum Fortschritt seinen Teil beizutragen, so ist das ein Zeugnis dafür, welche Hoffnungen er auf den Weitblick des Uhrmachers in Dingen seines Faches setzt. Sollte in der Tat diese Vermutung einmal zur Gewißheit werden, wird es uns mit Stolz erfüllen — aber auch Verpflichtung genug für den Verlag bedeuten — in Zukunft wie heute dem Uhrmacherhandwerk zu dienen.

Im Juli 1955

Neue Uhrmacher-Zeitung, Ulm (Donau)

A

A: Abkürzung für s. Ampère.

Abbeizen, allgemein: Entfernung der Oxydschicht, von Zunder und Rost bei Metallteilen (siehe Säurenwirkung).

Abbeizen mit Salzsäure erfolgt mit einer Mischung von 1 Teil Salzsäure und 6 bis 10 Teilen Wasser. Beim Verdünnen der Säure darf diese nur tropfenweise in das Wasser gegossen werden, *niemals umgekehrt.* Die Lösung dient zum Abbeizen der Oxydschicht an Stahl und Gußeisen, ebenso zur Beseitigung von Rost und Zunder. Blau angelassene Stahlteile erhalten damit wieder ihre weiße Farbe. Beim Reinigen von Gewichtsketten mit Essig und Salz bilden sich durch die Essigsäure und das im Salz enthaltene Chlor geringe Mengen von Salzsäure, welche die Oxydschicht auflösen.

Abbrennen in Öl: Zum Zwecke des Anlassens für kleine Teile wie Federn, Schrauben, Wellen usw. erfolgt in der Weise, daß diese Teile in Öl (Rüböl) abgeschreckt und anschließend das anhaftende Öl in der offenen Flamme entzündet und abgebrannt wird. Die dabei entstehende Wärme genügt zur Erzeugung der blauen Anlaßfarbe, was einer Temperatur von etwa 295 °C entspricht.

Aberration: Scheinbare Verschiebung der Fixsterne wegen der Erdbewegung.

Abfall des Zahnes richten, d. h. gleiches Geräusch zu beiden Seiten der senkrechten Ruhestellung des Pendels erzielen. Hierzu wird das Pendel angehalten und langsam so weit bewegt, bis das Abfallen des Zahnes hörbar wird. Dann läßt man das Pendel frei zurückschwingen und kontrolliert, ob auf beiden Seiten der Abfall erfolgt, ob er also „gerade" ist. Die Uhr selbst muß hierzu genau lotrecht hängen und zwar von vorn wie von der Seite gesehen.

Abhorchen: Zur raschen Feststellung des annähernd richtigen Ganges einer Uhr für bürgerlichen Gebrauch. Hierzu wird der Gangregler der zu regulierenden Uhr angehalten und dann durch vorsichtiges Anschwingen in gleichen Takt mit der Normaluhr gebracht. Bleiben die beiden Uhren länger als eine Minute im Gleichschlag so beträgt der Gesamtunterschied in 24 Stunden weniger als 1 Minute, d. h. die Uhr reguliert zufriedenstellend.

Abkürzungen für zeitgemäße moderne Uhren im Briefwechsel: AUT = Uhr mit Selbstaufzug (Automatic); CLD = Kalenderuhr; DAU = Damenarmbanduhr; HAU = Herrenarmbanduhr; NEG = NegativerAufzugmechanismus; SC = Sekundenzeiger in der Mitte (Zentralsekunde).

Abkürzungen im Fachrechnen siehe Bezeichnungen.

Abplattung der Erde: Infolge Einwirkung der Zentrifugal- oder Fliehkraft, beträgt 42 954 m; das ist der Unterschied zwischen dem Erddurchmesser am Äquator (12 756 776 m) und an den Polen (12 713 822 m). Man spricht daher von einer Erdlänge und Erdbreite (siehe dort).

Abreißfunke s. Öffnungsfunke.

abs.: Abkürzung für absolut. In Verbindung mit einer Gradzahl stellt es eine Temperaturbezeichnung dar, welche beim absoluten Nullpunkt (siehe dort) beginnt. Demnach sind 273,2 ° abs = 0 ° Celsius.

Abschrecken des Stahles s. Stahlabschrecken.

Absoluter Nullpunkt: Liegt bei —273,2° Celsius. Dient auch als Ausgangspunkt für die absolute Temperaturskala, nach welcher 0 °C = 273,2 ° absolut sind.

absorbieren: Verschlucken des Lichtes. Alle Stoffe absorbieren Licht, die einen weniger, die anderen mehr. Je größer der Absorptionskoeffizient, desto größer der Prozentsatz des „verschluckten" Lichtes. Gegenteil: reflektieren = zurückwerfen.

Abstellung beim Wecker erfolgt entweder durch einen Hebel, der federnd drehbar unter der Glocke sitzt oder bei Rückwandglocken-Wecker durch einen Hebel, der in das Weckersteigrad gedrückt und in dieser Lage festgehalten wird. Zuweilen hält ein Arm des Weckerankers den Knopf an einer Verdickung fest.

Abszissen-Achse: Die waagrechte „x-Achse" im s. Koordinatensystem.

Abwiegen der Unruh s. Auswuchten.

Abzählen der Spiralfeder erfolgt in der Weise, daß die abzuzählende Spiralfeder mit der Spiralzange knapp über dem Glas einer darunter liegenden Normaltaschenuhr schwingt, so daß der untere Unruhzapfen bei jeder zweiten Schwingung, bei der Ausdehnung der Spiralfeder, einen hörbaren Schlag auf das Uhrglas gibt. Eine normale Taschenuhr muß 150 solche Schläge pro Minute oder 75 in 30 Sekunden oder 25 in 10 Sekunden ausführen.

Abziehen, allgemein oder subtrahieren im Fachrechnen; verlangt ebenso wie beim Zusammenzählen unbedingt genaues Untereinanderschreiben der Zahlen. Das Ergebnis wird durch Aufzählen ermittelt. Die Bezeichnung der einzelnen Größen ergibt sich aus nachstehendem Beispiel:

823,50	die zu vermindernde Zahl, Minuend
— 94,60	die abzuziehende Zahl, Subtrahend
728,80	der Unterschied, Differenz;

im übrigen s. Grundrechnungsarten.

Abziehen von gemeinen Brüchen bei gleichen Nennern: Durch Abziehen der Zähler, z. B. $7/16 - 3/16 = 4/16 = 1/4 = 0{,}25$ Anders bei ungleichnamigen Brüchen, die zunächst gleichnamig zu machen sind, z. B. $3/4 - 3/16 = 12/16 - 3/16 = 9/16 = 0{,}5625$. Probe erfolgt durch Umrechnung in Dezimalbrüche.

Achat, ein aus Kieselsäurelösungen entstandener Schmuckstein, der beim Anschleifen band- oder sternförmige, farbige Muster zeigt. In der Uhrmacherei wird er verwendet zu Paletten bei Pendulen, als Lager bei der Schneiden-Aufhängung von Pendeln, Waagen, weiter bei Magnetnadeln, als Polierstein und für Ölnäpfchen. Die besten Achate liefern Uruguay, Brasilien und Indien. Hauptort für die Verarbeitung ist Idar-Oberstein; s. Edelsteine.

a. Chr. (n.), ante Christum natum: Vor Christi Geburt.

Achromate: wörtlich ohne Farben. Linsensystem, bei welchem man die farbigen Ränder der Sammellinse beseitigt, indem man diese mit einer Zerstreuungslinse aus stärker lichtbrechendem Glas zu einer Linse vereinigt.

achromatisch: Farbenecht; frei von Farbverzerrungen, z. B. Prismen aus Kron- oder Flintglas.

Achse: Mittellinie. 1) Trennungsgerade spiegelgleicher Flächen. 2) Stange oder Zapfen im Mittelpunkt von Rädern oder Rollen.

Achsenabstand bei der Hemmung: Wird ermittelt durch den Schnittpunkt der beiden Tangenten zum Radkreis von den Endpunkten des Ankerumspannungswinkels, d. i. der beiden in diesen Endpunkten errichteten Senkrechten auf dem Halbmesser des wirksamen Gangradspitzenkreis; s. Hemmungen.

Achsenabstand beim Eingriff, a: Auch Zentrale (früher „Centrale") genannt, besteht aus den wirksamen oder Teilkreishalbmessern von Rad (r) und Trieb (r'). Er wurde früher mit „c" (Centrale) bezeichnet, heute mit „a" (Achsenabstand (s. Bezeichnungen). $a = r + r'$. Der doppelte Achsenabstand (2a) enthält demnach die beiden Teilkreisdurchmesser: $2a = d + d'$.

acier, (franz.) Stahl; acier inoxydable (franz.) rostfreier Stahl.

Acquit (franz.): Empfangsschein, Quittung.

adäquat, angemessen, passend.

addieren, Addition, siehe Zusammenzählen.

Additions-Doppelstopper, auch Additions-Schleppzeiger-Stoppuhren genannt; für komplizierte Kurzzeitmessungen, bei denen beliebig viele Teilergebnisse eines oder mehrerer Vorgänge festgehalten werden können. Die einzelnen Zeitabstände dürfen beliebig oft unterbrochen sein und werden teilweise oder insgesamt durch die Uhr addiert; s. Stoppuhren.

Additions-Stopper: Für Kurzzeitmessungen, bei denen sich das Meßergebnis aus zwei oder mehreren Teilzeiten zusammensetzt. Hierbei ist die Gangbetätigung getrennt von der Zeiger- und Nullstellung; s. Stoppuhren.

Adhäsion: Anhangskraft, läßt zwei Körper aneinanderhaften, ist wirksam bei festen und flüssigen Körpern, beim Kitten, Leimen, Löten usw.

ad hoc (lat.), zu diesem Zweck, eigens dafür, hierzu.

Adjustement(s) mit den Ziffern 1, 2, 3 davor, bezeichnet, in wieviel Lagen die Uhr von der Fabrik reguliert wurde.

adjustieren: Eichen, sorgfältig zurichten.

ad oculus demonstrieren, augenscheinlich beweisen.

ad valorem: Zum Wert, dem Werte nach.

Ägyptischer Kalender: 4236 v. Chr. eingeführt. Das Jahr hatte 365 Tage und begann, wenn Hundstern u. Sonne zu gleicher Zeit aufgingen. Da dies ständig wechselte, wurde dieses Jahr auch Wechseljahr genannt.

Äquatorial-Grad ist die größte Entfernung zwischen 2 Längengraden und beträgt dort 15 Meilen (1 georgraphische Meile = 7,42 km, also 15×7,42 km = 111,30 km); nach den Polen zu nimmt die Entfernung, bedingt durch Kugelform der Erde, ständig ab.

Äquinoktium: Tag- und Nachtgleiche, von lat. aequus = gleich u. nox = Nacht. Jährlich im Frühjahr (21. 3.) und Herbst (23. 9.). Entsteht dann, wenn die Sonne im Äquator steht und die ihr zugewandte Erdhälfte vom Nord- zum Südpol gleichmäßig bestrahlt. Die Sonne geht dann um 6 Uhr auf und um 18 Uhr unter, Tag und Nacht sind also gleich, sie dauern je 12 Stunden; s. Jahreszeiten.

Äthyl: Kohlenwasserstoff C_2H_5

Äthylen: Gas aus Alkohol u. Schwefel

Äußerer Ankerkreis, äußerer Hemmungskreis, hä, ein um den Ankerdrehpunkt gezogener Kreis durch die beiden äußeren Endpunkte der Hebungsflächen; s. Ankerkreise und Hemmungen, Grundbegriffe.

affinieren: Verfeinern.

à fonds perdu: Ohne Hoffnung des Wiedererlangens. Man bucht etwas „fonds perdu", wenn man genau weiß, daß man das Geld nicht mehr bekommt.

AG.: s. Aktiengesellschaft.

Aggregatzustand: Jeder Körper kann in drei Zuständen: fest, flüssig, gasförmig auftreten. Diese Zustände nennt man Aggregatzustände.

Ah: Abkürzung für s. Ampèrestunde.

Ahorn-Holzspäne sind ebenso wie Pappelholzspäne frei von Harz und Gerbsäure und eignen sich daher zum Trocknen gereinigter Werkteile besser als Späne von Eichen- und Tannenholz.

aiguille (franz.), Zeiger. Aiguille de seconde, Sekundenzeiger.

Airy (sprich ehri), Sir Georg Bidell. Berühmter englischer Astronom, geb.

27. 7. 1801, wurde 1836 Direktor der Sternwarte zu Greenwich, führte sehr wertvolle Untersuchungen über die Chronometerhemmung durch.

Ajourfassung: Krappenfassung.

Akkommodation, akkommodieren. In der Physik die Anpassung des Auges.

Akkumulator (Akku): Stromsammler mit Elektrolytzellen, in denen die chemische Wirkung des elektrischen Stromes zur Aufspeicherung elektrischer Energie ausgenutzt wird. Während der Ladung ist der Akkumulator eine Zersetzungszelle, bei welcher die positive Platte Anode und die negative Platte Kathode ist. Durch die Ladung werden die Platten, die zunächst gleichwertig sind, an ihrer Oberfläche verwandelt. Und zwar die Anode anders als die Kathode. In seiner ursprünglichen Form, die von dem Franzosen Planté angegeben wurde, besteht der Akkumulator aus zwei Bleiplatten, die in verdünnte Schwefelsäure (H_2SO_4) getaucht sind. Unter dem Einfluß der Schwefelsäure verwandelt sich das Blei an der Oberfläche in Bleisulfat ($PbSO_4$). Der Ladestrom zersetzt die Schwefelsäure in H_2, welches zur Kathode fließt, und SO_4, das der Stromrichtung entgegen zur Anode wandert. Gleichzeitig werden der verdünnten Schwefelsäure zwei Teile Wasser (H_2O) entzogen, die an dem Umwandlungsprozeß an der Anode teilnehmen. Hatten wir vor der Ladung Platten aus $PbSO_4$, so ist nach der Ladung die Plusplatte (Anode) in Bleisuperoxyd (PbO_2, an der dunkelbraunen Farbe zu erkennen) und die Minusplatte in reines Blei (Pb, Farbe hellgrau) verwandelt worden. Das Umgekehrte spielt sich bei der Entladung ab. Die Spannung des Akkumulators beträgt maximal 2 Volt und die untere Grenze der Entladung liegt bei 1,85 V.

Aktiengesellschaft: Die Aktionäre sind Eigentümer der Aktien, die das Grundkapital der Gesellschaft darstellen. Sie haben Anteil an dem sich aus der Jahresbilanz ergebenden Reingewinn (Dividende). Sie werden tätig in der Hauptversammlung. Die Aktien gewähren das Stimmrecht. Die Hauptversammlung wählt den Aufsichtsrat, beschließt über die Gewinnverteilung, und über die Entlastung des Vorstandes und des Aufsichtsrates.

Aktinium: Radioaktives Element; siehe Grundstoffe.

Akzeleration: Beschleunigung.

Alarmanlagen: Dienen der Sicherung von Wohn- und Geschäftsräumen. Sie stellen eine Ergänzung der altbekannten Sicherungen Schloß, Riegel, Gitter, Rolladen dar, indem sie meist so angeordnet werden, daß sie gerade diese Stellen zusätzlich sichern. Aber auch bei Außenwänden ist die Anbringung von Sicherungsanlagen mitunter ratsam. Die Möglichkeiten, auf elektr. Wege eine Sicherungsanlage anzulegen, sind heute sehr mannigfaltig: z. B. ein isoliertes, unter Schwachstrom gesetztes Eisengitter. Bricht jemand einen Stab heraus, so wird der Stromkreis unterbrochen und die Alarmanlage ausgelöst. Auf der Treppe, im Flur, unter einem Teppich, an Türen und Fenstern lassen sich solche Kontakte anbringen. Auch Fotozellen eignen sich vorzüglich hierzu. Während der Überwachungszeiten läßt man sie von einer dunklen Strahlenquelle bestrahlen (Ultraviolettlampe). Mit Hilfe von Spiegeln lassen sich große Räume auf diese Weise vollkommen sichern. Die Abbildung zeigt eine Ruhestromanlage, die sich jeder Bastler selbst herstellen kann. In den Klingeltransformator (auch Trockenelemente sind geeignet) sind zwei isolierte Drähte a und b eingeklemmt, und über Kreuz nach c und d gespannt. Sie schließen den Ruhestromkreis über dem Relais e, das den Anker angezogen hält. Wird ein Draht zerrissen (oder

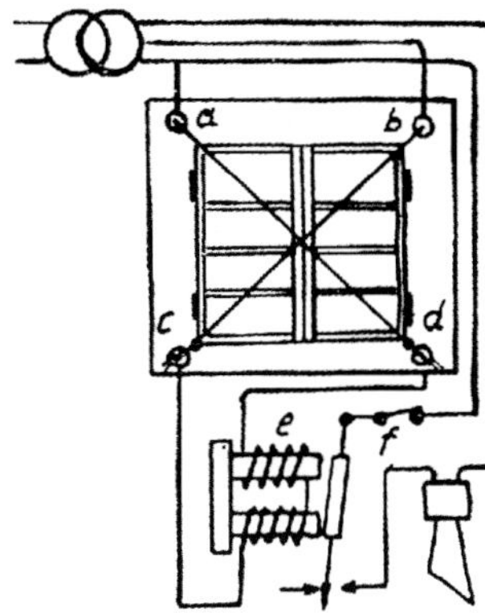

die Leitung durchschnitten), fällt der Anker von e ab. Der Hauptstromkreis schließt sich und das Signal ertönt.

Alaun: Ein Doppelsalz aus schwefelsaurem Kalium und schwefelsaurem Aluminium (Kali-Alaun); findet sich als Alaunstein oder Alumit, farblos oder rötlich, in großen Mengen in der Natur. Durch vorsichtiges Erhitzen entsteht ein weißes, wasserlösliches Pulver, das als mildes Ätzmittel verwendet wird.

Alchemie, Alchimist: [1]) Goldmacherkunst im Mittelalter; [2]) vermeintliche Kunst Gold zu machen.

Alexandrisches Jahr: Während des Kaiserreichs in Ägypten eingeführt. Jahresbeginn 29./30. August. Die Dekade hatte 10 Tage. Die fehlenden fünf Tage waren Schalttage und wurden dem letzten Monat zugezählt. Jahreszeiten: Überschwemmungszeit, Saatzeit, Erntezeit.

Alfenid: Neusilberlegierung (s. dort).

Allegorische Uhr, sinnbildliche Uhr.

Almandin: Eisengranat, eine eisenhaltige, rubinähnliche Abart des Granats (siehe dort u. siehe Edelsteine).

Alpaka: Weißmetall (s. Neusilber) als Grundmetall für versilberte Gegenstände z. B. Bestecke, Zigarettenetuis, Schalen und dergl. werden aus Alpaka hergestellt.

Alpha-Strahlen: Eine radio-aktive Strahlung von sehr großer Geschwindigkeit. Sie besteht aus zweimal positiv elektrisch geladenen Helium-Atomen, erkennbar an der durch sie hervorgerufenen Leitfähigkeit für Elektrizität. Sie erzeugt auf einem s. Zinksulfidschirm Lichtblitze, daher verwendbar bei s. Leuchtfarben.

Alte Hemmung: Lappen- oder Fahnenhemmung wurde die 1. H. genannt, später entstand die Spindelhemmung. Ursprung: Spindel, oben und unten in Lochführung, hängt an einem Faden. An der Spindel befinden sich 2 Lappen zum Hemmen des Steigrads.

Aluminium: Kurzzeichen Al, Wichte 2,7, Schmelzpunkt 658°; das wichtigste Al-Erz ist Bauxit, benannt nach der Stadt Baux in Südfrankreich. Er ist ein Tonerde-Hydrat mit der chemischen Formel $Al_2O_3+2H_2O$. Vorkommen: Außer Frankreich, Italien, Ungarn, Dalmatien, Niederländisch-Indien u. Nordamerika. Die Verwendung deutscher Tonerden ist gleichfalls technisch durchführbar und wird bereits versucht. Gewinnung: Nach dem Schmelzen mit geglühter Soda wird in Tonröhren reine Tonerde gewonnen, aus der durch Elektrolyse (s. dort) Reinaluminium ausgeschieden wird. Eigenschaften des Aluminiums: Das wichtigste Leichtmetall, schmiedbar, streckbar, mit besonderem Schweißpulver schweißbar, läßt sich zu dünnen Blechen auswalzen und zu feinen Drähten ziehen. Erst in neuerer Zeit ist es auch lötbar. Durch Luft und Wasser wird es nicht verändert, ebenso wird es von verdünnten organischen Säuren nicht angegriffen. Geschichtliches: 1827 zum erstenmal durch den Chemiker Professor Wöhler, Göttingen, dargestellt, 1854 durch Bunsen auf elektrolytischem Wege. Aber die noch hohen Stromkosten gestatteten keine Erzeugung im großen. Erst um 1880 nach Erfindung des Dynamos wurde dies möglich, sodaß um 1890 1 kg Aluminium 25,— Mark kostete, 1939 nur noch 1,33 DM, während 1854 der Preis für 1 kg etwa 2400,— Mark betrug. Al-Hartlot: Eine Legierung aus etwa 70 Prozent Aluminium und Zusätzen von Kupfer, Nickel, Zink, Zinn und Silizium, Schmelzpunkt bei 540° C, wird verwendet zum Löten von Aluminium und Aluminiumlegierungen; s. Hartlote. Al-Legierungen zeichnen sich aus durch ihr geringes Gewicht, ihre Beständigkeit gegen chemische Einwirkung, durch Festigkeit und gute Bearbeitungsmöglichkeit. Seit der Entdeckung von Duralumin durch A. Wilm (1907) sind zahlreiche neue Legierungen entwickelt worden, Knet- und Gußlegierungen mit Zusätzen von Kupfer, Magnesium, Silizium, Mangan, Eisen, auch Sonderlegierungen mit Zink, Silber oder Quecksilber; s. Leichtmetallegierungen. Zur Aushärtung werden Aluminium-Legierungen ½ bis 24 Stunden auf etwa 500° erhitzt und abgeschreckt, wodurch nach künstlicher Alterung in einer Temperatur von 100 bis 200° bis in 8 Tagen eine große Härtung erfolgt. Verwendung des Aluminiums: Außer im Flugzeug- und Kraftfahrzeugbau für elektrische Freileitungen, nach Silber und Kupfer der beste elektrische Leiter. Bekannt als Schleifmittel, z. B. Korund, eine Al-Verbindung, verunreinigt mit Eisenoxyd als Schmirgel, weiterhin als Edelstein; der blaue Saphir und der rote Rubin sind kristallisierte Tonerde, Al-Oxyd, Al_2O_3. Eine besondere Veredlung erfährt Al durch das s. Eloxieren, durch eine elektrolytische Oxydation der Oberfläche.

a. m. (bei Zeitangaben): ante meridiem, deutsch: vormittags.

Amalgam: Verbindung eines Metalles mit Quecksilber, verwendet bei der s. Feuervergoldung und s. Feuerversilberung, weiterhin zur Gewinnung dieser Edelmetalle aus den Erzen durch Amalgamation, d. h. Herauslösung der Metalle durch Quecksilber, endlich auch bei der Spiegelherstellung und in der Zahnheilkunde. Vorsicht auf goldene Ringe bei Arbeiten mit Quecksilber!

Amant, berühmter französischer Uhrmacher; erfindet 1741 die Stiftenankerhemmung für Turmuhren. In Altenheim bei Kehl ist heute noch eine derartige Uhr in Gang zu sehen. Die Erfindung vom Amant wurde 10 Jahre später vom französischen Hofuhrmacher J. A. Lepaute in Paris (1708/89) verbessert und allgemein für Wanduhren eingeführt.

Amaryl: Künstlicher, hellgrüner Saphir.

ambulant: Nicht ortsfest, ambulanter Handel.

Amerikaner-Uhren, deren Fabrikation 1860 von Erhard Junghans in Schramberg (Schwarzwald) eingeführt wurde. Zuerst vom Uhrmacher abgelehnt. Heute beherrschen sie den Markt.

Amethyst: Violetter Quarz, Schmuckstein.

Amid: Ammoniakverbindung.

amikroskopisch: Mit dem (Licht-) Mikroskop nicht mehr erkennbar (unter 0,003 mm).

Ammoniak, NH_3: Stechend riechendes Gas aus Stickstoff und Wasserstoff; Ammoniakwasser bedeutet Salmiakgeist.

Ammonium, NH_4: Verbindung von vier Wasserstoffatomen mit einem Stickstoffatom.

Ampère: Einheit der elektrischen Stromstärke. Ein Ampère ist die Strommenge, die aus wässriger Silbernitratlösung in einer Sekunde 1,118 mg Silber ausscheidet.

Ampèremeter, Strommesser: Es ist so zu schalten, daß der Strom durch

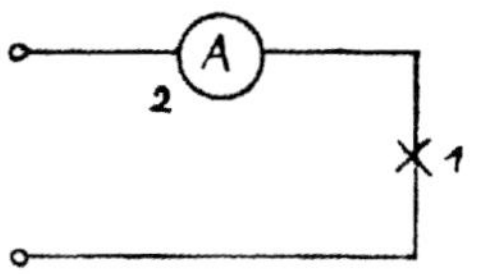

das Gerät hindurchfließt (also Reihenschaltung). Im unverzweigten Stromkreis ist die Stromstärke überall gleich (im Gegensatz zur Spannung). Es ist daher gleich, ob wir das Ampèremeter vor oder nach dem Verbraucher in den Stromkreis einschalten.

Ampèrestunde: Fließt ein Strom von einem Ampère eine Stunde lang, so bezeichnet man dies als eine Ampèrestunde. Die gleiche Strommenge erhält man, wenn stärkere Ströme kürzere Zeit und schwächere Ströme länger fließen. Die Kapazität und die maximale Stromentnahme von Akkumulatoren wird in Ampèrestunden angegeben.

Amplitude: Schwingungsweite eines Pendels, Schwingungshöhe einer Schwingung. Die Amplitude eines Pendels ist die Weite seines Schwingungsbogens. Erhält das Pendel nicht nach jeder Schwingung einen neuen Antriebsimpuls, so nimmt seine Amplitude ab. Wir sprechen dann von gedämpften Schwingungen, deren Amplitude (bei Fehlen jeglichen Antriebs) immer kleiner ist als die der vorhergehenden Schwingung. Dabei bleibt die Schwingungszeit eines unbeeinflußten Pendels unabhängig von der Amplitude stets gleich. (Isochronismus). Wollen wir ungedämpfte Schwingungen, so müssen wir dem Pendel nach jeder Schwingung soviel Energie zuführen, wie es durch die Überwindung der verschiedenen Widerstände verloren hat. Sinngemäß gilt das Gleiche auch für alle andern Schwingungen, seien es akustische oder elektromagnetische, wie sie die Hochfrequenz, die drathlose Telegrafie verwendet.

Amulett: Schutzmünze, Abwehrzauber.

Anachronismus: Fehler in der Zeitrechnung, Hineindeuten aus einem Zeitalter in ein anderes.

Analyse: Bei chemischen Verbindungen die Zerlegung in die Grundstoffe; (s. Synthese).

Anastigmat: Vollscharfe Linse, die das Bildfeld ohne Verzerrung darstellt.

ancre empierrée, (franz.) Steinanker: Ein Anker mit Steinen, im Gegensatz zum Stiftanker.

Andromeda: Sternbild, Andromedanebel.

Aneroid-Barometer: Metallbarometer (s. Barometer).

Angström: Å Bezeichnung für 10^{-10} Meter, also für einen zehnmillionsten Millimeter. (0,000 000 1 m).

Anion: Negativ geladenes Jon (siehe dort).

Ankerfehler: am Abzug, wenn der Anker nicht an den Begrenzungsstiften festgehalten wird. Der Anker streift innen an den Radzähnen, ein versteckter Fehler, der durch die Ankerwelle und den entsprechend dicken Ankerkörper hervorgerufen werden kann. Die Höhenlage des Ankers ist schwer zu beurteilen, da die Hemmungsräder an der Unterseite abgeschrägt sind, so daß der Anker eher etwas höher erscheinen darf, wenn er richtig arbeiten soll.

Ankergabel, kurz Gabel genannt, stellt die Verbindung her zwischen dem Anker und der Unruh, welche über den Hebelstein und die Hebelsteinrolle der Unruh den Impuls erteilt; (s. Gabeleingriff).

Ankerhöhe, der senkrechte Abstand einer Verbindungslinie zwischen den beiden Abfallecken eines Ankers zum Ankermittelpunkt, ein wesentliches Maß für die praktische Anfertigung eines

Ankers nach einer vergrößerten Konstruktion; (siehe Hemmungen - Grundbegriffe).

Ankerkreise, Kreisbögen durch die beidseitigen Endpunkte der Hebungsflächen, gezogen vom Ankerdrehpunkt aus. Zwischen den Ankerkreisen bewegen sich die beiden Hebeflächen des Ankers. Bei der Konstruktion ergibt sich ein „äußerer Ankerkreis" hä und ein „innerer Ankerkreis" hi, bei ungleicharmigen Ankern außerdem ein „mittlerer Ankerkreis", (siehe Hemmungen-Grundbegriffe).

Ankerplateau: (siehe Unruh-Hebelscheibe).

Ankerumspannungswinkel: Durchgangswinkel oder Ankerweite; ergibt sich aus der Anzahl der Radzahnteilungen, über welche ein Anker greifen soll. Das ist eine bestimmte Zahl von ganzen Teilungen und stets 1/2 Teilung dazu, z. B. 2 1/2 t, 5 1/2 t. Bei 15 Zähnen mit einer Teilung von 24° (360°:15) ergeben 2 1/2 t einen Winkel von 2,5·24°, das sind 60°. Dieser Ankerumspannungswinkel wird jeweils zur Hälfte links und rechts der Mittellinie aufgetragen (siehe Hemmungen-Grundstoffe.

Anlassen des Stahles, (Grundforderung): Bedeutet eine Verminderung der nach dem Glühen und Abschrecken entstandenen Glashärte zugunsten der Zähigkeit. Es erfolgt durch langsames Anwärmen, wobei sich durch Veränderung der Oxydschicht auf der Oberfläche bestimmte Farben zeigen gemäß untenstehender Tabelle:

Anlauf des Schlagwerks: 2—5 Minuten vor dem Abfall, wobei der Einfallhebel aufgehoben wird und das Schlagwerk freigibt. Inzwischen ist der Anlaufhebel so weit gehoben, daß er in den Bereich des Anlaufstiftes gelangt und diesen nach 1/2 Umgang wieder auffängt. Die Auslösung des Schlagwerks erfolgt alle Viertel-, halben und ganzen Stunden vom Minutenrohr aus, das hierfür die entsprechende Zahl von Stiften, Hebnägeln, besitzt. Der Einfallhebel kann das Schlagwerk nach dem Anlauf erst wieder anhalten, wenn der letzte Schlag ausgeführt ist.

anni currentis, des laufenden Jahres.

Anode: Der Pol an der Elektronenröhre (s. dort), an welchem der positive Pol der Spannung angelegt wird (s. auch Kathode).

Anodenbatterie: Eine größere Anzahl von Trockenelementen (je 1,5 V) wird hintereinandergeschaltet und liefert so die für den Anodenstrom (s. dort) erforderliche hohe Spannung (rund 100 V).

Anodenstrom: Der Strom, welcher mit seinem Minuspol an der Anode einer Elektronenröhre (s. dort) anliegt. Der Pluspol liegt an der Anode. Wird die

Anlaßfarben und ihre Anwendung

100° C	nicht sichtbar	Entspannt, ohne Verlust an Härte
120—150°	nicht sichtbar	Altern von Meßwerkzeugen, Endmaßen
180—225°	hellgelb	Schneiden, Bohrer, Stichel
240°	dunkelgelb	Schneiden, die dem Bruch besonders ausgesetzt sind
255°	gelbbraun	
265°	rotbraun	Werkzeuge für Holz
275°	purpur	Schraubenzieher, Schraubenköpfe
285°	violett	Federn, Meißel, Hämmer
295°	dunkelblau	Federn, Punzenköpfe
310°	hellblau	Schraubengewinde
325°	grau	Bearbeitbar, feilen, drehen
ab 525°	Glühfarben	

Kathode erwärmt, dann treten aus ihr Elektronen aus und es fließt in der Röhre ein Strom: der Anodenstrom. Seine Spannung liegt etwa zwischen 80—100 Volt.

Anordnung der Ansichten u. Schnitte im Fachzeichnen, DIN 6 erfolgt in drei Rissen oder Ansichten: 1. A u f r i ß (s. dort), Vorderansicht, notfalls auch Rückansicht, 2. S e i t e n r i ß (siehe dort), Seitenansicht (regelmäßig von links, notfalls auch von rechts). 3. G r u n d r i ß (s. dort), Draufsicht, notfalls auch Untersicht (s. Zeichnungsnormen und darstellendes Zeichnen).

Anreibe-Vergoldung und -Versilberung. Zum Auffrischen oder Ausbessern von vergoldeten (versilberten) Teilen reibt man das Gold- (Silber-) Pulver mit einem angekohlten Kork oder dem mit etwas Salzwasser angefeuchteten Finger unter kräftigem Druck mehrmals auf, die erhaltene Vergoldung oder Versilberung ist sehr dünn und wenig haltbar.

Anreißen: Aufzeichnen auf Metall mittels feiner, harter Spitzen, unter Verwendung folgender Anreiß- und Meßwerkzeuge: Körner, Lineal, Spitz- oder Kegelzirkel, Schmiege (s. dort).

Antichoc: Stoßsicherung mit konisch gelagertem Lochstein und sehr großer Decksteinfeder.

antik: Griechisch-römisch, alt, altertümlich.

Antike: Das Altertum, die griechisch-römische Welt, bzw. Zeit.

Antimon, lat. stibium, Sb, Wichte 6,6, Schmelzpunkt 630 ° C, ein silberweißes, glänzendes, sehr sprödes Metall, wird nur in Legierungen verwendet. Es erhöht die Härte, z. B. bei Hartblei, Weißmetall, Letternmetall, s. Nichteisen-Metalle.

Anti-shoc, bedeutet wörtlich übersetzt „gegen den Stoß", also stoßgesichert.

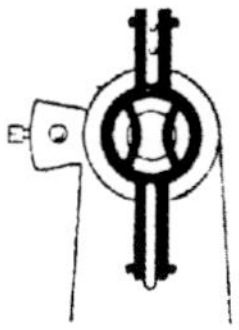

„Antichoc 51"

Antrieb der mechanischen Uhr: durch aufgespeicherte Kraft in einem aufgewundenen Zuggewicht, der aufgezogenen Zugfeder, von wo aus die Kraft an das Laufwerk weitergegeben wird. s. Aufbau der Uhr.

Antriebsschnur: beim Drehen vom Motor zum Vorgelege, ein Rundriemen von 5 bis 6 mm Durchmesser, vom Vorgelege zur kleinen Mitnehmerrolle eine Angelschnur von etwa 1 mm Dicke, keine dünne Darmsaite, die zu straff gespannt werden muß. Zur Erzielung eines gleichmäßigen Laufs und zur Schonung der Lager sind allgemein dickere und lose gespannte Riemen oder Schnüre zu verwenden.

Antriebsvorrichtungen beim Drehen 1. Handbetrieb, mühevoll und unwirtschaftlich, 2. Motorantrieb, etwa $^1/_{10}$ bis $^1/_8$ PS oder 75 bis 100 Watt, ein Motor also, der Dreharbeiten bis 10 mm Durchmesser und Bohrungen bis 6 mm Durchmesser durchzieht. Die Drehzahl beträgt 1400 bis 1500/min, die Übertragung der Kraft erfolgt durch das Vorgelege (s. dort), unter Zwischenschaltung einer Antriebsschnur (s. dort).

Antriebswerk der Uhr, s. Gruppen im Räderwerk und Formeln im Fachrechnen Ziff. 2. A.

Anzug am Anker, wird bewirkt durch die Schrägstellung der vorderen Ankerfläche (Ruhefläche) in einem Winkel von 12 °, bzw. $13^1/_2$ ° (am Ausgang) zu dem Zweck, den Anker in das Hemmungsrad zu ziehen und dadurch seine Ruhestellung zu sichern, angewandt bei den Vorderflächen des Ankers in der freien Ankerhemmung, an den Wekkerradzähnen usw. (s. Hemmungen).

apart: besonders, reizvoll.

Aphel: Größte Entfernung eines Planeten zu seiner Sonne, der Punkt der Planetenbahn, in welchem der Planet am weitesten von der Sonne entfernt ist.

Aplanat: In der Optik nicht verzerrende Linse.

approximativ: annähernd.

apriorisch, a priori: In der Denklehre unabhängig von aller Erfahrung, aus der Vernunft selbst.

Aquamarin (lat. aqua=Wasser und mara=Meer): Wasserblauer, durchsichtiger Edelstein, wird auch synthetisch hergestellt.

Arabische Ziffern: 1 bis 9, 0, in etwas veränderter Schreibart von den Indern bereits in uralter Zeit gebraucht, übernommen von den Arabern, daher ihr Name. Durch die Araber kamen diese Zahlenzeichen nach Spanien, wo sie der gelehrte Mönch Gerbert, der spätere Papst Silvester II., erlernt haben soll. In öffentlichen Inschriften kommen sie erst im 14. Jahrhundert vor. Besonders wichtig ist bei den arabischen Ziffern das „0" Zeichen, dadurch wurde die Aufstellung des dezimalen Zahlensystems möglich (s. römische Ziffern und Ziffern).

Arbeit: Physikalische Einheit. Mechanische Arbeit wird verrichtet, wenn eine Kraft P (in kg) auf einem Weg s (in m) wirksam ist. Die Arbeit A ist der Kraft und dem Weg proportional und berechnet sich daher nach der folgenden Formel: Arbeit ist Kraft mal Weg also $A = P \cdot s$. Die Zeit bleibt bei der Arbeit unberücksichtigt. Die Maßeinheit der Arbeit ist das Meterkilogramm (mkg).

Arbeitseinteilung: 1. In der Fabrikation Aufteilung der einzelnen Arbeitsgänge in der Weise, daß jeder Arbeiter(in) immer nur einen bestimmten Arbeitsgang auszuführen hat. Dadurch wird eine sehr hohe Arbeitsleistung erzielt und die Einstellung von ungelernten Arbeitskräften ermöglicht, die schon nach kurzer Anlernzeit eine Fertigkeit entwickeln, welche die des gelernten und vielseitig verwendbaren Arbeiters erreicht. 2. In der Reparatur, auch hier wurden schon verschiedentlich Versuche und Vorschläge zur Arbeitsteilung gemacht, die aber mehr oder weniger daran scheitern müssen, daß im Gegensatz zur Fabrikation die Arbeitsgänge der Reparatur verschieden lange Zeiten erfordern. Auf diese Weise wird ein rationelles Hand-in-Hand-Arbeiten unmöglich gemacht. Das schließt natürlich nicht aus, daß eine Arbeitsteilung in der Werkstatt derart erfolgt, daß jede Arbeitskraft für eine bestimmte Reparaturenart eingesetzt wird und daß die untergeordneten Arbeiten, wie die Bedienung der Reinigungsmaschine oder das Reinigen der Gehäuse o. ä. von Hilfskräften ausgeführt werden können.

arbre de barillet (franz.)=Federkern.

argent (franz.) = Silber (oder Geld).

Argentan neusilberähnliche Legierung aus 70 % Kupfer, 23 % Nickel und 7 % Aluminium (siehe Kupfer-Nickel-Legierungen).

argenté(e) (franz.): versilbert.

Argentum (lat.) = s: Silber

Argon: Edelgas, Element, Atomgewicht 39,94, Ordnungszahl 18, Kurzzeichen Ar.

Arithmetik = Zahlenlehre.

Arkansas-Ölstein siehe Ölsteine.

Arnold, John (s. Abbildung) 1744—99,

berühmter Chronometermacher, ursprünglich Schlosser, erfand 1775 die zylindrische Spiralfeder mit gebogenen Endkurven, erhielt dafür von der englischen Regierung eine Prämie von 3000 Pfund Sterling. Weiter baute er eine Chronometerhemmung, die am Steigrad mit Hebeflächen versehen war. 1782 gelang ihm die Herstellung einer brauchbaren Kompensationsunruh in der Anordnung, wie sie heute noch in vollendeter Weise verwendet wird. Die Gründung einer Fabrik zur Erzeugung von Chronometern war das Ziel seiner erfolgreichen Tätigkeit.

Arrondieren, abrunden der Zapfenenden, besonders bei Stützzapfen, die bei senkrechter Stellung der Unruh sich auf diesen kleinen Kugelflächen, also auf einem Punkt drehen.

Arsen: Metall Element, Kurzzeichen As, Atomgewicht 74, 91. Ordnungszahl 33, siehe Grundstoffe.

Arten von Uhren s. Uhr-Arten.

Asbest: ein Mineral, faserig, farblos oder graugrün, gelbbraun, seidenglänzend, Härte 5 bis 6, widerstandsfähig gegen Säuren, Feuer und elektrischen Strom. Die langen Fasern werden zu Fäden versponnen, Schutzanzüge für Feuerwehrleute, die kurzen zu Bauplatten und Asbestpappe gepreßt.

Asphalt: ein Rückstand bei der Reinigung des Erdöls, s. flüssige Brennstoffe.

Associé (franz.) = Teilhaber.

Assortiment (franz.), von assortieren = ordnen, ergänzen. Das Assortiment ist also das, was das Rohwerk ergänzt: Gangrad, Anker und Unruh.

astigmatisch (griech.), von Stigma = punkt und a als Verneinung, wörtlich unpünktlich also nicht punktförmig. Das Unvermögen von Linsen (auch des menschlichen Auges), Punkte als solche wiederzugeben. Beim Auge hilft eine Brille mit zylindrisch gewölbten Gläsern (Zylindergläsern). Bei lichtstarken Objektiven muß der Astigmatismus beseitigt werden, und zwar sind hierzu mindestens drei Linsen (meist sind es mehr) erforderlich. Die so verbesserten Linsensysteme nennt man Anastigmate. Zur ersten Verneinung a kommt eine zweite hinzu und doppelte Verneinung = Bejahung. Solche Systeme geben also einen Punkt als solchen wieder.

Astigmatismus: Verzerrungen beim Sehen.

Astralon, ein nicht härtbarer Kunststoff aus Kohlenwasserstoffen, verwendet als Uhrglas. Unbegrenzt lichtbeständig, feuersicher und elastisch, darf jedoch nicht warm verarbeitet werden, da es hierbei an klarer Durchsicht verliert, s. Kunststoffe.

Astrolabium, eine Glasröhre mit Gradeinteilung zur Bestimmung der Sternhöhe.

Astronomie als Wissenschaft von Hipparchos von Nicäa (160 bis 125) vor Chr. begründet. War erster Gelehrter, der die Ortsbestimmung nach geographischer Länge und Breite einführte und dazu den Nullmeridian durch die Insel Rhodos legte.

Astronomische Einheit, 1 A. E. = 149 504 000 km gleich der mittleren Entfernung Erde - Sonne.

Astronomische Kunstuhr 1) für die Marienkirche in Danzig 1464—70 hergestellt. 2) besonderer Art wurde 1545 für den Dom in Münster (Westfalen) gebaut. Die astronomischen Vorgänge derselben mit ihren Gestirnsbewegungen reichen bis zum Jahre 2071. Im Kriege nur wenig beschädigt.

ASUAG = Allgemeine Schweizer Uhren AG. (Holdinggesellschaft), welche nicht nur die gesamte Rohwerkfabrikation, sondern auch die Fabrikation der regulierenden Bestandteile (Spiralen, Unruhen und Assortiments) kontrolliert.

Asymmetrie = Ungleichseitigkeit.

Asymtote in der Mathematik Näherungsgerade.

asynchron, nicht synchron = nicht gleichlaufend.

Asynchronmotor s. Synchronmotor, bei welchem durch besondere Ausbildung der Polschuhe in diesen Wirbelströme induziert werden, die auf den Rotor ein Drehmoment ausüben, so daß dieser sich in Drehung versetzt. Asynchronmotore laufen also, im Gegensatz zu den Synchronmotoren, von selbst an.

Aszendent in der Astrologie Aufgangspunkt der Gestirne.

atherman: Wärmeundurchlässig.

Atmosphäre: 1) Lufthülle über der Erde, 2) atm. Druck von 760 mm Quecksilber auf ein cm^2 bei null Grad Celsius, 3) at, ata, Druck von 1 kg auf den cm^2 (0,968 atm), 4) atü, Überdruckatmosphäre.

Atmos-Uhr: Hervorragender neuzeitlicher Zeitmesser, hergestellt von Jaeger-le Coultre. Name sagt schon, daß Atmosphäre eine Rolle spielt. Temperaturschwankungen von nur 1 Grad betätigen Aufzug für 48 Stunden. Kraftreserve 100 Tage. Kein Ölen notwendig. Früher Quecksilber verwendet, heute Äthyl-Chlorid.

Atom von griech. atomos = unteilbar, kleinste Teilchen der Moleküle, die bisher als nicht weiter teilbar galten, eine Annahme, die in neuester Zeit widerlegt wurde.

Atomgewicht: Ein Atom ist etwa ein zehnmillionstel mm groß und seine Masse beträgt $1{,}66^{-24}$ Gramm. Das ist das absolute Gewicht des Atoms. Im Gegensatz hierzu stellt das Atomgewicht eine relative Zahl dar. Früher ging man von dem leichtesten Atom aus, dem Wasserstoff und man bezeichnete sein Gewicht mit 1 und demzufolge das Atomgewicht des Sauerstoffs mit 15,9, so geht man heute vom Sauerstoff aus, dem man das Atomgewicht 16 gab, demzufolge erhielt der Wasserstoff das Gewicht 1,008. Er steht an der untersten Stufe im periodischen System der Elemente, welches mit dem Uran (Ordnungszahl 92, Atomgewicht 238,07) endet.

Atom-Uhr, ist im Aufbau zunächst eine Quarzuhr (siehe dort), mit welcher

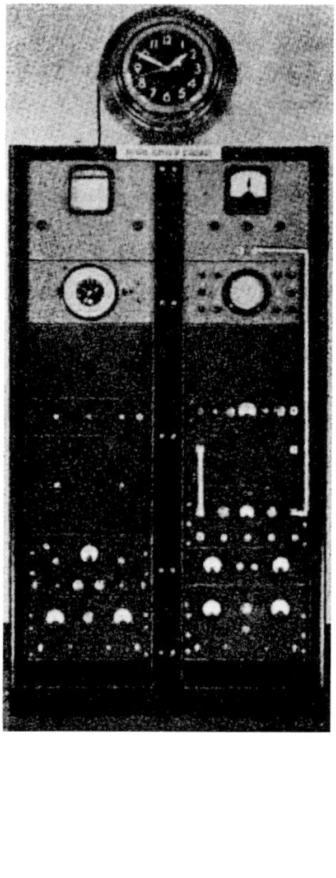

man bekanntlich Ganggenauigkeiten von $^{1}/_{1000}$ Sekunde/Tag erreichen kann. Die sog. „Alterung" des Quarzes bewirkt nun eine langsame, aber stetige Verkürzung der Quarzzeiteinheit. Die Atomuhr besitzt eine mit Ammoniak (NH_3) gefüllte Absorptionsröhre von $^{1}/_{2}'' \times ^{1}/_{4}''$ Querschnitt und neun Meter Länge. Diese Röhre wird mit einer von einem Sender stammenden elektromagnetischen Schwingung durchstrahlt. Entspricht die Frequenz dieser Schwingung der Eigenfrequenz der Ammoniakmoleküle, welche 23870,4 MHz beträgt, dann werden diese Moleküle zur Schwingung angeregt, wobei ein Bruchteil der Strahlungsenergie an die Moleküle verloren geht. Stimmt die Sendefrequenz genau mit der Eigenfrequenz des Gases überein, dann läßt sich die Anlage so wählen, daß am Ende der Röhre keine Strahlungsenergie mehr herauskommt, daß diese Energie also vollständig absorbiert wurde. Sehr wesentlich ist dabei, daß die Eigenfrequenz eines Gases eine vollkommen konstante Größe ist, die weder vom Druck noch von der Temperatur oder sonst einer Umweltbedingung abhängig ist, so daß wir es hier mit einer absolut konstanten Größe zu tun haben. Die bei der Atomuhr verwendete Sendefrequenz erhält man durch Vervielfachung der Quarzfrequenz von 100 KHz auf 2387,04 MHz. Die am Ende der mit NH_3 gefüllten Röhre austretende Spannung wird dazu benützt, die Sendefrequenz auf den Sollwert zurückzuführen.

ATO-Uhr: Schwachstromuhr, die ihren Antrieb durch ein Spezialtrockenelement vom Pendel aus erhält, an dessen unterem Ende sich ein Kobaltmagnet befindet, welcher durch eine Spule schwingt. Der Kontakt besteht aus Gold und Platin, dabei muß der positive Pol stets an die Goldfeder gelegt werden. Die Pendelstange besteht aus Nickelstahl, so daß Temperaturveränderungen weitgehendst ausgeschaltet werden. Über eine Klinke treibt das Pendel das Räderwerk weiter. Die mechanische Reibung ist durch die Lagerung der Räder in Steinen (6) auf ein Mindestmaß herabgesetzt. Der Stromverbrauch ist mit 0,3 bis 0,5 Ampèrestunden jährlich sehr gering. Infolge der hohen Selbstinduktion der Spule ist der Stromverbrauch geringer, als er sich nach dem Ohmschen Gesetz errechnen würde. Daraus ergibt sich auch die lange Betriebszeit, welche sich mit einem Element erreichen läßt u. mindestens drei bis vier Jahre beträgt. Die Anfangsspannung neuer Elemente beträgt 1,5 Volt, die Grenze der Gebrauchsfähigkeit liegt bei 1,1 Volt. Nachmessungen dürfen nur mit hochohmigen Voltmetern vorgenommen werden. Da bei der verwendeten Spannung keine Vorschriften der Stromlieferanten, die Installation betreffend, vorliegen, kann diese von jedem Uhrmacher durchgeführt werden.

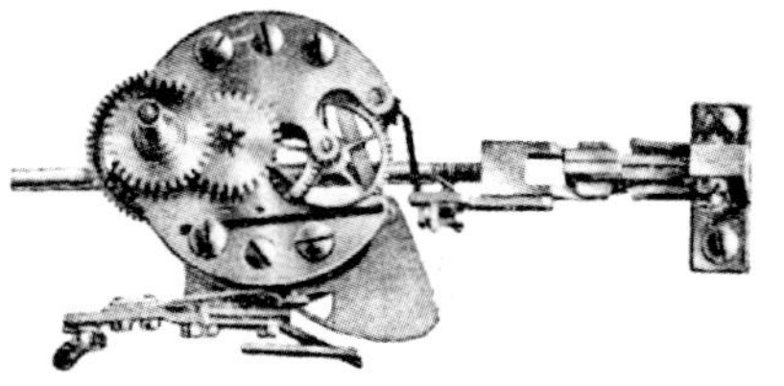

ATO-Uhr

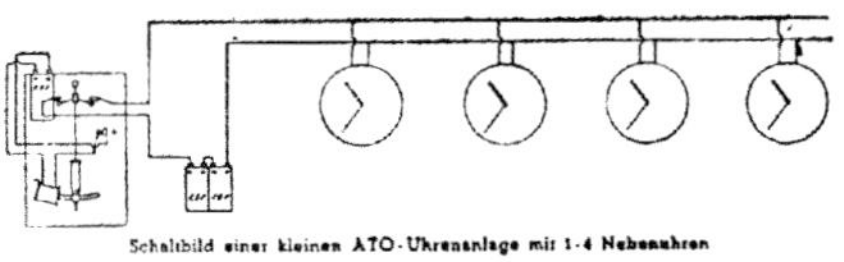

Schaltbild einer kleinen ATO-Uhrenanlage mit 1-4 Nebenuhren

Nur bei Freileitungen, die über öffentliche Straßen, Starkstromleitungen, Bahnkörper und dergl. führen, sind die einschlägigen Bestimmungen zu beachten. Für Innenräume genügt Klingelleitungsdraht. Für Leitungen unter Verputz ist zweiadriges Bleikabel zu empfehlen (Telefonkabel) mit einer Aderstärke von 0,6 bis 0,8 mm Durchmesser. Die Ato-Uhr wird auch als Hauptuhr geliefert (s. Abbildung), aber auch mit Kontakteinrichtung für Minutenspringer und auch als Signal-Hauptuhr. Der Name „Ato-Uhr" ist abgeleitet von dem Namen ihres Erfinders H—ato—t, wobei gemäß der franz. Aussprache das „H" am Anfang und das „t" am Ende nicht ausgesprochen werden.

à tout prix: (franz.) = um jeden Preis

atü: Abkz. für Überdruckatmosphäre s. Atmosphäre

Aufbau der mechanischen Uhr: 1. Werkgestell, 2. Triebwerk mit Aufzug, 3. Laufwerk mit Zählwerk (Zeigerwerk, Zeigerstellung, Zifferblatt und Zeiger), 4. Hemmung, 5. Gangregler,

Aufbauendes Zeichnen: Konstruktion, umfaßt: A. Verzahnungen: 1. Rollinien, 2. Verzahnung, 3. Triebflankenverzahnungen (Volltriebeingriffe), 4. Hohltriebe (Triebstockverzahnungen)
B. Hemmungen: 1. Großuhren (Spindel, Haken-, Brocot-, Rollen-, Graham-, Riefler-, Strasser-Hemmung), 2. Kleinuhren (Spindel-, Zylinder-, Stiftanker-Hemmung, freie Anker-H., Chronometer, Gabeleingriffe), C. Schaltvorgänge: Feststellwerke, Gesperre, Verriegelungen, s. Schlagwerke, s. Fachzeichnen-Übersicht.

Aufbereitung der Erze: s. Eisengewinnung.

Aufdeckung der Lagersteine: eine feinpolierte Eindrehung auf der Außenseite der Werkplatte, die einen möglichst großen Teil des Lagersteins sichtbar werden läßt.

Aufgebogene Spirale: s. Breguet-Spirale.

Aufhängung des Pendels: Seidenfaden-, Drahtösen-, Feder-Aufhängung, Schneiden-Aufhängung, s. Pendel-Aufhängung.

Aufrad-Linie: Epi-Zykloide, eine Kurve, die ein Punkt am Umfang eines Kreises beschreibt, wenn er auf einem Kreis abrollt. Angewandt wird diese Kurve für die Wälzung eines Radzahns, der in ein Volltrieb greift. Der Rollkreis zur Erzeugung dieser Kurve erhält den halben Durchmesser des Triebteilkreises, s. Rollinien.

Aufriß eines Körpers: im Fachzeichnen Vorderansicht, entspricht der Darstellung eines Körpers in seiner normalen, aufrechten Lage. Notfalls kann auch rechts neben die Seitenansicht (von links) die Rückansicht gezeichnet werden. s. Anordnung der Ansichten und Schnitte.

Aufzüge für Uhren: A. Schlüsselaufzüge: 1. Schlüsselaufzug, 2. Steckschlüsselaufzug, 3. Schraubschlüsselaufzug; B. 1. Kupplungsaufzug, 2. s. Wippenaufzug.

Aufzugkrone: der Größe nach entsprechend der Dicke der Uhr, gut griffig, mit Rücksicht auf die Bruchgefahr dicht am Gehäuse.

Aufzugwelle: zur Betätigung des s. Kronenaufzugs, aus Rundstahl gedreht, am Unterteil Lagerzapfen, der in der Uhrplatte gelagert ist, anschließend ein Prisma mit quadratischem Querschnitt für Sperrteil und Zeigerstellrad, ein zylindrischer Ansatz für Aufzugrad, eine Nut für Befestigungsschraube, bzw. Stellhebel, am Oberteil ein Prisma von quadratischem Querschnitt zur Befestigung der Krone; an seine Stelle tritt heute meist ein Gewinde.

Aurum: (lat.) = s. Gold.

Ausdehnungs-Koeffizienten: bei der Erwärmung, geben die Verlängerung eines Stabes von 1 m Länge bei 1° Erwärmung an. Man nennt ihn den „linearen" Ausdehnungs-Koeffizienten. Der

„kubische" Ausdehnungs - Koeffizient bezeichnet den Teil des Rauminhalts, um den sich ein Körper bei 1 ° Erwärmung ausdehnt, wesentlich für Pendelteile, Unruh und Spirale, die sich nicht nur der Länge, sondern auch der Höhe und Dicke nach ausdehnen.

Tabelle der wichtigsten Ausdehnungs-Koeffizienten

Aluminium		0,000,0238
Blei		0,000,0292
Bronze		0,000,0175
Flußstahl		0,000,0117
Glas, Jenaer Glas Nr. 59	5.)	0,000,0059
Gußeisen		0,000,0104
Juvar 64 % Fe 36 % Ni	2.)	0,000,0010
Kupfer		0,000,0165
Messing		0,000,0184
Neusilber		0,000,0180
Nickel		0,000,0135
Platin	6.)	0,000,0090
Porzellan	3.)	0,000,0030
Quarz	1.)	0,000,0004
Quecksilber		0,000,0118
Zink		0,000,0297
Zinn		0,000,0230
Hölzer:		
Ahorn		0,000,0050
Eiche		0,000,0062
Tanne	4.)	0,000,0035

Ausgangsseite des Ankers ist jener Ankerarm, an dem das Hemmungsrad nach Durchlaufen des Anker-Umspannungswinkels von der Hebungsfläche abfällt. s. Hemmung-Grundbegriffe und Eingangseite.

Ausgehende Reibung: die unbedenklichere, gleitende Reibung, tritt dann auf, wenn die beiden reibenden Teile die gleiche Bewegungsrichtung besitzen, z. B. bei einem Eingriff, an dem die Führung erst nach der Mittellinie beginnt, vergleichbar mit der gleitenden Reibung, die ein hinter dem Körper nachgezogener Stock verursacht. s. eingehende Reibung und Verzahnungen.

Ausgleichs-Pendel: Ausgleichs-Unruh, s. Kompensations - Pendel, Kompensations-Unruh.

Auskochen von Metallteilen: in Spiritus, zur Entfernung des noch anhaftenden Schellacks bei aufgelackten Werkteilen, mittels einer in d. Schraubstock gespannten Spiritusschale, unter welche die Flamme gehalten wird. Sobald der Spiritus kocht, wird mit der Flamme tiefer gegangen. Sollte sich der Spiritus entzünden, so darf keinesfalls versucht werden, durch Hinblasen zu löschen, sondern die Flamme wird mittels einer Glasplatte abgedeckt. Niemals darf die Spiritusschale in der Hand gehalten werden.

Auslaufuhr: zeigte in früherer Zeit bei bedecktem Himmel und während der Nacht die verflossene Zeit durch die Menge des ausgelaufenen Wassers an.

Ausschwingen des Zylinders: s. Zylinder-Prelleinrichtung.

Außengewinde: s. Bolzengewinde

Austauschstoffe: s. nichtmetallische Austauschstoffe.

Auswuchten der Unruh: auch abwiegen, die Berichtigung eines aus der Mitte verlagerten Schwerpunktes, der nach unten liegend die Schwingungen beschleunigt, nach oben liegend diese verzögert. Bei feststehenden oder hängenden Uhren, auch bei Taschenuhren ist der Begriff „oben und unten" nicht zweifelhaft, mehr jedoch bei der Armbanduhr. Grundsätzlich wird jede Schwerpunktverlagerung beseitigt, die Unruh also ins Gleichgewicht gebracht. Bei Prüfung auf der Unruhwaage wird die Unruh zu pendeln beginnen, bis die schwerere Seite nach unten liegt, dabei empfiehlt es sich, die Unruhwaage leicht zu erschüttern, besonders bei Steinschneiden. Unruhen mit Körnerspitzen lassen sich auf der Unruhwaage nicht prüfen, sie können jedoch im Rundlaufzirkel frei spielen, wobei wieder die Unruh leicht zu erschüttern ist. Die vorzunehmenden Ausgleichsarbeiten sind für Unruhen mit und ohne Schrauben verschieden.

Autogenes Schweißen: selbst-schaffendes Schweißen, d. h. ohne Hammerschläge wie beim Schweißen des Schmieds.

Automaten-Uhren: ab 1560 in Nürnberg und Augsburg hergestellt. Mit beweglichen Figuren u. Tonwiedergaben.

Automaticuhr: Diese Bezeichnung verwendet man heute für Uhren mit selbsttätigem Aufzug. Die Geschichte der modernen A. geht zurück auf das Jahr 1922, in welchem auf der Insel Man in der Irischen See der englische Uhrmacher John Harwood die ersten Versuche mit automatischem Aufzug mittels eines in der Mitte des Werkes angebrachten Gewichts unternahm. Diese Uhren wurden 1931 in England her-

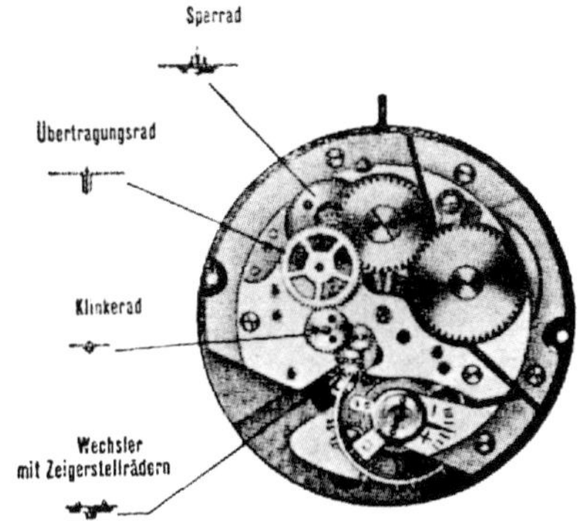

Bezeichnung der Einzelteile

Bidlingmaier-Automatic

Bydinator

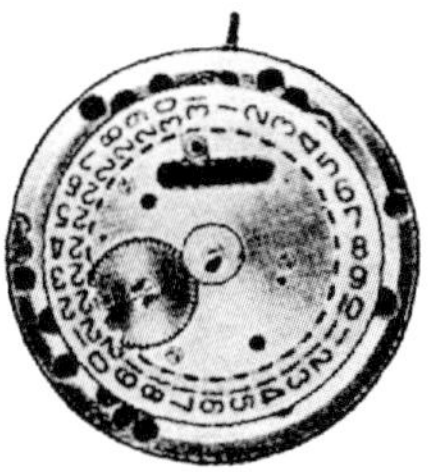

Bydinator mit Kalender

gestellt, dann setzte die Wirtschaftskrise dem Unternehmen ein Ende. Nach verschiedenen Versuchen, die auf das in der Mitte des Werkes aufgehängte Gewicht verzichteten (bewegl. Werk, beweglicher Gehäuseboden usw.) ist jetzt dieser zentral angebrachte Gewichtskörper, gemeinsames Merkmal einer Fülle verschiedener Systeme, die sich heute in zwei Gruppen einteilen lassen: Gewichtskörper mit Anschlag: Aufzug nur in einer Richtung. Gewichtskörper mit Anschlag, Aufzug nach beiden Seiten. Gewichtskörper ohne Anschlag, Aufzug nach einer Seite, Gewichtskörper ohne Anschlag Aufzug nach beiden Seiten. Letztere sind die heute allgemein verwendeten Systeme (Bidlingmaier, Junghans, Laco, Bydinator usw.) Die Lagerung des Gewichtskörpers geschieht meist in Steinen, aber schon sind die ersten Konstruktionen mit Kugellagern (Eterna-matic) eingeführt. Die Bewegung des Gewichtskörpers wird über ein Räderwerk zum Aufziehen der Uhr herangezogen. Bei Systemen mit nach beiden Seiten wirkendem Gewichtskörper wird durch sinnvolle Vorrichtungen (Wechsler, Wippe usw.) dafür gesorgt, daß die Kraft am Sperrad stets in einer Richtung wirkt. s. Bydinator.

Automatische Wärmekästchen: für die Feinstellung von Uhren in den Lagen und in bestimmten Temperaturen. Die hierzu benötigte Wärme wird durch Glühlampen erzeugt, die sich durch bimetallische Kontaktstreifen selbständig ein- und ausschalten, wenn die Wärme im Kästchen unter oder über der Reguliertemperatur liegt. Dadurch bleibt ohne jede Wartung stets eine bestimmte Temperatur gesichert. s. Bimetall und Lagen der Uhr.

Autouhr: Meist Achttageuhr mit weckerartigem Aufbau und Handaufzug, aber auch (vereinzelt) mit elektrischem Aufzug und mit Echappement. Die Autouhr wird heute meist organisch in das Instrumentenbrett eingebaut und besitzt eine blendungsfreie Beleuchtung. In den Katalogen der Autoindustrie wird sie als „Zeituhr" bezeichnet.

Avance: (franz.) = Vorgehen.

à vue Aufzug: = Kupplungsaufzug s. remontoir à vue Aufzüge.

Axe de balancier: (franz.) = Unruhwelle, axe = Welle, balancier = Unruh.

Axiale Verschiebung: der Radachsen wird durch Spurlager, Stützlager, die auf Decksteinen oder Deckplättchen laufen, begrenzt.

Azeton: eine angenehm riechende, farblose, brennbare Flüssigkeit, die bei der trockenen Destillation des Holzes gewonnen wird. In Verbindung mit Azetylen, dem aus Karbid und Wasser entstehenden, brennbaren Gas und Blausäure bildet es das Plexiglas, s. Kunststoffe.

Azimut: (aus dem arabischen) ist der Winkel auf dem Horizontalkreis zwischen Meridian und Höhenkreis eines Gestirns in der Astronomie und eines Erdpunktes in der Landvermessung.

B

Backenbremse: für den Rotor, angewandt bei elektrischen Aufzuguhren. s. Bremsen.

bague de couronne: (franz.) = Kronradring.

Baguette-Werk: schmales $3^3/_4$''' und

langes Damenuhrwerk. (s. Abbildung).

Bakelit: eine harzähnliche Masse, nach ihrem Erfinder Bakeland benannt, in Alkohol, Benzin und Spiritus lösbar, bei 125° teigförmig und preßbar, bei 180° fest, nicht mehr schmelz- und lösbar, sondern gehärtet. Zur Verbilligung und je nach dem Verwendungszweck werden Füllstoffe zugesetzt, wie Holzmehl, Textilfasern, Papier, Asbest und Farbstoffe. s. Kunstharze u. Preßstoffe.

balancier: (franz.) = Unruh.

balancier complet: (franz.) = komplette Unruh mit Welle, Plateau und Spirale.

barette: (franz.) = Ankerkloben, bzw. Zylinderradkloben.

barilett: (franz.) = Federhaus.

Barium: Erdalkalimetall. Element (Grundstoff), Kurzzeichen Ba, Atomgewicht 137,36, Ordnungszahl 56.

Barockstil: ein Baustil mit reichen Verzierungen und Schnörkeln, im 17. Jahrhundert im Anschluß an die Spät-Renaissance entstanden.

Barometer: Man unterscheidet Quecksilber- und Dosenbarometer, wobei die ersteren für den allgemeinen Gebrauch kaum mehr verwendet werden. Die Dosenbarometer besitzen eine oder mehrere luftdichte und luftleere Dosen, in welchen zwischen einer in der Dose vorhandenen Federkraft und dem äußeren Luftdruck Gleichgewicht hergestellt wird. Die Veränderung des äußeren Luftdrucks verlagert nun dieses Gleichgewicht, so daß die Dose einmal stärker und wieder weniger stark zusammengedrückt wird. Diese Bewegung wird mittels eines Hebelsystems auf den Zeiger übertragen.

Barometerstand und Pendellänge: s. Pendellänge und Barometerstand.

Basen: s. Laugen.

Basis: beim Potenzieren Grundzahl, d. i. die Zahl, die so oft als Faktor zu setzen ist, wie die Hochzahl, der Exponent, angibt. s. Potenzen und Potenzieren.

Bassermann-Jordan, Dr. Ernst von: 1876/1932, Professor, verfaßte nach dem 1. Weltkrieg mehrere kunstgeschichtliche Bücher, nachdem er 1905/06 deren Inhalt in Einzelaufsätzen in der Uhrmacher-Woche veröffentlicht hatte. Eines seiner bekanntesten Werke ist ohne Zweifel sowohl für Sammler wie für Uhrmacher das Buch „Alte Uhren und ihre Meister". Es ist ein Werk, das über alle Fragen der alten Uhren und ihrer Hersteller ausführlich Auskunft gibt. Nach Erscheinen seiner Bücher brachten auch die Uhrmacherkunst und die Deutsche Uhrmacher-Zeitung des öfteren Einzelaufsätze von ihm zum Abdruck, und so wurden seine Werke Allgemeingut der Uhrmacher in aller Welt. Nebenbei war er auch ein eifriger Sammler alter Uhren. Seine Sammlung sowie alle seine Werke über die Uhrmacherei befinden sich heute im Bayrischen National-Museum in München. Der Zentralverband der Deutschen Uhrmacher ernannte ihn in Anbetracht seiner Verdienste zum Ehrenmitglied.

Batterien: Bezeichnung für Trockenelemente s. Elemente.

Bauxit: benannt nach der südfranzösischen Stadt Baux, ein Tonerde-Hydrat nach der chem. Formel $Al_2 O_3 + 2 H_2O$ = Al-Oxyd + 2 Teile Wasser, der wichtigste Rohstoff für die Aluminium-Erzeugung.

Becker, Gustav: 1819/1885, erlernte die Uhrmacherei und ging nach Frankfurt (Main), La Chaux-de-Fonds, Dresden, München, Berlin und Wien. Überall erweiterte er sein Können und Wissen. 1847 gründete er in Freiburg (Schles.) ein Uhrengeschäft, das ihn aber nicht zufriedenstellte. Deshalb fing er 1850 in zwei Zimmern mit einem Meister, einem Gesellen und sechs Lehrlingen die Herstellung von guten Wand- und Standuhren an. König Friedrich Wilhelm IV. nahm sich seiner an, unterstützte ihn und bald nahm die Arbeiterzahl zu, da er immer Qualität lieferte. Durch ständigen Aufschwung waren 1875 schon über 400 Leute bei ihm beschäftigt und sein Name hatte einen guten Ruf. (Firma ging später im Wege der Fusion auf Gebrüder Junghans über.)

Begrenzungsstifte: beiderseits der Ankergabel, gestatten eine Begrenzung der Gabelbewegung auf einen Gesamtwinkel von 10°, je 5° von der Mittellage nach rechts und links. Die in die Werkplatte eingesetzten Stifte befinden sich im oberen Drittel der Gabel. Bei der Glashütter Ankerhemmung greift ein am Eingangsarm des Ankers befindlicher Stift in eine Aussparung der Platine mit 10° Bewegungswinkel.

Eine genau einstellbare Begrenzung gestatten zwei auf Schraubenköpfen exzentrisch eingesetzte Stifte. s. Gabeleingriff.

Behaim, Martin: (spr. Böheim), (lat. Martinus de Boemia), geboren um 1459 in Nürnberg, gestorben 1507 in Lissabon, berühmter Seefahrer und Kaufmann. War in portugiesischen Diensten tätig, kam dadurch viel auf die Weltmeere u. besonders nach Afrika. Auf Grund seiner Erfahrungen u. Beobachtungen auf seinen Reisen faßte er den Entschluß, die Erde in ihrer Kugelform nachzubilden, da man dadurch einen ganz anderen Begriff von ihr erhalten konnte, wie durch die üblichen flachen Landkarten. Er verwirklichte diesen Vorsatz und baute den ersten Globus, der heute noch im Germanischen National-Museum, Nürnberg, zu sehen ist.

Beharrungsvermögen: jeder Körper verharrt von selbst im Zustand der gleichförmigen und gradlinigen Bewegung, wenn er nicht durch Kräfte gestört wird. Sinngemäß gilt dies auch für die Ruhe.

Belgica: belgische Zeitschrift für Juweliere, Uhrmacher, Gold- und Silberschmiede, erscheint in Brüssel.

Benzin: auch s. Gasolin, ein Destillations-Erzeugnis des Erdöls, Petroleums, am häufigsten als Fettlösungsmittel verwendet. Es verflüchtigt sehr leicht, daher Benzinflaschen und -dosen verschlossen aufbewahren und kein offenes Feuer in einem mit Benzindampf gefüllten Raum. Eine Benzinflamme soll nur erstickt werden durch Abschluß des Sauerstoffs, zugegossenes Wasser vergrößert nur den Brandherd. s. fettlösende Reinigungsmittel und flüssige Brennstoffe, Erdöl.

Benzol: eine wasserhelle, stark lichtbrechende Flüssigkeit von ätherähnlichem Geruch, chemische Formel $C_6 H_6$, Wichte 0,88, lösbar in Alkohol u. Äther, leicht entzündbar, Lösungsmittel für Harze und Fette. Gewonnen aus dem Steinkohlenteer, einem Nebenerzeugnis der Kokereien und städtischen Gasfabriken. s. Koks, flüssige Brennstoffe u. fettlösende Reinigungsmittel.

Berechnung: von Flächen, Körpern und Gewichten, s. Flächen-, Körper- u. Gewichtsberechnung.

Berthoud, Ferdinand: (s. Abb.) 1727—1807, geb. zu Placemont bei Neuchâtel, verlegte sich hauptsächlich auf die Chronometerherstellung. Er übergibt 1761 der Öffentlichkeit ein Chronometer, dessen Gangergebnisse überaus befriedigen, u. verwendet als erster beim Chronometer die Gang- sowie d. Auslösungsfeder. Bei der Vielzahl der Uhren, die er baute, kam er auf die Theorie des durch eine Spiralfeder bewirkten Isochronismus der Unruh. Von zahlreichen Fachschriften, die er verfaßte, ist am bekanntesten sein Werk „Geschichte der Zeitmessung".

Beruf des Uhrmachers: s. 1. körperl., 2. geistige, 3. charakterliche und 4. wirtschaftliche Voraussetzungen, 5. sonstige Gesichtspunkte für die Eignung, 6. Lehrzeit, Werkstatt-Wochenbuch, 7. Berufsschule, 8. Prüfungen, Grundforderungen, 9. Gewerbeordnung, 10. Gewerbefreiheit, 11. kleiner und großer Befähigungsnachweis, 12. Organisation.

Berufsschule: für Uhrmacher, ein Teil der Berufsausbildung, zunächst nach der theoretischen Seite durch Vermittlung der notwendigen Kenntnisse über Werkstoffe, Werkzeuge und Einrichtungen, die Funktionen der einzelnen Uhrteile, in Fachrechnen, Fachzeichnen, Deutsch und Gemeinschaftskunde, nach der praktischen Seite durch schulmäßige Durchführg. der wichtigsten fachlichen Arbeiten. s. Beruf des Uhrmachers.

Beryll: Edelstein mit schönen Prismenkristallen.

Beryllium: ein Leichtmetall, chem. Zeichen Be, Wichte 1,84, Schmelzpunkt 1278 °, stahlgrau, sehr hart, kommt vor im Beryll, Smaragd, Chryso-Beryll usw. Es findet Verwendung als Zusatz für Kupfer-, Nickel- und Stahllegierungen, vergütungsfähig. Für den Uhrmacher hat es besondere Bedeutung gewonnen als wesentlicher Bestandteil des s. „Nivarox", das zu Unruhen u. unveränderlichen Spiralfedern verarbeitet wird.

Beryllium-Bronze, aushärten, indem die Legierung mit einem Beryllium-Gehalt von 2 bis 2.5 % längere Zeit bei etwa 700 ° geglüht, abgeschreckt und wieder auf etwa 300 ° erwärmt wird. Dadurch erfolgt die Ausscheidung von harten, berylliumhaltigen Mischkristallen in feiner Verteilung u. damit eine wesentliche Steigerung der Gesamthärte. Ein Verziehen der fertigen Teile erfolgt bei dieser Härtung nicht. Angewandt wird sie für Lager, die anstelle von Steinen gebraucht werden, für Hemmungsteile, Federn, Aufzugwellen und Unruhen. s. Nivarox.

Beryllium-Legierungen: 1. s. Nivarox, eine Nickelstahl-Legierung mit etwa 0,9 % Beryllium. 2. Contracid, eine berylliumhaltige Legierung für Zugfedern, 3. s. Durapower - Aufzugfeder, eine „Dauerkraft" Aufzugfeder amerikanischer Herkunft, gleichfalls eine Nickelstahl-Beryllium-Legierung.

Bessemer-Birne: ein birnenförmiges, drehbares Stahlgefäß mit Quarzfutter, durch dessen Düsen im Boden Sauerstoff gepreßt wird, welcher die enthaltene Kohle und sonstige Beimengungen verbrennt. Bei der dabei entstehenden hohen Temperatur v. etwa 1600 ° bleibt der Stahl flüssig, obwohl er fast keinen Kohlenstoff mehr enthält. s. Eisensorten, schmiedbares Eisen.

Bewegungsenergie: auch Wucht genannt, setzt sich zusammen aus der Masse und der Geschwindigkeit eines Körpers. Sie nimmt proportional zur Masse und im Quadrat der Geschwindigkeit zu.

Bewegungs-Sitz: s. Passungen.

Bezeichnungen im Fachrechnen nach dem Beschluß der Fachlehrertagung 1954: (In der Tabelle auf dieser Seite sind die geänderten Kurzzeichen mit einem Stern [*] versehen).

Rad und Trieb	Rad	Trieb
Teilkreis-Radius	r	r'
Teilkreis-Durchmesser	d	d'
Kopfkreisdurchmesser *	d_k	d'_k
Fußkreisdurchmesser *	d_f	d'_f
Gemessener Durchm. (ungerade Zahnzahl 7—15) *	[d_k]	[d'_k]
Zahnzahl	z	z'
Zahndicke (aus d. Teilkreis)	s	s'
Lücke, bzw. Fräsendicke	l	l'
Zahnkopfhöhe *	h_k	h'_k
Zuschlagwerte	p	p'
Kopfflanken-Radius (Rho)	ϱ	ϱ'
Zahnfußhöhe *	h_f	h'_f
Zahnhöhe *	h_z	h'_z
Umfangteilung	t	
Durchmesserteilung (Modul)	m	
Achsenabstand *	a	
Zahnzahl (Hemmungsrad) *	z_h	
Rädergetriebe		
Anzahl der Umdrehungen (allgemein, Walze, Feder)	n	
Übersetzungsverhältnis *	i	

$$i = \frac{n}{n'} = \frac{z'}{z} = \frac{d'}{d}$$

Radzahnzahlen	z_1 z_2 z_3 . . .
Triebzahnzahlen	z'_1 z'_2 z'_3

Umdreh. der letzten Welle bei 1 Umdrehung des Antriebsrads: *

$$n = \frac{z_1 \cdot z_2 \cdot z_3}{z'_1 \cdot z'_2 \cdot z'_3}$$

Berechnung der Reglerschläge: *

$$n_h = n \text{ mal } 2z_h$$

Walzendurchmesser d
Fallhöhe (Gewichtzug) h
Gehzeit in Stunden * G_h

Zeigerwerke

Minutenrohr (Viertelrohr) z'_v
Wechselrad z_w
Wechseltrieb z'_w
Stundenrad z_{st}

Pendel und Unruh

Zeitdauer einer Schwingung * T
Amplitude (seitl. Abweichung von der Mittellage) α
Anzahl der Reglerschwingung / sek * f
(Frequenz) auch f_m f_h
Anzahl der Reglerschläge * n_s n_m n_h
Zeitdauer des Reglerschlages t
Mathematische Pendellänge (reduzierte Länge) l
Gesamt-Pendellänge L
Beobachtungszeit t
Zeitänderung (Delta t) Δt
Längenänderung Δl
Pendelgewicht * G
Pendelgewicht-Änderung * ΔG
Spiralfeder — Zugfeder
Dicke (Klinge) s
Breite (Klinge) (Höhe) h
Länge l
Uhrstand * S
Täglicher Gang * G_1 G_2 G_3 . . .
Gangänderung (Variation) * V
Mittlere Zeit t
Wahre Zeit t_w
Sternzeit t_s

Allgemeines

Frequenz/sek * f
Tag (dies — lat.) d
Stunde (hora) h
Minute, alleinstehend min = m
Sekunde, alleinstehend sek = s
In Verbindung mit Zahl m, s
Beschleunigung * b
Beschleunigung der Erdanziehung g
Geschwindigkeit (velocitas) v
Winkelgeschwindigkeit (Omega) ω
Kraft P
Kraftmoment M
Gewicht * G
Wichte (Gamma) γ
Masse m
Arbeit A
Leistung N
Wirkungsgrad (Eta) η
Elastizitätsmodul E
Temperatur v. Eispunkt t
Temparatur vom absoluten Nullpunkt T
Wärmeausdehnungszahl (Alpha) α
Bogengrad (alt 360°) °
Bogenminute '
Bogensekunde ''
Bogengrad (neu 400°) g
Bogenminute c
Bogensekunde cc

Längen, Flächen, Raum, Winkel

Linien, gerade u. krumme a b c
Punkte, Ecken A B C
Ebenen E_1 E_2 E_3
Flächeninhalt F
Rauminhalt, Volumen V
Winkel (griechische Buchstaben) $\sphericalangle$ α β γ
Bogen AB
Strecken, begrenzte AB
Geographische Breite (Phi) φ
Ludolfsche Zahl 3,14159 3,1416 3,14 (Pi) π
Gleich =
Nahezu gleich, annähernd $\approx$
Größer als $>$
Kleiner als $<$

Vorzeichen bei Gangprüfungen

Vorgehen (Seewarte) —
Nachgehen (Seewarte) +

Biedermeier-Stil: ein deutscher Stil, angewandt von 1815 bis 1848.

Biegen s. Grundforderung, kalte Verformung von Draht u. kleinen Blechstreifen, mittels Rund- oder Flachzange. Federenden werden in glühendem Zustand gebogen, mit nicht zu großen Zangen, welche die Hitze ableiten und die Biegestelle zum Brechen bringen können. Kalte Biegungen sollen stets quer zur Walzrichtung, d. i. zur Faser erfolgen.

Biegepunkt der Pendelfeder: auch s. Knickpunkt im oberen Drittel der Feder.

Biegungs-Festigkeit: eine Beanspruchung des Körpers quer zur Stabachse in größerer Entfernung vom Unterstützung- oder Auflagepunkt. Eine Zerstörung erfolgt hier nicht durch Abscheren, sondern durch Bruch, nach vorausgegangener Verbiegung. s. Festigkeit.

bifilar: Doppelfadige Wicklung, die man in der Elektrotechnik anwendet, wo es darum geht, die Selbstinduktion einer Spule auszuschalten, also bei Spulen, die keine Wärme und keine magnetischen Kräfte entwickeln sollen wie Widerstände.

bijouterie: (franz.) = Goldwarengeschäft, Schmuckwaren.

bijoutier: (franz.) = Goldschmied.

Billiarde: tausend Billionen (1 000 000 000 000 000—) s. Zahlensystem

Billion: 1 Million Millionen (1 000 000 000 000)

Bimetall: = Zweimetall. Verbindet man zwei Metalle mit verschiedenen Ausdehnungskoeffizienten fest miteinander, so wird sich ein solcher Stab bei Temperaturänderungen durchbiegen. Bei der B.-Unruh besteht der äußere Reif zu $^2/_3$ aus Messing und zu $^1/_3$ aus Stahl. Der Reif ist aufgeschnitten, sodaß sich die Enden bei Temperaturschwankungen nach innen bzw. außen biegen können. B.-Sicherungen bestehen aus einem zweimetallischen Band, das mit einer stromdurchflossenen Wicklung umgeben ist. Bei Kurzschluß steigt die Stromstärke so stark an, daß das Band sich erwärmt, sich durchbiegt und den Stromkreis unterbricht.

Bimsstein: ein Schleifmittel vulkanischer Herkunft (Lava), mit Wasser zum Flächenschleifen für Messingplatten, für Kunstharz und Holz verwendet. In Pulverform mit Wasser zur Bearbeitung von Glas, Marmor, Elfenbein und Holz verwendet. s. Schleif- und Poliermittel.

Binocular: mit beiden Augen zugleich.

Bivox-Wecker der Firma Junghans, der erst leise und dann laut weckt. Erreicht wird das durch eine auf der Welle des Weckerfederrads sitzende Friktionsscheibe, die zunächst die Bewegung des Hammerstiels begrenzt.

Blaßgold: eine Goldlegierung mit weniger Kupfer- und mehr Silberbeimischung. s. Gold.

Blattgoldschläger und Silberschläger: in Schwabach und Fürth zu Hause. Da man Gold nicht so fein auswalzen kann, mit Hammer aus papierdünnen Stückchen hauchdünn ($^1/_{900}$ mm) geschlagen.

Blattgrößen: im Fachzeichnen, DIN 823, als deren gebräuchlichste u. zweckmäßigste das Format DIN A 4 = 297×210 mm gelten kann, in Ausnahmefällen DIN A 3 = 420×297 mm. s. Zeichnungsnormen.

Blau-Vergoldung: auch goldplattiert, auf unedles Metall in glühendem Zustand aufgewalzter Goldüberzug. s. Gold-Doublée.

Blechanker-Hemmung: auch Schwarzwälder B., mit einem aus Stahlblech gebogenen, an einer Ankerwelle drehbaren Ankerkörper, eine Abart der Haken-Hemmung, die vielfach in Schwarzwälder Uhren verwendet wird. Die Behandlung ist insofern einfacher, als sich die Ankerweite leicht verändern läßt. s. Haken-Hemmung.

Blei: (lat. Plumbum) Pb, Wichte 11,24, Schmelzpunkt 327°. Wichtige Erze: Bleiglanz, (Harz, Aachen, Oberschlesien), Weißblei-Erz (Spanien, Griechenland, Australien). Gewinnung in kleineren Schachtöfen mit Koks und Zuschlägen geschmolzen, Roh- oder Werkblei, gereinigt, entsilbert. Eigenschaften: grauweiß, weich, geschmeidig, witterungsbeständig, läßt sich walzen u. pressen. Verwendung: Bleche, Wasserleitungsröhren, Akkuplatten, Bleikammern, Kabelmäntel, legiert als Hartblei für Letternmetall, zu Lagern u. als Schnellot. Von Schwefel- und Salzsäure wird es schwer, von Salpeter-Säure leicht aufgelöst. Für den Uhrmacher findet es wegen seiner hohen Wichte Verwendung zur Füllung von Uhrgewichten, Pendellinsen u. als Gegengewicht an Zeigern. Bleidämpfe und Bleiverbindungen sind giftig. s. Nichteisen-Metalle.

Blindenuhr: besitzt ein Zifferblatt, auf dem die Zahlen erhaben angebracht sind, kräftige Zeiger und kein Glas, sodaß der Blinde durch Abtasten die Zeit erkennen kann.

Blister-Perle: echte Perle, bei der sich die Perlsubstanz lediglich auf einem gewölbten Teilstück abgelagert hat, das mit seiner Unterseite auf der Innenseite der Perlmuschel angewachsen ist.

Boetius Severinus: römischer Staatsmann, geb. um 475 n. Chr., baute u. a. zwei besondere Kunstuhren, eine Sonnenuhr u. eine Wasseruhr. Diese hatte ein Schlagwerk bzw. eine Einrichtung, die durch das Fallen von Kugeln in ein Metallbecken die Stunde hörbar angab. Der Fall dieser Kugel wurde durch einen Trompeter ausgelöst. B. baute sie im Auftrag von Theodorich dem Großen, (Dietrich von Bern) der sie als Geschenk an Gundibald, den König der Burgunder verehrte.

Bohr-Emulsion: eine Mischung aus flüssiger Seife, Mineralöl u. Wasser, als Kühlmittel bei der Bohrarbeit. s. Kühlmittel.

Bohren: Grundforderung, Herstellung kleiner und kleinster Löcher in Messing, Stahl u. sonstige Werkstoffe. Es erfordert eine genaue Kenntnis über den Aufbau, die Arbeit, die Leistungsfähigkeit der einzelnen s. Bohrer, insbesondere Klarheit über den Begriff s. „Schnittgeschwindigkeit", über das s. Härten u. s. Anlassen von Bohrern und die zur Erleichterung der Arbeit gebrauchten s. Kühlmittel.

Bohren von Lang-Löchern: erfordert Bohrer mit guter Führung, um ein Verlaufen zu verhindern. Eine solche Führung ist beim Spiralbohrer durch die zylindrische Form des Bohrer-Körpers ohne weiteres gegeben, bei Spitzbohrern kann sie dadurch erreicht werden, daß die Schaufel nach dem Schmieden an den Schmalseiten parallel geformt wird.

Bohrer des Uhrmachers: 1. Drill-B., 2. Spitz- oder Schaufel-B., 3. Kehl-B., „Eureka"-B., 4. s. Spiral- oder Wendel-Bohrer.

Bohrer, härten und anlassen: erfolgt f. größere Bohrer bis etwa 1 mm Durchmesser unmittelbar im Feuer, auch bei Anwendung von Holzkohle u. Blasrohr, wobei der angewärmte Stahl mit trokkener Seife zu bestreichen ist, um die Zunderbildung zu verhindern. Das Glühen muß stets am Schaft beginnen, dann erst den Hals und zuletzt die Schneide glühen. Bei Kirschrotglut (etwa 800 °) wird in Wasser von 20 ° Temperatur abgeschreckt. Vor dem Anlassen wird die Schaufelseite weiß geschliffen, u. dann vom Schaft aus beginnend angewärmt, bis die Schneide hellgelb, Schaft Schaft u. Hals dunkelblau sind. Kleinere Bohrer unter 1 mm Durchmesser werden nicht unmittelbar im Feuer geglüht, sondern in einer kleinen Messingbüchse.

Bohrgeschirr: vom kath. Priester Thaddäus Rinderle um Mitte des 18. Jahrhunderts konstruiert. Beseitigte mit einem Schlag das Krummbohren der Triebstablöcher bei den Schwarzwälder Uhrmachern.

Bohrgeschwindigkeit, v, setzt sich zusammen aus dem Umfang des Bohrers (d · π) u. der Umdrehungszahl pro Minute (n). Somit ergibt sich für v = d · π · n m/min. s. Bohrtabelle, s. Schnittgeschwindigkeit.

Bohrmittel: s. Kühlmittel.

Bohrstahl: Aufdrehstichel für Löcher, Grundform ist der linke Seitenstahl. Für den vorderen Teil, das Messer, ist der Querschnitt dem Arbeitszweck u. der Größe des Loches anzugleichen. Beim Aufdrehen von Löchern muß die Spanfläche auf Mitte der Bohrung stehen, die Breite des Messers darf fast so groß sein wie der Lochdurchmesser, die Dicke des Messers beträgt soviel wie die Hälfte der Breite. Geschliffen wird das Messer nur an der Freifläche. Der Übergang vom Messer zum Schaft muß in einer Hohlkehle erfolgen.

Bohr-Tabelle: gibt Anhaltspunkte für die zulässige s. Schnittgeschwindigkeit in m/min, die durch den Bohrerdurchmesser u. den Werkstoff bestimmt wird, harter oder weicher Stahl, hartes oder weiches Messing, Leichtmetall usw. u. durch die mittleren Umdrehungszahlen des Bohrers. Eine wesentliche Überschreitung der vorgesehenen Schnittgeschwindigkeit verursacht starke Erwärmung u. Weichwerden, evtl. einen Bruch des Bohrers. Als Kühlmittel wird Bohr-Emulsion verwendet.

Boite de montre: (franz.) = Uhrgehäuse.

Boley & Leinen: 1871 von Gustav Boley, Eßlingen, (1835 bis 1890) gegründet, heute eine bekannte Fabrik für Uhrmacherwerkzeuge, besonders Drehstühle.

Boley Gustav: geb. 20. Juni 1835 in Köngen bei Eßlingen, erlernte die Uhrmacherei, siedelte 1872 nach Eßlingen über u. gründete dort eine Uhrmacher-Werkzeug- und Maschinenfabrik, die bald Weltruf errang.

Bolzengewinde: auch Außengewinde, der auf einem rundgedrehten Gewindebolzen aufgeschnittene Gewindeteil, im Gegensatz zu dem in eine Bohrung eingeschnittenen Muttergewinde.

bombé: gewölbt, bombierte Gläser sind gewölbte Gläser.

Boothia Felix: Halbinsel in der Hudson Bay. Sitz des magnetischen Südpols.

Bor: B, ein nichtmetallischer, chemischer Grundstoff, findet sich in borsauren Salzen u. Borsäure. Das bekannteste Salz ist das borsaure Natrium, (s. Borax) chem. Formel: $Na_2 B_4 O_7 + 10 H_2O$ (Natrium, Bor, Sauerstoff, Wasser).

Borax: ein Salz der Borsäure, u. zwar wasserhaltiges borsaures Natrium, chem. Formel $Na_2 B_4 O_7 + 10 H_2O$. Durch Erhitzen wird das Kristallwasser ausgetrieben, man erhält gebrannten Borax, der in der Rotglut zu einer glasähnlichen Masse (einer Glasur) schmilzt, Metall-Oxyde auflöst u. beim Hartlöten die Lötstellen vor Oxydation schützt. s. Flußmittel, s. Hartlöten.

Bordchronometer: s. Seechronometer

Bouton: (franz.) = Knopf, Brillantknopf. Kleiner, direkt am Ohr anliegender Ohrring (Perlbouton).

bracelet: (franz.) = Armband.

Bracelet: war nach Einführung der Armbanduhr der allgemein übliche Name dafür. Dieses Wort kommt von Armband und wurde auch auf die Uhr angewandt. Heute beinahe vergessen.

Branche: Fach, Zweig, Abteilung.

branchekundig: = fachkundig.

Brauneisenstein: ein s. Eisen-Erz, 20 bis 45 Proz. Eisengehalt.

Braunkohle: unter Luftabschluß verkohlte Teile von harzhaltigen Nadelhölzern, wilden Feigen, Palmen usw., im Tag- oder Tiefbau gewonnen. Große Bedeutung haben die daraus gefertigten Industriebriketts. Durch Schwelen der Braunkohle entstehen Koks u. Teeröle. s. feste und flüssige Brennstoffe.

Braunkohlenöle: durch Destillation gewinnt man 35 Proz. Rohöl u. 60 Proz. Paraffinmasse.

Braunkohlen-Schwelgas: ähnlich dem Koksofengas, jedoch von geringerem Heizwert.

Braunkohlen-Teer: s. Koks und flüssige Brennnstoffe.

Braunsche Röhre: Mit ihr werden Elektronenstrahlen erzeugt und auf einem Leuchtschirm sichtbar gemacht.

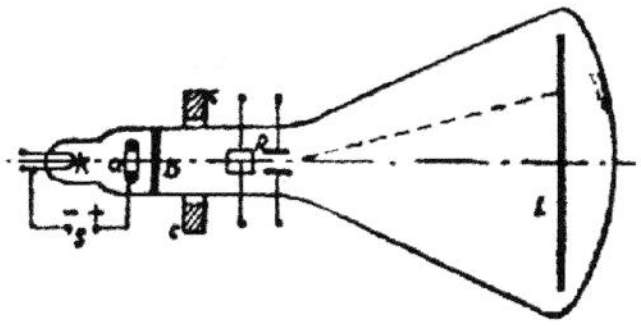

Ein geschlossenes Glasgefäß (s. Abbildung), welches luftleer gepumpt wird. Links befindet sich die Kathode K, die strombeheizt ist und Elektronen ausschwitzt. Dieser Kathode steht die ringförmige Anode gegenüber u. zwischen beiden die durch den Transformator erzeugte hohe Spannung (bis zu mehreren 100 000 Volt). Kathode ist negativ, Anode positiv, dadurch werden die Elektronen von der Anode angezogen. Durch die hohe Spannung erhalten die Elektronen eine Geschwindigkeit von etwa 100 000 Kilometern pro Sekunde. Nur ein geringer Teil der Elektronen erreicht, durch das Loch in der Anode durchschießend, den Leuchtschirm. Dieser Elektronenstrahl wird auf seinem Weg noch durch die Blende B gebündelt. Die Ablenkplatten P gestatten nun eine Ablenkung des Kathodenstrahls, indem man eine geeignete Spannung an ihnen anlegt. Auf diese Weise gelingt es, die kompliziertesten Vorgänge sichtbar zu machen; denn dort, wo der Strahl den Leuchtschirm trifft, leuchtet dieser auf. Wie oft auch die Ablenkplatten ihre Ladung ändern, u. sei es einige Millionen Mal in der Sekunde, der Strahl gehorcht ihnen willig und unverzüglich. Legt man z. B. normalen Wechselstrom an die Platten, dann erscheint die für ihn charakteristische Sinuslinie auf dem nachleuchtenden Schirm. Der Schirm ist nachleuchtend, damit auch solche Vorgänge, deren Dauer dem Auge nicht mehr wahrnehmbar sind, sichtbar werden. Denn die zeitliche Dauer eines Vorgangs wird ja nicht durch die Zeit des Aufleuchtens bestimmt, sondern durch den Weg des Kathodenstrahls. Zeitbestimmungen bis zu einer zehnbilliardstel Sekunde sind auf diese Weise möglich. s. Elektronenstrahl-Uhr.

Bréguet, Abraham Louis: 1747 in Neuchâtel geb., 1823 in Paris gestorben, war einer der besten u. erfolgreichsten

Uhrmacher und Erfinder. Sehr zahlreich sind die Verbesserungen und Erfindungen, die in ihm ihren Urheber haben. Am bekanntesten sind: eine Zehnminutenrepetieruhr, eine Taschenuhr mit springenden Zahlen, eine Blindenuhr und eine weitere Taschenuhr, welche die größten Feinheiten zu zeigen hatte, die sog. „Maria Antoinette Perpetuale". 1800 erfindet er die Spiralfeder mit aufgebogener Endkurve, die seinen Namen trägt, heute noch nicht überholt ist und deshalb in allen besseren Uhren Verwendung findet. 1822 baut er die erste Drehganguhr, das sog. Tourbillon.

Bréguet, Louis: 1804/1883, ein Enkel des berühmten A. Louis Bréguet, stellte Uhren für außerordentliche Geschmacksrichtungen her, baute Apparate für physikalische Zwecke und beschäftigte sich viel mit Astronomie.

Bréguet-Spirale: aufgebogene Spirale, nach ihrem Erfinder Bréguet benannt, entsteht dadurch, daß der äußere Spiral-Umgang durch eine knieähnliche Biegung nach oben gerichtet wird, sodaß sie in einer parallel über der Spirale liegenden Ebene verläuft. B. werden aus gehärtetem Stahl hergestellt, mit fein polierten Oberflächen, antimagnetisch, aus Beryllium-Legierungen, heute werden vorwiegend Nivarox-Spiralen verwandt. s. Spiralfeder.

Breite der Erde: Breitenkreis oder Parallelkreis, Breitengrad. s. Erdbreite.

Bremsen für Feststellwerke: Bremsfeder für den Windfang, Bremsvorrichtung für die Unruh, Reibungskupplung am Minutenrohr (Laterne), Federkupplung für Stellvorrichtungen, Backenbremse für den Rotor. s. Feststellwerke.

Bremsfeder: 1. für Unruh, angewendet bei s. Stoppuhren, 2. Windfang, eine sanft reibende Verbindung zwischen dem Schlagwerkregler u. dem Schlagwerk. s. Bremsen.

Brennglas: Sonnenstrahlen kommen aus sehr großer Entfernung. Daher verlaufen sie praktisch parallel. Diese Strahlen werden von einer Sammellinse in deren Brennpunkt vereinigt. Folglich verstärkt sich auch im Brennpunkt die Wärmewirkung. Man hat die Wirkung des Brennglases schon bei Uhren ausgenutzt indem man mit dessen Hilfe eine mit einer Sonnenuhr verbundene „Kanone" zur Detonation brachte, welche die Mittagszeit angab.

Brennglas-Uhren: 12 Uhr mittags wird vom Sonnenstrahl, der durch ein Brennglas fällt, ein mittels Gewicht gespannter Faden durchgebrannt; dieses fällt dadurch in ein Metallbecken, der erzeugte Ton gibt die Zeit an.

Brennstoffe: lassen sich in drei große Gruppen teilen: 1. feste B., 2. flüssige B., 3. s. gasförmige B.

Brennweite: Entfernung des Brennpunkts (also des Punktes, in welchem sich die Strahlen vereinigen) zur Linse.

Brieftauben-Konstatieruhr: dient zum Festhalten der Ankunftzeit bei Wettflügen von Brieftauben. Der Taube wird ihr Erkennungsring abgenommen und durch eine Öffnung wird dieser Ring in eines der 8 bis 16 Fächer der Uhr eingelegt. Durch Betätigung eines Hebels wird die Zeit auf die Sekunde genau auf einen Papierstreifen gestempelt. Gleichzeitig dreht sich der Behälter zur Aufnahme der Ringe um ein Kästchen weiter, so daß Platz da ist für den nächsten Ring u. die eingelegten Ringe nicht mehr herausgenommen werden können.

Brinell-Härte: die nach der Kugeldruckprobe d. schwedischen Ingenieurs Brinell festgestellte Härte eines Werkstoffs. Dabei wird eine glasharte Stahlkugel mit einem bestimmten Druck in den Werkstoff gepreßt u. etwa 30 Sekunden unter diesem Enddruck belassen. Durch genaues Messen des Eindruck-Durchmessers kann dann die Brinell-Härte in kg/mm² bestimmt werden. s. Druckfestigkeit.

Brocot-Hemmung: erfunden von dem berühmten französischen Uhrmacher Achille Brocot (1817 bis 1878), eine rückführende Stiften-Hemmung, die man vielfach in Küchenuhren findet. Der Anker aus Messing trägt anstelle der Klauen zwei senkrecht zu seiner Ebene stehende, halbrunde Stifte aus Stein. Er umspannt 10½ Teilungen, bei einem spitzgezahnten Hemmungsrad von 30 Zähnen. Die Hebung erfolgt durch die Rundung der halbzylindrischen Stifte. Die Hemmung ist leicht anzufertigen u. leistet in entsprechender Ausführung gute Dienste. s. Hemmungen m. Pendel.

Brocot Paul: Sohn des bekannten Uhrmachers Brocot Achille, besaß großes Kunstverständnis, er studierte außer der Uhrmacherei auch Literatur u. andere Wissenschaften. Sein Vater Achille konstruierte die nach ihm benannte s. Brocot-Hemmung.

Brokat: mit Gold oder Silber durchwirkter Stoff.

Brom: Zeichen Br., chem. Grundstoff mit dem Atomgewicht 79,92, Ordnungszahl 35.

Bromsilber: lichtempfindliche Brom-Silber-Verbindung (Fotografie).

Bronze: s. Kupfer-Zinn-Legierungen.

Bruchlinien: Fachzeichnen DIN 36, werden angewandt, wenn ein gleichförmig gebauter Körper, eine Welle, ein Rad nicht in der vollen Größe aufgezeichnet werden kann. Die Bruchlinien sind freihändig zu zeichnen u. schwächer als die Körperkanten. Das einzutragende Maß gibt die volle Länge des Körpers an. s. Zeichnungs-Normen.

Bruchzahlen im Fachrechnen: entstehen dann, wenn eine größere Anzahl von Teilen gemacht werden soll, als Ganze vorhanden sind, z. B. 3 Ganze sollen unter 4 Personen geteilt werden 3 : 4 = 3/4, d. i. der Anteil, den jede Person erhält, Bezeichnungen:

3 = Zähler = Anzahl
4 = Nenner = Benennung

Da der Zähler kleiner ist als der Nenner, handelt es sich um einen „echten" Bruch. Wenn umgekehrt der Zähler größer ist, z. B. 4/3, so spricht man von einem „unechten" Bruch, der Ganze u. Bruchteile ergibt, nämlich 1 1/3, d. i. eine „gemischte Zahl". Ist der Nenner eine Zehnerzahl, z. B. 75/100. so spricht man von einem s. „Dezimalbruch", s. auch Zusammenzählen u. Abziehen von gemeinen Brüchen, Vervielfachen u. Teilen mit gemeinen Brüchen. Dezimalbrüche, unendliche Dezimalbrüche, Perioden, Erweitern und Kürzen von gemeinen Brüchen.

Brücken: im Werkaufbau, Lagerungsteile mit zwei gegenüberliegend Auflageflächen, die mit mindestens zwei Brückenschrauben auf der Unterplatine befestigt werden. Zur Sicherung des genauen Sitzes u. zur Erleichterung der Remontage, des Zusammenbaus, sind auch hier wie bei s. Kloben, Stellstifte eingesetzt. Für das Abheben sind beiderseits kleine Ausfräsungen angebracht.

Brückenwerke: im Werkaufbau, besitzen zur Unterbringung der verschiedenen Uhrwerksteile mehrere Brücken u. Kloben, die einzeln auf der Unterplatine befestigt sind u. ebenso einzeln gelöst werden können, z. B. 1. eine Räderwerks-Brücke für Minuten-, Zwischen- u. Sekunden-Rad, 2. ein Zylinderrad-Kloben, 3. ein Unruhkloben, s. Werkaufbau.

brünieren: verreiben von Öl in der beim Erhitzen entstehenden Oxydschicht. s. Oberflächen-Schutz.

brutto: (ital. = roh) im ganzen, mit Verpackung ohne Abzug des Nachlasses oder der Steuer, Bruttopreise sind Verkaufspreise. Bruttolohn: Gesamtlohn ohne die Abzüge. Bruttogewicht: Einschließlich der Verpackung.

Buchführung: Die einfache Buchführung ermittelt zunächst auf Grund der Bestandsaufnahme (Inventur) und der Vermögensaufnahme (Bilanz) das Anfangsvermögen (Reinvermögen). Dann werden alle laufenden Geschäftsvorfälle in die beiden „Grundbücher", das „Kassenbuch" u. das „Tagebuch" (Memorial), eingetragen. Das Kassenbuch nimmt die Bargeschäfte, das Tagebuch die Leihgeschäfte (Kreditverkäufe) auf. Die Vorfälle, die das Eingehen oder das Erledigen eines Leihgeschäfts zu einem Geschäftsfreund begründen, werden aus den Grundbüchern in das

Hauptbuch übertragen. Hier hat jeder Geschäftsfreund sein Konto, aus dem sich seine jeweilige Schuld oder Forderung ergibt. Am Schluß des Geschäftsjahrs wird wiederum durch Bestands- und Vermögensaufnahme das Reinvermögen (Endvermögen) ermittelt. Ein Vergleich mit dem Anfangsvermögen zeigt, ob mit Gewinn oder Verlust gearbeitet worden ist.

Buchsbaumholz: verwendete um 1750 Matthias Hummel im Schwarzwald zum Bau einer Taschenuhr, bei der Zugfeder und Spiralfeder aus Metall waren. Wurden noch um 1800 hergestellt.

Buchstabenformel: im Fachrechnen, gibt kurz gefaßt, klar und übersichtlich den für alle Zahlenverhältnisse gültigen Weg zur Lösung einer Fachrechen-Aufgabe an. Da vielfach die algebraischen Grundbegriffe fehlen, wird sie als Erschwerung empfunden, tatsächlich aber bietet sie eine Erleichterung, Vereinfachung u. zudem eine Sicherung dafür, daß keine Größe vergessen wird. Formeln sollten stets in der gleichen Buchstabenfolge gebraucht werden. s. Formeln im Fachrechnen.

Bügel-Aufzug: auch Kronen-Aufzug oder Remontoir genannt, erfand Adrian Philippe 1842 in Genf, wodurch bei Taschenuhren der Schlüssel überflüssig wurde.

Burgunder-Uhr: nennt man die aus dem Besitz Philipp des Guten von Burgund etwa aus dem Jahre 1430 stammende, berühmte Standuhr. Sie besaß Spindelhemmung, 2 Unruhen, 2 Federn im Federhaus, Schnecke. Erbauer: Pierret Lombart von Mons, 1430/36.

Burin fixe: (franz.) Burin = Stichel, fixe = fest, d. i. ein Stichel mit fester Führung, also nicht mit der Hand gehalten. In der Schweiz bezeichnet man damit eine Drehbank mit Support.

business: (engl.) = Geschäft.

businessman: (engl.) = Geschäftsmann.

Bydinator: Eine von der Felsa AG., Grenchen (Schweiz), herausgebrachte Automatic-Uhr, bei welcher die Unruh

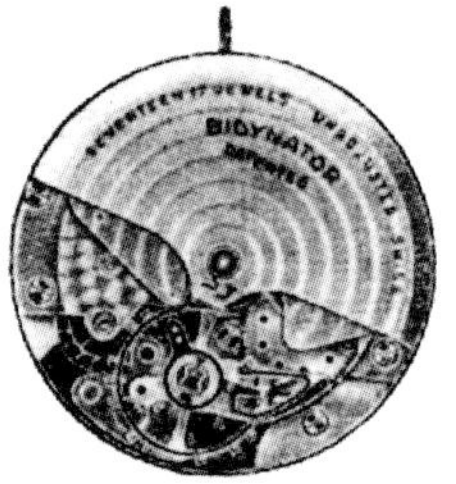

und das Federhaus über den eigentlichen Durchmesser des Basiswerks herausragen, wobei der Aufzug nach beiden Seiten erfolgt. In dem Gewichtskörper befinden sich zwei Lochsteine zur Lagerung in der feststehenden Welle. Der aus Messing bestehende Gewichtskörper ist an seinem Umfang m. Schwermetall gefüllt, wodurch sich seine Höhe beträchtlich reduzieren läßt.

C

C: Abk. für s. Coulomb, für Celsius und für Kohlenstoff.

c: Abk. für s. Lichtgeschwindigkeit.

ca.: Abk. für circa, ungefähr.

cadeau: (franz.) = Geschenk.

cadran: (franz.) = Zifferblatt, c. métal = Metallzifferblatt, c. radiom = Radiumzifferblatt, c. lumineux = Leuchtzifferblatt.

Cajetano Fr. David: 1726/96, war in der Jugend Schreinergeselle und trat 1754 bei Wien in den Augustinerorden als Laienbruder ein. Dort baute er die komplizierteste Großuhr der damaligen Zeit. 1769 vollendete er sein bedeutendstes Erzeugnis: eine astronom. Standuhr, die uns eine erstaunliche Fülle v. astronomischen Angaben zeigt und die sich seit 1928 im Uhrenmuseum der

Stadt Wien befindet. Außerdem fertigte er eine große Anzahl von Kunstuhren u. verfaßte einige Fachbücher für Uhrmacher.

canon: (franz.) = Stundenrad.

Carboneum: s. Kohlenstoff.

Cardan-Aufhängung: 1550 von Geronimo Cardano erfunden, erschütterungsfreie Lagerung von Uhren in drei Ringen, die sich nach drei Richtungen drehen können u. so den in ihrer Mitte gelagerten Zeitmesser stets in der waagerechten Lage halten, besonders bei Seechronometern angewandt.

ccm: Kubikzentimeter (cm^3)

Celsius: Temperaturskala, Gefrierpunkt des Wassers wird mit 0 und der Siedepunkt mit 100 Grad angegeben. Bei uns und in vielen anderen Ländern gebräuchlich. Außer dieser Einteilung wird noch die Reaumur- und die Fahrenheit-Einteilung verwendet. Gegenüberstellung dieser s. Temperaturskalen.

Celsius Anders: schwedischer Hochschullehrer (1701 bis 44) schlug 1742 vor, die Wärmegradeinteilung in 100° zu berechnen, zwischen dem Schmelz- und dem Siedepunkt des Wasser, heute allgemein als Celsius-Skala für Thermometer maßgebend.

Centrale: bei Eingriffen u. Hemmungen, s. Achsenabstand. Früher Kurzzeichen „c", jetzt „a".

CGS-System für Spiralen: erleichtert das Aussuchen von Spiralfedern, indem auf den Packungen die Werte C G S, d. i. Centimeter — Gramm — Sekunde angegeben sind, z. B. erforderlicher Halbmesser der Spirale R = 4,75 mm richtige Schwingungszahl b. Halbdurchmesser R_1 = 4,4 mm Kennziffer CGS = 50, ergibt

$$K = K_1 \cdot \left(\frac{R}{R_1}\right)^2 = 50 \cdot \frac{4{,}75^2}{4{,}4^2} = \frac{50 \cdot 22{,}5625}{19{,}36} = 58{,}25$$

die CSG-Nummer der erforderlichen Spiralfeder.

Chance: Aussicht, Zukunftsmöglichkeit, Glück.

Chapeau: spr. Schapo (franz. Hut), Bezeichnung für das Staubhütchen bei Schlüsseluhren, das sich sowohl am Federkern wie an der Zeigerwelle befand.

Charakterliche Voraussetzungen für den Uhrmacherberuf: ehrlich, aufmerksam, fleißig, beharrlich, willig, freundlich, achtsam, verschwiegen, kameradschaftlich, anständig und wohlerzogen. s. Beruf des Uhrmachers.

Châtelain: (franz.) Gürtelkette.

Châton: Futter mit und ohne Stein, welches entweder eingepreßt oder festgeschraubt wird, s. Steinfassungen.

Chaussée: franz. = Viertelrohr.

Chemie: die Ch. befaßt sich mit den Vorgängen, bei denen der Stoff der Körper eine Änderung erfährt.

Chemische Verbindung: Die Vereinigung mindestens zweier Atome zu einem s. Molekül.

Chemische Verwandschaft: Die Neigung bestimmter chemischer Stoffe, sich mit anderen Stoffen zu verbinden. Besonders stark ist die chemische Verwandtschaft bei Sauerstoff, s. Oxydation.

Chemische Zerlegung: Die Zurückführung eines Stoffes in seine Grundelemente, d. i. Moleküle zurück zu Atomen, s. Analyse.

Chlor, Cl.: Ein grüngelbes Gas, von durchdringendem, stechendem Geruch, im Wasser löslich, unter Bildung wässriger s. Salzsäure. Es zerstört organische Stoffe, bleicht u. tötet Bakterien.

Chloride: Salze der s. Salzsäure z. B. Chlornatrium, chem. Formel Na Cl, d. i. Natrium-Chlorid, unser Kochsalz, Chlor-

Ammonium, chem. Formel NH_4Cl, d. i. Ammonium-Chlorid oder Salmiak, ein weißes Kristallpulver, das dadurch entsteht, daß man Ammoniak in Salzsäure leitet. Es dient als Reduktionsmittel beim Löten, zur Reinigung des Lötkolbens.

Chrom, Cr.: metallischer Grundstoff, Wichte 7,14, Schmelzpunkt 1890°, silberweiß, wetterbeständig, sehr hart. Wesentliche Verwendung in der Stahlindustrie zur Erzeugung von Chromstahl, weiter als Rostschutzmittel für Werkstücke aus Eisen und Stahl, meist bei vorheriger Vernicklung. s. Nichteisenmetalle.

Chronograph: wörtlich Zeitschreiber, ein Gerät zum Vergleichen des Gangs einer astronomischen Uhr mit dem Durchgang eines Sterns durch das Fadennetz eines Durchgangsinstruments. Dabei werden auf einem sich gleichmäßig fortbewegenden Papierstreifen mit Hilfe eines Sekundenkontakts die Sekunden der astronomischen Uhr als Punkte aufgezeichnet, unter Auslassung der 60. Sekunde. Ein zweiter Kontakt wird durch den Beobachter (oder auch mechanisch) betätigt, wenn der Stern durch den Faden geht. Dann werden neben der Sekundenpunktreihe die Punkte für den Sterndurchgang verzeichnet, so daß mit Hilfe eines Maßstabs der Gang der Uhr festgestellt werden kann.

Chronometer, wörtlich bedeutet es Zeitmesser. 1714 wurde dieser Ausdruck zum erstenmal von dem englischen Uhrmacher Jeremy Thacker für ein Marinechronometer gebraucht. Auch in der Folgezeit blieb dieser Ausdruck im Zusammenhang mit der von Pierre le Roy, Berthoud, Arnold, Earnshaw usw. erfundenen u. verbesserten Chronometerhemmung. Als wesentlichstes Merkmal galt jedoch die Ganggenauigkeit und als drittes kam die Schnecke (konstante Kraft) hinzu. Bei den im 19. Jahrhundert beginnenden Wettbewerben zeigte sich jedoch bald, daß die mit Ankerhemmung ausgestatteten Uhren den Chronometern keineswegs nachstanden. So gestattete man den Ankeruhren, die entsprechende Ergebnisse erzielten, die Bezeichnung Halb-Chronometer. Wie haltlos diese Kompromisslösung war, geht aus der Überlegung hervor, daß das wesentlichste Merkmal eines „Chronometers" die Ganggenauigkeit ist. Nach einer Zeit großer Verwirrung wurde auf dem Internationalen Kongreß für Zeitmeßkunde in Paris im Jahre 1900 die Begriffsbestimmung für Chronometer festgelegt: 1. Marinechronometer mit Chronometerhemmung, 2. Taschenzeitmesser mit Chronometer- od. Ankerhemmung, vorausgesetzt, daß diese Uhren bei gewöhnlicher Temperatur, bei extremen Temperaturen und in den verschiedenen Lagen einen unbedingt regelmäßigen Gang aufweisen. 1925 wurde von der Schweizerischen Gesellschaft für Zeitmeßkunde folgende Definition gegeben: „Ein Chronometer ist eine Uhr, welche von einer Sternwarte einen Gangschein erhalten hat." Mit dieser Begriffsbestimmung war die F. H. (s. dort) nicht einverstanden und sie definierte: „Ein Chronometer ist eine in verschiedenen Lagen und unter verschiedenen Temperaturen regulierte Präzisionsuhr, die einen amtlichen Gangschein erhalten hat." Wenn auch die Bestimmungen zur Erlangung eines Gangscheins nicht einheitlich sind, so dürfte man, von Spitzfindigkeiten abgesehen, als Chronometer heute eine Uhr bezeichnen, welche einen Gangschein besitzt.

Chronometer-Hemmung: eigentlich nicht die zutreffende Bezeichnung für diese Hemmung, die nichts weiter besagt als „Zeitmesser", also für die einfachste Hemmungs-Konstruktion auch anwendbar wäre. Richtiger wäre die Bezeichnung „Riegel"-Hemmung, da das Gangrad durch einen Ruhestein verriegelt wird. Dieser halbzylindrische, in einem Ruhehebel gelagerte Stein ist um etwa 12° gegen die Radmitte geneigt. Der Antrieb erfolgt über den in eine Rolle eingesetzten Antriebshebel nur in einer Richtung. Die Rückschwingung der Unruh bringt keine Auslösung, sondern ist ein Leerlauf. Je nachdem der Ruhestein in eine Feder eingesetzt ist oder sich in einem drehbaren Hebel, der Wippe, befindet, unterscheidet man die Feder- oder Wippenhemmung. Eine Schwäche der Hemmung liegt in der Neigung zum „Galoppieren", d. i. eine zweimalige Auslösung bei Erschütterungen. Bei Wippenhemmungen wird dies vielfach durch einen zweiten Ruhestein als Sicherung verhindert. Wegen der Empfindlichkeit wird diese sehr leistungsfähige Hemmung vorzugsweise in Schiffsuhren verwendet, mit s. Cardan-Aufhängung, in Taschenuhren vielfach als Wippen-Hemmung. s. Hemmungen mit Unruh. — Geschichte, erste Anregung von Harrison 1693/1776, verwendete zwei Unruhen mit je 5 Pfund Gewicht. Verbessert und brauchbar gemacht durch Le Roy, Ferdinand Berthoud, Louis Berthoud, Arnold, Bréguet und Earnshaw. Pierre le Roy wird als Erfinder angesehen. Wird entweder mit Kompensations-Unruh oder mit Zügelkompensation angefertigt. Es gibt verschiedene Konstruktionen, die aber alle auf gleichem Grundprinzip aufgebaut sind.

Chronos: (griech.) = die Zeit, daher der Name Chronometer = Zeitmesser. Der Name fand dort auch persönliche Anwendung.

Chronoskop: griech. = Zeitseher, die Sichtbarmachung sehr kleiner Zeiträume unter Anwendung des elektrischen Stroms. Siemens bestimmt den zeitlichen Abstand durch elektrische Funken, die zwischen der Spitze eines Platindrahts und einer sich drehenden, polierten und berußten Stahlwalze überspringen und dort scharf begrenzte, glänzende Punkte hinterlassen. Die Umdrehung der Walze wird durch ein genau reguliertes Uhrwerk bewirkt. Bei 100 Umdrehungen/sec. lassen sich dadurch Zeiten von 1 Zehntausendstel sec. messen.

Cie.: Abk. für Compagnie, franz. = Gesellschaft.

cif: Ausdruck der Handelssprache = **c**ost, **i**nsurance, **f**reight (engl.), einschl. Kosten, Versicherung, Fracht.

Circulus vitiosus: fehlerhafter, verderbenbringender Kreis (Kreisschluß).

Clement, William: s. Hooke, Robert.

clou: Glanzpunkt, Hauptzugmittel.

Co.: Abk. für Compagnie, franz. = Gesellschaft.

Cochlaes, Johannes: (eigentlich Dobeneck) Frankfurter Kanonikus, schärfster Gegner v. Martin Luther, gab 1511 seinen „Cosmographia Pomponii Melae" heraus. Es war eine ganz bedeutende Schrift, die dem bekannten Humanisten Willibald Pirkheimer in Nürnberg zugeeignet war. Dort steht zu lesen: „Es werden tagtägl. schwierigere Dinge erfunden; so hat Peter Henlein, ein noch junger Mann, Werke gemacht, welche selbst bei den größten Mathematikern Bewunderung erregen, denn aus wenig Eisen baut er künstlich eingerichtete Uhren mit vielen Rädern, welche, wie immer gelegt, ohne jedes Gewicht 40 Stunden zeigen und schlagen, auch wenn sie auf der Brust oder im Geldbeutel getragen werden."

Code: Telegrammschlüssel. C.wort: Deckname.

Cole, James, Ferguson: geb. 1799, betrieb als Uhrmacher und als Federmacher von 1830 bis 1850 ein Geschäft in London. Er widmete sich dem Ausbau der Anker-Hemmung u. konstruierte verschiedene Formen. Zeitweise war er

Vizepräsident des Instituts der Uhrmacherkunst in London.

Collier: franz. = Halsband, Halskette.

contrepivot: franz. = Deckplättchen.

coqueret: franz. = Decksteinplättchen für Kloben und Rücker.

corpus: Leib oder Körper. C.ware: Großsilberwaren.

Contracid: wörtl. contra acidum = gegen Säure, eine berylliumhaltige Legierung für Zugfedern, die nicht dem starken Spannungsabfall unterliegen wie Stahlfedern. Die Zugkraft ist wesentlich gleichmäßiger, außerdem ist der Werkstoff unempfindlich gegen Magnetismus u. Rost. Die daraus gefertigten Federn ermüden weniger rasch als Stahlfedern. s. Nickelstahl-Legierungen.

Coulomb: 1 Amp./Sek. Die Ladung, die durch jeden Querschnitt eines Leiters bei der Stromstärke von 1 Ampère in jeder Sekunde hindurchfließt.

Cuprum: s. Kupfer

Curie, Pierre: (1859—1906) entdeckte zusammen mit seiner Frau Marie, geb. Sklodowska (1857–1934), Chemikerin u. Physikerin, die radio-aktiven Grundstoffe Polonium u. Radium, welch letzteres sie 1910 rein darstellte. 1903 erhielt sie zusammen mit ihrem Gatten den Nobelpreis für Physik u. 1911 allein für Chemie. Ihre Tochter Irene erhielt 1935 den Nobelpreis für die Entdeckung der künstlichen Radio-Aktivität.

Curvex: Bezeichnung für eine Uhr der

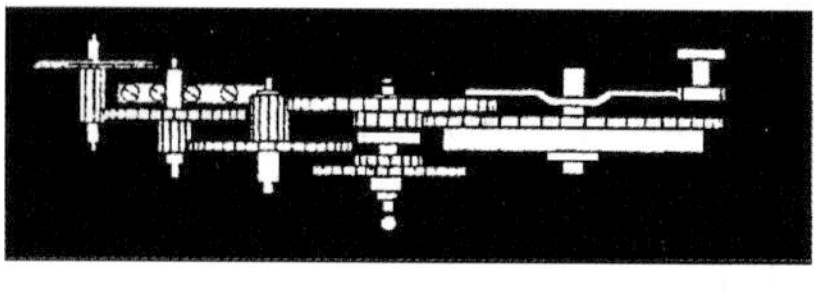

Firma Gruen, welche in Anpassung an ein gewölbtes Gehäuse auch ein gewölbtes Werk besitzt.

Cuvette: Bezeichn. für Staubdeckel des Uhrgehäuses, der sich zwisch. Werk und hinterem Deckel befindet.

Cycle par seconde: (c/s) = Schwingungen pro Sekunde. Gemeint sind hier die Schwingungen der Hochfrequenz, also was man bei uns mit „Hertz" oder Kilo-Hertz bezeichnet.

D

Dante, Alighieri: (1265—1321), größter italienischer Dichter, wurde 1300 Regierungsmitglied und 1301 verbannt. In seinem berühmten Werk „Göttliche Komödie" erwähnt er um 1300 zum erstenmal das Vorhandensein bzw. Bekanntsein von Räderuhren. Andernfalls wäre es der Nachwelt vollständig unbekannt geblieben, daß es schon so frühzeitig Räderuhren gegeben hat.

Darmstädter Schloßuhr: wurde 1671 durch Peter von Gall gebaut, im zweiten Weltkrieg vollständig zerstört.

Darstellendes Zeichnen: Projektion umfaßt einfache Körper, Uhrteile nach drei Rissen, Maßeintragung, Schnitte, Skizzen, unter Anwendung der s. Zeichnungsnormen. s. Fachzeichnen-Übersicht

Datumgrenze: 1. International auf den 180. Längengrad festgelegt. Bei der Fahrt von West nach Ost wird ein Tag zweimal gezählt, umgekehrt fällt ein Tag aus. In östlich gelegenen Orten passiert die Sonne den Meridian früher als in westlich gelegenen. 2. nautische D.: die historische macht von dort eine große Ausbuchtung nach Westen bis zum 120. Grad. Seefahrer früherer Zeiten, gleich ob von Ost oder West kommend, zählten Datum laufend weiter.

Dauerlader: Netzanschlußgerät zum Aufladen von Akkumulatoren, welches so bemessen ist, daß die austretende Strommenge etwa der entspr., welche dem Akku entnommen wird, sodaß dieser dauernd geladen ist. Dauerlader für Wechselstromanschluß bestehen aus einem s. Transformator und einem (Kupferoxyd) s. Gleichrichter. D. werden überall dort verwendet, wo die mit dem Akku betriebene Anlage ständig betriebsbereit sein muß. s. Uhrenanlagen.

Deckplättchen: aus gehärtetem Stahl, als Auflagen für die Stirnflächen von Stütz-Zapfen, anstelle von Decksteinen. s. Lagersteine.

Decksteine: aus synthetischem Rubin, nicht durchbohrt wie die Lagersteine, dienen mit ihrer ebenen Fläche dem im Lagerstein drehbaren Stütz-Zapfen als Auflage für ihre Stirnfläche. Dem gleichen Zweck dienen Deckplättchen aus gehärtetem Stahl. s. Lagersteine.

deformieren: verformen.

Degussit: ein künstlich erzeugter Hartwerkstoff, der in seiner Zusammensetzung dem Rubin entspricht, Härte 9. Er besteht nicht aus verkitteten Körnern, sondern aus einem bei 1900° zusammengesinterten, einheitlichen Stoff. In Form von Abziehsteinen, Feilen, Feinschleifscheiben u. Kleinstfeilen mit verschiedenen Querschnitten dient er zur Bearbeitung kleinster Teile aus gehärtetem Stahl. s. Schleif- und Poliermittel.

Dehnbarkeit: eines Werkstoffs gestattet eine Formveränderung beim Strecken und Vernieten, eine Verschiebung der Moleküle, ohne daß diese den Zusammenhang verlieren, Risse entstehen.

dekapieren: Befreiung der Metalle von Oxyd (Grünspan, Rost) durch Eintauchen in verdünnte Säure.

Deklination: Winkelabstand eines Gestirns vom Himmelsäquator = Mißweisung (Abweichung) der Magnetnadel von der wahren Nordrichtung.

denaturieren: Alkohol durch Zusatz von Pyridin ungenießbar machen, sodaß dieser nur für technische Zwecke geeignet ist.

Denison Edmund, Dr. jur.: 1812—1905, von Beruf Rechtsanwalt mit einer ausgedehnten Praxis, stellte er seine außerordentliche Begabung für Mechanik der

Uhrmacherei zur Verfügung. Er entwarf die Pläne für viele Turmuhren in England und den Kolonien, gab u. a. ein großes Werk heraus über Uhren, unter dem Titel „Watchs, Clocks, Bells" (Taschen-, Pendeluhren, Glocken), 1903 in 8. Auflage. Für sein verdienstvolles Wirken wurden ihm hohe Ehrungen zuteil, er wurde geadelt, seit 1886 Lord Crimpthorpe, weiterhin Präsident des Horologischen Instituts von England. Er war nicht nur der Begründer der maschinellen Turmuhr-Fabrikation in England, er ist auch u. a. der Konstrukteur der berühmten Westminster-Hemmung und hat auch die gewerblichen Interessen der englischen Uhrmacherschaft außerordentlich gefördert.

Desoxydieren: auch Reduktion, d. i. Rückführung eines Oxyds auf den reinen Grundstoff, z. B. Kupferoxyd (CuO) + Wasserstoff (H_2) = $Cu + H_2O$ (Wasser). Es ist also der entgegengesetzte Vorgang des Oxydierens, d. i. Verbindung mit Sauerstoff, die Trennung eines Stoffs von Sauerstoff. s. Analyse.

Destillieren: Destillation, das Abscheiden flüchtiger Flüssigkeiten von nicht oder schwerer verdampfenden Stoffen. Zu diesem Zweck wird die Flüssigkeit durch Erwärmen in Dampf verwandelt, der in einem zweiten Gefäß durch Abkühlen wieder verdichtet, verflüssigt wird. Am bekanntesten ist die D. von Wasser zur Gewinnung von chemisch reinem Wasser, wobei die Beimischungen an Kalk u. Salzen zurückbleiben. Ebenso bekannt ist die Gewinnung des einzigen flüssigen Metalls, des Quecksilbers durch D. Der erhaltene reine Stoff heißt Destillat. D.-Arten: a) einfache D. angewendet zur Trennung flüchtiger Stoffe von ihren Beimischungen, b) gebrochene D. dient zur Scheidung von flüchtigen Stoffen mit verschiedenen Siedepunkten, wobei die einzelnen Dämpfe nacheinander bei der entsprechenden Temperatur aufgefangen werden. c) Trockene D. um aus organischen Stoffen wie Holz, Steinkohle, Knochen usw. durch Glühen unter Luftabschluß die flüchtigen Bestandteile, Gas und Öl, oder auch den kohlen- od. koksähnlichen Rückstand (Holzkohle, Koks, Knochenkohle) zu gewinnen. s. Koks, flüssige und gasförmige Brennstoffe.

Detail: = Einzelheit.

detaillant: Einzelhändler (Detaillist).

Deutsches Zeitsignal: ab 1920—1939 täglich zweimal von Nauen gefunkt. Auch der Uhrmacher konnte sich derartige Empfangsanlagen beschaffen, mußte sie aber der behördlichen Kontrolle unterstellen.

Dezimalbrüche: von lat. decem = 10, Zehntels-Brüche, bilden eine Fortsetzung des Zehner-Zahlen-Systems unter Null, mit je $^1/_{10}$ Stellenwert rechts des Dezimal-Kommas. Jeder Zehntels-Bruch läßt sich ohne weiteres in einen s. gemeinen Bruch verwandeln, z. B. 0,275 = $^{275}/_{1000}$ (gek. mit 25) = $^{11}/_{40}$. Umgekehrt ergibt sich aus einem gemeinen Bruch ohne weiteres ein Dezimalbruch, wenn der Zähler durch den Nenner geteilt wird, z. B. $^5/_8$ = 5 : 8 = 0,625. Geht diese Teilung nicht auf, z. B. $^8/_3$ = 8 : 3 = 2,666, so ergibt sich ein s. unendlicher D. s. Bruchzahlen.

Diagonale: Die Verbindung von zwei nicht benachbarten Ecken eines Vielecks.

Diagramm: Graphische Darstellung eines Vorgangs.

Diamant: früher „Demant" genannt, kristallisierter reiner Kohlenstoff, vielfach farblos, wasserhell, aber auch gefärbt, grau, braun, grün, gelb, rot, blau, selten schwarz. Lebhafter Glanz bei sehr starker Lichtbrechung u. Farbenzerstreuung, größte Härte (10 nach der Mohrschen Härte-Skala). In starker Glühhitze verbrennt D. ohne Rückstand zu Kohlen-Dioxyd. s. Edelsteine.

Diamantine: Aluminium-Oxyd, d. i. reine geglühte Tonerde, nicht zu verwechseln mit Diamant, wird verwendet für tiefschwarze Politur auf gehärtetem Stahl, als zähe, kittähnliche Masse mit Oliven-Öl verknetet. s. Schleif- und Poliermittel.

Diamantstaub: reiner kristallisierter Kohlenstoff, Härte 10, gehämmert als Staub oder als Splitter in Kupfer gepreßt zum Schleifen u. Polieren von Uhrsteinen. s. Schleif- und Poliermittel.

Diameter: = Durchmesser des Kreises.

Diapositiv: Durchsichtiges (Glas) Bild, welches mittels einer starken Lichtquelle und einem Linsensystem auf eine Leinwand projiziert wird.

Dichte: Als D. eines Körpers bezeichnet man, wieviel Gramm Masse er im ccm enthält. D. und spezifisches Gewicht (s. dort) sind durch die gleiche Zahl gegeben.

Diehl-Cavalier: Wecker der Diehl-Uhrenfabrik, welcher vor Beginn des vollen Glockensignals eine Reihe von kurzen Glockenimpulsen ertönen läßt.

Dielektrikum: Medium zwischen den Elektroden eines Kondensators. s. Dielektrizitätskonstante.

dielektrisch: elektrisch nichtleitend.

Dielektrizitätskonstante: Eine Zahl, die angibt, um wievielmal größer die Kapazität eines Kondensators mit einem bestimmten s. Dielektrikum ist, gegenüber der Kapazität desselben Kondensators mit dem Dielektrikum Luft bzw. Vakuum. Einige D.: Vakuum 1, Paraffin 1,7 bis 2,3, Hartgummi 2 bis 4, Porzellan 4 bis 5,5, Glimmer 4 bis 8.

Dietzschold, Kurt: 1852/1922, war zuerst Diplom-Ingenieur und wandte sich erst später der Uhrmacherkunst zu. Er baute sich in Glashütte eine Werkstatt, in der er Rechenmaschinen, feinmechanische Apparate und Präzisionspendeluhren erzeugte. Nicht ganz befriedigt von dieser Tätigkeit ging er 1879 nach Karlstein (Österreich) als Direktor an die dortige Uhrmacherschule und baute diese im Laufe der folgenden Jahre zu einer vollwertigen Fachschule nach dem Muster der Schule in Glashütte aus.

DIN: „Das ist Norm", festgelegt in den DIN-Blättern. s. Normung u. Fachzeichnen.

Dioptrie: Maß für die Stärke einer Linse. Je stärker die Linse, um so größer ihr Wert in Dioptrien u. um so kürzer ihre Brennweite. Eine Brennweite von $33^1/_3$ cm ergibt eine Dioptrie von
1 m : $33^1/_3$ cm = 3. Eine Brennweite (f) von 12,5 cm ergibt eine Dioptrie von 100 : 12,5 = 8.

Dioptrik: Lehre von d. Lichtbrechung.

Direktverkauf: Man versteht dabei den Verkauf durch Hersteller od. Großhandel an den Endverbraucher unter Umgehung d. Facheinzelhandels. Hierunter fallen auch die Lieferung der Fabriken an die Betriebe und Behörden. Der D. steht im Widerspruch zur Fachtreue. Wegen des damit verbundenen Steuerausfalls wird der D. in neuester Zeit auch von Staats wegen nicht mehr gewünscht und unterbunden.

Dividieren: Division. s. teilen.

Dogger-Erze: Bez. für eisenarme Erze, etwa 20 % Eisengehalt. s. Eisenerze.

Dolektra-Uhr: Nach dem Erfinder Karl Doll benannt u. von Mauthe früher hergestellte Schlagwerkuhr (Tischuhr normaler Bauart) b. welcher ein Hauptstrom-Kollektormotor beide Federhäuser in 24stündigen Intervallen während der Nachtstunden aufzieht.

Doppelradhemmung: s. Duplex-Hemmung.

Doppelrolle: Doppel-Plateau, Doppel-Hebelscheibe, s. Sicherheitsrolle, Gabeleingriff.

Doppelte Sommerzeit: im 2. Welt-Krieg versuchsweise eingeführt, brachte eine Vorverlegung der Uhrzeit um 2 Stunden gegenüber der mittleren Sonnen-Ortszeit von Stargard—Görlitz. Beispielsweise um 5 Uhr in Wirklichkeit erst drei Uhr, um 21 Uhr erst 19 Uhr, es schien noch die Sonne, eine Zeitrechnung, die allzu sehr von der natürlichen Uhrzeit, d. h. dem Sonnenstand, abwich und sich daher nicht bewähren konnte.

Dopplereffekt: Die Abhängigkeit der Frequenz (Tonhöhe, Farbe) von der Geschwindigkeit; z. B. nähern wir uns einer Schallquelle, dann erscheint uns der erzeugte Ton höher, als wenn wir uns von der Schallquelle entfernen.

dorage (le): franz. = s. Vergoldung.

doré(e): franz. = vergoldet.

Dosenbarometer: s. Barometer.

Doublée: ein Doppelmetall, das durch Aufwalzen eines edlen Metalls, Platin-D., Gold-D., Silber-D. entsteht. Die Stärke der Goldauflage wird durch Mikron = $^{1}/_{1000}$ mm bestimmt, bzw. durch Nummern, 1 Nummer = 5 Mikron oder $^{1}/_{200}$ mm.

D(o)ublette: Nachahmung eines Edelsteins. Auf ein unechtes Unterteil wird ein Oberteil aus echtem Stein aufgesetzt.

Douzieme: 1'''' = $^{1}/_{12}$''' = 0,188 mm, s. Linie.

Drahtloses Zeitsignal: 1905 zum erstenmal von Washington aus um die Erde gefunkt, sodaß alle Schiffe auf See ihre Uhren kontrollieren konnten.

Drehen: 1. Grundforderung, d. Spanabnahme von einem sich drehenden Werkstück mittels eines feststehenden Schneidwerkzeugs. Man unterscheidet: a) Runddrehen, wobei die Arbeitsfläche des Werkstücks in allen Punkten von der Achse des Drehstücks gleich weit entfernt ist. b) Form-Drehen, außer zylindrisch auch kegelich, konisch oder kugelig dr., Nuten, Rillen u. sonstige Formen an d. Werkstücken anbringen. c) Maß-Drehen, unter Einhaltung bestimmter Abmessungen am fertigen Werkstück. 2. Einrichtungen u. Werkzeuge: Drehbank, in d. Uhrmacherei Drehstuhl genannt, mit den notwendigen Einspann-Vorrichtungen, an einer Seite der Spindelstock zum Einspannen in den Schraubstock, an der anderen Seite der verschiebbare Reitstock mit der Gegenspitze, die Auflage oder der Sattel, beweglich, zur Auflage des Werkzeugs, die dreistufige Schnurrolle zur Regelung des Antriebs, der Stichel, Hand- oder Support-Stichel, feststehende Stichel u. die Einspann-Vorrichtungen: Stufenfutter, Dreibacken- oder Universal-Futter, die Planscheibe für Bearbeitung außer der Mitte, die s. Lackscheibe zur Bearbeitung kleiner Werkstücke.

Drehherz: eine Hilfseinrichtung beim Drehen, in welche die zu verarbeitenden Werkstücke eingeschraubt werden damit sie durch den Mitnehmer in Umdrehung versetzt werden können.

Drehpendel: oder Torsionspendel, mehr verwandt mit der Unruh, als mit dem gewöhnlichen Schwerkraft-Pendel, braucht wenig Antrieb bei einer langen Schwingungsdauer, in d. Regel 7,5 Sek., wird in Jahresuhren, 400-Tage-Uhren, angewandt. Es wurde zuerst hergestellt von einem Rittergutsbesitzer namens Harder in Rausen bei Steinau (Oder), fabrikmäßig durch Willmann & Co. in Freiburg (Schlesien) u. auch von der Mehrzahl der Großuhrenfabriken. s. Pendel.

Drehstrom: Dreiphasiger Wechselstrom. Zu seiner Erzeugung gehören 3 Leitungen und in jeder fließt normaler Wechselstrom. Alle drei Ströme haben die gleiche Frequenz, nur sind sie zeitlich versetzt. Verbindet man die drei Leitungen durch Drahtspulen, die sich zu einem Ring zusammenschließen, dann dreht sich ein in diesen Ring gebrachter Läufer (Rotor) eines Elektromotors unter dem Einfluß des so entstandenen Drehfelds. Verbindet man einen der drei Leiter mit einem geerdeten Nulleiter, dann erhält man wieder gewöhnlichen Wechselstrom.

Drehtabelle: Werkstück ⌀, Schnittgeschwindigkeit v und Umdrehungen pro Minute. (Tabelle s. Seite 41. Nach Böckle-Brauns Lehrbuch für das Uhrmacherhandwerk, Band I).

Dreibackenfutter: oder Universal-Futter, ein Stufen-Futter, das seine drei Spannbacken bei d. Umdrehung gleichmäßig gegen die Mitte verschiebt, also die darin gespannten runden Werkstücke, Scheiben, Räder usw. selbsttätig zentriert.

Drehtabelle

Werkstück ⌀; Schnittgeschwindigkeit v und Umdrehungen pro min.

⌀ mm	St. hart	St. weich	Ms hart	Ms weich	Leichtmetall
Mittelwerte:	v = 4 m/min	v = 8 m/min	v = 16 m/min	v = 32 m/min	v = 64 m/min
5	255	510	1020	2040	4080
4	320	640	1280	2560	5120
3	425	850	1700	3400	6800
2	640	1280	2560	5120	10 240
1	1275	2550	5100	10 200	
0,5	2250	5100	10 200		

Dreiecke: Kurzzeichen △. Flächen mit 3 Ecken, damit auch 3 Seiten und 3 Winkeln, deren Summe stets 180° beträgt. Sonderformen: Gleichseitiges D., mit 3 gleichen Winkeln je 60° u. daher auch drei gleichen Seiten, gleichschenkliges D., mit nur zwei gleichen Winkeln u. ihnen gegenüberliegend zwei gleichen Seiten, rechtwinkliges D. mit einem rechten (90°) Winkel, dessen zwei spitze Winkel zus. auch 90° ergeben. Die dem größten Winkel (90°) gegenüberliegende, längste Seite heißt Hypotenuse, die den beiden spitzen Winkeln gegenüber liegenden, kleineren Seiten sind die Katheten. Im „Pythagoräischen Lehrsatz" (s. dort) werden die bes. Beziehungen zwischen der Hypotenuse u. den beiden Katheten rechnerisch ausgewertet. s. Zeichnungsnormen u. grundlegende Konstruktionen.

Dreipolröhre: s. Elektronenröhre welche drei Pole: Anode, Gitter u. Kathode besitzt.

Dreiviertel-Platinen-Werk: im Werkaufbau, besitzen eine Oberplatine, die den größten Teil der Unterplatine bedeckt, als Lagerung für das gesamte Laufwerk einschließlich des Zylinderrads. Lediglich ein Kloben enthält die Lager für Zylinder und Unruh.

Dreiviertel-Schlagwerk: besitzt eine Umschaltevorrichtung, wodurch d. Vollschlag nur durch einzelne Schläge, nicht als Bim-Bam-Schlag erfolgt. s. Schlagwerke.

Drillbohrer: zweiseitig schneidend, mehr schabend, heute noch vom Goldschmied verwendet. s. Bohren.

Drosselspule: Eine Spule, die zur Erhöhung der s. Selbstinduktion einen Eisenkern besitzt. Sie wird verwendet in s. Siebketten oder auch da, wo man Frequenzen von einer bestimmten Höhe ab nicht hindurchlassen will. Man wählt die Anordnung so, daß der induktive Widerstand, der ja mit der Höhe der Frequenz zunimmt, so stark wird, daß kein Strom fließen kann.

Druckfestigkeit: Der Widerstand, den die Oberfläche eines Werkstoffs dem Eindringen eines Körpers entgegensetzt. Sie wird bei ungehärteten Werkstoffen durch die Kugeldruck- od. s. Brinell-Probe, bei gehärteten Werkstoffen durch das s. Skleroskop festgestellt.

Druckpolitur: im Gegensatz zur „Schleifpolitur" ohne Schleifmittel hergestellt, mittels des D.-Stahls oder der D.-Feile. Auf gehärtetem Stahl wird diese Politur ohne große Mühe erzielt, schwerer auf weichem Stahl wegen des gröberen Gefüges. Gute D. ergeben sich auf Messing, Bronze, Gold u. Silber. s. Schleif- und Poliermittel.

Druckstift: bei der s. Zeigerstellung.

Duo-Wecker: Zweitonwecker von Kienzle. Weckt erst leise, um dann langsam lauter zu werden, bis die volle Lautstärke einsetzt.

Duplex-Hemmung: 1) Geschichte, 1725 durch Pierre le Roy erfunden. Sollte Zylinderhemmung verdrängen, hat sich aber nicht bewährt. Ursprüngliche Idee 1724 durch Jean Baptiste Dutertre. 2) Doppelradhemmung, eine Unruh-Hemmung mit Ruhereibung, bei der in der ursprünglichen Ausführung zwei auf einer Welle sitzende Hemmungsräder verwendet werden, später zwei Zahnreihen auf einem Rad vereinigt. Die in der Radebene liegenden langen Spitzzähne sind Ruhezähne, die auf dem Radkranz senkrecht stehenden kürzeren Zähne die Antriebs- oder Stoßzähne. Auf der Unruhwelle sitzt der Antriebshebel, der in den Bereich der Stoßzähne ragt. Unterhalb davon sitzt eine Steinrolle mit einer Nut, in welche die Ruhezähne eingreifen, mit eingehender Reibung u. einer leichten Rückführung bei der Linksschwingung. Der Antrieb erfolgt ähnlich wie bei der Chronometer-Hemmung nur in einer Richtung. Bei guter Ausführung zeigt die Hemmung günstigere Gangverhältnisse als die Zylinder-Hemmung. s. Hemmungen mit Unruh.

Duralumin: Eine Aluminium-Legierung mit 0,5 bis 2 Proz. Magnesium, etwa 3 % Kupfer, 0,25 bis 1 % Mangan u. 1 % Silizium, erfunden von Wilm 1907, besonders feste Aluminium-Legierung, verwendet für Uhren u. Geräte im Auto- u. Flugzeugbau. s. Leichtmetall-Legierungen.

Durapower - Aufzugfeder: wörtlich Dauerkraft-Feder, eine amerikanische s. Nickelstahl-Legierung mit Zusätzen von Kobalt, Magnesium, Molybdän, Chrom u. Beryllium, für rostsichere u. unmagnetische Federn, die auch gegen Bruch sehr widerstandsfähig sind. Spiral- u. Aufzugfedern aus dieser Legierung besitzen eine besonders hohe Triebkraft u. eine Härte, wie die besten Stahlfedern. s. Beryllium-Legierungen u. Nickelstahl-Legierungen.

Durchgang des Zylinderrads: auch Passage, ein Ausschnitt aus dem Zylinderrohr bis auf etwa 1/4 der Zylinderwand, um dem Radboden des Zylinderrads den Durchgang zu gestatten. s. Zylinderhemmung.

Durchgangsinstrument: ein Fernrohr, das sich um die von Osten nach Westen ausgerichtete Achse drehen läßt, sodaß das Rohr in der Ebene des Meridians liegt und man die Sterne beobachten kann, welche d. Meridian-Ebene durchlaufen. Zur genaueren Beobachtung trägt das Instrument im Innern ein Fadennetz.

Durchmesser, Teilung: oder Modul. s. Teilung.

Durobloc: Stoßsicherung von Durowe, welche sich vom s. Incabloc nur durch die Form der Decksteinfeder unterscheidet.

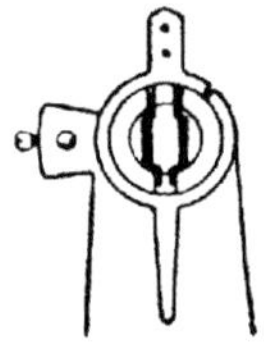

„Durobloc"
Durowe

Dyn: (das) Die Krafteinheit, die ein Gramm Masse in 1 sec. um 1 cm beschleunigt.

Dynamik: Lehre von der Änderung des Bewegungszustandes durch Kräfte. Aber auch: Schwung, Triebkraft, Auf und Ab.

dynamisches Gleichgewicht: im Gegensatz zum statischen Gleichgewicht, welches wir auf der Unruhwaage herstellen, wird das dyn. Gl. in der Bewegung ermittelt.

Dynamo: 1) Stromerzeuger durch Induktion. 2) elektrisches Prinzip, s. D.-prinzip.

Dynamometer: (Dynamograph) Kraftmesser. In der Uhrenindustrie verwendet zum Messen des Kraftverlaufs einer Feder, wobei der Spannungsverlauf graphisch festgehalten wird.

Dynamoprinzip: Die mit einer Dynamomaschine erzeugten Ströme sind um so stärker, je kräftiger die sog. Feldmagnete sind. Am stärksten sind Elektromagnete. Diese haben nur den Nachteil, daß sie zunächst unmagnetisch sind, sodaß gar kein Strom erzeugt werden könnte, denn zur Erzeugung eines Feldes braucht man Strom, den man erzeugen will. Werner von Siemens hat dieses „Problem" in genialer Weise gelöst. Der Kern der Feldmagneten besteht aus Eisen und alles Eisen auf der Erde wird unter dem Einfluß des Erdmagnetismus magnetisch. Beim Anlassen der Dynamomaschine kann sein schwacher Magnetismus nur schwache Ströme induzieren. Diese werden sofort zum Feldmagneten geschickt, der dadurch stärker wird. Daraus resultieren kräftigere Ströme im Anker, sodaß sich Magnet und Strom fortwährend aufschaukeln, bis beide ihre volle Stärke erreicht haben.

Dysprodium: Chem. Grundstoff (Element) Atomgewicht 162,46; Ordnungszahl 66.

E

Earnshaw, Thomas: 1749—1829, bekannter englisch. Uhrmacher, gab der Chronometerhemmung mit Feder ihre heutige Form. Er führte auch die ebenfalls heute noch gebräuchliche Ausführung der Unruh ein, die im Aufschmelzen v. Messing auf Stahl besteht. Auch zur Verbesserug der Chronometerhemmung trug er viel bei. 1781 gab er als Chronometermacher seinen Erzeugnissen eine neue Form, die heute noch für diese Art von Zeitmessern gilt. Ebenso wie Arnold wurde er für seine Leistungen von der engl. Regierung mit 3000 Pfund Sterling ausgezeichnet. U. a. machte er das Gangrad, das bei Arnold aufrechtstehende Zähne hatte, gerade und gab ihm eine flache Form.

ébauche: franz. = s. Rohwerk.

Ebauches S. A.: Die Ebauches S. A. in Neuenburg (Neuchâtel) Schweiz ist eine Holdinggesellschaft, welche die 17 ihr angeschlossenen Rohwerkhersteller kontrolliert. Alle Firmen kennzeichnen ihre Werke mit dem Zeichen:

welches das Zeichen der Herstellerfirma umschließt.

Ebbe u. Flut: galt bei Meeresküstenbewohnern als Zeitmaß. Der Grund für diese Naturerscheinung war ihnen unbekannt, aber ihre regelmäßige Wiederholung gestattete eine entsprechende Regelung des Tagesablaufs.

Ebner-Eschenbach, Maria Baronin v.: 1830 in Mähren geboren, 1916 in Wien gest., eine der bekanntesten und beliebtesten Dichterinnen Deutschlands. Von ihr stammt die Novelle „Lotte, die Uhrmacherin". Damit die dort geschilderten Vorgänge auch ihre fachliche Richtigkeit haben, absolvierte sie in Wien ein besonderes Fachstudium. Sie war auch die Inhaberin einer hochwertigen Uhrensammlung. Bei ihrem 80. Geburtstag wurde sie vom Deutschen Uhrmacher-Bund zum Ehrenmitglied ernannt.

Echappement: franz. = Hemmung v. echapper = entwischen. Bei uns bez. man als E. die Vereinigung von Unruh-Anker-Ankerrad zu einem selbständigen Einbauteil. s. Hemmung.

Echolot: Gerät zur Messung der Meerestiefe mittels Schall. Von einem Schallgeber werden Signale abgestrahlt, von einem Mikrofon das zurückgestrahlte Echo aufgenommen und von einem, meist direkt in Meerestiefe geeichtem Kurzzeitmesser aus der Laufzeit des Schalls die Meerestiefe ermittelt. Hierbei handelt es sich um Laufzeiten von weniger als eine Sekunde, sodaß man die Zeit schon auf die tausendstel Sekunde genau messen muß.

Eckige Räder: befanden sich in einer Taschenuhr, die 1620 von Gerhard Mut, Frankfurt (Main) geschaffen wurde, heute Sammlung Pleißer in Dresden.

Edelmetalle: alle Metalle, die auch in feuchter Luft unverändert bleiben, da sie sich nicht mit Sauerstoff verbinden, oxydieren, u. wegen dieser wertvollen Eigenschaft für Schmuck u. Münzen verwendet werden. s. Gold, Silber, Palladium, Platin u. Metalle.

Edelrost: s. Patina.

Edelstähle: gewonnen durch Umschmelzen des Stahls in geschlossenen Öfen oder Tiegeln, unter Befreiung von den letzten Schlackenresten u. Zusatz anderer Metalle wie Nickel, Chrom, Wolfram, Kobalt, Vanadium, Molybdän u. ä., die den Stählen neue, wertvolle Eigenschaften verleihen. Dabei entstehen drei Arten von Werkzeug-Stählen: a) unlegierte Werkzeugstähle, Kohlenstoff-Stähle, b) niederlegierte Werkzeug-Stähle, die eine Erwärmung bis etwa 400° gestatten, und c) hochlegierte Stähle, Schnellschnitt-Stähle (s. Hartmetalle). Bei der Erzeugung von Edelstählen wird das s. Tiegelschmelz- u. das s. Elektroschmelzverfahren angewandt. Tiegel- und Elektrostähle sind hochwertige u. teure Stähle.

Edelsteine: die für den Uhrmacher von Bedeutung sind: a) natürliche: Diamant, kristallisierter Kohlenstoff, Korunde: Rubin, Saphir (Schmirgel), Silikate: Granat, Almandin, Achate. b) künstliche: synthetischer Rubin, s. synthetischer Saphir. s. Werkstoffe.

Einbohren von Zapfen: s. Zapfen-Einbohren.

Einfache Sommerzeit: bringt eine Vorverlegung der Uhrzeit um eine Stunde gegenüber der mittleren Sommer-Ortszeit von Stargard—Görlitz, eine Zeitregelung, die eine Verlängerung des Arbeitstages bezweckt. s. Zeitarten.

Eingangsseite des Ankers: bei der Hemmung, jene Seite des Ankers, an welcher das Ankerrad in d. Anker eintritt. s. Hemmung-Grundbegriffe.

Eingehende Reibung: eine schädliche, stoßende Reibung, tritt dann auf, wenn die beiden reibenden Teile eine entgegengesetzte Bewegungsrichtung besitzen, z. B. bei einem Eingriff, dessen Führung wie etwa beim Sechser-Trieb weit vor der Mittellinie beginnt, vergleichbar mit der Reibung, die ein vor dem Körper hergeschobener Stock verursacht, der sich in einer Unebenheit festsetzen u. die Bewegung z. Stocken bringen kann. s. ausgehende Reibung u. Verzahnungen.

Eingriff: das Ineinandergreifen der Zähne zweier Räder oder eines Rads u. eines Triebs in der Weise, daß d. Zähne des einen Rads in die Lücken des anderen greifen u. so eine gleichmäßige Übertragung der Kraft bewirken. Die Umfangsgeschwindigkeiten von Rad u. Trieb sind hierbei gleich, d. h. es werden auf ihren wirksamen oder Teilkreisen die gleichen Strecken abrollen.

Eingriff beim Gesperr: auf der Tangente, d. h. auf der Senkrechten zum Sperradhalbmesser vom Eingriffspunkt aus liegt der Drehpunkt des Sperrkegels. s. Gesperr.

Eingriffprüfung: erfolgt in der Weise, daß zunächst festgestellt wird, ob das Durchführen d. Zähne ohne merklichen

Widerstand, ohne Stoß oder Nachfall stattfindet. Die Zähne müssen ungehindert in die Lücken des Triebs eintreten u. sie ebenso verlassen können. Die Wälzungen des einen Eingriffteils sollen auf den Flanken des anderen abrollen, hingegen nicht Wälzung auf Wälzung oder Flanke auf Flanke. Als Sicherung gegen Störungen durch Sandkörner u. ä. besteht immer etwas Zahnluft. Die erste Berührung der beiden Zähne soll am besten sehr nahe der Mittellinie erfolgen.

Eingriff, Rad/Rad: benötigt größere Zahnlücken, die normal ebenso breit sind wie d. Zahnstärke s. Zur Sicherung der notwendigen Luft werden daher die Lücken nicht $1/2\ t = 10/20\ t$, sondern $11/20\ t$ gefräst, sodaß die Zähne von $9/20\ t$ Stärke, $2/20\ t$ oder $1/10\ t$ Luft erhalten.

Eingriff, Rad / Trieb: zur Erzielung hoher Überetzungen auf kleinem Raum, z. B. im Minutenwerk:

$z_m = 75,\ z'_z = 10,\ z_z = 80,\ z'_s = 10.$

$$i_1 = \frac{z'_z}{z_m} = \frac{10}{75} = \frac{1}{7{,}5}$$

$$i_2 = \frac{z'_s}{z_z} = \frac{10}{80} = \frac{1}{8}$$

$$i = i_1 \cdot i_2 = \frac{1 \cdot 1}{7{,}5 \cdot 8{,}0} = \frac{1}{60}$$

oder in einer Formel:

$$i = \frac{z'_z \cdot z'_s}{z_m \cdot z_z} = \frac{10 \cdot 10}{75 \cdot 80} = \frac{1}{60}$$

s. Gruppen im Räderwerk.

Eingriffsfehler: 1) Eingriff stößt, es tritt ein Widerstand auf; a) der E. ist zu seicht, b) das Rad ist zu klein, c) das Trieb ist zu groß. Abhilfe: zu a) der Achsenabstand ist zu verkleinern, zu b) das Rad ist zu strecken u. nachzuwälzen, zu c) das Trieb ist zu ersetzen. 2) Der Radzahn fällt gegen den Triebzahn; a) der E. ist zu tief, b) das Rad ist zu groß, c) das Trieb ist zu klein. Abhilfe: zu a) der Achsenabstand ist zu vergrößern, zu b) das Rad ist kleiner zu wälzen, zu c) das Trieb ist zu ersetzen. 3) Rad- oder Triebzähne sind zu dick oder zu dünn. Abhilfe: Rad oder Trieb sind zu ersetzen. 4) Zapfenlöcher sind ausgelaufen. Abhilfe: Füttern u. erst dann prüfen, ob der Eingriff gut oder fehlerhaft ist. 5) Unrichtige Rad- oder Triebgrößen können durch ihre Berechnung aus dem Achsenabstand u. der Zähnezahl zunächst einwandfrei festgestellt und anschließend ggf. ausgetauscht werden.

Eingriffslinie: die Verbindung der fortschreitenden Berührungspunkte von Rad und Trieb.

Eingriffzirkel: zum Anreißen d. Mittelpunkte für ein neu zu setzendes Rad oder Trieb. s. Anreiß-Werkzeuge.

Einheitsgewicht, Eigengewicht: s. Wichte.

Einholzeiger: s. Rattrapanten-Zeiger.

Einpassen: (Grundforderung) von Werkteilen, kann erfolg. nach 1.) Ruhesitz: Treibsitz, Haftsitz; 2.) Bewegungssitz: Gleitsitz, Laufsitz, leichter Laufsitz, weiter Laufsitz. s. Passungen.

Einpreßfutter: fertige Futter zum Einsetzen in das aufgeriebene Loch, dessen Kanten nur sehr wenig gebrochen sein dürfen, da keine Vernietung erfolgt. Einpreßfutter stehen mit ihrer schrägen Kante über die Platte vor, innen schließen sie mit der Platte ab. s. Futter.

Einpreßsteine: unmittelbar in die Platte oder in ein Schiebefutter eingepreßt, wodurch das schwierige u. zeitraubende Fassen der Steine erspart wird. Außerdem läßt sich dabei die Höhenluft leichter regeln, da sowohl der Stein wie das Schiebefutter der Höhe nach verändert werden kann. Der E. befindet sich im Treibsitz (s. Passungen) in dem betreffenden Werkgestellteil, er bekommt seinen Halt durch teilweise Verdrängung d. Werkstoffs. Das Setzen der Steine erfolgt am zweckmäßigsten mittels eines besonderen Einpreßapparates. s. Steinfassung.

Einsatzhärtung: auch Oberflächenhärtung, bezweckt die Erzeugung einer sehr harten Oberfläche, während der Kern weich und elastisch bleibt. Durchgeführt entweder durch Bestreuen des dunkelrot angewärmten Gegenstands mit Härtepulver u. mehrmaliges Abbrennen im Feuer mit nachfolgender Abkühlung oder durch Einpacken des Gegenstandes in Holzkohle mit anschließendem Glühen, wobei sich je nach Dauer eine dünnere oder dickere, kohlenstoffreiche Schicht bildet, die glashart ist. s. Eisensorten.

Einsetzen des Stahls: oder Zementieren, erfolgt bei Werkstücken, die einen weichen, zähen Kern, jedoch eine harte Oberfläche erhalten sollen.

Einweggleichrichter: s. Gleichrichter.

Eisenerze: 1. Magneteisenstein, Magnetit, chem. Formel $Fe_3 O_4$, d. i. drei Teile Eisen und vier Teile Sauerstoff, Eisengehalt 60 bis 70%, Schweden, Norwegen, Amerika, Rußland. 2. Roteisenstein, Hämatit, chem. Formel $Fe_2 O_3$, Eisengehalt 30 bis 50 %, in Deutschland an der Sieg, Lahn u. Dill, außerdem in Spanien, England u. Kanada. 3. Brauneisenstein, Minette chemische Formel: $2 \cdot Fe_2 + O_3 + 3 H_2O$. d. i. 2 mal 2 Teile Eisen und 3 Teile Sauerstoff, außerdem 3 Teile Wasser. Das in Deutschland am häufigst. vorkommende Erz an d. Lahn, in Bayern, weiter in Lothringen, Polen, Nordamerika. Eisengehalt 20 bis 45 %. 4. Spateisenstein, Siderit, chem. Formel $Fe\ CO_3$, Eisengehalt 30 bis 45 %. 5.) Dogger-Erze, etwa 20 % Eisengehalt, eisenarme Erze, Deutschland im Gebiet von Salzgitter, Harz, Südbaden, Jura. Neben den eigentlichen Erzen finden Nebenerzeugnisse der Eisenindustrie, wie Schlacken, Hammerschlag u. Eisenschrott bei der Eisengewinnung Verwendung. s. Metalle.

Eisenfeile: Aus weichem Eisen hergestellte „Feile" ohne Hieb. Dient zum Schleifen von Stahl. Die harten Kristalle des Schleifmittels dringen in die weiche Feile ein, sodaß man mit ihr härtesten Stahl bearbeiten kann.

Eisengewinnung: Aufbereitung der Erze: 1. mechanisch: zerkleinern, waschen, sortieren u. mischen verschiedener Erzsorten, briquettieren von kleinen Stücken u. Staub. 2. Chemisch: rösten an der Luft, unter Austreibung v. Wasser, Schwefel, Kohlensäure, wobei sich das Gewicht um etwa 1/3 vermindert, geringere Transportkosten u. wirtschaftlichere Erzeugung. 3. Anreicherung von eisenarmen Erzen durch nasse u. magnetische Aufbereitung, d. h. durch Beseitigung des tauben Gesteins. Hochofen: ein etwa 30 m hohes, rundes Gebäude aus feuerfestem Stein, bestehend aus zwei Kegelstumpfen, am Umfang durch dicke Eisenreifen gesichert. Der obere enge Teil ist die „Gicht", von wo aus die Materialien „eingegeben" werden, mit einer Temperatur von etwa 200°. Die dort vorgewärmten Massen sinken in den Schacht mit etwa 800° u. anschließend in den verbreiterten Kohlensack, wobei etwa 1000° die Rückführung, die Reduktion der Erze in schwammiges Eisen erfolgt. Unter dem Einfluß der eingeblasenen Heißluft wird der Sauerstoff völlig entzogen, aus dem beigegebenen Koks nimmt das Eisen Kohlenstoff auf (Kohlungs-Zone), wodurch sein Schmelzpunkt von 1600° auf 1300° sinkt. Das flüssige Roheisen sammelt sich in dem untersten, wieder engeren Teil des Hochofens, der Rast, während die spezifisch leichtere flüssige Schlacke obenauf schwimmt. Alle 3 bis 4 Stunden wird das gewonnene Roheisen abgestochen u. in Sandformen ins Freie geleitet oder in darunter gefahrenen Schmelzpfannen zur weiteren

Verarbeitung in die Eisengießerei und zur Stahlgewinnung gebracht.

Eisen, Roheisensorten: 1. graues Roheisen, siliziumhaltig, scheidet den Kohlenstoff bei langsamer Abkühlung als Graphit aus. Die Bruchfläche ist grau, es ist hart und spröde, wird zu Gußeisen weiter verarbeitet. 2. Weißes Roheisen, manganhaltig, wodurch der Kohlenstoff als Härtungskohle im Eisen gebunden bleibt. Der Bruch ist weiß u. strahlig, es wird zu Stahl weiter verarbeitet.

Eisensorten: 1. Gießbares Eisen, Kohlenstoffgehalt 2,5 bis 5 %, Gußeißen, Temperguß, Hartguß. 2. Schmiedbares Eisen, Stahl, Kohlenstoffgehalt 0,5 bis 0,6%, Stahlguß, Flußstahl (Thomas-, Siemens-Martin-Stahl), Einsatzstahl, Vergütungs-Stahl. 3. Härtbarer Stahl, Werkzeugstahl, Kohlenstoffgehalt 0,6 bis 1,8 %, unlegierter Werkzeugstahl (Hämmer, Meißel, Sägen), niederlegierter Werkzeugstahl (Bohrer, Fräser, Reibahlen, Drehstähle bis 10 m/min.), hochlegierter Werkzeugstahl, Schnellschnittstahl bis 32 m/min., s. Edelstähle. Anm. s. Hartmetalle sind keine Stähle. s. Normung von Stahl und Eisen.

Eisen u. Stahl: ca. seit 6000 Jahren als Werkstoff bekannt, im Siegerland seit etwa 2000 Jahren. Trotz Erfindung und Herstellung der verschiedensten neuen Werkstoffe heute noch der wichtigste Rohstoff des täglichen Lebens: Eisenbahnen, Brücken, Schiffe, Maschinen, Fahrzeuge u. Werkzeuge aller Art. Das Element „Eisen", lat. Ferrum, chem. Formel Fe, ist zu weich u. daher in reinem Zustand in der Technik nicht verwendbar. Die hier gebrauchten Eisensorten enthalten außer dem Element „Eisen" eine Reihe von Zusätzen, teils Metalle wie Mangan, Kupfer, Nickel, Chrom, Vanadium, Molybdän, teils Minerale wie Kohlenstoff, Silizium, Phosphor u. Schwefel. Der wichtigste davon ist der Kohlenstoff der im wesentlichen die beiden großen Gruppen bestimmt, das schmiedbare Eisen, den Stahl, u. das gießbare Eisen oder Gußeisen, welche beide durch Weiterverarbeiten des Roheisens gewonnen werden. Vorkommen des E. in der Natur selten rein (Meteore)), sondern verbunden mit anderen Stoffen wie Sauerstoff (Oxyde), Wasserstoff und Sauerstoff (Hydroxyde), Kohlenstoff und Wasserstoff (Karbonate, Spate), oft auch vermengt mit Schwefel, Phosphor, Silizium, Mangan, u. es bildet so vermischt mit dem tauben Gestein, Quarz, Ton, Schiefer u. Kalk das Eisenerz.

Eka-Zäsium: Chem. Grundstoff (Element) Atomgewicht 223, Ordnungszahl 87.

Eklipse: Sonnen- od. Mondfinsternis.

Elastizität: Die Fähigkeit eines festen Körpers, die unter Einwirkung einer äußeren Kraft eingetretene Formveränderung wieder auszugleichen und in die ursprüngliche Form zurückzukehren, wenn die Einwirkung der Kraft aufhört. Die Elastizität wird bewirkt durch die Spannkraft der Massenteilchen.

Elastizitätsgrenze: ist dann überschritten, wenn ein Körper, besonders eine Feder, eine Formveränderung beibehält, auch dann, wenn etwa eine Feder durch langandauernde Verbiegung ihre Spannung verliert, ermüdet, etwa eine Feder, die lange Zeit aufgezogen bleibt.

Elastizitätskoeffizient: bezeichnet die Größe der Elastizität. Sie ist jene elastische Veränderung eines Stoffs, die ein Faden von 1 mm^2 Querschnitt u. 1 m Länge bei Einwirkung einer Kraft von 1 kg erfährt.

Elastizitätsmodul: Der umgekehrte Wert des Elastizitäts-Koeffizienten, bezeichnet die Widerstandsfähigkeit eines Werkstoffs gegenüber Verlängerungen, Verkürzungen u. Verbiegungen.

„Elbe"-Dauerglas: hergestellt aus einem nicht härtbaren Kunststoff von Kohlen-Wasserstoffen, läßt sich in der Wärme biegen. s. Kunststoffe aus Kohlen-Wasserstoffen.

Elektora-Uhr: früher von Gebrüder Junghans hergestellt, mittels Kurzschlußmotor elektrisch aufgezogene Uhr (mit Echappement oder Pendel). Die Gangreserve dieser Einzeluhr beträgt 80 Stunden. Etwa alle 30 Stunden wird von einer s. Wandermutter der Kontakt geschlossen. Anschluß nur an Wechselstrom.

Elektrische Pendeluhr: ein Pendel mit elektr. Antrieb, baute als erster 1860 Math. Hipp, Zürich.

Elektrische Uhren: sind solche U., bei denen der Strom in irgend einer Weise eine Rolle spielt. Wir unterscheiden grundsätzlich zwischen U. mit elektrischem Aufzug u. mit elektr. Antrieb des Gangreglers. Innerhalb dieser zwei großen Gruppen gibt es eine Fülle von Abarten und Systemen der verschiedensten Art, und wir unterscheiden Uhren mit Gewichts- oder Federzug. Stark- und Schwachstromuhren u. zwischen solchen mit mechanischer od. mit elektr. Gangreserve. Diese Eigenschaften sind wichtig, denn sie entscheiden darüber, ob die betr. U. für einen bestimmten Zweck geeignet ist oder nicht. Der el. Strom ersetzt die aufziehende Hand. Wird mit Hilfe des elektr. Stroms, unter Zuhilfenahme eines Elektromagneten oder eines Elektromotors ein Gewicht gehoben, dann besitzt diese Uhr eine relativ große mechanische Gangreserve, denn das Gewicht treibt die Uhr über einen längeren Zeitraum an. Außerdem ist auch für diesen Zeitraum stets eine gleichbleibende Antriebskraft vorhanden. Man wählt diese Uhrenart dort, wo ihre Eigenschaften voll zur Geltung kommen (Hauptuhren). Wird anstelle des Gewichts eine starke Feder gespannt, dann wird in der Zeit, da die Uhr mit Gangreserve läuft, die Genauigkeit etwas beeinträchtigt. Dafür ist man mit der Gestaltung des Gehäuses nicht an die Fallhöhe des Gewichts gebunden. Hier können Motor oder Magnet verwendet werden. Magnet u. Motor werden entweder in best. Abständen oder zu bestimmten Stunden eingeschaltet oder wenn ein best. Spannungszustand der Feder erreicht ist od. wenn das Gewicht in einer best. Stellung angelangt ist. Mit dem Ziel einer Vereinfachung und Verbilligung sind Systeme entwickelt worden, die auf besondere Kontakteinrichtungen verzichten, bei denen also das Aufzugselement ständig unter Strom steht. Der sog. F e r r a r i s m o t o r: eine sich in einem Drehfeld drehende Scheibe, zieht über ein Rädergetriebe die Feder auf. Eine einfache Rutschkupplung verhindert das Abreißen der Feder. Auch bei diesen Uhren ist die mechanische Gangreserve relativ groß. Uhren, bei denen der elektr. Strom nur ein leichtes Gewicht oder eine schwache Feder spannt, also ein Gewicht und eine Feder, die meist direkt am Minutenrad angreifen, haben nur eine sehr geringe mechanische Gangreserve. Dafür fallen aber die dicken Zapfen und die hohen Achsdrücke weg, sodaß die Ganggenauigkeit vorteilhaft beeinflußt wird. U. dieser Art werden in der Regel für Akku oder Element (Trockenelement) hergestellt. Auf diese Weise erhalten wir eine Gangreserve, die jede mechanische weit übertrifft. Bei diesen Systemen wird der el. Strom dann eingeschaltet, wenn die verwendete Feder (auch bei Gewichtsbetrieb wird meist eine Feder dazwischengeschaltet) einen bestimmten Spannungszustand erreicht hat.

Die zweite Hauptgruppe umfaßt die U. mit elektr. angetriebenem Gangregler. (Unruh oder Pendel). Hier wirkt der el. Strom direkt auf d. Gangregler und erteilt ihm den Antriebsimpuls. Der so in Schwingung gehaltene Gangregler treibt das Zeigerwerk an. Wegen des sehr geringen Reibungsverlustes kommen wir mit ganz schwachen Elementen aus. Da es in den letzten Jahren gelungen ist, Elemente zu schaffen, die über längere Zeit (2 bis 3 Jahre) sehr konstante Spannungen abgeben, erhalten die Gangregler sehr konstante Antriebsimpulse, daraus resultieren ihre verblüffenden Gangergebnisse.

Die dritte Hauptgruppe umfaßt elektr. U., die sich vollständig von der mechanischen U. losgelöst haben und das Problem Zeitmessung auf neuartige Weise und mit einem Grad von Vollkommenheit lösen, der bei mechanischen U. nie denkbar gewesen wäre. Diese Gruppe umfaßt namentlich die Quarzuhren und Atomuhren. Anstelle der mechanischen Zeitmessung zugrunde liegenden Schwingung mechanischer Art verwendet man hier Schwingungen von Quarzen u. von Molekülen. Die Schwingungszahlen dieser Zeitmeßgeräte liegen im Bereich der Hochfrequenz und sind auch nur mit den Mitteln der Hochfrequenz zu erzeugen u. nutzbar zu machen. Das erreichte Maß an Ganggenauigkeit übertrifft das mit mechanischen U. zu erzielende weit.

Elektrizität: Sammelbegriff für den el. Strom. Die E. ist für unsere Sinne nicht wahrnehmbar. Sie ist eine Naturerscheinung, die wir nur an ihren Wirkungen erkennen. Die E. wird als ein Fließen von Elektronen in einem Leiter bezeichnet. Dabei pflanzt sich diese Wirkung in dem Leiter mit der s. Lichtgeschwindigkeit, 300 000 km/sec. fort.

Elektrokorund, künstlich hergestellter Schleifstein, mit 90 Proz. Aluminium-Oxyd (reiner Tonerde) bei 3500° im elektrischen Ofen geschmolzen, Härte 9,2 bis 9,3 (Diamant-Härte 10), verwendet zum Anschleifen von Werkzeugen u. gehärteten Stahlteilen. s. Schleif- u. Poliermittel.

Elektrolyse: Die Zersetzung einer Flüssigkeit, meist einer Metallsalz-Lösung, mit Hilfe des elektrischen Stroms. In letzterem Fall wird ein Metallsalz in Wasser gelöst, galvanisches Bad, das beim Stromdurchgang so zerlegt wird, daß das Metall mit dem Strom zum Strom-Austritt, der Kathode geht u. sich auf d. dort eingehängten Gegenstände als Metallüberzug niederschlägt, galvanische s. Metall-Überzüge.

Elektrolytische Entfettung: In der Uhren-Industuie häufig angewandt, wobei das Fett durch Wasserstoff-Entwicklung abgestoßen u. emulgiert wird. s. fettlösende Reinigungsmittel.

Elektrolytkupfer: Die Elektrotechnik braucht vollständig reines Kupfer (99,9 %). Das aus den Hüttenwerken kommende Kupfer hat in seiner reinsten Form noch 1 bis 3 % Beimengungen. Aus dem Rohkupfer gießt man Platten von 1 qm und 5 cm Dicke und hängt sie als Anoden in eine Lösung von Kupfervitriol. Als Kathode dienen dünne Bleche aus reinstem Kupfer. Dann schickt man den Strom durch die Lösung. Er scheidet an der Kathode reines Kupfer ab und zersetzt gleichzeitig die Anode. Ihr Kupfer wandelt sich in Kupfervitriol und erhält die Lösung dauernd in ihrer ursprünglichen Beschaffenheit. Mit dem Kupfer geht ein Teil der Beimengungen in die Lösung, diese werden aber nicht auf der Kathode abgesetzt. Der Rest sammelt sich am Boden der Gefäße als Anodenschlamm, der u. a. auch Silber und Gold enthält, welche in erneuten Elektrolysen ausgeschieden werden.

Elektrolytkupfer: als s. Hartlot für hochwertige Stähle, Schmelzpunkt bei 1150 ° C, d. i. höher als die höchst zulässige Arbeitswärme von 900 ° C für

Hartmetalle, wird daher zum Auflöten von Schnellstahl- u. Hartmetallplättchen auf Stahlschäfte verwendet.

Elektromagnet: Eine vom Strom durchflossene Spule, in welcher der elektr. Strom die Wirkung erzeugt, die uns von einem Stabmagneten bekannt sind. Elektromagnete besitzen entweder einen Weicheisenkern (zur Bindung der Kraftlinien) oder sie sind als Hohlspulen ausgebildet (Solenoid). In diesem Fall wird ein Eisenkern in die Spule hineingezogen oder herausgestoßen.

Elektromagnetischer Antrieb: Bei Sternwarte-Uhren von Schuler, besteht aus Haupt- und Hilfspendel. Am unteren Ende der Pendelstange ist eine Blende, die beim Schwingen einen Lichtstrahl unterbricht, der eine Photozelle trifft. Sobald die Blende durch die Ruhelage geht, wird von der Photozelle ein Stromstoß gegeben, der die elektromagnetische Anordnung über das Hilfspendel betätigt. Hierdurch erhält das Hauptpendel die notwendige Energie zugeführt.

Elektromagnetische Wellen: Das Licht, die Wärme, der Rundfunk sind elektr. Schwingungen, die sich ledigl. durch ihre Wellenlänge unterscheiden. Der Begriff W. gründet sich auf die Tatsache, daß diese elektr. Schwingungen sich mit s. Lichtgeschwindigkeit ausbreiten. Die W. einer Schwingung errechnet sich aus der Division der Ausbreitungsgeschwindigkeit (3 000 000 km/s) durch die sekundliche Schwingungszahl. Letztere wird als Frequenz einer Schwingung bezeichnet. Hohe Frequenz bedeutet also kleine Wellenlänge u. umgekehrt. Die Wellenlänge des sichtbaren Lichts schwankt zwischen 8/10 000 u. 4/10 000 mm. Die des ultravioletten Lichts sinkt auf fast ein Millionstel Millimeter. Der Rundfunk verwendet Wellen von 1 km bis fast 1 m. Die Ultrakurzwellen sind Wellen aus dem Gebiet der Dezimeter- und der Zentimeterwellen. Röntgenstrahlen sind noch wesentlich kürzer als Lichtwellen, besitzen sie doch Längen von 10^{-6} bis 10^{-9} cm. Die kürzeste Wellenlänge besitzt die sog. Gammastrahlung, welche von radioaktiven Stoffen (Radium) mit Wellenlängen von 10^{-10} cm ausgeht. ($10^{-10} = 1 : 10^{10}$)

Elektromagnetische Zeigerwerksanlagen baute als erster 1829 in München Professor Steinheil (1801—70), der Erfinder der Erdleitung.

Elektromagnetismus: Um jeden elektrischen, vom Strom durchflossenen Leiter bildet sich ein konzentrisches elektromagnetisches Feld. Dabei ist die Kraftlinienrichtung von der Stromrichtung abhängig. Für die Bestimmung der Kraftlinienrichtung dient die sog. Feilenheftregel: Umfassen wir den Leiter mit der rechten Hand, sodaß der Daumen in der Stromrichtung zeigt, dann geben die Fingerspitzen die Richtung der Kraftlinien an. Wird ein Leiter zu einer Spule gewickelt, dann bildet sich aus den kreisförmigen Kraftfeldern der einzelnen Windungen ein Gesamtfeld, das dem magnetischen Feld eines Stabmagneten nicht unähnlich ist. Die Spule bekommt einen Nord- u. einen Südpol, die Stromrichtung bestimmt dabei die Polarität. Die Feldstärke im Innern einer solchen Stromspule ist um so größer, je größer die Stromstärke (Amp.) und die Windungszahl (W) je kleiner aber die Länge (l) der Spule ist.

$$R = 0{,}4 \cdot \pi \cdot \frac{J \cdot W}{l \text{ (Kraftlinien/cm}^2\text{)}}$$

Elektron: 1. Eine Legierung aus 10 % Aluminium u. 90 % Magnesium, für besonders leichte, dünnwandige Werkstücke, Uhren u. Geräte im Flugzeugbau. 2. Elementarteilchen, besitzt eine Masse von $0{,}91066 \cdot 10^{-27}$ Gramm u. eine negative Ladung von $1{,}60203 \cdot 10^{-19}$ Coulomb. Außerdem besitzen alle Elektronen eine Eigenschaft (spin), welche man grob als Drall bezeichnen kann, also eine Drehung um ihre eigene Achse. Dadurch wird ihnen ein magnetisches Moment von ganz bestimmter Größe erteilt. Das Gegenstück zum Elektron ist das Positron, ihm genau gleich, aber mit positiver Ladung. Es ist im Gegensatz zum El. sehr kurzlebig. Sobald es eines El. habhaft werden kann, verschmilzt es mit ihm, und das Paar verwandelt sich in eine starke durchdringende Strahlung (harte Gammastrahlung). Die Metalle verdanken ihre elektrische Leitfähigkeit dem Vorhandensein frei beweglicher El. Durch genügend kurzwelliges Licht oder genügend hohe Temperatur können diese El. zum Austritt aus dem Metall veranlaßt werden (s. lichtelektrischer Effekt, s. Glühkathode).

Elektronenröhre: Ihre wesentlichen Bestandteile sind Kathode, Gitter und Anode. Diese sind in einen Glas- oder Metallzylinder eingeschmolzen. Die Kathode wird durch den Heizstrom erwärmt. An der Anode liegt der Pluspol der relativ hohen Anodenspannung, der Minuspol an der Kathode. Durch die Erwärmung werden Elektronen ausgeschieden, welche auf Grund des

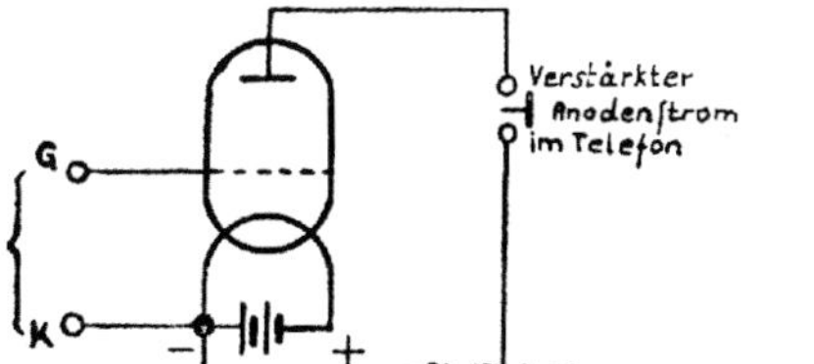

Spannungsunterschieds mit sehr hoher Geschwindigkeit zur Anode schießen. Das Gitter, welches zwischen Anode und Kathode angeordnet ist, gibt nun die Möglichkeit, den Elektronenstrom zu steuern. Das Gitter besitzt normalerweise eine negative Gittervorspannung, die den Elektronenstrom unterbindet. Wird diese Gitterspannung aufgehoben, kommt sofort ein Elektronenfluß zustande. Die El. ist also ein praktisch masseloses Relais, das erlaubt, mit einer sehr geringen Gitterspannung sehr hohe Anodenströme zu steuern.

Elektronenstrahlen: Die in Entladungsröhren (s. Elektronenröhren, s. Braun'sche Röhre) mit sehr niedrigem Gasdruck erzeugten El. werden, da sie von der s. Kathode ausgehen, Kathodenstrahlen genannt. Sie bestehen aus Elektronen, die aus der Kathode herausgelöst werden. Wenn die Elektronen des Kathodenstrahls mit großer Geschwindigkeit auf ein Hindernis aufprallen, wandelt sich ihre kinetische Energie in Wärme um. Der Austritt der Elektronen aus dem glühenden Metall ist darauf zurückzuführen, daß die im Metall eingeschlossenen freien Elektronen durch die Erwärmung die erforderliche kinetische Energie erhalten, um das Metall verlassen zu können. Die Richtung und die Geschwindigkeit der aus d. Glühkathode austretenden Elektronen wird durch die Anordnung der Anode und der an dieser anliegenden positiven Spannung bestimmt.

Elektronenstrahl-Uhr: Man legt an die Ablenkplatten einer s. Braun'schen Röhre je eine Frequenz von 100 KHz, die um 90° Phasen verschoben sind. Der Lichtpunkt auf dem Leuchtschirm beschreibt dadurch als Kathodenstrahl einen Kreis und zwar 100 000 pro Sekunde. Will man den Zeitpunkt eines sehr schnellen elektrischen Vorgangs messen, etwa die Entladung eines Kondensators, so legt man die dabei auftretende Spannung an eines der Plattenpaare. Für die Dauer der Entladung wird der Kathodenstrahl von seiner Bahn abgelenkt und der Strahl beschreibt eine kleine Ausbuchtung, die auf dem nachleuchtenden Schirm sichtbar wird. An Hand der auf dem Schirm angebrachten Gradeinteilung läßt sich die Dauer dieses Vorgangs genau bestimmen: Wenn pro Sek. 100 000 Umdrehungen gemacht werden, und die Ausbuchtung $^{1}/_{10}$ des Umfangs beträgt, dann dauerte der Vorgang $^{1}/_{1000000}$ Sekunde.

Elektronik: Zweig der Physik (Elektrotechnik), der sich mit der Bewegung der kleinsten Teile, den Trägern der Elektrizität, durch verdünnte Gase oder im Vakuum befaßt. (s. Elektronenröhre, -strahl, -strahluhr).

Elektronom: Elektrisch pneumatischer Aufzug und Nebenuhrantrieb von Junghans (wird heute nicht mehr hergestellt). Jede Minute schließt ein vom Gehwerk gesteuerter Kontakt einen Starkstromkreis, in welchem sich eine Kompressorlampe befindet. Die in der Lampe enthaltene Luft erwärmt sich und drückt einen Kolben hoch. Dieser spannt die Feder. In gleicher Weise werden auch die, über eine Schlauchleitung mit der Hauptuhr verbunden, Nebenuhren angetrieben. Bei größeren Entfernungen werden Nebenuhren verwendet, in welchen sich eine kleine

Elektrostahl: s. Edelstahl, der mit Hilfe des elektrischen Stroms bei einer Temperatur bis zu 3800° im Elektro-Ofen geschmolzen wird. Jede Verunreinigung durch Heizgase ist hier unmöglich, weshalb dabei sehr reine Stähle gewonnen werden. Hochwertige Edelbaustähle u. hochlegierte Werkzeugstähle werden wegen der schwer schmelzbaren Legierungs-Metalle wie Chrom, Wolfram, Nickel u. Molybdän nur in Elektro-Öfen erzeugt.

Elemente: s. Grundstoffe.

Elinvarstahl: wie der Invarstahl von Prof. Guillaume erfunden, eine Legierung aus Stahl, Nickel, Chrom, Mangan u. Wolfram, verändert bei einer Temperatur von + 50° bis — 10° kaum seine Elastizität, nach d. französischen Elasticité invariable, d. i. Elastizität unverändert „Elinvar" genannt. Wegen dieser hervorragenden Eigenschaft hinsichtlich der Elastizität wird die Legierung heute vielfach zu Spiralfedern verwendet. Elinvar-Spiralen sind temperaturbeständig, sie oxydieren nicht, verformen jedoch leicht u. sind magnetempfindlich, daher wird heute mehr die s. Nivarox-Spirale verwendet. s. Nickelstahl-Legierungen.

Ellipse: oder Hebelstein beim s. Gabel-Eingriff.

Eloxieren: von Aluminium u. seinen Legierungen, eine wesentliche Veredelung der Oberfläche, erfolgt in einem elektrolytischen Bad aus verdünnter Chrom-, Oxal- oder Salpetersäure, wobei die Gegenstände als Anode (Stromeintritt), eine Aluminium-Platte als Kathode (Stromaustritt) verwendet werden. Beim Stromdurchgang bildet sich auf den Gegenständen eine unlösbare, harte, chemisch widerstandsfähige u. elektrisch isolierende Schicht von Aluminiumoxyd.

Email: oder Schmelzglas

Emaillieren: mit glasähnlicher Masse bestreichen und glühen, wodurch der Überzug zu einer festhaftenden Glasur schmilzt.

Emanation: Chem. Grundstoff (Element). Atomgewicht 220/222, Ordnungszahl 86, Radioaktiver Stoff. (Radom).

EMK: Elektromotorische Kraft. Hiermit bezeichnet man in der Elektrotechnik den Potentialunterschied zwischen zwei elektrischen Potentialen.

Empire: 1. Kaisertum, -reich, 2. Kunststil der Zeit des ersten frz. Kaiserreichs, 3. Britisches Reich.

Empireglas: Hochgewölbte Gläserart für runde Uhren. (s. Abbildungen auf Seite 53)

Empireglas

empirisch: erfahrungsgemäß, auf Tatsachen, bzw. Versuchen aufbauend.

encliquetage L': das Gesperr (frz.)

Endmaße: dienen zur Kontrolle der Werkzeuge. Sie werden in zwei Genauigkeitsgraden hergestellt (I u. II) (DIN 861). Zur Kontrolle der Messwerkzeuge des Uhrmachers kommen Parallel-Endmaße in Frage, es genügt der Genauigkeitsgrad II.

Energie: die Fähigkeit, Arbeit zu leisten. Wir unterscheiden: die potentielle E. (die E. der Lage) und die kinetische (lebendige) Bewegungs-E. $E = \frac{1}{2} m \cdot v^2$. Die E.-Einheit heißt „Erg". Hat eine Kugel von 1 g Masse die Geschwindigkeit 1 cm/sek. so beträgt ihre E. $\frac{1}{2} \cdot 1 \cdot 1^2 = \frac{1}{2}$ Erg .10 Millionen Erg werden als eine Joule bezeichnet (Wattsekunde). Die Arbeit, d. zum Heben eines Kilogramms um einen Meter notwendig ist (1 Meterkilogramm) beträgt 9,81 Joule. (sprich Dschaul).

Englische Anker-Hemmung: s. freie Anker-Hemmung mit Spitzzahn.

Englische Steinfassung, erhält keinen Einstich. Das Material wird unmittelbar an die Fase des Steins gedrückt u. dann mit der Steinfläche bündig gedreht.

Englisch Zoll: s. Zoll englisch.

engrenage: (frz.) = Eingriff.

Entanche: (frz.) = wasserdicht.

Entmagnetieren: besonders bei Zylinder-Uhren wichtig, da hier ausnahmsweise Stahl auf Stahl arbeiten u. bei 2 bis 3 Zähnen plötzlich die Schwingungsweite der Unruh nachläßt. Sicherheitshalber soll jede Uhr vor Beginn der Reparatur entmagnetisiert werden. s. Entmagnetisieren.

Entmagnetisieren: Das Entfernen von Magnetismus aus Uhrteilen. Stahlteile werden heute in Kleinuhren immer noch verwendet. Das E. geht davon aus, wieder Unordnung in die in einem magnetischen Gegenstand geordneten Elementarmagnete zu bringen. Man verwendet eine Hohlspule, d. an Wechselstrom angeschlosen wird. Der zu e. Gegenstand wird nun in die Spule gehalten, und langsam aus ihr entfernt.

Entsäuern von Öl: eine der wesentlichsten Forderungen für die Gewinnung von einwandfreiem Uhrenöl. s. Öl.

Entstörung eines Motors: Zur Vermeidung von Funkenbildung, die den Rundfunkempfang stört, werden Elektromotore laut Abbildung entstört. Zwei Kondensatoren (C) werden parallel zu den Bürsten geschaltet. Das Gehäuse

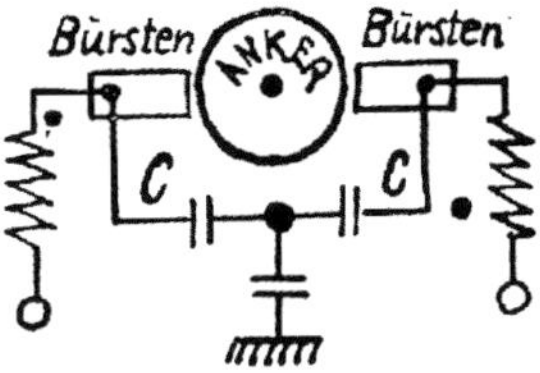

des Motors wird über einen kleinen Kondensator von etwa 500 pF mit den Kondensatoren C verbunden, die etwa je 250 000 pF haben.

Epi-Zykloide: oder s. Aufradlinie, s. Zykloiden.

Eppner Eduard: geb. 12. Juli 1812 zu Halle (Saale), erlernte bei seinem älteren Bruder in der Schweiz die Uhr-

macherei, errichtete 1835 in Halle ein Uhrenfachgeschäft und 1852 in Lähn (Schlesien) eine Taschenuhr-Fabrik, die 1869 nach Silberberg in Schl. verlegt wurde, wo die Fabrikation auf Turm-, Kontroll- und Großuhren ausgedehnt wird. E. hat sich um die Hebung der Uhrmacherei und die schlesische Taschenuhr-Industrie große Verdienste erworben. Er starb am 2. Juli 1887 in Silberberg.

Erbium: Element (chem. Grundstoff). Atomgewicht 167,2. Ordnungszahl 68.

Erdbeschleunigung g: auch Erdanziehung, Schwerkraft, beträgt f. unsere mittleren Breiten g = 9,81 m/sek.^{2}. Infolge der Abplattung der Erde ist sie am Pol am größten, am Äquator am kleinsten, zwischen 9,83221 m/sek.^{2} und 9,78052 m/sek.^{2}, sodaß die Länge eines Sekundenpendels am Pol die größte Länge 996,211 mm u. am Äquator die kleinste Länge 990,974 mm hat, wie aus nachstehender Übersicht zu entnehmen ist.

Erdbeschleunigung g und Länge des Sekundenpendels l.

Geogr. Breite Grad	Schwere-Beschleunigung cm/sec.^{2}	Länge des Sekundenpendels L mm
0° (Äquator)	978,052	990,974
15	978,397	991,323
30	979,340	992,279
35	979,747	992,691
40	980,181	993,131
42	980,360	993,312
44	980,540	993,495
46 (Trient)	980,720	993,677
48 (Freiburg Br.)	980,900	993,860
50 (Mainz)	981,079	994,041
52 (Bielefeld)	981,255	994,220
54 (Lübeck)	981,430	994,397
56	981,599	994,568
58	981,764	994,735
60	981,924	994,897
75	982,873	995,859
90 (Pol)	983,221	996,211

Erdbreite: beträgt von Pol zu Pol gemessen 12 713 882 m, d. i. um 42 954 m weniger als die Erdlänge (s. Abplattung). Die parallel zu einem Mittelkreis, dem Äquator oder Gleicher, gedachten Kreise heißen Breitenkreise, 90° nach Norden (nördl .Br.) und 90° nach Süden (südl. Br.). Der Nordpol ist 90° nördl. Br., der Südpol 90° südl. Br. Mainz liegt etwa 50° nördl. Br., Flensburg 55° nördl. Breite. s. Erdmaße.

Erddrehung: Die tägliche Umdrehung der Erde um die eigene Achse, wurde zuerst durch s. Kopernikus festgestellt, s. Galilei nahm die neue Lehre über das Weltsystem begeistert an, u. s. Kepler hat sie wissenschaftlich begründet. Den entscheidenden Nachweis endlich führte der frz. Physiker s. Foucault durch seinen Pendelversuch.

Erde: Planet, Halbmesser am Äquator 6378,4 km, am Pol 6356,9 km. Abplattung 1 : 297. Masse 5974 · 10^{27} g. Beschleunigung der Schwere (in Meereshöhe) 978 cm/sek. Umlauf (tropisch) = Rückkehr zum Frühlingspunkt 365,2422 Tage. Umlauf siderisch (Rückkehr zum gleichen Stern) 365,2564 Tage. Geschwindigkeit in der Bahn 29,8 km/sek.

Erden-Mond: der uns am nächsten kreisende Himmelskörper, mit einer Entfernung von etwa 380 000 km. Er ist kugelförmig, besitzt etwa 1/4 des Erdumfangs, jedoch nur den 81. Teil der Erdmasse. Seine Umdrehung um die eigene Achse u. sein Umlauf um die Erde erfolgen wie bei dieser auch im umgekehrten Uhrzeigersinn. s. Monde.

Erdlänge: beträgt infolge der Zentrifugal- oder Fliehkraft am größten Umfang, dem Äquator oder Gleicher, 12 756 776 m, d. i. um 42 954 m mehr als die Erdbreite, s. Abplattung.

Die durch je 1° des Erdumfangs von Pol zu Pol gedachten Kreise heißen Längenkreise od. s. Meridiane. Ausgehend von einem 0-Meridian, der durch die Sternwarte von London (Greenwich spr. Grinitsch) geht, zählt man je 180° nach Westen, westliche Länge (w. L.) u. 180° nach Osten (östl. L.) s. Erdmaße.

Erdmaße: größter Durchmesser am am Äquator 12 756 776 m, kleinerer Durchmesser v. Pol zu Pol 12 713 822 m, infolge der Abplattung der Erde um 42 954 m kürzer, sodaß man von einer s. Erdlänge u. einer s. Erdbreite sprechen kann. Umf. am Äquator 40 076 600 m. Umfang über die Pole gemessen 40 009 150 m. 1/4 dieses Umfangs beträgt etwa 10 Mill, Meter, die Grundlage für Feststellung des s. Urmeters.

Erd- oder Naturgas: ein vollkommen reines, natürliches Heizgas von hohem Heizwert, findet sich vielfach beim Erbohren von Petroleum-Sonden, von Wasser u. Erz. Meist tritt es unter starkem Druck aus, andernfalls wird es d. Pumpen abgesaugt. Geringe Funde wurden gemacht bei Hannover, ausgiebige Quellen finden sich bei Pittsburg in Pennsylvanien (USA), wo es bei der Eisenverarbeitung, in Glasschmelzöfen auch für Kochzwecke u. zur Heizung von Wohnräumen verwendet und exportiert wird. s. gasförmige Brennstoffe.

Erdöl: aus Resten von fetthaltigen Tieren u. Pflanzen oder durch Zerstörung kohlenstoffhaltiger Eisenverbindungen in warmem Wasser entstanden. Erdöl oder Roh-Naphta ist von braungrüner oder dunkelgelber Farbe, beim Reinigen oder Raffinieren werden gewonnen Petroleum Asphalt, Benzin, Gasöle. Große Erdöllager befinden sich am Schwarzen Meer, in den USA, in Hinter-Indien, auf Sumatra, in Japan, von europäischen Ländern in Rumänien, Galizien u. geringe Mengen bei Celle (Hannover). s. flüssige Brennstoffe.

Erdquadrant: jeder Viertelkreis der Erde, der vom Äquator zum Pol führt.

Erdumdrehung: geht mit einer Geschwindigkeit von 30 km in der Sekunde vor sich.

Erdzonen: 1) die heiße Z. zwischen dem nördl. Wendekreis des Krebses (23 1/2 ° nördl. des Äquators) u. dem südl. Wendekreis des Steinbocks (23 1/2 ° südl. des Äquators), 2) die gemäßigte Zone, von den beiden Wendekreisen bis zum nördl. Polarkreis (66 1/2 ° nördl. Br.) bzw. zum südl. Polarkreis (66 1/2 ° südl. Br.), 3) die kalten od. Polar-Z. nördl. bzw. südl. des Polarkreises. Wenn die Sonne im nördl. Wendekreis steht, um den 22. Juni, ist es auf der nördl. Halbkugel am wärmsten, die Sonne wendet zum Äquator, mit dessen Erreichen die s. Tag- u. Nachtgleiche eintritt, am 23. September. Während der anschließenden Herbstmonate erreicht die Sonne am 22. Dezember den südl. Wendekreis, den Höhepunkt der kalten Jahreszeit, die Sonne wendet sich wieder dem Äquator zu bis zur Frühjahrs-Tag- u. Nachtgleiche am 21. März, um am 21. Juni wieder den nördl. Wendekreis zu erreichen. s. Jahreszeiten.

Erg: Maßeinheit der Arbeit im absoluten Maßsystem, 1 Erg ist die Arbeit, die verrichtet wird, wenn die Kraft s. 1 Dyn längs des Wegs 1 cm wirkt.

Ergänzungsbogen des Gangreglers: Der im Anschluß an den Hebungsb. zurückgelegte größere B. des G., der durch das Beharrungsvermögen die s. Trägheit eines Körpers bedingt ist. s. Hemmungen-Grundbegriffe.

Ersetzen v. Radzähnen: 1. durch Einpassen eines „schwalbenschwanz"-förmigen Stückes in den Radkranz, das sicherheitshalber auch etwas verlötet werden kann, 2. durch Einbohren von Stiften bei dicken Rädern, etwa Federhäusern, 3. durch Aufnieten oder Aufschrauben eines Stücks gleichen Zahnkranzes, meist bei Großuhren.

Erweitern von Brüchen: läßt die Br. weiter, größer erscheinen, ohne daß sich ihr Wert dabei ändert. Sie geschieht durch Vervielfachung von Zähler und Nenner mit der gleichen Zahl, zum Beispiel:

$^3/_4$, erweitert mit 25, ergibt

$$\frac{3 \cdot 25}{4 \cdot 25} = \frac{75}{100} = 0{,}75$$

Probe $^3/_4 = 3 : 4 = 0{,}75$. s. Bruchzahlen.

Eta-rotor: Automatische Armbanduhr der Firma Eta, bei welcher d. Gewichtskörper sich um 360° dreht (Rotor). Er besitzt keinen Anschlag und zieht in beiden Drehrichtungen auf.

Eterna-Matic: Automaticuhr der Firma Eterna (Schweiz). Der Gewichtskörper dieser Uhr ist in Kugeln gelagert. Fünf Kugeln zu 0,65 mm Durchmesser. Der Gewichtskörper dreht sich um 360° u. zieht nach beiden Richtungen auf. Nach Lösen von drei Schrauben kann der gesamte Aufzugmechanismus vom Basiswerk getrennt werden.

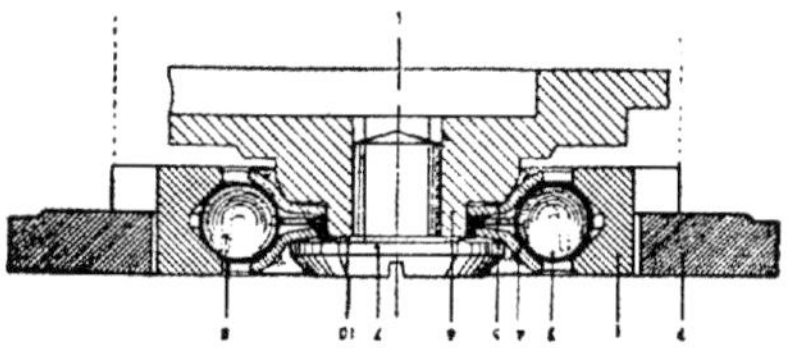

ETERNA·MATIC
(calibres 1198 et 1199)

Eureka-Bohrer: ein Kehlbohrer mit langen Schneiden, der sich durch große Widerstandsfähigkeit u. Schnitthaltigkeit gegenüber dem einfachen Spitzbohrer auszeichnet.

Europium: Chem. Grundstoff (Element) Atomgewicht 152, Ordnungsz. 63.

Evolvente: Evolventen-Verzahnung, s. Fadenlinie.

Expansion: Ausdehnung.

Exponent im Fachrechnen: auch Hochzahl, rechts oberhalb der Grundzahl oder Basis angeschrieben, gibt an, wie oft diese als Faktor zu setzen ist, z. B. 5^3 = „Fünf hoch drei" = $5 \cdot 5 \cdot 5 = 125$. Die Zahl „3" ist der E., s. Potenzen.

Exzentrisch: außer der Mitte.

Exzentrische Kreise: nicht parallelverlaufende Kreise, deren Mittelpunkte nicht zusammenfallen, wie bei s. konzentrischen Kreisen. Exzentrische Kreise werden angewendet beim Exzenter, der dadurch eine drehende Bewegung in eine schiebende umzuwandeln vermag. Beim E.-Futter in d. Graham-Hemmung, der eine Verschiebung des Ankers nach der Seite gestattet, weiter bei exzentrisch in Schraubenköpfe eingesetzten Begrenzungsstiften für Anker.

F

f = Brennweite einer Linse. Bei Sammellinsen der Punkt, in dem sich die Strahlen punktförmig vereinigen, um dann wieder fächerartig auseinander zugehen. Im Brennpunkt wird nicht nur das Licht, sondern auch die mitgeführte Wärme vereinigt. s. Brennglas u. -weite.

Facette: Kantige Schliffläche.

facettiert: in vielen Feldern eckig geschliffen

Fachrechnen: 1. Grundforderung. Grundsätzliches: a) was gerechnet ist, muß „recht" sein. Wer falsch rechnet, könnte es sich überhaupt sparen, er käme weiter, wenn er nur schätzen würde. b) Vor Beginn der Rechnung ist zu s. schätzen, was sich vernünftigerweise annähernd ergeben muß, u. am Ende der Rechnung zu vergleichen, inwieweit diese Schätzung zutrifft. c) Wo immer möglich, ist eine maßstäbliche Skizze mit einheitlich eingetragenen Maßen (regelmäßig alles in mm) anzufertigen. Bei Berechnungen mit Wurzel-Ausziehen, wie z.B. bei Anwendung des s. Pythagoräischen Lehrsatzes ergibt die Skizze bereits hinreich. genaue Größen, sodaß die Rechnung nur eine Nachprüfung bedeutet. d) Zum Abschluß jeder Rechnung ist das Ergebnis ganz in Ruhe zu überprüfen, wenn irgendmöglich, ist eine Probe durchzuführen, z. B. bei Zeigerwerksberechnungen. Siehe a) Bezeichnungen u. Formeln im F., griechisches Alphabet, b) Gleichungen, auflösen, umformen, c) Grundrechnungsarten, Klammer-Rechnung. d) Gruppen im Räderwerk, Zählwerk. e) Maße für Längen (Meter, Urmeter), Flächen, Körper (Volumen- oder Raummaße, Zoll). f) Potenzen, Wurzeln, g) Proportion, Verhältnisgleichung. h) %. ‰, Zins. i) Pythagoräischer Lehrsatz, Kathete, Hypotenuse. k) Radgrößen, l) Schläge, Schwingungen von Pendel u. Unruh. m) Schwingungsdauer des Pendels. n) Sekunden-Pendel, mathematische Pendellänge, o) Teilbarkeit der Zahlen, Faktoren, Primzahlen. p) Teilung, Fräsenstärke, Modul. q) Triebgrößen für gerade und ungerade Zahnzahlen, gemessener Durchmesser. r) Übersetzung, einfach, mehrfach, Rad-Rad, Rad-Trieb. s) Zahlen-System. t) Zentrale, Achsenabstand. u) Ziffern, arabische, römische.

Fachzeichnen: 1. allgemeine Kenntnisse, a) Handhabung des Zeichengeräts; b) Zeichnungsnormen u. s. grundlegende Konstruktionen. 2. Übersicht, I. Allgem. Kenntnisse über das technische Zeichnen; II. Darstellendes Zeichnen (Projektion); III. Aufbauendes Zeichnen (Konstruktion), a) Verzahnungen, b) Hemmungen, Bezeichnungen, Grundbegriffe, c) s. Schaltvorgänge.

Faden-Aufhängung des Pendels, s. Pendel-Aufhängung.

Faktoren im Fachrechnen: Die beiden Zahlen, welche vervielfacht das Produkt ergeben oder in welche sich das Produkt zerlegen läßt.

Faktoren-Zerlegung: im Fachrechnen bei Ermittlung von Radzahnzahlen wichtig, die Aufteilung einer größeren Zahl in ihre kleinsten Faktoren, z. B. $2520 = 2 \cdot 2 \cdot 2 \cdot 3 \cdot 3 \cdot 5 \cdot 7$. s. Teilbarkeit der Zahlen.

Fallgeschwindigkeit: Die Endgeschwindigkeit eines im luftleeren Raum fallenden Körpers errechnet sich nach der Formel $v_e = g \cdot t$ wobei die Gravitationskonstante (in unseren Breiten 9,81 m/sec^2 und t die Zeit in Sekunden ist. (s. Fallweg)

Fallhöhe des Zuggewichts: Der Abstand vom unter. Rand des Zuggewichts bis zum Kastenboden, also die abgerollte Schnur, Saite od. Kette, abzügl. der Länge des Gewichts. Bestimmt wird die Fallhöhe durch den Walzenumfang $(d \cdot \pi)$ und die Zahl der Umgänge (n). Die F. ist also $d \cdot \pi \cdot n$. Genügt die F. nicht, um die Uhr während der vorgesehenen Laufzeit in Gang zu halten, so kann eine lose Rolle eingebaut werden, fälschlich auch „Flaschenzug" genannt, wodurch die abgelaufene Schnur halbiert wird, unter Verdoppelung des Zuggewichts.

Fallweg: Der zurückgelegte Weg eines im freien Fall fallenden Körpers beträgt im luftleeren Raum $s = \frac{1}{2} g \cdot t^2$ Hierbei ist s zurückgelegter Weg, g die Gravitationskonstante und t die Zeit in Sekunden. Im lufterfüllten Raum spielt der Luftwiderstand eine große Rolle, denn dieser nimmt im Quadrat der Geschwindigkeit zu, was namentlich bei hohen Geschwindigkeiten eine bedeutende Rolle spielt. Die höchste erreichbare Geschwindigkeit liegt bei 11 km/sec. (rund 40 000 km/h).

Fall-Winkel: Abfall, die freie Vorwärtsbewegung des Hemmungsrads nach beendeter Führung (u. Hebung). Ein Radzahn fällt, bis er auf Ruhe liegt. s. Hemmungen-Grundbegriffe.

Farad: Maßeinheit der Kapazität benannt nach Faraday. 1 F. ist die Elektrizitätsmenge, welche die Spannung eines Kondensators um ein Volt erhöht. 1 μ F = der millionste Teil eines F. (Mikrofarad) 1 pF = der billionste Teil eines F. (Pikofarad).

Faraday-sche Gesetz: Betrifft die Elektrolyse und lautet: Die Menge des abgeschiedenen Stoffs ist der Stromstärke und der Zeit proportional.

Fassen der Lagersteine: s. Steinfassungen.

Fassonwerk für Kleinuhren: s. Kaliber der Uhr.

Fassungs-Öffner: für Steinfassungen, zunächst zusammengeschraubt in die Fassung eingeführt, dann erst beide Backen auseinandergeschraubt, bis sie an der Fassungswand anliegen. Durch vorsichtiges Umdrehen wird nun die Fassung geöffnet. s. Steinfassungen.

fast: (engl.) schnell.

Fayence: Halb-Porzellan.

Feder-Aufhängung: beim Pendel, s. Pendelfeder.

Federhärte: die für Federn gebräuchliche Härte, bei dunkelblauer Anlaßfarbe u. etwa 295° Erwärmung.

Federhäuser: mit Verzahnung verwendet Antonie Lepine (1720—1814), wodurch die Schnecke in Wegfall kommt. s. Zugfeder.

Federhaken: innere Befestigung, s. Zugfeder.

Federhaus: dient zur Aufnahme der Zugfeder, die entweder unmittelbar am s. Federhaken befestigt ist, oder durch Zwischenschaltung eines s. Federzaums. Je nachdem sich das F. beim Ablauf dreht oder feststeht, spricht man von einem s. „fliegenden F." oder einem s. „festen F.". Die innere Höhe des F. vom Boden bis zum Deckelrand, abzüglich etwa 5/10 mm bei Großuhren und etwa 1/10 mm bei Kleinuhren, ist die „lichte Höhe" des F., woraus sich die Federbreite ergibt. Eine Stellung am F. begrenzt seine Umdrehungen auf die s. „mittleren Umgänge". Das gezahnte F. bzw. das auf der Federwelle sitzende Rad, bei Schneckenantrieb d. gezahnte Schneckenrad, übertragen die Federkraft auf das Laufwerk.

Feder-Hemmung: beim Chronometer, s. Chronometer-Hemmung.

Federherz: auch Federrose, zum Einhaken des inneren Federendes in die Nase des Federkerns. s. Zugfeder.

Federkraft-Pendel: oder Unruh, der durch die Federkraft der Spiralfeder in Schwingung versetzte Gangregler. s. Unruh.

Federmaße: zur Feststellung von Breite, Stärke u. Durchmesser der Zugfeder. System Boley oder nach Robert, mit 20 Ausdrehungen.

Feder-Stellung: s. Stellung.

Feder-Stützen: zur Befestigung des äußeren Federendes in eine hierfür vorgesehene Ausfräsung in der Innenwand der Federhaustrommel. s. Zugfeder.

Federtaster: nur als Vergleichsmaß gebraucht, zur Übertrag. eines Maßes vom Muster auf das Arbeitsstück. s. Meßwerkzeuge.

Federwinder: zum Aufrollen der Zugfeder, nach neuer Konstruktion in einer Trommel, die in das Federhaus paßt, sodaß die Feder von dort unmittelbar in das Federhaus geschoben werden kann. Dadurch wird jede Berührung mit der Hand, insbesondere mit Schweißfingern, vermieden, was bei Kleinuhren leicht zum Federbruch führen kann. s. Zugfeder.

Federzaum: für die äußere Befestigung der Zugfeder, wird verwendet, um der Zugfeder eine zentrische Entwicklung zu gestatten, während eine starre Befestigung eine Knickung in der Klinge verursachen u. das Federpaket zur Seite ziehen würde. s. Zugfeder.

Feilen: Grundforderung, Allgemeines. Die Abnahme feiner Metallspäne durch die auf der Feile vorhandenen, mittels Unter- u. Oberhieb, entstandenen kleinen Meißel. Die Arbeit bezweckt genau ebene u. winklige Flächen u. ein bis auf mm-Bruchteile genaues Maß. Bei der Feilarbeit darf nur in der Vorwärtsbewegung ein Druck ausgeübt werden, während bei der Rückführung die Feile leicht über das Werkstück gleitet. Schnelles F. ist zwecklos, es bringt nur rasche Ermüdung u. gestattet keine Kontrolle über die waagrechte Führung der Feile.

Feilen, Härten u. Anlassen: durch Glühen in Hornspänen, mit sehr geringem Anlassen, sodaß die Feilen fast glashart bleiben, was für ihre Behandlung zu beachten ist. s. Feilenpflege.

Feilenheft: muß unbedingt gerade und fest sitzen. Dies wird erreicht durch Aufbohren mit zwei verschieden starken Spiralbohrern, anschließendes kegeliges Aufreiben u. Festschlagen mittels einiger kräftiger Schläge auf das Feilenheft. Kleinere Feilen werden mittels Schellack eingelackt, wobei die Feile noch im warmen Zustand gerade gerichtet werden kann.

Feilenhieb: s. Feilensorten, s. Feilenunterhieb, s. Feilenoberhieb.

Feilen, Körperhaltung: für Feilarbeiten im Stehen sollen mit einer leichten Schrägstellung der Füße, unter Verlegung des Schwerpunktes etwas nach vorn u. bei entspanntem Körper ausgeführt werden. Der Schraubstock steht in Ellenbogenhöhe, sodaß Unterarm—Feile—Werkstück eine gerade Linie bilden. Bewegt werden sollen nur Schulter- und Ellenbogengelenk.

Feilen, Oberhieb: kreuzweise zum Unterhieb eingeschlagene Rillen im Feilenkörper, wodurch Reihen von kleinen Meißeln entstehen. Zur Verbesserung der Feilwirkung wird der Unterhieb mit einem Winkel von etwa 54° und der Oberhieb mit einem Winkel von 71° angebracht, wodurch die Zähne nicht gerade hintereinander stehen und lange Rillen reißen, sondern schräg hinter- u. nebeneinander, wodurch die ganze Fläche gleichmäßig bearbeitet wird.

Feilenpflege: verlangt in erster Linie strenge Ordnung am Arbeitsplatz u. im Werkzeugkasten, wo ein Scheuern der empfindlichen Feilenzähne vermieden werden muß. Festsitzende Späne, Öl- u. Fettreste sind mittels Messing-Feilbürsten u. Petroleum zu entfernen, od. auch durch ein Messingblech, das in Richtung des Oberhiebs geführt wird. Durch einen leichten Ölhauch können die Feilen vor Rost geschützt werden.

Feilensorten, nach Hieb: 1. Einhiebige F., Raspel, für weiche Metalle wie Zinn, Blei, Holz u. ähnliche Stoffe; 2. doppelhiebige, grobe F. (Nr. 1) für Arbeiten, bei denen viel Material abgenommen werden soll; 3. mittelgrobe F. (Nr. 3, 4), um das Werkstück auf Maß zu bringen; 4. feine F. (Nr. 7, 8) zum Schlichten, um durch Beseitigung aller Risse die genaue Form u. Oberflächenbeschaffenheit zu erreichen.

Feilensorten, nach Querschnitt: Viereck-F., quadratisch, Flach-F., rechteckig, Dreikant-F., gleichseitiges Dreieck, Dach- oder Barett-F., flaches gleichschenkliges Dreieck, Rund-F., kreisförmig, Halbrund-F., halbkreisförmig, Messer-F., ein hohes gleichschenkliges Dreieck, Vogelzunge, beiderseits gewölbt, Schwertf., rautenförmig.

Feilensorten nach Verwendungszweck: Ansatz-, Ansatzpolier-, Ausstreich-, Schraubenschlitz-, Sperrad-, Wälz- und Wälzpolier-, Zapfen- und Zapfenpolier-F. Schleiffeilen aus weichem Stahl, Polierfeilen aus Bronze (Kompositionsmetall), Leder oder Filz.

Feilen, Unterhieb: in einem bestimmten Winkel, etwa 54°, in den glatt geschliffenen Feilenkörper eingeschlagene, parallele Rillen. Solche, zunächst einhiebige F., werden zur Bearbeitung weicher Werkstoffe wie Zinn, Zink, Blei, Aluminium usw. verwendet, um eine Verschmierung der Zwischenräume wie bei doppelhiebigen F. zu verhindern.

Feilen, Zeitmaß: etwa angepaßt der Bewegung eines Sekunden- oder Hausuhr-Pendels.

Feilholz: aus Buchsbaum- oder Erlenholz, dem Verwendungszweck entspr. in verschiedenen Formen, eingespannt in den Schraubstock als Unterlage zur Bearbeitung von Stiften, kleinen Wellen, zum Radschenkeln u. Triebschleifen u. zur Bearbeitung flacher Werkstücke.

Feingehalt: bezeichnet die in einer Edelmetall-Legierung, Platin, Gold, Silber enthaltene Menge an reinem Edelmetall. s. Goldgehalt, Karat, Silbergehalt.

Feinkörnung: auf Platinen, Brücken, Rädern usw. erhält man dadurch, daß diese Teile vor ihrer Vergoldung mit Anreibeversilberung behandelt werden. Damit wird feine Körnung und schöner feuriger Glanz erzielt.

Feinmeß-Maschine: auch „Lehrenbohrmaschine" oder „Koordinatenbohrmaschine" genannt, verwendet bei der Herstellung von Uhren-Rohwerken. Ablesung 1/1000 mm.

Feinmeß-Schraube: s. Mikrometerschraube.

Feinstellen von Uhren: Grundforderung, auch abgleichen, regulieren, bezweckt das richtige Gehen der Uhr durch ein Abgleichen ihres Gangs. Für Präzisionsuhren in feiner Ausführung wird das Abgleichen sehr genau durchgeführt, in bezug auf Temperaturänderungen, auf die verschiedenen Lagen, auf die Schwankungen der Federkraft usw. Als Vergleichsmaß für das Feinstellen dient die s. Normalzeit.

Feinstellung von Uhren: Die Feinstellung beginnt nicht erst am Gangregler, sondern am Federhaus, sie umfaßt die Feinheit der Zapfen und Lager, der Eingriffe, der Hemmung und zuletzt erst die Beseitigung von Fehlern am Gangregler. Im einzelnen s. abhorchen, Eingriffe, Gangregler (Pendel und Unruh), Lagen der Uhr, Lagenfehler, Normalzeit, Spiralfeder u. Rücker, Stand u. Gang der Uhr, Zeitwaage.

Feldstärke: (eines Magneten) Stärke der Kraftlinien, mit welcher in einem bestimmten Punkt des magnetischen Feldes ein magnetischer Nordpol der Stärke 1 fortgetrieben wird. Nach Faraday wird die F. eines Magneten erkannt aus der Zahl der Kraftlinien, die am betreffenden Ort durch die Flächeneinheit ($f = 1\ cm^2$) laufen, wenn sie senkrecht zu den Kraftlinien steht. $H = \text{Kraftlinienzahl}/cm^2$, $1\ H = 1\ \text{Kraftlinie}/cm^2$.

Fernmeldeanlage: Jede den Zwecken der Nachrichtenübermittlung und der Signalgebung, der Sicherung von Leben und Eigentum dienende Anlage. Eine Unterteilung in Starkstrom oder Schwachstrom wird nicht gemacht.

Ferraris-Motor: Im Drehfeld eines vom Wechselstrom erregten Magneten dreht sich der Läufer dieses Motors, eine kreisrunde Weicheisenscheibe. Über eine Schnecke ist die senkrecht stehende Achse mit dem Aufzugmechanismus verbunden. Eine Kontakteinrichtung ist nicht vorhanden, sodaß der Magnet dauernd unter Strom steht. Um nun ein Überspannen der Feder zu vermeiden, gibt es eine Reihe von Bremseinrichtungen, welche die Scheibe bei einer gewissen Federspannung oder in bestimmten Intervallen abbremsen.

Ferromagnetismus: Eigenschaft speziell des Eisens (ferrum), aber auch des Nickels u. des Kobalts, andere Metalle anzuziehen. s. Magnetismus.

Ferrum: (Fe) s. Eisen.

Fertigfedern: für Kleinuhren werden mit einem angenieteten Stück Federklinge geliefert, das ein besseres Aufwinden der Feder in der Trommel bewirken soll s. Zugfeder.

Feste Brennstoffe: Siehe: 1. Holz, 2. Holzkohle, 3. Torf, 4. Braunkohle, 5. Steinkohle, 6. Koks.

Festes Federhaus: ist auf der Platine verschraubt u. die Federwelle trägt das in das erste Trieb des Laufwerks eingreifende Federrad, weshalb die Uhr beim Aufziehen keinen Antrieb erhält. s. Federhaus.

Festigkeit: ist der Widerstand, den die kleinsten Teilchen eines Werkstoffs ihrer Trennung entgegensetzen. Dieser endgültigen Zerreißung der Teilchen geht eine durch Einwirkung äußerer Kräfte erfolgte Formveränderung voraus. Sind die äußeren Kräfte größer als die innere Zusammenhangskraft, so trennen sich die bereits verlagerten Teilchen voneinander. Je nach der Beanspruchung unterscheidet man: Zugf., Druckf., Biegungsf., Schub- oder Scherf., Verdrehf., (Torsion), und zusammengesetzte Festigkeit.

Feststeller für Teilscheiben: angewendet bei Drehbank und Fräsmaschine. s. Rastwerke.

Feststellwerke bei Schaltvorgängen: 1. Bremsen, 2. Rastwerke, 3. Verriegelung, 4. Gesperre. s. Schaltvorgänge.

Fettlösende Reinigungsmittel: Benzin oder Gasolin, Toluol, Schwefeläther, Petroleum, Benzol, Seifenlösung, elektrolytische Entfettung. s. Reinigungsmittel.

Feuervergoldung: erfolgt durch Auftragen des Gold-Amalgams, einer Lösung von Gold in Quecksilber, worauf der Gegenstand über einem mäßigen Kohlenfeuer langsam und gleichmäßig erhitzt wird. Dabei verdampft das Quecksilber und die zurückbleibende Goldschicht haftet fest auf dem Grundmetall. Die entstehenden Quecksilberdämpfe sind giftig u. müssen abgesaugt werden.

Feuerversilberung: durch Aufreiben von Silber-Amalgam, d. i. Auflösung von Silber in Quecksilber, das beim anschließenden Erhitzen verdampft, während die Silberschicht zurückbleibt.

F. H.: Féderation Suisse des Association de Fabricants d'horlogerie ist die Spitzenorganisation der Schweizerischen Uhrenhersteller und umfaßt sowohl die Hersteller als auch die Remontagebetriebe. Seit ihrer Gründung im Jahre 1924 ist es der F. H. gelungen, die vielseitigen Interessen zum Wohle der gesamten schweizerischen Uhrenindustrie in Einklang zu bringen.

Filigran-Arbeiten: aus verschiedenartig gebogenem Draht verfertigte, durchbrochene Verzierungen, eine besondere Art von Gold- und Silberarbeiten.

Filtern von Flüssigkeiten: auch filtrieren erfolgt mittels eines Filtriermittels (meist Papier), dessen Poren so groß sind, daß sie die Unreinigkeiten zurückhalten und nur die reine Flüssigkeit durchlassen.

finnissage: franz. = Räderwerk.

Fischhaut: eine kreuzweis angebrachte Aufrauhung an Werkteilen u. Werkzeugen, die durch die Hand betätigt werden sollen. Ähnlich bewirken auch gekörnte Griff-Flächen oder eine s. Rändelung an Muttern eine Griffigkeit bei Drehteilen.

Fixsterne: am scheinbaren Himmelsgewölbe fest stehende Sterne, die so unendlich weit von der Erde entfernt sind, (Billionen von Kilometern), daß ihre Bewegungen kaum nachzuweisen u. zu beobachten sind. Fixsterne strahlen eigenes Licht aus. Wegen ihrer scheinbaren Unbeweglichkeit werden sie in der Astronomie mit Hilfe des s. Durchgangsinstruments zu genauen Zeitmessungen benützt.

Flächen-Berechnung: Quadrat $F = l \cdot l = l^2$; Rechteck $F = l_1 \cdot l_2$; Dreieck $F = \frac{l_1 \cdot l_2}{2}$; Trapez $F = \frac{l_1 \cdot l_2 \cdot h}{2}$;

Kreisfläche $F = r^2 \cdot \pi$ oder $\frac{d^2 \cdot \pi}{4}$;

Kreisumfang $U = d \cdot \pi$ (Peripherie)

Ellipse $F = R \cdot r \cdot \pi$ oder $\frac{d_1 \cdot d_2 \cdot \pi}{4}$;

Kreisring $F = R^2 \cdot \pi - r^2 \cdot \pi$ oder $\frac{D^2 \cdot \pi}{4} - \frac{d^2 \cdot \pi}{4}$;

Kreissektor $F = \frac{\text{Winkel}}{360} \cdot \frac{d^2 \cdot \pi}{4}$

s. Fachrechnen.

Flächenmaße: auf der Grundlage des Quadrats, mit zwei Ausdehnungen, Quadratkilometer = qkm = km², je 1000 m lang u. breit, 1 000 000 m², Hektar = ha, je 100 m lang u. breit, 10 000 m², Ar = a, je 10 m lang u. breit, 100 m², Quadratmeter = qm = m², 1 m lang u. breit, die Flächen-Einheit. Quadratdezimeter = qdm = dm² = 0,01 m², Quadratzentimeter = qcm = cm² = 0,0001 m², Quadratmillimeter = qmm = mm² = 0,000001 m², s. Fachrechnen. rechnen.

Flächenprüfung: für genau eben gefeilte Flächen wird ausgeführt mittels eines dünnen Stahl-Lineals, das durch einen Lichtspalt jede Erhöhung oder Vertiefung anzeigt.

Flaches Gangrad: anstelle der bisher bekannten, mit aufwärts stehenden Zähnen führte Earnshaw bei der Chronometer-H. (1749/1829) ein.

Flache Spirale: mit sämtlichen Umgängen in einer Ebene, arbeitet einseitig, d. h. sie weitet sich entgegengesetzt vom Spiralklötzchen u. Spiralschlüssel am stärksten aus, u. zieht sich ebenso einseitig zusammen. Durch die richtige Lage des inneren Ansteckungspunktes sind trotzdem auch mit der flachen Spirale gute Gangergebnisse zu erzielen. s. Spiralfeder.

Flachschleifer: zum Einspannen von Werkstücken, die gleichmäßig bearbeitete ebene Flächen erhalten müssen, wie Schraubenköpfe, Zeigervierecke usw.

Flaschenzug im Gewichtszug: fälschlich so genannt, besser als s. "lose Rolle" bezeichnet. Ein wirklicher Flaschenzug ist eine Einrichtung zum Heben schwerer Lasten, Faktoren-Flaschenzug, Differential-Flaschenzug.

Fliegendes Federhaus, trägt einen Radkranz mit Verzahnung, das Federhaus dreht sich beim Ablauf um, weshalb die Uhr beim Aufzug nicht stehen bleibt, wie beim s. „festen Federhaus". s. Federhaus.

Fliehkraft: s. Zentrifugalkraft.

Fliehkraft-Pendel: auch Kegelpendel, angewendet als Regulator bei Schlagwerken, um ihren gleichmäßigen Ablauf zu erzielen. s. Pendel.

Flüssige Brennstoffe: nach ihrer Herkunft in vier Gruppen einzuteilen: 1. Erdöl u. seine Destillate, Benzin, 2. Braunkohlen-Destillate, 3. Steinkohlen-Destillate, Benzol, 4. Spiritus. Diese Öle werden in den Maschinen zuerst verdampft, dann mit Luft vermischt und durch Verbrennung in Kraft umgesetzt.

Flüssigkeit des Öls: auch s. Viskosität, beeinflußt den inneren Widerstand der einzelnen Ölteilchen inbezug auf ihre Verschiebung bei Bewegung der gleitenden Flächen. s. Öl.

Fluor: Chemischer Grundstoff (Element). Atomgew. 19. Ordnungszahl 9.

Fluoreszenz: Es gibt eine Reihe von Stoffen, welche das unsichtbare ultraviolette Licht in sichtbares (meist grünes) Licht verwandeln. Solche Umwandlung nennt man Fluoreszenz. So strahlt z. B. der Farbstoff der roten Tinte (Eosin) statt des abgefangenen Lichtes grünes zurück. Die Fl. wird auch, allerdings in schwächerem Maß, vom sichtbaren Licht erregt.

Flußmittel beim Hartlöten: 1. s. gebrannter Borax, 2. Streuborax, eine Mischung von pulverisiertem, gebranntem Borax, Kochsalz u. Pottasche. Er ist luftdicht aufzubewahren. 3. Für Weich- und Hartlötungen kommen auch Lötdrähte zur Verwendung, in deren Hohlraum das Flußmittel enthalten ist. s. Löten.

Flußmittel beim Löten: verhindern beim Anwärmen der Lötstelle die Bildung einer neuen Oxydschicht auf den blanken Metallflächen u. fördern so die Verbindung der Lötflächen. Beim Weichlöten verwendet man 1. s. Lötwasser, auch Lötharz, Lötöl, Lötpaste, Lötsalz; 2. Kolophonium, für eine schöne, saubere Naht; 3. Stearin u. Talg für Bleilötungen; 4. Verdünnte Salzsäure b. Zink u. verzinkten Blechen.

fob: engl. int. Abk. = free on board = bedeutet Lieferung frei an Bord. Ausnahme bei USA, hier bedeutet fob frei Bahnhof des Seehafens u. **fas** = free alongside ship = (frei Bord des Schiffes.

Förster Wilhelm: 1832—1921, wissenschaftlicher Organisator, Astronom, Forscher. Von ihm aus ging der Vorschlag und die Anregung, Berlin mit Normaluhren zu versehen, die dann alle von der Berliner Sternwarte aus auf elektrischem Wege gesteuert werden, sodaß sämtliche öffentlichen Uhren sekundengenau übereinstimmen. In einer Großstadt ist eine derartige Anlage von unschätzbarem Wert, da dort von den vielen Uhren der Öffentlichkeit beinahe jede eine andere Zeit zeigt. Für seine Verdienste und Leistungen für die Uhrmacherei ernannte ihn der Deutsche Uhrmacher-Bund zu seinem Ehrenmitglied.

Foliot: in alten Uhren, zur Unterstützung des Rückschwungs: zwei Anschlagfedern seitlich angebracht, die auf die Spindel wirken. Sie geben den Impuls der Rückbewegung.

Forets à pivots: (franz.) Bezeichn. für Zapfenbohrer. Foret = Bohrer und pivot ist Zapfen.

Formaldehyd: Ameisenaldehyd, chem. Formel H—CHO, entsteht aus Dämpfen von Holzgeist, einem Nebenerzeugnis bei der Verkohlung von Holz. Verwendet wird es zur Herstellung von s. Kunstharzen wie Bakelit, Galalith u. ä. Für den Uhrmacher ist es außerdem für die Bekämpfung des Handschweißes wichtig.

Form der Uhr: bei Großuhren zwei gleichgroße u. gleichstarke Werkplatten von rechteckiger oder kreisrunder Form. Bei Kleinuhren ergeben sich vielfältigere s. Werkformen, rund, quadratisch, rechteckig, tonnenförmig, oval u. a. als Werkumrisse bezeichnet.

Formdrehen: im Gegensatz zum s. Runddrehen zur Herstellung kegeliger (konischer) Flächen, scharfkantiger und abgerundeter Ansätze, Unterdrehungen, Nuten, Hohlkehlen u. beliebiger anderer Formen. Je nach der Arbeit sind hiefür besondere Stichelformen nötig. s. Drehen.

Formel im Fachrechnen: die Kurzschrift im Fachrechnen, die zugl. einen klaren, zuverlässigen Lösungsweg bezeichnet. Durch algebraische Umformung u. Umstellung läßt sich aus einer Formel stets eine beliebige Größe berechnen, wenn die übrigen Größen gegeben sind. s. Formeln im Fachrechnen.

Formeln im Fachrechnen: 1. Übersetzung i, 2. Gruppen im Räderwerk, 3. Schlägezahl von Pendel und Unruh, 4. Schlägezahl und Pendellänge, 5. Schwingungsdauer T des Pendels, 6. Änderung der Pendellänge Δl, 7. Teilung t, a) aus dem Teilkreisdurchmesser d, b) aus dem Vollkreisdurchmesser **d_k**, c) mittels des Moduls m, 8. Radgrößen, 9. Durchmesserteilung, Modul m. A) Für Räderberechnung, B) für Triebgrößenberechnung, C Eingriff Rad-Rad, 10. Teilkreisdurchmesser für Rad und Trieb aus der Zentrale a. 11. Teilkreisdurchmesser oder Zähnezahl aus d, d', z, z', 12. Triebgrößen aus Teilkreisdurchmesser und Teilung, 13. Triebteilkreisdurchmesser aus dem Volldurchmesser, 14. Triebe mit ungeraden Zahnzahlen.

I. Übersetzung i, für einzelne Räder:

$$i = \frac{\text{getriebenes Rad}}{\text{treibendes Rad}} \qquad \boxed{i = \frac{z'}{z}}$$

Umkehrung: a) $z = \frac{z'}{i}$ b) $z' = i \cdot z$

Übersetzung ist auch $i = \frac{r'}{r}$ oder $\frac{d'}{d}$ oder $\frac{u'}{u}$ oder $\frac{n}{n'}$

Übersetzung i,
für mehrere Räder und Triebe:

$$i = \frac{\text{getriebene Räder}}{\text{treibende Räder}} \qquad \boxed{i = \frac{z'_1 \cdot z'_2 \cdot z'_3}{z_1 \cdot z_2 \cdot z_3}}$$

Umkehrungen:

a) $z_1 \cdot z_2 \cdot z_3 = \frac{z'_1 \cdot z'_2 \cdot z'_3}{i}$

b) $z'_1 \cdot z'_2 \cdot z'_3 = i \cdot z_1 \cdot z_2 \cdot z_3$

II. Gruppen im Räderwerk.

A. Antriebswerk:

1. $i = \frac{\text{Umgänge}}{\text{Gangstunden}} \qquad \boxed{i = \frac{n}{h}}$ oder

2. $i = \frac{\text{Minutentrieb}}{\text{Antriebsrad}} \qquad \boxed{i = \frac{z'_m}{z_f}}$

Umkehrungen zu 1.:

a) $i \cdot h = n$ b) $h = \frac{n}{i}$

zu 2.:

a) $i \cdot z_f = z'_m$ b) $z_f = \frac{z'_m}{i}$

B. Minutenwerk. $i = \frac{1}{60}$

$$\frac{\text{Zwischentrieb} \times \text{Sek. Trieb}}{\text{Min. Rad} \times \text{Zwischenrad}} = \frac{1}{60}$$

$$\boxed{\frac{z'_z \cdot z'_s}{z_m \cdot z_z} = \frac{1}{60}}$$

Umkehrungen:

a) $z'_z \cdot z'_s \cdot 60 = z_m \cdot z_z$

b) $z'_z \cdot z'_s = \frac{z_m \cdot z_z}{60}$

C. Reglerwerk.

$$\frac{1}{n_m} = \frac{\text{Hemmungstrieb}}{\text{Sek. Rad} \times 2 \times \text{Hemmg.-Rad}}$$

$$\boxed{\frac{1}{n_m} = \frac{z'_h}{z_s \cdot 2 z_h}}$$

Umkehrungen:

a) $z'_h = \frac{z_s \cdot 2z_h}{n_m}$

b) $z_s = \frac{z'_h \cdot n_m}{2z_h}$

c) $z_h = \frac{z'_h \cdot n_m}{z_s \cdot 2}$

D. Zeigerwerk. $i = 12$ (24)

$$\frac{\text{Wechselrad} \times \text{Stundenrad}}{\text{Viertelrohr} \times \text{Wechseltrieb}} = 12\ (24)$$

$$\boxed{\frac{z_w \cdot z_{st}}{z'_v \cdot z'_w} = 12\ (24)}$$

oder einfacher, ohne Bruchstrich:

$$z_w \cdot z_{st} = 12 \cdot z'_v \cdot z'_w$$

daraus Umkehrungen:

a) $z_w = \frac{12 \cdot z'_v \cdot z'_w}{z_{st}}$

b) $z_{st} = \frac{12 \cdot z'_v \cdot z'_w}{z_w}$

c) $\frac{z_w \cdot z_{st}}{12 \cdot z'_w} = z'_v$

d) $\frac{z_w \cdot z_{st}}{12 \cdot z'_v} = z'_w$

III. Schlägezahl von Pendel u. Unruh.

$\frac{1}{n}$ = Übersetzung durch doppelte Hemmungsradzahl

$$\frac{1}{n} = i : 2z_h$$

ausführlich:

$$\frac{1}{n} = \frac{\text{Trieb}_1 \times \text{Trieb}_2 \times \text{Trieb}_3}{\text{Rad}_1 \times \text{Rad}_2 \times \text{Rad}_3 \times 2 \times \text{Hemmungsrad}}$$

$$\frac{1}{n} = \frac{z \cdot z'_2 \cdot z'_3}{z_1 \cdot z_2 \cdot z_3 \cdot 2 \cdot z_h}$$

Umkehrungen:

a) $z_1 \cdot z_2 \cdot z_3 = \frac{z'_1 \cdot z'_2 \cdot z_3 \cdot n}{2 \cdot z_h}$

b) $\frac{z_1 \cdot z_2 \cdot z_3 \cdot 2z_h}{n} = z'_1 \cdot z'_2 \cdot z'_3$

IV. Schlägezahl und Pendellänge. n u. l. Das Quadrat der Schlägezahl = 994 · 60 · 60 geteilt durch Pendellänge

$$n^2 = \frac{994 \cdot 60 \cdot 60}{l}$$

$n = \sqrt{\frac{994 \cdot 60 \cdot 60}{l}}$ oder

$$l = \frac{994 \cdot 60 \cdot 60}{n \cdot n}$$

V. Schwingungsdauer T des Pendels. T = 3,14 · Wurzel aus Pendellänge: Erdbeschleunigung

$$T = \pi \cdot \sqrt{\frac{l}{g}}$$

VI. Änderung der Pendellänge Δ l = delta Länge bei Δ t = Zeitänderung in Minuten pro Tag bei n Schlägen in der Minute, also n_m Längenänderung = tägliche Zeitänderung in Minuten (Δ t) × 5600 geteilt durch das Quadrat der Schlägezahl ($n_m \cdot n_m$)

$$\Delta l = \frac{\Delta t \cdot 5600}{n_m \cdot n_m}$$

VII. Teilung t. a) Aus dem Teilkreisdurchmesser d, Teilung t = Teilkreisumfang : Zähnezahl

$t = \frac{d \cdot \pi}{z}$ oder $t = \frac{d' \cdot \pi}{z'}$

Umkehrungen:

a) $z = \frac{d \cdot \pi}{t}$ b) $t \cdot z = d \cdot \pi$

b) Aus dem Kopfkreisdurchmesser d_k Teilung t = Kopfkreisumfang : Zähnezahl + 3,14

$$t = \frac{d_k \cdot \pi}{z + \pi}$$

Annähernde Formel

$$t = \frac{d_k \cdot 3}{z}$$

c) Mittels des Moduls m
Teilung t = Modul × 3,14

$$t = m \cdot \pi$$

VIII. Radgrößen. Volldurchmesser d_k = Teilkreisdurchmesser + 2 halbe Teilungen

$$d_k = d + \frac{2}{2} t$$

Daraus Teilkreisdurchmesser

$$d = d_k - \frac{2}{2}t$$

Mittels des Moduls m. Volldurchmesser d_k = Modul × (Zähnezahl + 3,14)

$$d_k = m\,(z + \pi)$$

IX. Durchmesserteilung, Modul m.
A. Für Räderberechnung, aus Teilkreisdurchmesser d.

$$\text{Modul } m = \frac{\text{Teilkreisdurchmesser}}{\text{Zähnezahl}}$$

Umkehrungen $$m = \frac{d}{z}\left(\frac{d'}{z'}\right)$$

a) $d = m \cdot z$
b) $d' = m \cdot z'$

Teilung t = Modul × 3,14 $t = m \cdot \pi$

Umkehrung: Modul m = Teilung : 3,14

$$m = \frac{t}{\pi}$$

aus Volldurchmesesr d_k
Volldurchmesser d_k
= Modul × Zähnezahl + 3,14

Umkehrung: $m = \dfrac{d_k}{z + \pi}$

$d_k = m \cdot (z + \pi)$ oder $m = \dfrac{d_k}{z + \pi}$

m eingesetzt in die Formel $d = m \cdot z$ ergibt:

$$d = \frac{d_k \cdot z}{z + \pi}$$

B. Für Triebgrößenberechnung
a) Rundgewälzt, bis 9

$$d'_{k1} = m\,(z' + 1{,}05)$$

abgekürzt $d'_{k1} = m\,(z' + 1{,}0)$
b) Rundgewälzt, 10 bis 20

$$d'_{k2} = m\,(z' + 1{,}256)$$

abgekürzt: $d'_{k2} = m\,(z' + 1{,}2)$
c) Spitzgewälzt, bis 9

$$d'_{k3} = m\,(z' + 1{,}57)$$

abgekürzt: $d'_{k3} = m\,(z' + 1{,}5)$
d) Spitzgewälzt, 10 bis 20

$$d'_{k4} = m\,(z' + 1{,}89)$$

abgekürzt: $d'_{k4} = m\,(z' + 1{,}8)$
C. Eingriff Rad—Rad. Volldurchmesser d_k = Modul × (Zähnezahl + 2,83)

$$d_k = m\,(z + 2{,}83)$$

Lückenbreite (Fräsenstärke) $l = \dfrac{11}{20}t$

Zahnstärke $s = \dfrac{9}{20}t$

X. Teilkreisdurchmesser für Rad u. Trieb aus der Zentrale a. Teilkreisdurchmesser d = doppelte Zentrale geteilt durch die Summe von Rad- und Triebzahnzahl

$$d = \frac{2 \cdot a \cdot z}{z + z'} \quad \text{oder} \quad d' = \frac{2 \cdot a \cdot z'}{z + z'}$$

Achsenabstand a.
(bisher Zentrale c) = Halbmesser des Trieb- und Radteilkreises

$$a = r + r' \quad \text{oder} \quad a = \frac{d + d'}{2}$$

Ein Teilkreisdurchmesser d oder d' ist die doppelte Zentrale weniger den anderen Teilkreisdurchmesser

$$d = 2a - d' \quad \text{oder} \quad d' = 2a - d$$

XI. Teilkreisdurchmesser od. Zähnezahl aus d, d', z, z'.
Grundformel

$$\frac{d}{d'} = \frac{z}{z'} \quad \text{oder } d : d' = z : z'$$

a) $d = \dfrac{d' \cdot z}{z'}$ b) $d' = \dfrac{d \cdot z'}{z}$

c) $z = \dfrac{d \cdot z'}{d'}$ d) $z' = \dfrac{d' \cdot z}{d}$

XII. **Triebgrößen** aus Teilkreisdurchmesser und Teilung. (s. Ziff. IX B)
a) Rundgewälzt, bis 9. Volldurchmesser

$$d'_{k1} = d' + 0{,}3\,t$$

b) Rundgewälzt, 10 bs 20. Volldurchmesser

$$d'_{k2} = d' + 0{,}4\,t$$

c) Spitzgewälzt, bis 9. Volldurchmesser

$$d'_{k3} = d' + 0{,}5\,t$$

d) Spitzgewälzt, 10 bis 20. Volldurchmesser

$$d'_{k4} = d' + 0{,}6\,t$$

XIII. Triebteilkreisdurchmesser aus dem Volldurchmesser (Umkehrung zu Ziff. XII)

a) Rundgewälzt, bis 9

$$d' = \frac{d'_{k1} \cdot z'}{z' + 1}$$

b) Rundgewälzt, 10 bis 20

$$d' = \frac{d'_{k2} \cdot z'}{z' + 1{,}2}$$

c) Spitzgewälzt, bis 9

$$d' = \frac{d'_{k3} \cdot z'}{z' + 1{,}5}$$

d) Spitzgewälzt, 10 bis 20

$$d' = \frac{d'_{k4} \cdot z'}{z' + 1{,}8}$$

XIV. Triebe mit ungeraden Zahnzahlen. Gemessener Durchmesser $[d'_k]$, kleiner als der wirkliche Volldurchmesser $d_{k\,.1.2.3.4}$, ohne Rücksicht auf Zähnezahl, rund oder spitz, da dies bereits enthalten ist.

	Gemessener Durchmesser $[d'_k]$ kleiner
7	$[d'_k] = 0{,}95 \cdot d'_{k1.3}$
9	$[d'_k] = 0{,}97 \cdot d'_{k1.3}$
11	$[d'_k] = 0{,}98 \cdot d'_{k2.4}$
13	$[d'_k] = 0{,}985 \cdot d'_{k2.4}$
15	$[d'_k] = 0{,}99 \cdot d'_{k2.4}$

Zähnezahl	Wirklicher Durchmesser $d'_{k1.2.3.4}$ größer
7	$d'_{k1.3} = 1{,}05 \cdot [d'_k]$
9	$d'_{k1.3} = 1{,}03 \cdot [d'_k]$
11	$d'_{k2.4} = 1{,}02 \cdot [d'_k]$
13	$d'_{k2.4} = 1{,}015 \cdot [d'_k]$
15	$d'_{k2.4} = 1{,}01 \cdot [d'_k]$

s. Fachrechnen.

Foucault, Jean Bernard Léon: 1819—1868 Paris. Bekannter Naturforscher, Erfinder des Verfahrens, die Geschwindigkeit des Lichts zu messen, bewies 1851 mittels seines berühmten Pendelversuchs die Achsenumdrehung der Erde, ist der Entdecker der Wirbelströme, die seinen Namen erhalten haben. Beisp. aus der Uhrenpraxis: Bei jeder Bewegung eines Magneten entstehen sog. Wirbelströme, die der Größe der Bewegung proportional sind und die dadurch eine Bremsung bewirken. Es muß deshalb ein Ausgleich geschaffen werden, damit die dadurch entstehenden Gang-Ungenauigkeiten möglichst klein gehalten werden. Dies erfolgt beispielsw. bei der „Ato" durch die zweite Spule und bei anderen Uhren durch einen sogenannten Blindspulenring.

Foucault's Pendelversuch: zum Nachweis der s. Erddrehung beruht auf der Beobachtung, daß ein schwingendes Pendel bestrebt ist, in seiner Schwingungsebene weiterzuschwingen. Ein in der Nähe des Nordpols in Verlängerung der Erdachse aufgehängtes Pendel wird in dieser Ebene verbleiben, während die Erde in 24 Stunden von West nach Ost darunter hinweggleitet. Für den Beobachter jedoch scheint das Pendel eine volle Drehung von Ost nach West auszuführen, während sich in Wirklichkeit die Erde gedreht hat.

Fräsenstärke im Fachrechnen: 1. die Lückenbreiten, bei Rädern im allgem. die halbe Teilung $l = \frac{1}{2}\,t$; s. Trieblücken sind stets größer als $^1/_2\ t$; 2. beim Eingriff von Rad u. Rad muß etwas größer gewählt werden als $^1/_2\ t$ oder $^{10}/_{20}\ t$, um die nötige Luft zu schaffen. Daher wird die Fräsenstärke = Lückenbreite etwas größer, d. i. $^{11}/_{20}\ t$ u. demgemäß die Zahnstärke etwas geringer $^9/_{20}\ t$.

Fräser: ein an seinem Umfang mit Schneiden versehenes umlaufendes

Werkzeug, das vom Werkstück kommaförmige Späne abnimmt. Der Form- oder Fassonf. schneidet in einem Arbeitsgang zusammengesetzte Formen, wie etwa die Zähne von Steig- u. Zahnrädern, wobei der F.-Körper genau den Zahnlückenformen entspricht. Der Keilwinkel beträgt je nach Härte des Werkstoffs 85 bis 52°, der Freiwinkel 5 bis 8°, der Spanwinkel 0 bis 30°. Für den Uhrmacher ist der Wälzf. zum s. Wälzen der Radzähne besonders wichtig.

Französische Bezeichnungen: führte bis vor nicht allzulanger Zeit alles, was mit den Uhren zusammenhing: Fournituren, Remontoir usw. Bedingt war diese Bezeichn. durch das Ursprungsland der Uhrenindustrie: die franz. Schweiz.

Französisch Zoll: 1" = 27,07 mm s. Zoll franz.

Freie Ankerhemmung: wurde 1760 von Thomas Mudge, London (1715-94), einem Schüler Grahams, erfunden und von Ferdinand Adolf Lange in hervorragender Weise verbessert.

Freie Ankerhemmung, Fehler: 1. Zu schwacher Anzug am Anker infolge abgenutzter u. verrundeter Zahnspitzen. Abhilfe: neues Hemmungsrad. 2. Streifung der Radzähne im Anker, ein versteckter, häufig vorkommender Fehler. Abhilfe: Anker in der Mitte etwas abschleifen. 3. Höhenlage des Ankers erscheint nicht richtig. Abhilfe: nötigenfalls die Ankerwelle mehr od. weniger einschlagen, bei vorhandenem Ansatz diesen nachdrehen. Zu beachten ist hierbei, daß das Hemmungsrad unten abgeschrägt ist u. daher an sich etwas tiefer stehen darf. s. Hemmungen mit Unruh.

Freie Ankerhemmung, Geschichte: Vorbild dazu war Grahamhemmung, verbessert durch Robin u. brauchbar gemacht 1799 durch Mudge. Georges Leschot in Genf erkannte den Wert dieser Hemmung zu Beginn des 19. Jahrhunderts, und der Schweizer Antoine Tavan (1749 bis 1830) konstruierte darauf den Gang etwa so, wie wir ihn jetzt kennen.

Freie Ankerhemmung: Glashütter Form, in ihrem Grundaufbau ähnlich der Schweizer Ankerhemmung mit folgenden Abweichungen: 1. beim Hemmungsrad sind am Radkranz u. den Schenkeln Fasen angebracht, um das Rad trotz entsprechender Dicke leichter zu gestalten; 2. an der Ankergabel befinden sich keine Begrenzungsstifte, sondern diese Funktion erfüllt ein Stift, der vom Eingangsarm des Ankers aus nach unten in eine Ausbohrung der Platine greift; 3. der Hebestein ist in den Schenkel der Unruh eingesetzt, wodurch die Hebelscheibe entfällt. s. Hemmungen mit Unruh.

Freie Ankerhemmung m. Kolbenzahn: Schweizer Form, beseitigt durch die kolbenförmige Verbreiterung der Hemmungsradspitzen die Empfindlichkeit der spitzen Zähne beim engl. Ankergang. Dadurch wird die Hebung von $8^1/_2{}^\circ$ verteilt auf 6° Anker und $2^1/_2{}^\circ$ Zahn, was zusammen mit $1^1/_2{}^\circ$ Ruhe einer Gesamtbewegung von 10° für Anker u. Gabel entspricht. ($1^1/_2 + 2^1/_2 + 6 = 10^\circ$). Die Breite der Paletten beträgt 7°, beiderseits des Ankerumspannungswinkels nach rechts anzutragen, wodurch die Auslösung jeweils am mittleren Ankerkreis erfolgt. s. gleicharmige u. ungleicharmige Anker. Zus. mit $3^1/_2{}^\circ$ Zahnbreite u. $1^1/_2{}^\circ$ Fall ergibt sich eine Radbewegung von 12°, d. i. $^1/_2$ Teilung ($7 + 3^1/_2 + 1^1/_2 = 12^\circ$). Ursprünglich lag die Ankergabel wie bei der englischen Spitzzahn-Ankerhemmung quer zur Mittellinie. Bei den neuen Konstruktionen jedoch liegen die Mittelpunkte von Rad, Anker und Unruh in einer geraden Linie, franz. „ligne droite", mit einer verhältnismäßig kurz gehaltenen Gabel. Die f. A.-H. m. K. hat in den letzten Jahrzehnten die Zylinder-H. zum großen Teil verdrängt u. ist heute die in Kleinuhren am meisten verwendete H. s. Hemmungen mit Unruh.

Freie Ankerhemmung mit Spitzzahn: Gleicharmig und ungleicharmig, ihrer Herkunft und ihrer ursprünglich weitesten Verbreitung nach auch als „Englische Anker-Hemmung" bez., ihrem Aussehen nach ähnlich der Graham-Hemmung. Jedoch zeigen die Ankerklauen keine konzentrisch gewölbten, sondern gerade und mit Anzug versehene Ankerflächen, welche den Anker in das Hemmungsrad ziehen und so dessen Ruhelage und die freie Schwingung der Unruh sichern. Im Gegensatz zur Schweizer Ankerhemmung liegt der Unruh-Drehpunkt nicht in einer Linie mit Hemmungsrad u. Anker, sondern in einem rechten Winkel hierzu. Weiterhin sind Anker u. Gabel nicht aus einem Stück, sondern durch die Ankerwelle verschraubt u. mittels Stellstiften in ihrer Lage festgehalten. Es ist nur eine Rolle vorhanden, in welche der Unruh - Hebelstein eingesetzt ist. Zur Sicherung gegen ein Ausschwingen befindet sich in der Gabel ein Stift, der sich gegen den Umfang der Rolle legt. Die äußerst sorgfältig ausgeführten englischen Uhren erbrachten sehr gute Gangergebnisse. Ein Nachteil der Hemmung liegt in den sehr spitz gehaltenen u. daher gegen Stöße empfindlichen Zähnen, was durch Konstruktion von kolbenförmig verbreiterten Spitzen bei der Glashütter u. Schweizer Ankerhemmung günstiger geworden ist. s. Hemmungen mit Unruh.

Freie Ankerhemmung mit Spitzzahn: 1. gleicharmig, ergibt sich dadurch, daß die Breite von 7° der Anker-Hebungsflächen je zur Hälfte beiderseits des Anker-Umspannungswinkels angetragen wird, wodurch wohl äußerlich der Anker gleichförmig u. gleicharmig erscheint, während die Auslösung des Gangrads an zwei verschiedenen Ankerkreisen erfolgt und damit an einem größeren und einem kleineren Hebelarm. Somit ist diese Anordnung innerlich ungleicharmig. s. Hemmungen mit Unruh. 2. ungleicharmig, mit einem wesentlich längeren Ankerarm am Ausgang, ergibt sich dadurch, daß die Breite von 7° der Anker-Hebungsflächen beiderseits rechts des Anker-Umspannungswinkel angetragen werden, also am Eingang ebenso weit einwärts als am Ausgang nach auswärts. Damit ergibt sich diese äußerlich ungleicharmige Ankerform, aber die Auslösung des Gangrads erfolgt beiderseits auf dem die Anker-Umspannungslinie berührenden mittleren Ankerkreis, also mit dem gleichen Hebelarm. Somit ist diese Anordnung innerlich gleicharmig.

Freiwinkel beim Drehstahl: und bei allen schneidenden Werkzeugen, Meißel, Fräser usw., bez. den freien Raum an der Unterseite der Schneide, wodurch ein Schleifen dieser unteren Fläche am Werkstoff verhindert, unnötige Reibung und Erwärmung vermieden u. ein freies Schneiden ermöglicht wird. s. Drehstähle.

Frequenz: Schwingungszahl pro Sekunde. Gemessen in Hertz. 1 Hz ist eine Schwingung pro Sek. 1 kHz = 1000 Schwingungen/sec. s. elektromagnetische Wellen.

Friktion: Reibung.

Friktionskupplung: = Reibungskupplung.

Friktions-Räder: Reibungs-Räder, 2 Scheiben, die nicht durch Zähne, Riemen oder Schnur im Eingriff miteinander stehen, sondern durch die rauhen Oberflächen ihrer Umfänge. Hier rollen die Teilkreise unmittelbar aufeinander ab.

Frischen von Eisen: Entzug von Kohlenstoff, Entkohlung. s. Tempern.

Frühlingspunkt: Der Punkt am Himmelsäquator, in dem die Sonne auf ihrer Jahresbahn den Himmelsäquator nordwärts überschreitet.

Fühler-Lehre: eine Anzahl von Meßklingen, von 0,05 bis 1,5 mm Dicke, ähnlich gelagert wie die Klingen eines Taschenmessers. s. Meßwerkzeuge.

Führungswinkel am Anker: bezeichnet die Winkelbewegung des Hemmungsrads während der Hebung. Nach der Führung läßt der Anker den Hemmungsradzahn frei u. er fällt eine kleine Strecke vorwärts (Fallwinkel). Aktiv ausgedrückt: der Anker führt das Hemmungsrad an der Hebungsfläche entlang. Passiv ausgedrückt: das Hemmungsrad wird an der Hebungsfläche des Ankers entlang geführt. s. Hemmungen — Grundbegriffe.

Führungswinkel bei Eingriffen: die Winkelbewegung, welche während der Führung des Zahns vor u. nach der Mittellinie ausgeführt wird. Sie beträgt bei einem 6er-Trieb etwa $^1/_6$ des Kreisumfangs, d. i. 60°, bei mehrzähnigen Trieben stehen aber zwei oder mehr Zähne gleichzeitig im Eingriff, sodaß der Triebzahn einen größeren Winkel geführt wird, d. h. der Führungswinkel größer ist als der Teilungswinkel. s. Verzahnungen.

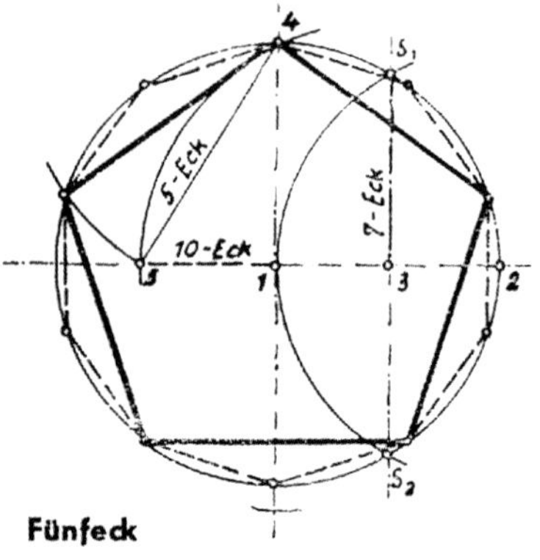

Fünfeck

Fünfeck (Zehneck) konstruieren: Beim Aufreißen eines Rads mit fünf Schenkeln oder eines Hemmungsrads mit 15 Zähnen benötigt. Konstruktion: Um Punkt 1 Kreis schlagen mit dem Radhalbmesser, diesen halbieren, im Mittelpunkt (3) einsetzen, Zirkel öffnen bis zum Schnittpunkt des senkrechten Halbmessers mit dem Radkreis (4), diese Strecke auf dem anderen waagrechten Halbmesser abschneiden (5). Dann ist die Entfernung von diesem Schnittpunkt (5) zum Schnittpunkt des senkrechten Halbmessers mit dem Radkreis die Fünfeckseite, die Hälfte davon die Zehneckseite in der Konstruktion bereits enthalten: Strecke 5—1. Weiterhin ist die Strecke 3—s_1 die Siebeneckseite. Siehe Kreis- u. Winkelteilungen, grundlegende Konstruktionen.

Fünf - Minuten - Tourbillons: wurden versuchsweise gebaut, um beim Tourbillon zu einer vorteilhafteren Umlaufzeit zu kommen, auch erwies sich die Verwendung von zwei hintereinander geschalteten Federhäusern als zweckmäßig.

Funkenlöschung: Der speziell beim Öffnen eines Stromkreises, in welchem sich selbstinduktive Verbraucher befinden, entstehende Funken ist von sehr schädlicher Wirkung. Er zerstört die Kontaktoberfläche, überzieht sie mit einer nichtleitenden Oxydschicht und stört den Rundfunkempfang. Die F. besteht nun darin, daß man versucht, der sehr hochgespannten Selbstinduktionsenergie einen andern, bequemeren Weg (als den über die schlecht leitende Luft) anzubieten. Bei Gleichstrom kann dies geschehen durch einen Kondensator von genügend hoher Prüfspannung, den man an die Klemmen des Kontaktes legt, also parallel. Bei Wechselstrom legt man einen Widerstand parallel zum Verbraucher, wobei sein Widerstand etwa den 10- bis 20-

fachen Wert des Verbrauchers haben soll, s. Entstörung eines Motors.

Funkentelegrafie: 1896 v. Guglielmo Marconi, Bologna, 1847-1937, erfunden. Er erhielt dafür 1909 den Nobelpreis. Heute ist die Welt ohne diese Erfindung undenkbar. Viel Segen konnte durch diese Erfindung bereits gestiftet werden. (Schiffsorientierung, Rettung aus Seenot usw.)

Funk-Zeitsignale: s. Zeitsignale.

Furnier: dünne Platten aus Edelholz von 0,5 bis 0,8 mm Dicke, hergestellt durch Sägen, Schneiden oder Schälen, einseitig, meist doppelseitig aufgeleimt auf geringwertige Hölzer.

Furnituren: Bestandteile u. Ersatzteile, bei Rohwerken die einzelnen Teile einschließlich der Schrauben, zum Ersatz Fertig-Furnituren, nach Maß genau bearbeitet, vielfach zur unmittelbaren Verwendung.

Furtwangen: staatliche Uhrmacherschule, Ingenieurschule für Feinwerktechnik, am 15. März 1850 im Mittelpunkt des alten Schwarzwälder Uhrmachergebiets ins Leben gerufen, älteste deutsche Uhrmacher-Fachschule, mit dem Ziel der Heranbildung eines tüchtigen Nachwuchses für Industrie und Handwerk, gegliedert in zwei Abteilungen: I. Lehrlings-Abteilung (Vorschule), II. Ingenieurschule mit Zwischenprüfung für Techniker. s. Schulen.

Fußkreis v. Rädern: auch Grundkreis die innere Begrenzung des Zahnfußes von Rad u. Trieb bezeichnet den Zahngrund. Seine Tiefe ist maßgebend dafür, daß die Spitzen der Zähne nicht im Zahngrund aufstoßen können. s. Verzahnungen.

Futter für Lagerlöcher: füttern, d. h. Einsetzen v. Buchsen bei ausgelaufenen Metall-Lagern, erfolgt stets von innen nach außen. Bei Schwarzwälder Uhren mit Messinglagern im Holzgestell verwendet man fertige Buchsen od. solche aus gebohrtem Futterdraht hergestellt. In Metallplatten können Lagerbuchsen eingenietet oder eingepreßt werden. Futter für große Bohrungen werden von beiden Seiten vernietet. Futter für Kleinuhren werden meist eingepreßt.

G

Gabel an der Pendelführung: s. Pendelführung.

Gabeleingriff, bei der Ankerhemmung: früher ersetzt durch einen Rechen, in den ein an der Unruhwelle angebrachtes Trieb eingreift. Hautefeuille, Litherland und auch Mudge benützten noch derartige Einrichtungen als Verbindung zwischen Anker und Unruh.

Gabeleingriffe: Siehe Begrenzungsstifte, Gabeleinschnitt, Gabelhörner, Gabellänge, Hohlung an der Sicherheitsrolle, Hornluft, Kleben der Begrenzungsstifte, Messerluft, Sicherheitsmesser, Sicherheitsstift, Sicherung des Gabeleingriffs, Sicherheitsrolle, verlorener Weg.

Gabeleingriffe, Arten: 1. Bei Stiftankeruhren ein Hebelstift aus Stahl zur Auslösung des Ankers. Die Form der Gabel macht einen Sicherheitsstift entbehrlich, da sich die Gabelhörner bei Erschütterungen gegen den polierten Umfang der Unruhwelle legen. 2. Bei den älteren, einfachen Hebelscheiben dient das Sicherheitsmesser, ein Stift in der Gabel, durch seinen Anschlag an den äußeren Umfang der Hebelscheibe als Sicherung gegen eine unzeitgemäße Auslösung. 3. Die heute gebräuchliche

Doppelhebelscheibe verhindert durch die kleine Sicherheitsrolle ein Verkeilen oder Durchgleiten des Sicherheitsmessers, wie dies bei der einfachen Hebelscheibe möglich ist.

Gabeleinschnitt: Gabelweite muß so groß sein, daß der Hebelstein ohne Klemmung, aber auch ohne zu großen Spielraum in den Einschnitt eintreten kann. Bei der freien Ankerhemmung werden Hebelstein u. Gabeleinschnitt je mit einem Winkel von 5° vom Ankerdrehpunkt aus konstruiert.

Gabelhörner: bewirken mit Sicherheitsrolle und Sicherheitsstift eine zweite Sicherung des Gabeleingriffs. Wenn in der Mittellage der Sicherheitsstift in der Hohlung der Sicherheitsrolle seht, übernehmen sie die Sicherung gegen die vordere Hebelfläche. Der Winkel zwischen Ruhelage des Ankers u. der Sicherung an Rolle oder Gabelhorn muß kleiner sein als die Ruhe von $1\frac{1}{2}°$, da sonst der Radzahn auf Hebung kommt u. die Unruh an der Rolle oder dem Gabelhorn klemmt. Die Länge der Gabelhörner muß so bemessen sein, daß sie über die Mitte des Hebelsteins greifen.

Gabellänge: ergibt sich bei der Konstruktion der Hemmung durch die Ermittlung des Achsenabstands zwischen Hemmungsrad und Anker, wobei der Achsenabstand von Anker- und Unruhwelle meist gleich groß gewählt wird. Die wirksamen Hebel von Gabel und Unruhhebel verhalten sich wie 3 : 1, sodaß die Winkelbewegung der drei mal so langen Gabel mit 10° (d. i. je 5° links u. rechts der Mittellage) einem Winkel von 30° am Unruhhebel entspricht.

Gadolinium: Chem. Grundstoff (Element). Atomgewicht 156,9 Ordnungszahl 64.

Galalith: Milchstoff, ein Kunststoff, der seit der Jahrhundertwende bekannt ist. Den Grundstoff dazu bildet das Kasëin, Käsestoff, der aus Magermilch gewonnen wird. Das getrocknete, hornartige, feingemahlene Kasëin wird mit Wasser und Farbstoffen zu einem Teig verarbeitet, geknetet u. zu Stäben gepreßt od. zu Platten ausgewalzt. Durch Zusatz einer 5 bis 10prozentigen Formaldehyd-Lösung wird die Masse hart u. wasserfest, sie kann verarbeitet, gedreht, geschliffen und poliert werden. s. nichtmetallische Austauschstoffe.

Galgen: für Arbeiten an der Unruh, eine Unterlage beim Abfeilen der Schraubenköpfe u. beim Einschrauben von Unruhschrauben.

Galilei, Galileo: 1564 in Pisa geb., 1642 in Florenz gest. Beobachtet als 22-jährig. Student die Schwingungen einer Lampe im Dom zu Pisa, insbesondere deren Gleichmäßigkeit. Er unternahm dann Versuche, die ihn bestimmten, die Pendelschwingungen bei astronomischen Beobachtungen zu benutzen und hatte damit Erfolg. Er stellte die Grundlagen zur Verwendung des Pendels in Uhren auf. Zeichnungen aus seinem Nachlaß beweisen, daß ihm auch die Konstruktion einer kompletten Pendeluhr zuzuschreiben ist, wenn auch der von ihm geplante Apparat in erster Linie als Zählwerk für Pendelschwingungen gedacht war. Er war wohl der größte ital. Naturforscher und war als Professor in Pisa und Mantua tätig. Er ist auch der Vater für die Grundlagen der neuzeitlichen Mechanik, erkannte als erster die Gesetze des freien Falls, der Akustik und Wärmelehre und des Wurfs, erbaute ein Fernrohr, entdeckte die Jupitermonde u. den Ring vom Saturn. Wegen starker Verteidigung der Lehre von Kopernikus wurde er zweimal vor die Inquisition gestellt u. mußte 1633 dessen Lehre wie seiner eigenen öffentlich abschwören.

Gallium: Chem. Grundstoff (Element). Atomgewicht 69,72. Ordnungszahl 31.

Galoppieren beim Chronometer: das „Durchgehen" mehrerer Radzähne infolge von Stößen oder sonstigen Erschütterungen bei einer Auslösung durch den Ruhestein. s. Chronometer-Hemmung.

Galvanische Metall-Uberzüge: erfolgen durch die s. Elektrolyse von Metallsalzlösungen, Metallbädern unter Anwendung des elektrischen Stroms. Für die Herstellung der „Bäder" werden Metallsalze (Gold-, Silber-, Kupfer-, Nickelsalze usw.) in Wasser gelöst, aus denen der elektr. Strom am Stromaustritt, der s. Kathode, reines Metall ausscheidet, das sich auf die dort aufgehängten Gegenstände niederschlägt, während eine gleiche reine Metallplatte am Stromeintritt, der s. Anode, das ausgeschiedene Metall wieder ersetzt.

Galvanische Vergoldung: Herstellung eines Goldüberzugs mit Hilfe des galvanischen Stroms, auch Plaqué genannt, im Gegensatz zu Walzgold oder Gold-Doublé.

Galvanismus: von Luigi Galvani, 1737—1798, Bologna, entdeckte die Erkenntnis, daß bei Berührung verschiedener Metalle mit gewissen Flüssigkeiten elektrische Kräfte entstehen. Volta verwendete daraufhin eine Reihe Zink- und Kupferplatten, die durch säurehaltige Filzplatten von einander getrennt waren.

Gang der Uhr: Der Unterschied zwischen zwei im Abstand von 24 Stunden gemachten Beobachtungen des Uhrstandes. Zeigt z. B. eine Uhr nach 24 Stunden ein Vorgehen um acht Sekunden gegenüber MEZ, wissenschaftlich ausgedrückt, einen Stand von „—8", d. h. sie sollte acht Sekunden weniger zeigen, u. nach weiteren 24 Stunden einen Stand v. „—14" gegenüber MEZ, so ist der Gang der Uhr: — 14 ab — 8 = — 6, d. h. die Uhr müßte, um richtig zu gehen, noch sechs Sekunden weniger anzeigen s. Feinstellen von Uhren.

Ganghöhe des Gewindes: Der Abstand von zwei aufeinander folgenden Gewinde-Gängen, die Steigung des Gewindes, s. Gewinde.

Gangkurven: Graphische Darstellung des Gangs einer Uhr, s. Gang der Uhr.

Gangrad: auch s. Hemmungsrad oder Steigrad, das letzte Rad im Räderwerk, das gemeinsam mit den Hemmungsteilen, Anker, Gabel und Gangregler, das Uhrwerk in Gang hält. s. Hemmungsrad.

Gangregler der mechanischen Uhr: gibt das Tempo für den Ablauf des Räder- u. Zählwerks an u. ist maßgebend für den regelmäßigen Ablauf der Uhr. s. Aufbau der mechanischen Uhr.

Gangreserve: Dieser Begriff wird überall dort angewendet, wo die Uhr selbsttätig aufgezogen wird u. gibt an, wie lange die Uhr nach dem letzterfolgten Aufzugimpuls noch weiterläuft. Die mechanische Gangreserve wird bestimmt durch die Größe des Federhauses oder durch die Fallhöhe des Gewichts. Die elektrische Gangreserve wird bestimmt durch die Leistung der elektrischen Elemente.

Gangzeit: Gangstunden, s. Gruppen im Räderwerk, Formeln Ziffer 2 A.

Gasförmige Brennstoffe: Die am raschesten in Wärme umzusetzenden Brennstoffe, die sich nach ihrer Herkunft in sechs Gruppen teilen lassen: 1. s. Braunkohlen-Schwelgas, 2. s. Erd- oder Naturgas, 3. s. Hochofengas, 4. s. Koksofengas, 5. s. Kraftgas, 6. s. Leuchtgas. Voraussetzung für die technische Verwendung all dieser gasförmigen Brennstoffe ist, daß sie sich rasch und gründlich mit der erforderlichen Menge Luft mischen, sich ohne allzu heftigen Spannungssprung entzünden und frei von schädlichen Rückständen verbrennen. s. Brennstoffe.

Gaskoks: ein Nebenerzeugnis bei der Leuchtgasproduktion. s. Koks.

Gasöl: gewonnen bei der Reinigung (Raffinerie) des Erdöls, lange Jahre verwendet als Treibmittel für Dieselmotoren. s. flüssige Brennstoffe.

Gasolin, das erste Erzeugnis bei der Destillation des Erdöls, ein sehr leichtes u. ätherähnliches Benzin. In den USA wird Benzin überhaupt damit bezeichnet. s. fettlösende Reinigungsmittel u. Reinigungs-Maschine.

Gauß, Karl Friedrich: 1777—1855 in Göttingen, war Hochschullehrer und Direktor der Sternwarte. Während seiner vielseitigen Tätigkeit legte er bahnbrechende Grundlagen für Mathematik, Sternforschung, Physik und Elektromagnetismus.

Gedämpfte Schwingung: s. Amplitude.

Gegengesperr: bei Gewichtsuhren, erfindet 1750 Harrison, wodurch die Uhr während des Aufziehens in Gang gehalten wird. Einrichtung verhindert während des Aufzugs das Ausbleiben der Antriebskraft und eine Rückwärtsbewegung des Räderwerks u. damit eine Beschädigung von Uhrteilen u. Unregelmäßigkeiten im Gang der Uhr. Der wesentliche Teil ist eine Feder. die während des Ablaufs gespannt bleibt, auf einen Schenkel des Walzenrads drückt u. auf einem größeren Rad, dem Gegensperrad, gelagert ist. Beim Aufzug hält nun ein in der Platine gelagerter längerer Gegensperrhebel dieses Gegensperrad fest, sodaß die oben genannte Feder dem Schenkel des Walzenrads einen Antrieb in der bisherigen Ablaufrichtung gibt.

Gegenschwung-Pendel: trägt auf seiner über den Drehpunkt nach oben verlängerten Pendelstange eine 2. Pendellinse. Praktisch brauchbar ist es nur dann, wenn die Gegenschwungmasse kleiner ist, als die der unteren Masse. Dadurch ließen sich Sekundenpendel von gegebener Schwingungsdauer beliebig kurz herstellen. s. Pendel.

Geistige Voraussetzungen: für den Uhrmacherberuf, allgem. gute geistige Begabung, techn. Verständnis, gutes Auffassungsvermögen, scharfe Beobachtungsgabe, mindestens gute Schulzensuren in den Grundfächern Deutsch u. Rechnen, ebenso in Naturkunde und Zeichnen. s. Beruf des Uhrmachers.

Gekröpfter Drehstahl: an der Schneide etwas abgebogen, wodurch sich ein günstigerer Schneidwinkel ergibt.

Gelbbrennen: auch Reinbeizen von Kupferlegierungen, z. B. Gewichtsketten, durch verdünnte Schwefelsäure in Verbindung mit Salz- und Salpetersäure. Dem Brennen muß eine gründliche Entfettung vorausgehen, da diese Stoffe sowie die Finger-Abdrücke von schweißigen Händen durch die Gelbbrenne nicht entfernt werden. Zur Beachtung: Beim Mischen von Salpeter- u. Schwefelsäure ist stets zuerst die Salpetersäure in das Mischgefäß zu gießen u. erst dann die Schwefelsäure

Gelbes Blutlaugensalz: Ferro-Zyankalium, $K_4\,Fe\,(C\,N)_6$ Kalium, Eisen, Kohle, Stickstoff, ein zitronengelbes Salz, stark giftig, bekannt als Zyankali (blausaures Kali), dient in Wasser gelöst als Reinigungsmittel, fertig gemischt käuflich als s. „Renovirin", stark reduzierend, als „Härtepulver" für kleine Arbeitsstücke aus nicht härtbarem Baustahl, das beim Glühen bis zu geringer Tiefe mit Kohlenstoff angereichert u. dadurch einen Mantel von gehärtetem Stahl schafft (Körnerspitzen, Schraubenköpfe).

Gemeine Radlinie: oder Ortho-Zykloide, entsteht durch das Abrollen eines Kreises auf einer Geraden. Als Rollkreis dient ein Kreis mit dem halben Durchmesser des Trieb-Teilkreises. Die dadurch entstehenden flachen Rollkurven finden Anwendung bei der Wälzung von geraden Zahnstangen, die eine drehende Bewegung in eine geradlinige verwandeln, z. B. beim Wagenheben. s. Rall-Linien, aufbauendes Zeichnen.

Gemessener Durchmesser: von Trieben mit ungerader Zahnzahl (7, 9, 11, 13, 15) d_k ist stets kleiner als der wirkliche volle Triebdurchmesser, weil einem Triebzahn zwei andere gegenüberstehen. s. Triebgrößenberechnung mit ungeraden Zahnzahlen u. Formeln im Fachrechnen Ziffer 14.

Gemessener Zylinder-Raddurchmesser: s. Zylindergrößenberechnung.

Gemmen: vertieft geschnittene Edelsteine.

Genève: Genf, Stadt in der Schweiz. Bedeutende Uhrenindustrie für feinste (Genfer) Qualität.

Geographische Breite: der Bogenabstand vom Äquator, nach Norden und Süden, n. Br., s. Br. **G. Länge,** der Bogenabstand vom 0-Meridian v. Greenwich nach Osten und Westen, ö. L., w. L. Die Begriffe „Breite" und „Länge" sind bei der Erdkugel insofern berechtigt, als sie durch ihre Drehung u. die dabei wirksame Zentrifugalkraft (Fliehkraft) am Äquator breiter ist, als an den Polen. s. Erdmaße.

Geographische Breite u. Pendellänge: s. Pendellänge u. geographische Breite.

Geräuscharme Hemmung: dadurch konstruiert, daß man beispielsweise in Weckern Hemmungsräder u. Anker aus Kunststoffen fertigte, oder daß der Aufschlag des Zahns auf den Ankerstift durch Flachpressen des Stifts gemildert ist, indem er etwas federt. Weiterhin wurde unter Verwendung schwacher Zugfedern, bei wesentlich geringerer Schwingungszahl der Unruh u. kleinerer Gesamtübersetzung im Räderwerk die Wucht der auffallenden Zähne stark vermindert.

Gerbert von Aurillac: der angebliche Erfinder der Räderuhr, s. unter Silvester II.

Germanium: Chem. Element mit dem Atomgewicht 72,6. Ordnungszahl 32. (Symbol Ge).

Geschichte der Pendeluhr: Um 1300 bestimmte Nachricht von der Räderuhr (Dante), um 1400 erste Federzuguhr, Tischuhr Philipps des Guten von Burgund, um 1500 tragbare Uhren Peter Henleins in Nürnberg, gegen 1600 Pendelbeobachtungen Galileis in Mailand, 1656 Pendelversuche Christian Huygens im Haag, 1680 Bau einer Pendeluhr mit Pendelfeder u. Hakenhemmung, 1721 Quecksilber-Kompensationspendel von Graham. s. Kompensationspendel.

Geschwindigkeit: v = s : t G. ist Weg durch Zeit.

Geschwindigkeit: s. Umfangs-G. und Schnitt-G.

Gesperr: eine bewegliche Verbindung zwischen einer Kraftquelle (Gewicht oder Feder) u. dem Räderwerk. Seine wirkenden Teile sind das s. Sperrrad, die Sperrfeder (s. dort) und der s. Sperrkegel oder die Sperrklinke. Beim Aufzug wird der Sperrkegel leicht angehoben, sodaß das Sperrad sich frei drehen läßt, indem der Sperrkegel über die Sperradspitzen gleitet. Beim Ablauf stemmt sich der um die s. Sperrkegelschraube drehbare Sperrkegel in die Sperradlücke u. verhindert die Rückwärtsbewegung des Sperrads. Der Eingriff des Sperrkegels in das Sperrad erfolgt in der s. Tangente, s. Gegengesperr.

Gesperre als Feststellwerke: axial wirkende: Kupplungsrad beim Kronenaufzug, Aufzugwelle mit Federsperrung bei Musikwerken, radial wirkende: Sperrklinke oder Sperrkegel, mit Druckfeder, Sperrtrieb u. Zahnrad bei Uhren mit Kronenaufzug. s. Feststellwerke.

Getriebe-Arten: 1. Stirnrad-Getriebe, 2. Kronrad-Getriebe, 3. Kegelrad-Getriebe, 4. Stirnrad-Winkelgetriebe.

Gewerbefreiheit: Nach dem Verfall der Zünfte und Aufhebung der durch diese ausgeübten Beschränkungen der freien Berufswahl u. Gewerbe-Ausübung, unter Auflösung der Zünfte, in Bayern 1868. Zur Beseitigung der durch die nunmehrige volle Gewerbefreiheit entstandenen Auswüchse wurde 1908 der, s. „kleine" u. 1934 der s. „große Befähigungsnachweis" eingeführt, welcher nach Beendigung des letzten Krieges im Januar 1949 wieder aufgehoben und am 20. September 1953 wieder eingeführt wurde, so daß in dieser Zeit im Bereich der amerikanischen Besatzungszone die uneingeschränkte Gewerbefreiheit bestand, wobei lediglich für die Anleitung von Lehrlingen die Meisterbefähigung gefordert wurde. s. Beruf des Uhrmachers.

Gewerbeordnung, G. O.: Stellte 1871 das gesamte Handwerkswesen auf gesetzliche Grundlage. Sie brachte u. a. klare Bestimmungen über die Berechtigung zur Anleitung von Lehrlingen, den Lehrvertrag, die Probezeit, die Rechte und Pflichten von Lehrling und Meister, die Gehilfen- und Meisterprüfung, die rechtlichen Verhältnisse zwischen Gehilfen und Meistern, die Betriebs-Eröffnung u. Lehrlingseinstellung, die Kündigung u. Entlassung von Gehilfen u. die Schlichtung von Streitigkeiten u. a. m. s. Beruf des Uhrmachers.

Gewicht: nennt man den Druck, den ein Körper auf eine waagrechte, ruhende Unterlage ausübt. Einheit des G. ist das Grammgewicht = das G. von 1 ccm Wasser von 4 Grad C in Paris. Das Gewicht ist veränderlich, da es eine Funktion der Erdanziehung ist s. Massengramm.

Gewichte: Tonne 1 t = 1000 kg, Doppelzentner 1 dz = 100 kg, 1 Kilogramm 1 kg = 1000 g, Hektogramm 1 hg = 100 g, Dekagramm 1 dg = 10 g (kurz 1 Deka), Gramm 1 g = 1 g, 1 cm^3 destilliertes Wasser, gewogen bei 4° C in Paris im luftleeren Raum; metrisches Karat 1 k = 0,2 g, Milligramm 1 mg = 0,001 g s. Fachrechnen.

Gewichts-Berechnung: G. setzt sich grundsätzlich zusammen aus dem Körper-Inhalt, dem Raum-Inhalt oder Volumen V u. der entsprechenden Wichte γ $G = V \times \gamma$. Als Gewichtsmaß gelten, bezogen auf das Gewicht des gleichen Volumens an Wasser: m — m^2 — m^3 — Tonnen t (1000 kg), dm — dm^2 — dm^3 — kg, cm — cm^2 — cm^3 — g, mm — mm^2 — mm^3 — mg. Sämtliche Maße in der gleichen Maßeinheit einsetzen s. Fachrechnen.

Gewichtszug: Antrieb für Gewichtsuhren mittels einer über die Gewichtswalzen abrollenden Schnur oder Saite, wodurch das Gewicht fällt, s. Fallhöhe, durch das s. Gesperr wird dieser Ablauf gehemmt und die Kraft auf das Räderwerk weitergeleitet. Das s. Gegengesperr sorgt während des Aufzugs für den Antrieb des Räderwerks in der normalen Richtung.

Gewicht-Uhren: wahrscheinlich die ersten U., um 1180/90 in Palästina im Gebrauch.

Gewinde: für lösbare feste Verbindungen von Werkteilen, in einer gleichmäßigen Spirale auf den G.-bolzen aufgeschnitten. Sein massiver innerer Teil ist der G.-kern, der das Maß für die Bohrung des G.-lochs angibt. Den Abstand von einem G.-gang zum nächsten nennt man G.-Höhe od. Steigung. Wenn sich innerhalb dieser Strecke nur ein G.-gang befindet, so spricht man von einem eingängigen, andernfalls von einem mehrgängigen G. Für G., die in der Linksrichtung beansprucht werden u. sich dadurch lösen könnten, verwendet man linksgängige, für gewöhnlich aber rechtsgängige G. Das im G.-Loch eingeschnittene G. nennt man Mutter- oder Innen-G., im Gegensatz zum Bolzen- oder Außen-G.

Gewindebohrer: zum Ausschneiden eines Innengewindes, am vorderen Ende leicht konisch als Vorschneider ausgebildet, allmählich ansteigend zur vollen Gewindeform als Fertigschneider.

Gewinde-Bolzen: genau entsprechend dem endgültigen Gewindedurchmesser abgedreht, mit einer Stärke von etwa 0,8 der Plattendicke. Der Kerndurchmesser, das s. Gewindeloch beträgt wiederum 0,8 vom Bolzendurchmesser.

Gewinde-Einzelschneider: für kleine Gewinde mit einsetzbaren Schneideisen für jedes einzelne Gewinde, wobei stumpf gewordene Schneiden mit einem rechtwinkeligen Ölstein nachgeschliffen, unbrauchbare G. ausgetauscht werden können, da sie für jede Größe einzeln zu beziehen sind, während bei Schneideisen mit mehreren Löchern gegf. das ganze Werkzeug unbrauchbar wird s. Gewinde-Schneidwerkzeuge.

Gewinde-Loch: etwa 0,8 mal so stark gebohrt wie der Durchmesser des zu schneidenden Gewindes.

Gewinde-Rille: am Schraubenkopf oder am Ausgang des Gewindes eingedreht, ermöglicht dem Gewinde einen freien Auslauf.

Gewinde-Schlüssel: beim s. Schraubenschlüssel-Aufzug, benötigt einen Ansatz, gegen den der Schlüssel geschraubt wird. Ist dieser zu kurz, dann besteht die Gefahr, daß das Gewinde überdreht wird. Um dies zu verhindern, muß das Gewinde entsprechend gekürzt werden s. Schraubenschlüssel-Aufzug.

Gewinde-Schneideisen: mit mehreren Gewindelöchern stehen in Bezug auf Schneidfähigkeit u. Sauberkeit des damit geschnittenen Gewindes der s. Gewinde-Schneidkluppe nach.

Gewindeschneiden: Grundforderung, Anbringen der zur Herstellung einer s. lösbaren Verbindung notwendigen Gewindegänge auf den rundgedrehten Bolzen, Außengewinde oder in einem Bohrloch, Innengewinde.

Gewinde-Schneidkluppe: in Durchmessern von 0,4 bis 2 mm schneidet genauer als das Schneideisen, das Gewinde kann ausgewechselt werden, wenn es schadhaft ist. Der Gewindebolzen wird beidseitig erfaßt, es tritt kein Schiefschneiden ein, weiterhin ist es nicht nötig, den Bolzen vorn etwas kegelig zu drehen s. Gewinde-Schneideisen.

Gewinde-Schneidwerkzeuge: s. G.-Bohrer, G.-Einzelschneider, G.-Schneideisen,G.-Schneidkluppe.

Gewinde-Systeme: Whitworth, das heute noch in der Technik verwendete englische Zollgewinde mit einem Flankenwinkel von 55°. Metrisches Gewinde, nach mm gemessen, mit einem Flankenwinkel von 60°, das heute allgemein verwendete G.-S. Löwenherz- u. Sellersgewinde sind heute durch das metrische Gewinde fast verdrängt.

Gewinde-Tabellen nach DIN: enthalten Angaben über Bolzen-Gewinde-Durchmesser, Kern-Durchmesser, Kern-Querschnitt, Flanken-Durchmesser, Steigung, Gewindetiefe, Tragtiefe, Rundungs-Halbmesser am Kern des Bolzens, für die Mutter: Gewinde-Durchmesser, Kern-Durchmesser.

Gibb'scher Zeitmikrograf: Gerät zur raschen Feststellung von Gangabweichungen bei Uhren. Amerik. Erfindung. Arbeitet nach dem gleichen Prinzip wie der s. Vibrograf. Auch der G. Z. arbeitet mit einem Quarzkristall von 87 480 Schwingungen pro Sekunde, welche mittels Thermostat konstant gehalten werden und über Frequenzteiler auf 60 Hz herabgedrückt werden. Mittels Verstärker stehen dann 15 Watt bei 100 Volt zur Verfügung, womit ein Synchronmotor betrieben wird.

Gicht: der obere Teil des Hochofens, durch den Erze, Koks und Zuschläge eingegeben werden s. Eisengewinnung.

Glanz-Verzinkung: ein galvanischer Metall-Überzug von Feinzink, fast chem. reinem Zink, kaum zu unterscheiden von einer s. Vernicklung.

Glasen: war in der Schiffahrt noch im 18. Jahrhundert in Gebrauch. Von Sanduhren, bzw. dem dort nötigen Umdrehen des Glases stammt dieses Wort. Auf See sagt man heute noch statt 3 Uhr: 3 Glas.

Glasenuhr: Dient zur Ablösung der Wachen auf Schiffen, teilt mit ihrem Schlag den Tag in sechs gleiche Teile, entsprechend der vierstündigen Wachablösung.

Glashütte: Kreishauptmannschaft Dresden, früher ein armes Gebirgsstädtchen, in dem hauptsächlich Feldwirtschaft und Strohflechterei betrieben wurde, heute durch das Verdiest Ferd. Ad. s. Langes ein über die Grenzen Deutschlands hinaus bekannter, blühender Fabrikort. Am 7. Dez. 1845 begann dort Lange mit 18 Landarbeitern als Schüler sein großes Werk in Form einer Fachschule, die besonders von dem berühmten Uhrmacher Moritz s. Großmann eifrig gefördert wurde, so daß bereits im Jahre 1854 die Uhrenherstellung durch vier Firmen in 18 Werkstätten mit einer Belegschaft von etwa 200 Personen betrieben wurde. G. Uhren erwarben sich bald Weltruf. Neben der bekannten Firma Lange u. Söhne, die ein Begriff für Qualität geworden ist, befinden sich in Glashütte eine Reihe von Werkstätten für Feinmechanik, Präzisions-Pendeluhren, Meßwerkzeugen, Rechenmaschinen u. elektrische Apparate s. Schulen.

Glashütte, „Deutsche Uhrmacherschule": am 1. Mai 1878 auf Anregung des Zentralverbandes Deutscher Uhrmacher mit Unterstützung der sächsischen Regierung gegründet, entwickelte sich unter der zielbewußten Mitarbeit u. Leitung hervorragender Uhrmacher u. Wissenschaftler zu einer bedeutsamen Bildungs-Einrichtung zur Vertiefung der fachlichen Ausbildung nach bestandener Gehilfenprüfung, in praktischer wie theoretischer Hinsicht. In der Uhrmacherei des In- und Auslandes rühmlichst bekannte Persönlichkeiten wie s. Großmann, s. Strasser, s. Dr. Giebel boten Gewähr dafür, daß der „Glashütter Meister" zu einem Qualitätsbegriff wurde s. Schulen.

Glashütter Ankerhemmung: s. freie Ankerhemmung, Glashütter Form.

Glashütter Steinfassung: von der Außenseite der Werkplatte aus gefaßt, ergibt keine Höhenveränderung, auch wenn ein neugefaßter Stein dicker ist s. Steinfassungen.

Gleicharmiger Anker: entsteht dann, wenn der Führungswinkel beiderseits zur Hälfte an die Ankerumspannungslinien aufgetragen wird. Damit wird er äußerlich gleicharmig, obwohl er in seiner Wirkung ungleicharmig ist s. freie Anker-Hemmung für Spitzzahn.

Gleicher: oder s. Äquator, der um den größten Umfang der Erde gedachte Kreis, der diese in zwei gleiche Hälften, eine nördl. u. eine südl. Halbkugel teilt.

Gleichgewicht: s. statisches, s. dynamisches Gl.

Gleichrichter: für den Betrieb von Fernmeldeanlagen, hierzu gehören auch die el. Uhren, eignet sich Gleichstrom besser als Wechselstrom. Dies ist durch die Verwendung von induktiven Verbrauchern bedingt (Elektromagnete). Die Starkstromnetze liefern in der Regel Wechselstrom von 50 Hz. D. h., der Strom fließt nicht beständig in einer Richtung, sondern er wechselt seine Richtung 100 mal je Sekunde. Die Umwandlung von Wechsel- in Gleichstrom geschieht mittels eines G. Alle G. verwenden Schaltorgane, die den

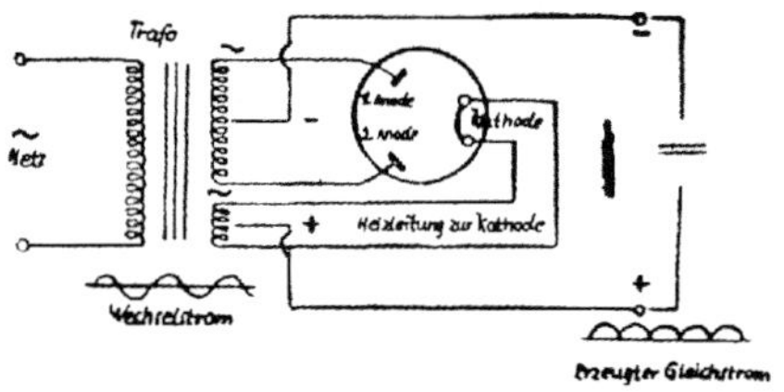

Strom nur in einer Richtung hindurchlassen. 1. Elektrolytische G.; die Graetzsche Zelle: In einer Lösung Bullrichsalz, Soda oder Natriumphosphat hängt ein Aluminiumblech und eine Platte aus Blei, Eisen, Platin oder Kohle. Sendet man Strom durch diese Anordnung, dann bedeckt sich das Aluminium mit einer hauchdünnen Oxydschicht, die den Stromfluß vom Aluminium zum Blei unterbindet. Vom Blei zum Aluminium fließt der Strom ungehindert. Bei einzelligen Gleichrichtern geht immer die Hälfte des Stroms verloren. Will man beide Wechsel des Wechselstroms ausnutzen, dann verwendet man die Grätzsche Schaltung (s. Abbildung). 2. Beim Tantal stehen ein Tantal und ein Bleiblech in verdünnter Schwefelsäure. 3. Kontakt- oder Trocken-G. Zu ihnen gehören die Kupferoxyd- und die Selen-G. Die Kupferplatten sind mit einer Oxydschicht überzogen und unter hohem Druck mit den Bleiplatten zusammengepreßt. Die Gleichrichtung wird dadurch erreicht, daß infolge der Oxydschicht der Strom wohl vom Blei zum Kupfer (Selen), nicht aber umgekehrt fließen kann. Diese Trocken-G. bedürfen keinerlei Pflege und eignen sich vorzüglich für Dauerladeeinrichtungen, wie sie bei el. Uhrenanlagen verwendet werden. 4. Für größere Leistungen verwendet man Röhren-G., die

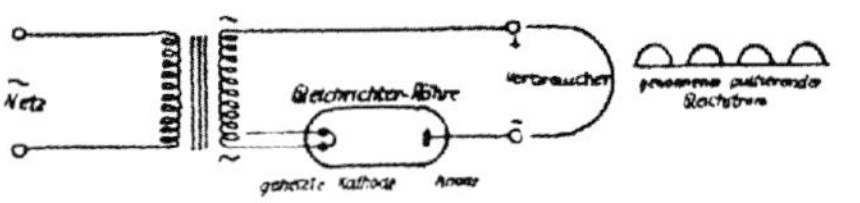

es sowohl als Einweg-G. und (dies sind die gebräuchlicheren) Zweiweg-G. gibt. Im Gegensatz zu normalen s. Elektronenröhren besitzen Zweiweg-G.-Röhren 2 Anoden. Die schem. Schaltung einer solchen Röhre zeigt die Abb. Quecksilbergleichrichterröhren verwendet man für stärkere Ströme (bis 2000 A. und 1200 V.)

Gleichstrom: Ein Strom, der ständig in einer Richtung fließt, wobei man im allgemeinen (wider besseres Wissen) annimmt, der Strom fließe von Plus nach Minus. G. liefern alle sekundären und primären Elemente (Naß- und Trockenelemente, Akkumulatoren). In der Starkstromtechnik wird G. immer mehr durch den Wechselstrom verdrängt, s. Wechselstrom.

Gleichungen auflösen: erfolgt dadurch, daß die unbekannte Größe allein gestellt wird, regelmäßig auf die linke Seite, z. B. $7 \times a = 56$, $a = 56 : 7$ $a = 8$. Grundsatz ist dabei, daß eine Größe, die ihre Seite wechselt, d. i. von der linken Seite auf die rechte kommt oder umgekehrt, auch das entgegengesetzte Vorzeichen erhält, siehe oben „7 ×" links wird „: 7" rechts. Ebenso wird aus „+" „—", aus „—"

wird „+", aus „:" wird „X". Niemals darf eine Größe mit dem gleichen Vorzeichen auf einer anderen Seite erscheinen s. Gleichungen umformen, Fachrechnen.

Gleichungen im Fachrechnen: zwei gleichwertige Ausdrücke, zwischen denen ein „=" gesetzt werden kann. Einfache Gleichung: $7 \times 8 = 56$, linke Seite = rechte Seite. Falsch wäre es zu sagen $7 \times 8 = 64$, hier hat das „=" keine Berechtigung, denn 7×8 u. 64 sind ungleich. Eine G. bleibt richtig, wenn auf beiden Seiten die gleichen Operationen vorgenommen werden, z. B. die gleiche Zahl abgezogen: $(7 \times 8) - 4 = 56 - 4$, $52 = 52$; die gleiche Zahl zugezählt: $(7 \times 8) + 4 = 56 + 4$, $60 = 60$; mit der gleichen Zahl vermehrt: $(7 \times 8) \times 2 = 56 \times 2$, $112 = 112$; mit der gleichen Zahl geteilt: $(7 \times 8) : 2 = 56 : 2$, $28 = 28$; mit dem gleichen Exponenten potenziert: $(7 \times 8)^2 = 56^2$, $3136 = 3136$ usw. s. Fachrechnen.

Gleichungen umformen: bezweckt, die unbekannte Größe allein zu erhalten, unter Anwendung des Grundsatzes vom Wechsel der Seite und des Vorzeichens, z. B. $d + t = d_k$, (s. Formeln Ziffer 8), $d = d_k - t$ oder $d : z = m$ (modul) s. Formeln Ziffer 9 A, $d = m \cdot z$. Nach diesem Grundsatz lassen sich auch zusammengesetzte Formeln umformen, z. B.

$$\frac{1}{n_m} = \frac{z'_n}{z_s \cdot 2z_h}$$

n_m als „x" nach rechts und z_s als „x" nach links:

$$1 \cdot z_s = \frac{z'_h \cdot n_m}{2 \cdot z_h}$$

mit Zahlen:

$$z_s = \frac{7 \cdot 300}{2 \cdot 15} = 70.$$

s. Fachrechnen.

Gleitschloßscheibe: beim Schloßscheiben-Schlagwerk, mit abgeschrägten Einschnitten am Schloßscheibenrad. Beim Halbschlag darf der Einfallhebel nicht von der Abschrägung angehoben werden. s. Schloßscheibe.

Gleitsitz: s. Passungen.

Glimmlampe: Ihre Lichtwirkung beruht auf dem Leuchten des negativen Glimmlichts in verdünnten Edelgasen. Sie bildet den Übergang zu den sog. s. Leuchtröhren. In einem mit Edelgas gefüllten Glaskolben sitzen eingeschmolzen zwei Eisenelektroden (bienenkorbartig). Tritt zwischen ihnen Strom auf, dann leuchtet die Gasschicht in der Nähe der negativen Elektrode, da das Gas elektrisch leitend wird. Wie eine leuchtende Haut bedeckt das Glimmlicht die Elektrode. Bei Wechselstrom leuchten beide Elektroden auf. Der Stromverbrauch ist so gering, daß meist nicht einmal der Zähler anspricht.

Glocken für Schlagwerke: s. Klangkörper.

Glockenspiele: erstes in den Niederlanden, dem Land der berühmten G. 1487 von Bartholomäus Creke in Flandern hergestellt.

Glucydur-Unruhen: haben in den letzten Jahren die Bimetallkompensationsunruh immer mehr verdrängt. Sie besitzen eine Beimischung von Beryllium, woraus auch ihr Name abgeleitet ist, denn für dieses Metall wurde im franz. Sprachgebiet Glucyum verwendet und erst vor kurzem wurde die deutsche Bezeichnung Beryllium in die offizielle Sprache der Wissenschaft als alleinige Bezeichnung eingeführt. G. besitzen eine besondere Form der Schenkel, welche sich die Hersteller zur Vermeidung von Verwechslungen mit Imitationen haben schützen lassen. Es ist also nicht jede Unruh, die die charakteristische Farbe der G. hat, eine solche, sondern die Form entscheidet.

Glühen: das langsame Anwärmen auf eine bestimmte Temperatur mit nachfolgendem Abkühlen. Nach dem Zweck unterscheidet man: 1. s. Weichglühen, 2. s. Normalg., 3. s. Spannungsfreig. Nichteisenmetalle, Messing, Neusilber, Bronze werden nicht bis zur sichtbaren Rotglut erhitzt, auf etwa 550° Celsius, Stahl bis zur Dunkelrotglut, auf etwa 700°. Das Erwärmen soll nicht mit Spiritusflamme u. Blasrohr, sondern auf Chamottestein, Asbestplatte, Holzkohle, mit Bunsenbrenner od. Lötflamme erfolgen. s. Stahlglühen.

Glühfaden-Pyrometer: s. Pyrometer

Glühfarben:

530 bis 580° C	dunkelbraun,
580 bis 650° C	braunrot
650 bis 730° C	dunkelrot
730 bis 770° C	dunkelkirschrot
770 bis 800° C	kirschrot
800 bis 830° C	hellkirschrot, Härte-
830 bis 900° C	hellrot temp.
900 bis 1050° C	gelbrot
1050 bis 1150° C	dunkelgelb
1150 bis 1250° C	hellgelb
1250 bis 1300° C	weiß, Schweißtemp.
1500° C	Schmelztemperatur

Glühfehler: bei zu raschem u. ungleichmäßigem Erwärmen, glühen bei zu niedriger u. zu hoher Temperatur, durch zu langes Glühen.

Glühkathode: s. Kathode.

G. m. b. H.: Gesellschaft mit beschränkter Haftung. Gesellschaftsunternehmung mit mindestens zwei Gesellschaftern, die nur mit ihrem Geschäftsanteil und nicht mit ihrem Gesamtvermögen haften.

Gnomon: Schattenstab, der durch die Richtung u. die Länge des Schattens den Sonnenstand anzeigt, wurde früher zur Zeitbestimmung benutzt.

Gnomonik: ist die Lehre über s. Sonnenuhren. Araber u. andere Völker mit alten Kulturen kannten nur die Jahreszeitstunden, neuere Völker dagegen führten gleichlange Stunden ein.

Gold: 1. als Bez. = neuhochdeutsch, althochdeutsch = gold, altnordisch = gool, gotisch = gulp. Alle Namen kommen vom germanischen „gulpa". Frühfinnisch = Kulta, frühgermanisch = ghlto, altslawisch = zlata, russisch = zoloto, lettisch = zelts — heute zloty. 2. lat. Aurum, Symbol Au, Wichte gegossen 19,3, gehämmert, gewalzt 19,5, Schmelzpunkt 1063°. Vorkommen: Gediegen, in kleinen Mengen als Körner, Fäden, Blättchen, manchmal in Klumpen, eingesprengt in das Gestein, von wo es durch Verwittern in den Flußsand gelangt und als Waschgold gewonnen wird. Länder: Südafrika, Nordamerika, Westaustralien, Ural, weit verbreitet in geringen Mengen. Gewinnung: Aus dem Waschgold durch Auflösung mit s. Quecksilber (Amalgamisieren), häufiger mit Chlorwasser oder Zyankalilauge, woraus es auf chemischem Wege wieder ausgeschieden wird.

Goldauflagen: 1. s. Anreibevergoldung, 2. s. Feuervergoldung, 3. s. galvanische Vergoldung (auch elektroplattiert oder Plaque), 4. s. Tauchvergoldung, 5. s. Walzgold oder Gold-Doublée.

Goldbronze: eine Legierung von 65 % Kupfer und 35 % Zink, oder von 95 bis 97 % Kupfer und 5 bis 3 % Aluminium.

Gold-Doublée: ein Doppelmetall, bei dem eine dünne Goldplatte in weißglühendem Zustand auf ein unedles Metall, meist Tombak, eine Legierung von 90 % Kupfer und 10 % Zink, aufgeschweißt, plattiert wird, einseitig oder beidseitig. Durch Auswalzen entsteht ein Doublée-Blech, dessen Grundmetall unlösbar mit der Goldschicht verbunden ist, deren Stärke nach 1/1000 mm oder Mikron angegeben wird od. nach Nummern = 5 Mikron = 1/200 mm. Der Feingehalt des verwendeten Goldes beträgt 333/1000 bis 750/1000.

Gold, Eigenschaften: ein s. Edelmetall, an der Luft unveränderlich, schöne gelbe Farbe, hohe Polierfähigkeit, das dehnbarste Metall (Blattgold), als reines Metall zu weich (Härte 2,5 bis 3), muß daher legiert werden mit Kupfer oder Silber, wodurch es auch für feine Federn verwendbar wird (Chronometer). Je nach der Legierung entsteht Rotgold mit hohem Kupferzusatz, Blaßgold mit weniger Kupfer u. mehr Silber, Palladium, Weißgold, durch Beimischung von Silber, Nickel, Platin und Grüngold durch hohen Silberzusatz. Gold löst sich nur in „Königswasser", einer Mischung von drei Teilen Salz- und einem Teil Salpetersäure.

Goldemaille: Geschichte: 1632 durch Jean Toulin, Lyon, erfunden. Dadurch erhalten die Uhrgehäuse wertvolle Ausführungen mit großen Kunstwerten.

Goldene Regel der Mechanik: bez. die Beziehung: „Arbeit = Kraft × Weg" oder anders ausgedrückt: „Was man an Kraft gewinnt, geht am Weg (= Zeit) verloren", d. h. eine kleinere Kraft braucht einen größeren Weg, um die gleiche Arbeit zu leisten.

Goldener Schnitt: lat. „sectio aurea" oder „stetige Teilung" einer Strecke in der Weise, daß sich die ganze Strecke zum größeren Abschnitt verhält wie dieser zur restlichen Strecke. Zwecks Konstruktion errichtet man im Endpunkt der zu teilenden Strecke eine Senkrechte, halb so lang wie die Strecke, trägt diese halbe Strecke auf der Hypotenuse ab u. den Rest der Hypotenuse auf die zu teilende Strecke zurück. Damit ist die Strecke nach dem „G. Sch." in einen größeren und einen kleineren Abschnitt geteilt.

Goldfront: eine im Doubléeverfahren (Walzvergoldung) auf eine Silberunterlage aufgeschweißte Goldschicht. Silberunterlage 835/1000, Goldauflage 585/1000, in verschiedener Stärke.

Goldgehalt: ist seit dem Gesetz vom 1. Jan. 1888 bei Goldwaren über 585/1000 einzustempeln. Anstelle der früheren s. Karatbezeichnung wird heute allgemein nach Tausendstel gerechnet. 1 Karat = 41,667/1000. Die wichtigsten Feingehalte sind: 333/1000, 585/1000, 750/1000 und 900/1000.

Goldlötung: mit einem Lot, das die gleiche Farbe wie der zu lötende Gegenstand besitzt und außerdem einen geringeren Schmelzpunkt hat. Um dies zu erreichen, wird ein Teil des Kupfers oder Silbers durch Zink oder Kadmium ersetzt. s. Hartlote Ziffer 2.

Goldprüfung: wird auf dem Probierstein ausgeführt, einem mattgeschliffenen, dichten Basalt, auf dem mit der zu prüfenden Legierung ein scharf begrenzter Strich von etwa 2 mm Breite u. 20 mm Länge gezogen wird, auf welchem an drei Punkten je ein Tropfen der Prüfsäure gebracht wird. Nr. I löst nur bis zu 8 Karat (333/1000), Nr. II greift 10 bis 14 Karat (420/1000 bis 520/1000) an u. Nr. III endlich läßt Legierungen von 14 bis 18 Karat (585/1000 bis 750/1000) erkennen. s. Probiermittel, Probierstein, Probiernadel.

Goldstempel: s. Goldgehalt.

Gold, Verwendung: Außer zu Uhrgehäusen u. Schmuck auch für Werkteile, Unterlegplättchen zur Beschwerung der Unruh, für Regulierschrauben in Ausgleichs-Unruhen, für Fassungen von Lagersteinen, sowohl wegen des schönen Aussehens wie wegen der guten Ölhaltung, bei Mittelradsteinen zum Abfangen von Spannungen in den Werkplatten, endlich zu Gangrädern u. Ankergabeln wegen der Unempfindlichkeit gegen Magnetismus.

Gongstäbe, Gongröhren: s. Klangkörper.

Gotik: Kunststil von 1150 bis 1450, gekennzeichnet durch den Spitzbogen für Gewölbe u. Bögen, hochaufstrebende Pfeiler, durchbrochene u. reichverzierte Öffnungen, in der Grundrißform das ungleicharmige Kreuz.

goupille: franz. = Rückerzeigerstift (Spiralschlüsselstift).

Gradeinteilungen: Vergleichstabelle

Celsius C	Reaumur R	Fahrenheit F
−40	−32	−40
−20	−16	− 4
−17,8	−14,2	0
−15	−12	5
− 5	− 5	23
0	0	32
5	4	41
25	20	77
45	36	113
65	52	149
80	64	176
100	80	212

Graet'sche Schaltung: s. Gleichrichter.

Graet'sche Zelle: s. Gleichrichter.

Graham, George: geb. 1673 in Horsgill, England, ein Schüler von Th. Tompion, erfand um 1715 die ruhende reibende Hemmung, die heute noch seinen

Namen führt und die der Uhrmacherei einen ganz gewaltigen Fortschritt brachte. 1720 baute er wohl als erster ein Quecksilber-Kompensationspendel, verbesserte 1720 die Zylinderhemmung u. fertigte 1715 ein selbstbewegliches Planetarium an, das überall Bewunderung hervorgerufen hat. Auch mit dem Rostpendel stellte er die verschiedensten Versuche an. Außer seinem Wirken für die Uhrmacherei war er noch ein Mathematiker und Astronom von Ruf, schuf wertvolle astronomische Instrumente für die Sternwarte in Greenwich bei London. Er starb hochgeehrt als einer der berühmtesten Uhrmacher 1751 zu London.

Graham-Hemmung: eine ruhende-reibende Hemmung für Pendeluhren, benannt nach George s. Graham, der sie um 1715 konstruierte. Als Schüler Thomas Tompions, des Erfinders der ruhenden-reibenden Hemmung f. tragbare Uhren, der Zylinderhemmung. Die Paletten der Graham-Hemmung sind kreisförmig gebogen, konzentrisch, mit dem Ankerdrehpunkt als Mittelpunkt. Der Anker greift üb. 6½ bis 7½ Zähne, der Zahn des Hemmungsrads fällt zunächst an den gewölbten Palettenflächen auf Ruhe mit 1 bis ½° u. kommt anschließend auf die schräg geschliffenen Hebungsflächen mit 2 bis 1° Hebungswinkel. Ein ungleicher Fall läßt sich durch Verstellen des in der vorderen Platine angebrachten exzentrischen Futters berichtigen, wobei auch die Ankerklauen entsprechend zu verschieben sind, eine ungleiche Gangtiefe kann durch Nachschleifen der Paletten berichtigt werden, wodurch sich sowohl Ruhe, als auch Hebung verändern lassen. s. Hemmungen mit Pendel.

Graham-Quecksilber-Kompensations-Pendel: besitzt als Pendellinse 1 bis 2 Quecksilbergefäße, die infolge des großen s. Ausdehnungskoeffizienten für Quecksilber eine rasche Verlagerung des Schwingungsmittelpunktes in der Linse bewirken. s, Kompensation des Pendels.

Grain: ist das Gewicht für Perlen. Dieses Gewicht ist auf das metrische System bzw. Karat aufgebaut. 1 G. = $^1/_4$ Karat oder 0,050 Gramm.

Granat: ein Silikat, besitzt eine Härte von 6,5 bis 7,5. Viel verwendet wird der eisenhaltige, rote, dem Rubin ähnliche Eisentongranat oder Almandin, der besonders in Tirol und Böhmen gefunden wird. s. Edelsteine.

Graphit: ein im wesentlichen aus Kohlenstoff bestehendes Mineral, eisenschwarz bis bleigrau, metallglänzend, weich u. abfärbend, verwendet zur Herstellung von Schmelztiegeln, als Farbe u. für Bleistifte, fein verteilt als Zusatz zu Schmiermitteln, zum Überziehen von Nichtleitern, um diese leitend zu machen.

Graues Roheisen: siliziumhaltiges Roheisen, mit grauem Bruch. s. Roheisensorten.

Gravieren: eine Zeichnung auf Holz, Metall, Elfenbein eingraben.

Gravitation: Massen-Anziehung.

Gravitationskonstante: Als Sitz der anziehenden Kräfte der Erde müssen wir uns den Erdmittelpunkt vorstellen. Je weiter wir uns von diesem entfernen, um so geringer wird auch die anziehende Kraft = Gravitation. Die Erde ist nach den Polen zu abgeflacht, so daß mit Annäherung an den Pol eine Annäherung zum Erdmittelpunkt eintritt. Hinzu kommt, daß die durch die Drehung der Erde um ihre eigene Achse entstehende Fliehkraft der Schwerkraft um so mehr entgegenwirkt, je mehr wir uns dem Äquator nähern. Hierdurch wird die erstgenannte Wirkung noch verstärkt. Daraus ergeben sich für jede geographische Breite andere G. Die rechnerische Ermittlung dieses Einflusses geht nach der Formel vor sich:

C⁰	=	0	1	2	3	4	5	6	7	8	9
0⁰	978	049	051	055	063	074	088	105	125	149	175
10⁰		204	237	272	310	350	394	440	489	541	595
20⁰		652	711	772	836	902	969	039*	111*	185*	261*
30⁰	979	338	417	497	578	661	746	831	917	004*	092*
40⁰	980	180	270	359	449	539	629	720	810	900	989
50⁰	981	079	167	255	343	429	515	599	682	764	845
60⁰		924	001*	077*	151*	224*	294*	362*	429*	493*	554*
70⁰	982	614	671	725	777	827	873	917	958	997	032*
80⁰	983	065	094	121	144	165	182	196	207	215	220
90⁰		221	—	—	—	—	—	—	—	—	—

Senkrecht sind die Werte der Erdschwere für die Breiten parallelen im Schnitt von 10 zu 10 Grad in den waagerechten Spalten die Zwischenwerte von Grad zu Grad eingetragen.
Beispiel:
Gesucht der Wert für den 53. Breitengrad. Waagerecht auf der Linie des 50. Breitengrades bis zur mit drei bez. Senkrechten = 981,343. Bei den mit einem Stern bez. Zahlen muß man als erste drei Ziffern den Wert der nächstfolgenden Spalte nehmen. An Orten gleicher geographischer Breite ist die G. aber nur dann gleich, wenn beide Orte die gleiche Höhe über dem Meeresspiegel haben. Je höher ein Ort über dem Meeresspiegel liegt, um so geringer wird der Wert der G., weil die Entfernung zum Mittelpunkt größer geworden ist. Die rechnerische Ermittlung dieses Einflusses geht nach der Formel vor sich:

Erdschwere $g = go - 0{,}0003086 \cdot h$
Wir ziehen also von g den Wert 0,0003086 multipliziert mit der Höhe über Meer in Metern ab.

Greenwich: gesprochen „Grinitsch", die Sternwarte von London, bestimmt als Durchgangspunkt für den Null-Meridian s. Erdlänge, den Ausgangslängenkreis für die Bestimmung der östlichen (ö. L.) und westlichen Länge (w. L.) eines Punktes der Erd-Oberfläche.

Gregorianischer Kalender: bezeichnet die im Jahre 1582 durch Papst Gregor XIII. veranlaßte Berichtigung des Julianischen Kalenders (s. dort) durch Streichung von 10 vollen Tagen, welche durch Nichtberücksichtigung des um 11 min. 12 sec.. zu langen Kalenderjahres gegenüber dem tatsächlichen Sonnenjahr allmählich entstanden war. Auf den 4. Oktober 1582 folgte unmittelbar der 15. Oktober. Zur Vermeidung weiterer Fehler sollten von den Schlußjahren der Jahrhunderte nur die durch 4 teilbaren als Schaltjahre, die übrigen als gewöhnliche Jahre mit 365 Tagen gerechnet werden. Diese seit 1582 gültige Zeitrechnung wird „Gregorianischer Kalender" genannt, sie wurde durch die deutsche evangelische Kirche im Jahre 1700, durch England 1752, durch Schweden 1753, durch Bulgarien 1916 und durch Rußland 1923 übernommen. s. Kalender.

Griechisches Alphabet

Α	α	Alpha	Ν	ν	Ny
Β	β	Beta	Ξ	ξ	Xi
Γ	γ	Gamma	Ο	ο	Omikron
Δ	δ	Delta	Π	π	Pi
Ε	ε	Epsilon	Ρ	ϱ	Rho
Ζ	ζ	Zeta	Σ	σ	Sigma
Η	η	Eta	Τ	τ	Tau
Θ	ϑ	Theta	Υ	υ	Ypsilon
Ι	ι	Jota	Φ	ψ	Phi
Κ	χ	Kappa	Χ	x	Chi
Λ	λ	Lambda	Ψ	φ	Psi
Μ	μ	My	Ω	ω	Omega

s. Fachrechnen.

Großbodenrad: Minutenrad

Großer Befähigungsnachweis: 1935 gefordert, nachdem 1934 neuerdings die Pflichtinnungen eingeführt worden waren, verlangt, daß nur solche Handwerker einen Handwerksbetrieb führen dürfen, die in ihrem Fach die Meisterprüfung abgelegt hatten. Seit 1949 ist diese Bestimmung in der amerikanischen Besatzungszone aufgehoben und im September 1953 wieder eingeführt, s. Beruf des Uhrmachers.

Großhandel: Der deutsche Uhrengroßhandel ist im Großhandelsverband Uhren und Uhrenbestandteile im Bundesgebiet e. V. mit Sitz in Köln-Ehrenfeld zusammengefaßt.

Großmann Moritz: geb. 27. 3. 1826 zu Dresden als Sohn eines Briefträgers.

Er studierte zunächst am Polytechnikum zu Dresden, trat dann bei einem Uhrmacher in die Lehre. 1845 folgte er dem Rufe des Uhrenfabrikanten Adolf Lange nach Glashütte, wo dieser bestrebt war, die Uhrenfabrikation einzuführen. Zu seiner Ausbildung ging er fünf Jahre ins Ausland, die Schweiz, Spanien, Frankreich, England, Dänemark, Schweden und kehrte 1855 nach Glashütte zurück. Auf eine Schrift über die freie Ankerhemmung erhält er den 1. Preis, er beteiligt sich maßgebend an der Gründung der Deutschen Uhrmacherschule Glashütte, an welcher er auch als englischer Sprachlehrer wirkte. Am 23. Januar 1885 starb er unmittelbar nach einem Vortrag in der Polytechnischen Gesellschaft zu Leipzig.

Groß- und Kleinuhren: mit astronomischen Kunstwerken aus früherer Zeit zeigen heute noch alle Vorgänge nach dem Julianischen Kalender an, weil bei ihrer Herstellung der Gregorianische (s. dort) noch nicht eingeführt war.

Grüngold: eine Goldlegierung mit hohem Silberzusatz, einer Beimischung von Zyan-Silber s. Gold.

Grünspan: basisches Salz des Kupfers, bildet sich unter dem Einfluß von Säuren, Fett- u. Fruchtsäuren und des Sauerstoffs auf kupferhaltigen Gegenständen, verursacht beispielsweise ein Grünwerden der Messinglager. Nicht zu verwechseln mit Patina (s. dort) oder Edelrost. Grünspan ist wie alle Kupfersalze giftig.

Grundforderungen:
1. Biegen, sägen, feilen
2. Bohren
3. Drehen
4. Gewindeschneiden
5. Glühen, härten, anlassen, abbrennen
6. Messen, anreißen, einpassen
7. Schleifen, polieren
8. Feinstellen von Uhren, regulieren
9. Fachzeichnen
10. Fachrechnen
11. Verkaufstätigkeit, Kundendienst

Grundkreis beim Zahnrad: verläuft im Abstand von 1/2 t innerhalb des Teilkreises. Er liegt damit eigentlich etwas zu tief, denn er soll nur eine Sicherheit dafür bieten, daß der eingreifende Triebzahn nicht im Zahngrund des Rades aufstoßen kann. Er könnte daher meist etwas flacher verlaufen, was eine größere Festigkeit und eine geringere Bruchgefahr für die Radzähne bedeuten würde (s. Vollkreis, Teilkreis, Verzahnungen).

Grundlegende Konstruktionen im Fachzeichnen: Dreiecke, Fünfeck, Kreis- und Winkeleinteilungen, Mittelsenkrechte, Sehne, Sechseck, Sehnenfehler, Tangente, Winkelhalbierende, Winkel-Konstruktionen, Quadrat, Viereck, Zentriwinkel (s. dort) s. Zeichnungsnormen.

Grundrechnungsarten:
1. Zuzählen oder addieren (s. dort)
2. Abziehen oder subtrahieren (s. dort)
3. vervielfachen oder multiplizieren (s. dort)
4. Teilen oder dividieren (s. dort)

s. Fachrechnen.

Grundriß im Fachzeichnen: Draufsicht, die Ansicht eines Körpers von oben gesehen, etwa wie die Hausdächer der genau senkrecht unter einem Flugzeug liegenden Häuser. Der Grundriß liegt genau unter dem Aufriß, ebenso wie eine ggf. zu zeichnende Untersicht über dem Aufriß. s. Anordnung der Ansichten und Schnitte.

Grundstoffe oder Elemente:
Nachstehend eine Übersicht der wichtigsten Elemente nach folgenden Gesichtspunkten:

a) Bezeichnung, ggf. latein. Name
b) Kurzzeichen
c) Wichte, spezifisches Gewicht
d) Schmelzpunkt
e) Zeit der Erfindung

a	b	c	d	e
Aluminium	Al	2,7	658°	1827
Antimon (Stibium)	Sb	6,67	630°	15.Jh.
Arsen	As	5,72	817°	1260
Beryllium	Be	1,84	1280°	1797
Blei (Plumbum)	Pb	11,34	327°	
Bor	B	1,73	2400°	1808
Brom	Br	3,14	−7°	1826
Cadmium	Cd	8,64	321°	1817
Calcium	Ca	1,545	851°	1808
Cerium (Zer)	Ce	6,77	630°	1804
Chlor	Cl	1,07	−100°	1774
Chrom	Cr	7,14	1800°	1797
Eisen (Ferrum)	Fe	7,86	1525°	
Germanium	Ge	5,46	958°	1886
Gold (Aurum)	Au	19,25	1063°	
Helium	He	0,164	−272°	1865
Iridium	Ir	22,4	2454°	1803
Jod	J	4,942	114°	1811
Kalium	K	0,862	64°	1807
Kobalt	Co	8,83	1490°	1733
Kohlenst. (Carboneum)	C	3,51		
Kupfer (Cuprum)	Cu	8,933	1083°	
Lithium	Li	0,534	180°	1817
Magnesium	Mg	1,75	650°	1808
Mangan	Mn	7,3	1250°	1774
Molybdän	Mo	10,2	2500°	1778
Natrium	Na	0,971	98°	1807
Neon	Ne		−249°	1898
Nickel	Ni	8,85	1452°	1751
Osmium	Os	22,48	2700°	1803
Palladium	Pd	11,5	1557°	1803
Phosphor	P	1,83	44°	1669
Platin	Pt	21,4	1771°	1738

Quecksilber (Hydrargyrum)	Hg	13,551	−39°	
Radium	Ra		700°	1898
Rhodium	Rh	12,47	1970°	1804
Rutenium	Ru	12,26	1500°	1845
Sauerstoff (Oxygenium)	O	1,14 (flüssig)		
Schwefel (Sulphur)	S	2,07	113°	
Selen	Se	4,46	220°	1817
Silber (Argentum)	Ag	10,5	960°	
Silicium	Si	2,34	1414°	1810
Stickstoff (Nitrogenium)	N	1,027	−210°	1772
Tantal	Ta	16,6	3030°	1801
Thorium	Th	11,5	1840°	1828
Titan	Ti	4,5	1800°	1791
Uran	U	18,7	1600°	1790
Vanadium	V	5,7	1800°	1803
Wasserstoff (Hydrogenium)	H	0,076	−259°	1766
Wismut (Bismutum)	Bi	9,8	271°	15.Jh.
Wolfram	W	19,1	3370°	1781
Zink (Zincum)	Zn	7,14	419°	
Zinn (Staunum)	Sn	7,28	232°	

siehe Werkstoff-Übersicht

Gruppen im Räderwerk: eine Aufteilung des für den Praktiker unübersichtlichen Räderwerks in 4 Abschnitte mit bestimmten Aufgaben: 1. das Antriebswerk, vom Antriebsrad (evtl. über Zwischenräder) bis zum Minutentrieb, dessen Umdrehungen Stunden bedeuten, maßgebend für die Gangstunden. (s. Formeln Ziff. 2. A); 2. das Minutenwerk, vom Minutenrad, über Zwischentrieb und -rad zum Sekundentrieb, dessen Umdrehungen Minuten bedeuten, mit einer feststehenden Übersetzung von 60, die zweckmäßig in die beiden Teilübersetzungen $i_1 = 7{,}5$ und $i_2 = 8$ unterteilt wird. (s. Formeln Ziff. 2 B); 3. das Reglerwerk, vom Sekundenrad über Gangtrieb und Gangrad zur Hemmung und zum Gangregler. Fehlt das Sekundenrad, so beginnt die Berechnung bereits beim Minutenrad, wodurch sich die Schlägezahl nicht pro Minute, sondern pro Stunde ergibt. (s. Formeln Ziff. 2. C); 4. das Zeigerwerk, ein in sich geschlossenes Räderwerk mit einer feststehenden Übersetzung von $^1/_{12}$ oder $^1/_{24}$, beginnend mit einem Trieb, dem Viertelrohr z'_V über das Zwischenrad z_W und -trieb z'_W zum Stundenrad $z_{St.}$ (s. Formeln Ziff. 2 D), s. Fachrechnen.

Gruppenschaltung: Kombination von Hintereinander- und Reihenschaltung derart, daß sowohl die Spannung als auch die Stromstärke erhöht wird.

Guillaume: (s. Abb.) Dr. Charles, Professor in Sèvres bei Paris, ein Schweizer Uhrmachersohn, konstruierte um 1900 eine Nickelstahl-Legierung aus

etwa 36 % Nickel und 64 % Stahl, die in der Wärme zwischen 0° und 200° C beinahe unveränderlich bleibt, und daher die Bezeichnung „Invar", von **in**-**var**iable = unveränderlich, erhielt. Im weiteren erfand er eine Legierung aus Eisen, Nickel, Chrom, Mangan, Wolfram und Kohlenstoff, die zwischen —10° und +50° C sehr geringe Erschlaffung zeigt, und daher als „Elinvar", von **el**asticité **invar**iable, bezeichnet wurde.

Gußbronze: GBz. 10, eine Legierung von 90 % Kupfer und 10 % Zinn. s. Kupfer-Zinn-Legierungen.

Gußeisen: Kurzzeich. Ge, Wichte 7,3, Schmelzpunkt 1300° C. Zugfestigkeit 18 bis 22 kg/mm², Schwindmaß 1 %. Graues Roheisen und Schrott werden unter Zusatz von Kalkstein umgeschmolzen und zur Erhöhung d. Zugfestigkeit etwa 2 % Mangan beigemischt. Gußeisen ist dünnflüssig und füllt daher die Formen gut aus. Es ist jedoch hart, spröd und nicht schmiedbar. s. Eisensorten, Normung von Stahl und Eisen.

H

Haarröhrchenkraft: oder s. Kapillarität, das Festhalten von Flüssigkeiten in engen Räumen.

Härten von Nichteisen-Metallen: z. B. des Messings, dessen als Flachmessing im Handel befindliche Sorte halbhart gewalzt, also meist ohne weiteres verwendbar ist. Zu weiches Messing läßt sich durch Hämmern härten, auf einem kräftigen, blanken Amboß, mit einem der Materialdichte entsprechenden Hammer. Blechstreifen werden dabei von den Enden zur Mitte hin gehämmert, nicht ringsum, damit das Blech flach bleibt. Verwerfungen werden etwas erwärmt, jedoch nicht geglüht und anschließend wieder hart gemacht.

Härten von Stahl: s. Stahl-Härten.

Härteprüfung: s. Brinellhärte.

Härtepulver: s.gelbes Blutlaugensalz.

Härte von Mineralien: Maßgebend für ihre Verwendung als Schleif- und Poliermittel, als Lagersteine usw.Grundsätzlich greift immer der härtere Stoff den weniger harten an, daher ist es wichtig, die Härteskala (nach Moß) zu kennen, an deren Spitze der Diamant mit der Härte 10 steht. Im übrigen besteht folgende Reihe: 1. Talk, 2. Gips, 3. Steinsalz, 4. Flußspat, 5. Apatit, 6. Feldspat, 7. Quarz, 8. Topas, 9. Korund, Aluminiumoxyd, Rubin, Schmirgel, Karborundum, 10. Diamant.

Härte von Werkstoffen: Der Widerstand, den ihre Oberfläche dem Eindringen eines anderen Körpers entgegensetzt, für den Uhrmacher wichtig bei der Abnützung, dem Verschleiß von Werkteilen, für Schneidwerkzeuge, für Schleif- und Poliermittel, Zapfenlager usw., s. Kugeldruck- oder Brinellprobe.

Hafnium: Chem. Grundstoff. Ordnungszahl 72. Atomgewicht 178,6.

Hahn, Philipp Matthäus, geb. 25. Nov. 1739, gest. 2. Mai 1790 in Echterdingen; ein tatkräftiger u. pflichtbewußter Pfarrer war er nebenbei einer der hervorragendsten Techniker u. Uhrmacher des 18. Jahrhunderts. Eine große Anzahl von Taschenuhren wurde von ihm hergestellt. Sie waren alle mit Kalenderwerk und Angabe der Mondphasen ausgestattet. Außerdem baute er auch Sonnenuhren. Seine Hauptstärke aber lag im Bau von Dielen- wie astronomischen Uhren, Kalenderwerken usw., die als hervorragende Arbeiten bekannt wurden. Nebenbei wurden von ihm noch Rechenmaschinen u. Waagen hergestellt. Ein Meisterwerk ist wohl sein Planetarium, das zwischen 1773/74 vollendet worden ist. Dieses, sowie sonstige Erzeugnisse von Rang befinden sich in den Sammlungen von Furtwangen. 17. Juni 1928 brachte der Landesverband der Württ. Uhrmacher an seinem Sterbehaus in Echterdingen eine Gedenktafel an. Auch seine Söhne waren bei ihm tätig.

Haken-Hemmung: Geschichte; eigentlicher Erfinder Robert Hooke in England 1676. William Clement 1680 verbessert, so daß letzterer vielfach als Erfinder gilt. Er brachte eine Verbesserung der zu großen u. daher ungleichen Schwingungen der Spindelhemmung. 1680 eingeführt, vermutlich auch unter Verwendung einer Pendelfeder aus Stahl.

Haken-Hemmung: eine rückführende Großuhrhemmung, bei der während des s. Ergänzungsbogens des Pendels eine leichte Rückführung des Hemmungsrades stattfindet. Voraus gehen Hebung und Fall. Wegen der Rückführung ist das Pendel im Ergänzungsbogen nicht unbeeinflußt den für die Schwingungsdauer maßgebenden Kräften überlassen. Insbesondere wirkt sich die veränderliche Federkraft hier ungünstig aus, während die gleichmäßige Kraft des Gewichtszugs diese nachteiligen Einflüsse auf die Schwingung des Pendels vermeidet. Anderseits aber bedingen auch Fehler im Triebwerk veränderliche Schwingungszeiten. Da die hohe Triebkraft beschleunigend auf das Pendel wirkt, zeigen kurzpendelige Uhren meist ein Vorgehen, während lange Pendel weniger durch die ungleichmäßige Antriebskraft beeinflußt werden. Verwendet wird die Haken-Hemmung meist mit Hemmungsrädern von 30 Zähnen für mittlere Pendel, mit 40 u. mehr Zähnen für kürzere Pendel, meist mit weniger als 3 bis 4° bei langen Pendeln. Die H. wird sowohl mit s. Massiv-Anker, als auch mit s. Blechanker gebaut, s. Hemmungen mit Pendel.

Halbmikrograph: s. Semikrograph.

Halbplatinen-Werke, mit einer oberen Werkplatte von etwa der halben Fläche der Unterplatine, z. B. für Federhaus, Minutenrad u. Zwischenrad. Für Sekundenrad u. Ankerrad ist eine gesonderte Brücke vorhanden, weiterhin eine Ankerbrücke u. einen Unruhkloben. s. Werkaufbau.

Halb-Schwingung, von Pendel u. Unruh, auch einfache Schwingung, besser als Schlag bezeichnet.

Halbwertzeit, ist der Zeitraum, in dem die Hälfte der Atome einer radioaktiven Substanz zerfällt. Gleichzeitig sinkt auch die Strahlung auf die Hälfte. s. Radium, hat eine H. von 1650 Jahren. Radium C_1 eine solche von etwa 3 millionstel Sekunden. Uran dagegen eine H. von 4,56 Milliarden Jahren.

Hammerhub beim Schlagwerk: soll erst erfolgen, wenn das Schlagwerk sich im Ablauf befindet, wobei während 1/6 der Teilung zwischen zwei Hebstiften das Rad frei anlaufen muß. In der Ruhestellung soll also zwischen Hammerhebel u. dem nächsten Hebstift ein Zwischenraum von 1/6 Teilung vorhanden sein. s. Schlagwerke.

Handschweiß: eine sehr schädliche Eigenart vieler junger Uhrmacher, die durch Ausscheidungsprodukte aus den Schweißdrüsen hervorgerufen wird. Der Schweiß enthält u. a. geringe Mengen von organischen Salzen, besonders Chlor-Kalium u. Chlor-Natrium (Kochsalz), ebenso von Harnstoff, flüchtigen Fettsäuren (Buttersäure), mit etwa 99,5 Prozent Wasser, als Hauptbestandteil. H. verursacht auf blanken Stahlwerkzeugen u. an Werkteilen schwere Zerstörungen u. ist daher mit allen Mitteln zu bekämpfen. 1. Durch ein von Dr. J. V. Brandau-Hamburg hergestelltes Mittel, in Apotheken unter der Bezeichnung „Liquor antihydorrhoicus Brandau" erhältlich, in welches die Handflächen eingetaucht, und sobald ein Brennen fühlbar wird, mit lauwarmem Seifenwasser abgespült werden. 2. Durch öfteres Waschen der Hände mit 2%igem Karbolwasser. 3. Durch öfteres Einreiben der Hände mit einer 3%igen Salicylsäure-Lösung mit Spiritus oder mit 15%iger Weinsäure-Lösung mit Spiritus. 4. Durch mehrhaltiges Befeuchten der Hände mit gutem Spiritus, mit nachfolgendem Abreiben in Sägespänen. 5. Bei aufretendem Schwitzen die Hände in frisches Brunnenwasser halten, bis sie völlig abgekühlt sind. 6. Durch Waschen der Hände in warmem Wasser mit Seife u. anschließendem gründlichem Trocknen. 7. Durch mehrmaliges Einreiben der Hände mit einer Mischung von 120 Teilen Kölnisch Wasser u. 15 Teilen Belladonna-Tinktur. 8. Durch Waschen der Hände unter Zusatz von s. Formaldehyd.

Handschwungrad: in seiner einfachen Ausführung „rechts" im Schraubstock befestigt, was zu einem verkehrten Drehen führte. Heute wird das H. meist am Werktisch unmittelbar angebracht, vielfach durch den Motorantrieb völlig ausgeschaltet. s. Drehen.

Handstichel: aus Vierkantstahl, mit quadratischem oder rautenförmigem Querschnitt, schlank angeschliffen mit einem Winkel von etwa 20 bis 25°, die Spitze schräg unterschliffen, in einem Keilwinkel von etwa 70° für gehärteten Stahl u. etwa 60° für Messing. Beim Anschleifen ist zu beachten, daß scharfe Schneidkanten nur von ebenen Flächen gebildet werden können. s. Drehen.

Harrisson, John: 1693—1776 (s. Abbildung) zuerst Zimmermann, dann Uhrmacher. Erfand 1726 ein Rostpen-

del, das der Kompensation dienen sollte. 1761, nach drei vergeblichen Versuchen die erste brauchbare Längenuhr, (Vorgänger des nachfolgenden Chronometers) vollendet. Diese Uhr ging in jeder Lage. Er bekam nach durchgeführter Prüfung den vom engl. Parlament ausgesetzten Preis mit 20 000 Pfund Sterling. Auf zwei Seereisen nach Westindien hat die Uhr in 161 Tagen nur eine Differenz von 54 Sekunden aufgewiesen, für damalige Zeiten ein überragender Erfolg, an dem England als seefahrende Nation das größte Interesse hatte. Außerdem erfand H. 1750 das Gegengesperr.

Hartholz: s. feste Brennstoffe.

Hartlöten: Arbeitsvorgang: die zu verbindenden Teile werden durch Abschmirgeln oder Befeilen metallisch blank gemacht, gut zusammengepaßt, mit Draht verbunden. An der Lötstelle wird Schlaglot verteilt, Borax aufgestreut, der bei der Erwärmung schmilzt, die Lötstelle mit einer Glasur überzieht, dadurch gegen Oxydation schützt u. mit den Oxyden eine Schlacke bildet, die nach beendeter Lötung abgeklopft werden kann. Die Erwärmung erfolgt im Holzkohlenfeuer, besser noch in Muffel- oder Elektro-Öfen, in denen die Temperatur genau geregelt werden kann. Bei Verwendung des Schweißbrenners tritt leicht Oxydbildung auf. Wenn an der Lötstelle eine bläuliche Flamme erscheint, ist das Lot geflossen u. die Lötung beendet. Zur Erzielung einer dünnen Lötfuge werden die Teile stark zusammengepreßt, worauf sie langsam erkalten müssen. Im Maschinenbau wird das Hartlöten mehr und mehr durch das autogene Schweißen verdrängt. s. Löten.

Hartlote: auch Streng- oder Hartlote genannt, Schmelzpunkt über 500° C. Die Hartlot-Naht muß biegsam, walzbar u. hämmerbar sein. Das Lot soll möglichst die gleiche Farbe besitzen wie das Werkstück. Allgemein sind es Kupfer-Zink-Legierungen, also Messing mit verschiedenem Kupfergehalt. Je höher dieser ist, desto größer die Festigkeit u. desto höher der Schmelzpunkt. Schlaglote werden hergestellt, indem man flüssiges Messing durch Reisig in kaltes Wasser gießt, wodurch das Metall zu Körnern zerschlagen wird (granuliert). Es wird jedoch auch ausgewalzt zu dünnen Blechen u. als kleine Streifen, Blättchen oder als s.

Lötdraht verwendet, welche in ihrem Hohlraum Flußmittel enthalten. Man unterscheidet 1. s. Schlaglote DIN 1711, 2. s. Silberlot DIN 1710, 3. Reines Kupfer, s. Elektrolyt-Kupfer, 4. s. Aluminium-Hartlote.

Hartmessing, Ms 58: eine Legierung von 58 % Kupfer, 40 % Zinn und 2 % Blei. s. Messing.

Hartmetalle: kein Stähle, sondern Legierungen von Kobalt, Chrom und Wolfram, Schneidmetalle von großer Härte u. noch höherer Leistungsfähigkeit als Schnellstähle. Das bekannteste ist das von der Firma Krupp entwickelte „Widia" („**Wie Dia**mant"), ähnliche sind Titanit, Böhlerit, Rheinit. Werkzeuge aus diesem Metall behalten ihre Härte auch bei einer Erwärmung bis zu 600 °, sie gestatten eine etwa 4 mal so große Schnittgeschwindigkeit wie Schnellstahl, ergeben beim Drehen von Stahl eine gute Oberflächenbeschaffenheit, ermöglichen einen Drehspan bis zu 2 cm Dicke u. außerdem das Drehen, Hobeln, Fräsen u. Bohren von bisher kaum zu bearbeitenden Werkstoffen wie Hartstahl, Chromnickelstahl, Glas, Porzellan, Schiefer usw. Hartmetall ist nicht schmiedbar, sondern wird in gegossenen Plättchen geliefert, die auf geringwertige Stähle aufgelötet werden u. ihre endgültige Form nur durch Schleifen erhalten.

Harwood, John: geb. 1893 in Bolton (England). Erfinder der modernen Automatikuhr.

Hauptuhr: Eine in der Regel mechanische Uhr mit el. Aufzug, die eine Kontakteinrichtung zum Antrieb von el. Nebenuhren besitzt. Hauptuhren sind meist Pendeluhren mit einem 3/4 od. 1/1 Sekundenpendel und besitzen zum Steuer der Kontakteinrichtung z. T. ein separates Laufwerk, das von dem Gehwerk minütlich oder halbminütlich ausgelöst wird. Moderne H. arbeiten nach dem s. Polwendesystem.

Hautfeuille, Jean de: Abbé 1647—1724 Orleans, erlernte nicht den Beruf seines Vaters als Bäcker, sondern betätigt sich lieber als Physiker und Mechaniker. Beim Bau seiner Uhren verwendet er zunächst eine gerade Schweinsborste, um gleichmäßig lange Schwingungen zu erzielen. Unbefriedigt vom Ergebnis nimmt er eine schwache Stahlfeder zu diesem Zweck, die, wie vorher die Borste mit dem einen Ende auf der Platine befestigt war, während das andere Ende von einem in der Unruh sich befindenden Stift angeschlagen wurde. Diesen geraden Federchen folgte eine schlangenförmige und auch damit wurde das gesteckte Ziel nicht erreicht. Erst die Spiralfeder brachte die Lösung. Ob der Erfinder Dr. Hooke oder Huyghens war, steht nicht fest. Es war ein weiter Weg, der über Breguet, Arnold, Großmann, Philips u. Strasser bis zur heutigen Vollendung geführt hat. H. baute eine Ankeruhr bei der die Unruhwelle ein Trieb war, das von einem mit dem Anker fest verbundenen Rechen hin und her geführt wurde.

Hebeflächen am Anker: schiefe Ebene am Hemmungsteil, an welchem der Zahn des Hemmungsrads entlang gleitet, dabei den Anker hochhebt u. dadurch dem Gangregler einen Stoß, den Impuls, erteilt. s. Hemmungen-Grundbegriffe.

Hebekreis des Ankers: der an die verlängerten Hebeflächen berührende Kreis, bei gleicharmigen Ankern (Haken-, Grahamanker) für die Eingangs- u. Ausgangshebefläche ein u. derselbe Kreis, bei ungleicharmig. Ankern (freie Anker-Hemmung) ein kleinerer Kreis für den kürzeren Eingangsarm u. ein größerer für den längeren Ausgangsarm. s. Hemmungen-Grundbegriffe.

Hebel: eine Vorrichtung zur Übertragung einer Kraftwirkung an einen entfernt liegenden Punkt, sei es durch geradlinige, gewinkelte, auch gekrümmte Werkteile, oder durch Räder und Triebe, bei denen die wirksamen Halbmesser als Hebelarme zu betrachten sind. Seinem Wesen nach ist der Hebel eine unbiegsame Stange mit einem Ruhe-, Bewegungs- oder Umdrehungspunkt u. je einem Angriffspunkt der Kraft und der Last. Liegen letztere auf ein und derselben Seite des Ruhepunktes, so nennt man den Hebel einarmig, liegen sie aber beiderseits des Ruhepunktes, so spricht man von einem zweiarmigen H., der wiederum gleicharmig oder ungleicharmig sein kann. Bilden die beiden Hebelarme einen Winkel, so bezeichnet man ihn als einen Winkelhebel.

Hebel-Gesetze: Die Kraft hält der Last das Gleichgewicht, wenn das Produkt Last $\times$ Lastarm ebenso groß ist als das Produkt Kraft $\times$ Kraftarm: $Q \cdot q = P \cdot p$. Bei Ausnützung dieser Beziehung ist die Möglichkeit gegeben, durch Vergrößerung des Hebelarms Kraft zu sparen, wobei jedoch der Weg = die Zeit, die Geschwindigkeit zwangsläufig auch verändert wird. (s. goldene Regel der Mechanik.) In der Übertragung der Antriebskraft über das Räderwerk zu den Spitzen des Hemmungsrads bedingt die Hebelwirkung eine fortgesetzte starke Verminderung der Kraft bei einer gleichlaufenden Erhöhung der Umfangsgeschwindigkeit, des Wegs.

Hebelscheibe an der Unruh: einfach, zur Aufnahme des Hebelsteins oder doppelt mit Sicherheitsrolle u. Hohlung zur Sicherung der Hemmung durch die Gabelhörner u. den Sicherheitsstift, das Messer. s. Gabeleingriff.

Hebesteine: 1) auch Klauensteine prismatisch geschliffene, synthetische Edelsteine mit schräg angeschliffenen Hebeflächen, mittels der Ankerklauen, Fassungen, im Anker festgelackt. 2) H. nicht sichtbar, franz. levées invisibles, in Ausfräsungen der Ankerklauen eingelackt, gegen Beschädigungen geschützt, lassen sich jedoch in ihrer Lage kaum verändern. Von oben sind diese Steine nicht sichtbar. 3. H. sichtbar, in Einfräsungen senkrecht zur Ankerebene eingelackt, lassen sich beim Einstellen der Hemmung ohne große Mühe verändern, im Gegensatz zu den nicht sichtbaren H. s. Gabeleingriff. 4. H. verschieben, bei der freien Ankerhemmung, nach Anwärmung des durch ein besonderes Werkzeug festgehaltenen Ankers u. Einschmelzen der verschobenen Hebesteine mit einem dünnen Schellackfaden. s. Hemmungen mit Unruh.

Hebnägel: Hebestifte beim Schlagwerk, franz. chevilles, stählerne Stifte, welche gleichmäßig auf dem Kranz des Hebnagelrads befestigt sind. s. Schlagwerke.

Hebnägelrad im Schlagwerk: franz. = roue de cheville, das Rad, dessen Kranz die Hebnägel trägt, welche einen Hebel an der Welle des Hammers heben und diesen dadurch vom Klangkörper entfernen. s. Schlagwerke.

Hebungsbogen des Gangreglers: der während der Hebung des Ankers zurückgelegte kleine Bogen des Gangreglers, an den sich der weit größere s. Ergänzungsbogen anschließt. s. Hemmungen-Grundbegriffe.

Heliostat: griech. = Sonnensteller, ein Spiegel der nach zwei Richtungen drehbar ist und die Sonnenstrahlen in gleicher Richtung lenkt, wobei ein Uhrwerk einen Spiegel so in Bewegung setzt, daß das von ihm reflektierte Licht in unveränderter Richtung nach einem bestimmten Punkt hingeworfen wird.

Helium: Chem. Element, Symbol He. Atomgewicht 4,0, Ordnungszahl 2.

Hemmung der mechanischen Uhr: hemmt den freien Ablauf des Räderwerks u. überträgt die Kraftstöße (Impulse) auf den Gangregler, um diesen in Schwingung zu halten u. so den regelmäßigen Ablauf des Räderwerks zu sichern. s. Aufbau der mechan. Uhr.

Hemmungen, Arten: 1. Rückführende H. a) für Pendel, Spindel- u. Haken-H., b) für Unruh, Spindel-H. 2. H. mit Rückführung und Ruhereibung, für Pendel, Brocot- und Rollen-H. 3. H. mit Ruhereibung, a) für Pendel, Graham-Hemmung, Stiften- oder Scherengang, b) für Unruh, Zylinder-H. 4. Freie H. a) für Pendel, Riefler- u. Strasser-H. mit konstanter Kraft, b) für Unruh, Stiftanker, Kolbenzahn-Anker- u. Chronometer-H. s. Hemmungen-Grundbegriffe.

Hemmungen, Bezeichnungen im Fachzeichnen:

Achsenabstand, Eingriffsentfernung	a
Ankerhöhe	n
Ankerkreis für Ruhe	h
Ankerkreis (äußerer)	$h_{\ddot{a}}$
Ankerkreis (innerer)	h_i
Ankerweite Durchgangswinkel	$\sphericalangle \alpha$
Fallwinkel	$\sphericalangle \varepsilon$
Führungswinkel	$\sphericalangle \beta$
Hebungskreis	k
Hebungskreis (Eingang)	k_e
Hebungskreis (Ausgang)	k_a
Hebungskreis (Radzahn)	k_r
Hebungswinkel	$\sphericalangle \gamma$
Hebungswinkel für Klaue	$\sphericalangle \gamma_k$
Hebungswinkel für Rad	$\sphericalangle \gamma_r$
Klauendicke	i
Klauendicke (Eingang	i_e
Klauendicke (Ausgang)	i_a

Linien, kleine latein. Buchstaben abc usw., Punkte, große lateinische Buchstaben ABC usw., Raddurchmesser d_k, Raddurchmesser (gemessen) $[d_k]$, Ruhewinkel $\sphericalangle \delta$, (Segmenthöhe o), Teilkreis wirksamer Kreis d, Winkel, kleine griechische Buchstaben $\alpha\beta\gamma$ usw., Zahnzahl z, Zahnunterschneidung $\sphericalangle \eta$, Zugwinkel $\sphericalangle \zeta$.

Hemmungen-Grundbegriffe: s. Achsenabstand (Zentrale), Ankerhöhe, Ankerkreise, äußere, innere, Ankerweite, Anzug, Ausgangsseite, Bezeichnungen, Eingangsseite, Ergänzungsbogen, Fallwinkel, ¡Führungswinkel, Hebungsflächen, Hebekreise, Hebungsbogen, Hemmungsrad, Impuls, Ruhewinkel, Schwingungsbogen, Teilung des Hemmungsrads, Wesen, Zahnferse.

Hemmungen mit Pendel: kurze Kennzeichnung der gebräuchlichsten Hemmungen mit Pendel. s. Brocot-, Graham-, Haken-, Riefler-, Rollen-, Spindel-, Straßer-H.

Hemmungen mit Unruh: kurze Kennzeichnung der gebräuchlichsten Kleinuhrhemmungen s. Chronometer-, Duplex-, Freie Anker-H. mit Kolbenzahn, Glashütter Form, Schweizer Form, Freie Anker-H. mit Spitzzahn, gleicharmig, ungleicharmig, Roskopf-H., Wecker-H., Stiftanker-H., geräuscharme H., „Lautlos"-H., Zylinder-H.

Hemmungsrad, Allgemeines: auch Gangrad, Steigrad gen., das letzte Rad im Räderwerk, das mit besonders geformten, längeren Radzähnen (meist $^1/_{10}$ des Raddurchmessers) in das Hemmungsteil, den Anker, greift, welcher seinerseits das H. wechselweise an der Eingangs- u. Ausgangsseite hemmt u. dadurch den raschen Ablauf des Räderwerks verhindert. Die Zähne stehen regelmäßig in der Radebene, sie besitzen entweder Spitzen oder kolbenähnliche Verbreiterungen, auch gewölbte Zahnrücken oder halbzylindrische Stifte wie bei der Brocat-Hemmung. Die auf die Ruheflächen des Ankers auftreffenden geraden Vorderseiten der Radzähne sind mit einer s. Unterschneidung versehen, damit nur die Spitzen u. nicht die Vorderflächen auftreffen können. Die Rückseiten der Radzähne sind meist ausgerundet, damit die einschwingenden Ankerpaletten in ihrer Bewegung nicht behindert sind. Hemmungsräder werden mit 4 und 5 Schenkeln hergestellt, letztere mit geringerer Breite. s. Schenkelnormen.

Hemmung, Wesen: auch Gang genannt, eine Einrichtung, die den raschen Ablauf des Räderwerks hemmt u. dabei dem Gangregler bei jeder Hebung einen Stoß oder Impuls erteilt. Die H., die in verschiedenster Weise konstruiert sein kann, (s. Hemmungen, Arten), ist das Merkmal der mechanischen Räderuhr, denn auch die vorher gebauten Uhren besaßen nachweislich bereits s. Zahnräder, insbesondere die alten Wasseruhren mit Automaten, jedoch keine Hemmungen.

Henlein, Peter: (1480—1542) Nürnberg. Als Angehöriger eines alten Rotschmiedegeschlechtes wurde er Schlosser. Bei einem Streit wurde 1504 Clemens Glaser tödlich verwundet und Henlein floh in das Barfüßerkloster, um geschützt zu sein. 1509 errang er den Meistertitel und um 1510 erfand er die tragbare Uhr, sie war naturgemäß noch ziemlich primitiv und verriet ohne weiteres ihren Ursprung aus der Schlosserwerkstatt, da auch Henlein einige Zeit gebraucht hat, sich der feinen Arbeit anzupassen. Seine erste Uhr hatte vermutlich Löffelunruh, die links und rechts an Schweinsborsten anschlug Zugfederregulierungsschnecke u. keine Gangregulierungsvorrichtung. Leider ist kein einziges Originalstück erhalten. Taschenuhren im engeren Sinn wurden etwa 1535 von ihm gefertigt. Sie waren so klein, daß sie in Bisamköpfe eingelassen werden konnten.

Hertz Heinrich: entdeckt 1888 die elektr. Wellen, die nach ihm benannt und gezählt werden (Hz).

Herzscheibe, im Schlagwerk, eine Scheibe mit kurvenmäßig gekrümmten Seitenflächen u. einem Einschnitt, welche den Einfallhebel der Tastschloßscheibe zum Abtasten der Schloßscheibe veranlaßt. Der Hebel muß möglichst tief in den Einschnitt der Herzscheibe einfallen, damit er nicht wieder herausgedrängt werden kann. s. Schlagwerke.

Hilfskompensation von Airy: Auf der Unruhachse befindet sich noch ein zweiter Schenkel mit zwei kurzen Federchen u. zwei Anschlagklötzchen. Die Uhr wird bei mittlerer Temperatur einreguliert u. dabei werden die Federn so gebogen, daß sie den Unruhreifen gerade noch berühren. Wenn sich nun der Unruhreifen bei Wärme nach innen dehnt, muß er den Federwiderstand überwinden und dadurch wird die Kompensation betätigt.

Hilfsstoffe: a)Schmiermittel,b)Schleif- und Poliermittel, c) Reinigungsmittel. Außer den zum Aufbau der Uhr verwendeten Werkstoffen, d. i. a) Grundstoffe, b) Metalle, c) nichtmetallische Austauschstoffe, benötigt der Uhrmacher bei seiner Arbeit noch H., d. s. Schmier-, Schleif-, Polier- und Reinigungsmittel.

Hintereinanderschaltung: a) von Stromquellen, Schaltung von Elementen zur Erhöhung der Spannung. Es addieren sich die Spannungen der verwendeten Elemente, wenn man den Pluspol des ersten mit dem Minuspol des zweiten und den Pluspol des zweiten mit dem Minuspol des dritten Elementes verbindet, usw. Die Spannung wird an dem jeweils freien Pol des ersten und des letzten Elementes abgenommen. b) von Widerständen: s. Widerstand (el.)

Hipp, Matth: 1813/1893 in Blaubeuren, Reutlingen u. Zürich. Erfindet 1843 das Chronoskop, einen Chronographen mit Zeitdruckeinrichtung. 1860 wird von ihm eine Pendeluhr mit el. Antrieb gebaut. Er ist weiter der Erfinder des Hipp'schen Pendels, bei dem der Antrieb nicht vom Werk erfolgt, sondern das Pendel den Impuls für die Uhr abgibt.

Hipp'sches Chronoskop: Kurzzeitmesser, bestehend aus einem gewichtsgetriebenen Laufwerk, dessen vorletztes Rad in der Sekunde zehnmal umläuft. Mit ihm kann ein Zeiger mechanisch gekoppelt werden. So geschieht die Kopplung bzw. Entkopplung z. B. durch zwei Elektromagnete, die durch zwei Drahtrahmen hindurch mit Strom versorgt werden. Sobald ein fliegendes Geschoß den ersten Drahtrahmen zertrümmert, wird der eine Magnet stromlos, läßt den Anker fallen und bewirkt so die Zeigereinkopplung. Wird dann der zweite Rahmen erreicht, dann wird auch der andere Magnet stromlos und seine Feder löst die Zeigerkopplung aus. Da das Zifferblatt in hundert Teile geteilt ist, deren jeder $^{1}/_{1000}$ Sekunde bedeutet, kann man eben diesen Wert auch ablesen. Als Hemmung ist eine schwingende Blattfeder verwendet, welche in der Sekunde 1000 Schwingungen ausführt. Bei jeder Schwingung passiert ein Zahn des nach Art eines Weckergangrades ausgeführten Steigrades die tangential anliegende Blattfeder und erteilt ihr gleichzeitig einen neuen Impuls. s. Kurzzeitmessung.

Hipp'sches Pendel: unmittelbarer el. Pendelantrieb. Dabei ist am Pendel ein kleines Klötzchen angebracht, über dem eine frei bewegliche Zunge schwebt, welche an einer Kontaktfeder befestigt ist. Die Anordnung ist so gewählt, daß bei einem bestimmten Pendelausschlag (Amplitude) die Zunge auf dem Klötzchen aufstößt, wodurch der Kontakt geschlossen wird, somit die unterhalb des Pendels angebrachten Elektromagnete erregt werden, wodurch das Pendel einen Antriebsimpuls erhält. Dadurch wird seine Amplitude vergrößert u. bei den nächsten Schwingungen gleitet die Kontaktzunge über das Klötzchen hinweg, so daß kein Stromfluß zustande kommt. Erst wenn die Amplitude der Pendelschwingung auf ein bestimmtes Maß gefallen ist, kommt die Zunge erneut zum Anliegen und ein Antriebsempuls wird erteilt.

Hochfrequenz: Gebiet der Elektrotechnik, das sich mit den Gesetzen und der Erzeugung von Frequenzen über 20 KHz befasst. Spez. mit der drahtlosen Telegrafie und Telefonie.

Hochglanz-Politur, erfordert eine gründliche Vorbereitung des Poliermaterials, das völlig rein und von gleichmäßigem Korn sein muß. Auf der sorgfältig gereinigten Polierunterlage wird eine kleine Menge Diamantine mit ganz wenig Öl angefeuchtet, durchgeknetet, bis es eine graue Farbe aufweist. Mit einer geeigneten Polierfeile mit einer hauchdünnen Schicht des Polierbreis wird bei entsprechendem Druck rasch eine tiefschwarze Politur erreicht. Der angewendete Druck verformt, härtet und dichtet die Oberfläche und schützt sie dadurch auch gegen Oxydation u. Abnutzung.

Hochofen, s. Eisengewinnung.

Hochofengas: im Verlauf des Glühens gewaltiger Koksmengen im Hochofen aufsteigend zum oberen Teil, zur Gicht, von wo aus es in starken, im Zickzack geführten Rohren abgeleitet wird, um die größten Massen des mitgeführten Staubs absetzen zu lassen. Im weiteren hängt die Verwendung dieser großen Mengen von gutem Heizgas davon ab, ob es gelingt, den noch vorhandenen starken Gehalt an Gichtstaub u. Metalldämpfen (20 g auf 1cbm) zu beseitigen. s. gasförmige Brennstoffe.

Höhenlage des Ankers: ist insofern nicht leicht zu beurteilen, als die Hemmungsräder meist an der Unterseite abgeschrägt sind u. daher etwas tiefer liegend erscheinen müssen, wenn der Anker in der richtigen Höhe stehen soll. Bei Ankerwellen ohne Ansatz läßt sich ein evtl. Fehler berichtigen, indem die Welle mehr oder weniger eingeschlagen wird, bei vorhandenem Ansatz ist dieser nachzudrehen.

s. Hemmungen.

Höhenlage u. Pendellänge: s. Pendellänge u. Höhenlage.

Hölzerne Uhren: mit Waag baut 1690 Lorenz Frey im Schwarzwald.

Hörnerluft: während die Ellipse in der Ankergabel nur soviel Luft haben darf, daß sie sich nicht klemmt, muß sie an beiden Hörnern vollständig frei überall vorbeigehen. Die Hörner sind der Ellipse nie im Weg, da der Anker durch den Zugwinkel fest auf die Seite gezogen wird.

Hohltriebe: auch Laternen-Triebe, Triebstock-Verzahnung, besitzen im Gegensatz zum massiven s. Trieb mit gradlinigen, radialen Triebflanken nur Triebstöcke in Form von Stahl-Zylindern. Die Radzahn-Wälzung führt den Triebstock an dessen Umfang, sie muß daher entsprechend länger sein als bei Rädern für Volltrieb-Eingriffe. Zur Erzeugung dieser Währungs-Kurve wird der Triebteilkreis selbst als Rollkreis verwendet, im Gegensatz zu der sonstigen Radzahn-Wälzung, bei denen der Rollkreis gleich dem halben Triebteilkreis gewählt wird. Als Triebstock-Durchmesser wird bei Trieben bis zu 9 Triebstöcken $^{1}/_{3}$ t, von 10 Triebstöcken ab $^{2}/_{5}$ t gewählt. Die Triebstock-Verzahnung ist billiger herzustellen u. eignet sich für Getriebe, die einer stärkeren Verschmutzung ausgesetzt sind s. Verzahnungen.

Hohlung an der Sicherheitsrolle: eine Aussparung an der Sicherheitsrolle, die so konstruiert ist, daß der eingreifende Sicherheits-Stift, das Messer, nicht am Grund der Hohlung aufstößt u. in der Mittellage frei durchgeht. Rolle u. Sicherheits-Stift haben die Aufgabe, den Anker in seiner Ruhelage zu sichern, sodaß kein Zurückschlagen durch Stöße oder Erschütterungen erfolgen kann. s. Gabeleingriff.

Holmium: Chem. Grundstoff (Element), Ordnungszahl 67. Atomgewicht 164,94.

Holz: in der Technik verwendet als Brennstoff in Form von Abfällen aus holzverarbeitenden Betrieben. Hierbei erzeugen Harthölzer (Ahorn, Buche, Eiche, Esche, Erle, Nußbaum) höhere Temperaturen als Weichhölzer (Linde, Nadelhölzer, Pappel, Weide), ebenso ist trockenes Holz (mit nur 15 bis 20% Wasser) als Brennstoff rentabler, als frisches Holz mit etwa 45% Feuchtigkeitsgehalt. s. feste Brennstoffe.

Holzkohle als Brennstoff, der reinste Kohlenstoff, beim Hartlöten u. im Härteofen verwendet, gewonnen durch Glühen von Holzstücken unter Luftabschluß, also durch Verkokung oder trockene Destillation des Holzes. Neben-Erzeugnisse: Holzteer, Holzessig. s. feste Brennstoffe.

Holzkohle als Schleifmittel, aus Lindenholz oder Buche, um auf fertig polierten Messingflächen Muster aufzuschleifen. Ebenso kann hierfür Holz mit feinem Ölstein-Pulver verwendet werden. s. Schleif- u. Poliermittel.

Holzpendelstangen: besitzen einen geringen s. Ausdehnungs-Koeffizienten, dafür sind sie gegenüber der Luftfeuchtigkeit empfindlich, die ihre Länge beeinflußt u. ein Verziehen verursachen kann. Zum Schutze dagegen werden sie in heißem Leinöl imprägniert u. die

Poren mit Schellack verschlossen, so erreichen sie in Pendeluhren für bürgerlichen Gebrauch gute Gangergebnisse. s. Kompensation des Pendels.

Hooke, Dr. Robert: Professor, (1635/1703), bekannter engl. Naturforscher, Denker u. Mechaniker. Erfindet 1676 die rückführende Hemmung, den Hakengang, der dann 1680 von William Clement (1635/1695) verbessert u. praktisch brauchbar gemacht wird, sodaß er den gestellten Ansprüchen genügen konnte. Deshalb wird in Fachkreisen meist Clement als Erfinder bezeichnet. Eine Streitfrage ist, ob H. oder Huyghens die Spiralfeder konstruiert hat. 1675 erfindet er eine Hemmung mit zwei verzahnten Unruhen.

hora = Stunde (fr. abgegrenzte Zeit überhaupt, Jahreszeit) abgekürzt: 1 h = Stunde.

Horen: (horae) die Göttinnen der Ordnung in der Natur, der gleichmäßig wechselnden Jahreszeit.

horloge: franz. = Großuhr.

horloger: franz. = (der) Uhrmacher.

horlogerie: franz. = Uhrenfachgeschäft, Uhrmacherei.

Horizont: griech. Begrenzer, die durch unsere Augen gedachte waagrechte Ebene, den scheinbaren oder terrastrischen Horizont. Parallel dazu verläuft als eine durch den Erdmittelpunkt gedachte Ebene der wahre oder astronomische Horizont.

horizontal: griech.waagrecht, wasserrecht, d. i. rechtwinklig zur Richtung der Schwerkraft, eine in gleicher Höhe über dem Meeresspiegel gedachte Linie.

Hornluft an der Gabel: Prüfung, indem die Unruh mit dem Hebelstift in die Gabel gedreht wird, ohne daß der Hebelstift in den Gabeleinschnitt eintritt. Dann muß sich wie bei der Messerluft die Gabel zwischen der Ankerbegrenzung u. der Sicherheitsrolle bewegen lassen, ohne daß der Zahn des Hemmungsrads von der Ruhefläche auf die Hebefläche gleitet. s. Gabeleingriff u. Hörnerluft.

Hubrolle: Bestandteil von Ato-Uhr Muß immer frei fallen. Hält Schaltrad in vorgeschriebener Stellung, so daß es sich nicht bewegen kann bis zur nächsten Verschiebung des Zahns durch Schaltklinke. Kein Öl.

Hüttenkoks: Der für die Eisengewinnung benötigte reine Brennstoff, gewonnen durch Verkokung großstückiger Steinkohle,, d. h. durch Glühen unter Luftabschluß, wobei eine Reihe von nicht brauchbaren Beimengungen wie Schwefel u. Phosphor ausgetrieben werden. Gleichzeitig entstehen eine Anzahl von s. Nebenerzeugnissen, die für die Industrie von großer Bedeutung sind. s. Koks.

Hufeisenmagnet: hufeisenförmiger Dauermagnet. Durch diese Form werden die beiden Pole nahe aneinander gebracht, so daß ein starkes magnetisches Feld entsteht.

huile: franz. = Öl.

Huyghens, Christian: (s. Abbildung) 1629—1695, wohl der größte holländische Forscher u. Entdecker auf dem

Gebiet der Physik u. Mathematik. Unabhängig von Galilei erfindet er eine

Spindeluhr mit Pendel, nachdem er die gleichen Pendelgesetze wie dieser entdeck hat, 1656. Er erkannte aber ohne weiteres die Priorität von Galilei an. Erfindet 1658 die erste brauchbare Spiralfeder (es wird auch behauptet s. Hooke) 1674 läßt er in Paris eine Uhr bauen, in der sich eine Spiralfeder befindet. 1673 verfaßt er ein Buch „Theorie des Pendels", in welchem ein Seidenfaden als ideale Pendelaufhängung empfohlen wurde. 1675 versucht er die Spindelhemmung zu verbessern. 1703 wird von ihm ein Planetarium gebaut.

Hydrargyrium: s. Quecksilber.

Hydrogenium: s. Wasserstoff.

Hygrometer: Feuchtigkeitsmesser. Ein entfettetes Haar dehnt sich aus, wenn die Luft feuchter wird und zieht sich in trockener Luft zusammen. Diese Längenänderung wird in einfacher Weise auf einen Zeiger übertragen, der in Prozenten die Feuchtigkeit anzeigt (relative Feuchte).

Hypotenuse: im rechtwinkligen Dreieck, die längste, dem rechten Winkel gegenüberliegende Seite c. s. rechtwinkliges Dreieck.

Hypo-Zykloide- s. Inradlinie.

I

I: Formelzeichen für die el. Spannung.

Impuls: lat. Antrieb, der Stoß, den die Hemmung bei der Hebung dem Gangregler erteilt u. ihn dadurch in Bewegung hält. Erfolgt dieser Impuls nicht mehr, ist das Hemmungsrad nicht imstande, Hebung u. Auslösung zu bewirken, so bleibt der Gangregler unter dem Einfluß der Reibung, der Erdanziehung, der Luftreibung u. sonstiger Störungen allmählich stehen. s. Hemmung-Grundbegriffe.

Imitation: Nachahmung.

Incabloc: Stoßsicherung, hergestellt von der Firma Le Porte Echappement Universel, S. A., La Chaux-de-Fonds (Schweiz). Loch und Deckstein durch die „Lyrafeder" abgefedert. Konische Lagerung des Futters.

Incaflex: Stoßsicherung von Wyler. Besteht darin, daß die Schenkel der Unruh durch ihre besondere Formgebung federn, so daß bei Stößen der Unruhreif nachgibt, von einer die Unruh umgebenden Abfangvorrichtung abgefangen wird und so die Zapfen entlastet werden. (Abbildung)

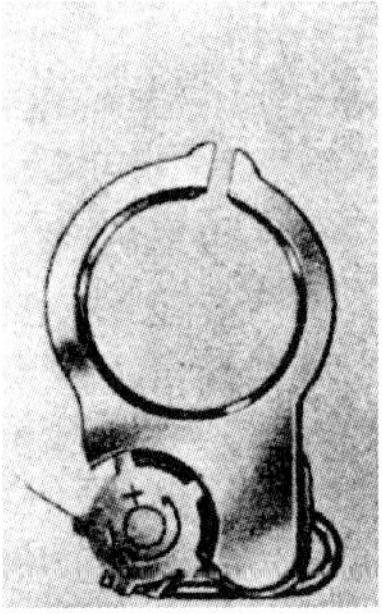

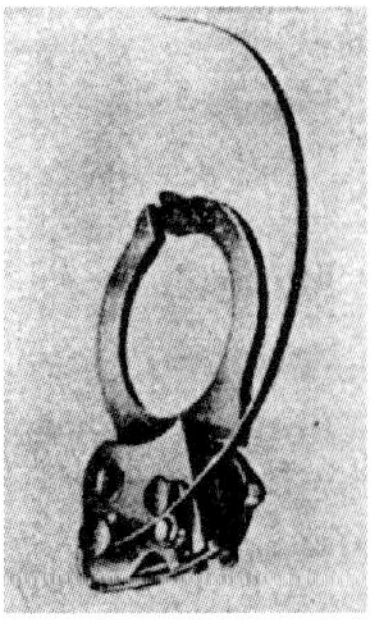

Incastar: Spiralbefestigung, die den Rückerzeiger überflüssig macht. Die Längenveränderung der Spirale wird durch Drehen eines Sterns (star) erreicht, denn die Spiralfeder ist an ihrem Ende nicht verstiftet, sondern wird von zwei Rollen festgehalten, wobei das Drehen dieser Rollen die Längenänderung bewirkt. Die dadurch bedingte Veränderung des Abfalls wird durch Drehen des ganzen Systems korrigiert. Der Vorteil dieser Anordnung besteht darin, daß eben der Rückerzeiger mit seinem durch das Spiel der Spiralfeder zwischen den Stiften bedingten Lagefehler in Wegfall kommt. Andererseits aber die Nachteile der Uhren ohne Rückerzeiger vermieden werden.

Index: (lat.) Anzeiger, Nachweiser.

„Indiga"-Ölstein: ein künstlich hergestelltes Schleifmittel, ähnlich dem Karborundum-Stein, wird gleichfalls trocken verwendet, u. ist wie dieser gelegentlich mit Petroleum abzureiben, damit die Oberfläche wieder griffig wird. s. Schleif- und Poliermittel.

Indische Fakire: hatten zur Zeitbestimmung 8eckige Holzstäbe mit acht Löchern. Zur Zeitmessung wurde dieser Stab mit einem Faden hochgezogen und der Schatten eines Stäbchens, der in eines dieser acht Löcher gesteckt war, zeigte auf einer Skala die Zeit an.

Indische Sonnenuhren: bestehend aus hohen Steinbauten mit treppenförmigen Absätzen, die eine genaue Beobachtung der scheinbaren Sonnenbewegung durch Richtung u. Länge der Schatten ermöglichten. Am bekanntesten ist die Sonnenuhr in der Sternwarte des Maharadschas Dschaising II., gebaut um 1715.

Indium: Chem. Grundstoff. Ordnungszahl 49. Atomgewicht 114,76, Kurzzeichen In.

Induktion: entsteht überall dort, wo Kraftlinien geschnitten werden. Führen wir in eine Spule einen Stabmagneten ein, induzieren die Kraftlinien in der Spule einen I.-strom. Anstelle des Stabmagneten können wir auch einen Elektromagneten verwenden. Bringen wir zwei Spulen ohne leitende Verbindung zusammen u. schalten in einer Spule den Strom ein, dann entsteht in dem Augenblick, wo der Strom zu fließen beginnt u. sich ein Kraftlinienfeld aufbaut, in der benachbarten Spule ein I.-Strom entgegengesetzter Richtung. Dieser I.-Strom hört in dem Augenblick auf, in dem das Kraftfeld der ersten Spule aufgebaut ist. Schalten wir den Strom ab, dann induziert das zusammenfallende Feld in der zweiten Spule erneut ein I.-Strom, der die Richtung des abgeschalteten Stromes hat. Schicken wir durch die erste Spule einen Wechselstrom, dann fließt auch, ohne leitende Verbindung zwischen den beiden Spulen, in der zweiten Spule ein gleichartiger Wechselstrom (s. Transformator). Das gleiche, das für 2 benachbarte Spulen zutrifft, gilt auch für d. Windungen einer Spule. Schalten wir den Strom ein, so bildet sich um die einzelnen Windungen ein Kraftlinienfeld. Diese Kraftlinien schneiden die benachbarten Windungen u. induzieren in diesen einen Strom, der dem Erzeugerstrom entgegengerichtet ist. Der Erzeugerstrom muß also zusätzlich zum Ohm'schen Widerstand noch den viel größeren induktiven Widerstand überwinden. Wird der Erzeugerstrom abgeschaltet, dann entsteht ein I.-Strom, der die gleiche Richtung wie der abgeschaltete Strom hat, diesem also nacheilt und diesen verstärkt. Diese Verstärkung kann den Strom auf einen Wert bringen, der den ursprünglichen Strom um ein Vielfaches übertrifft. Die Selbstinduktion ist der Grund warum die Kontakte von induktiven Verbrauchern so hoch beansprucht sind (Abreißfunke).

Influenz: el. Einfluß eines geladenen Körpers auf einen neutralen.

Ingold, Peter Friedrich: 1787—1878 arbeitete bei seiner Mutter, die Uhrmacherin gewesen ist. Zur Erweiterung seiner Kenntnisse ging er nach Frankreich, England und Amerika und errichtete nach seiner Rückkehr in der Schweiz eine Fabrik, in der Uhrteile für Taschenuhren hergestellt wurden. Besonders bekannt wurde er durch die Erfindung der nach ihm benannten

„Ingold-Fräsen". Diese erzeugen beim Wälzen eine vollkommene u. technisch einwandfreie Zahnform im Gegensatz zu der Verzahnung der gewöhnlichen Wälzmaschine. 1815 stellte er eine Taschenuhr her, bei welcher der Aufzug durch Drehen des Gehäusebodens betätigt wird.

Innerer Ankerkreis: bei der Hemmungskonstruktion ist ein um den Ankerdrehpunkt gezogener, durch die beiden inneren Endpunkte der Hebungsflächen gehender Kreis. s. Ankerkreise u. Hemmungen-Grundbegriffe.

Innen-Gewinde: auch Muttergewinde, eine Bohrung mit eingeschnittenem Gewinde, wobei der Lochdurchmesser für den Bohrer etwa 0,8 mal so groß gewählt wird, wie der Gewindedurchmesser werden soll. s. Gewinde.

Inradlinie: Hypo-Zykloide, eine Kurvenlinie, die ein Punkt am Umfang eines Kreises beschreibt, wenn er in einem Kreis abrollt. Ist der Rollkreis zur Erzeugung halb so groß wie der Durchmesser des Triebteilkreises, so entsteht als Kurve eine Gerade, die durch den Mittelpunkt des Triebteilkreises geht, also ein Durchmesser ist. Daher kann man die geraden, radialen Flanken der Zähne als I. mit einem Rollkreis vom halben Triebteilkreis-Durchmesser betrachten. s. Roll-Linien.

Intarsie: Einlegearbeit.

Intervall: (lat.) Zwischenraum, Abstand, Zwischenzeit.

invariable: franz. = unveränderlich. Wird im Zusammenhang mit solchen Metallen gebraucht, welche sich äußeren Einflüssen (Temperatur) unveränderlich zeigen.

Invarstahl: (franz. = **invar**iable = unveränderlich), eine s. Nickelstahllegierung mit etwa 36 % Nickelzusatz, 1897 von Professor s. Guillaume, einem Schweizer Uhrmachersohn, in Sèvres bei Paris erfunden. Seinen Namen erhielt es wegen des außerordentlich kleinen s. Ausdehnungskoeffizienten, d = 0,000 001, manchmal auch noch wesentlich geringer, näml. 0,000 000 35 bzw. 0,000 000 05 (s. Nickelstahlpendel), d. i. praktisch unveränderlich. Verwendet wird es wegen dieser wertvollen Eigenschaft zu Pendelstangen u. Spiralfedern. s. Nickelstahl-Legierungen.

Ion: (griech. = gehend, wandelnd) das im s. Elektrolyt wandernde kleinste Teilchen. Bei negativer Ladung Anion und bei positiver Ladung Kathion genannt.

Iridium: Ir, ein dem Platin ähnliches, grau-weißes Metall, Wichte 22,4, Schmelzpunkt 2360 °. Es findet sich zusammen mit Osmium u. Platin in den Platin-Erzen, ist in der Kälte hart und spröde, in der Weißglut etwas hämmerbar. Es ist das schwerste Metall. Infolge seiner Härte, seiner geringen Wärmeausdehnung und seiner Widerstandsfähigkeit gegen Säuren dient es zur Herstellung von chemischen Geräten, Maßen, Schreibfederspitzen, Elektroden usw. s. seltene Metalle.

Irisieren: in regenbogenähnlichen Farben spielen. Bei Metallflächen wird dies erzeugt durch feine galvanoplastische Niederschläge von Bleisuperoxyd, Eisenoxyd, Kupfer usw.

Isochronismus: (griech. isochron = von gleicher Zeitdauer), Zeitengleichheit der größeren u. kleineren Gangreglerschwingungen, eine wesentliche Voraussetzung für die Aufgabe des Gangreglers. Für das Pendel soll der damals 22jährige Student Galileo s. Galilei 1583 an den Schwingungen einer Lampe im Dom zu Pisa die Zeitengleichheit der größeren und kleineren Schwingungen festgestellt haben. 1860 durch s. Philipps auf wissenschaftliche

Grundlage gestellt, durch Prof. s. Strasser und Hugo s. Müller, Glashütte, in leichtverständliche Form gebracht.

Isolierstoffe: s. Nichtleiter.

Isotop: (griech. iso = gleich und topos = Platz). Element gleichen Platzes im periodischen System der Elemente. Einige Elemente kommen in verschiedenen Formen, eben als I. vor, die sich in chem. Hinsicht völig gleichen, aber durch versch. Atomgewichte, Massen und radioaktives Verhalten untereinander unterscheiden.

J

Jagduhren: säulenförmige Sonnenuhren, infolge ihrer Kleinheit auf der Jagd leicht in der Tasche zu tragen. Hatten an der Spitze meist eine Hundepfeife. Es gab auch würfelförmige Uhren gleicher Art.

Jahr: s. Stern-, Sonnen-, mittleres und Mondjahr.

Jahr, (anomalistisches): ist die Zeit von einer Sonnennähe der Erde bis zu deren Wiederkehr.

Jahresbeginn: erhält in Frankreich durch König Karl IX. eine Änderung. Er bestimmt, daß der Jahresanfang am 1. Januar stattzufinden hat und nicht mehr, wie seither am 1. März.

Jahreslängen: Siderisches Jahr 365 Tage, 6 Stunden, 9 Minuten, 9 Sekunden, Sonnenjahr 365 Tage, 5 Stunden, 48 Minuten, 46 Sekunden, Anomalistisches Jahr 365 Tage, 6 Stunden, 13 Minuten, 48 Sekunden, Mondjahr 354 Tage, 8 Stunden, 48 Minuten, 36 Sekunden.

Jahreslängen der Planeten: Merkur 88 Tage, Venus 224 Tage, Erde 365 Tage, Mars 1 Jahr 321 Tage, Jupiter 11 Jahre 314 Tage, Saturn 29 Jahre 166 Tage, und Pluto 249 Jahre 62 Tage.

Jahresuhr: wurde zuerst etwa 1530 in Windsor aufgestellt. Erbauer unbekannt.

Jahreszeiten: entstehen durch die Schrägstellung der Erdachse um $23\frac{1}{2}°$, wodurch die Sonne im Sommer mehr die nördliche, im Winter mehr die südliche Erdhalbkugel bestrahlt. Dazwischen liegt jeweils eine Übergangszeit, Frühling und Herbst, in der die Sonne sich dem Äquator nähert, bis sie mit Erreichung dieses Standes beide Erdhälften gleichmäßig bestrahlt, Tag- u. Nachtgleiche oder s. Äquinoktium.

Jahr, tropisches: auch Sonnenjahr. 365 Tage, 5 Stunden, 48 Minuten, 46 Sekunden lang. Ist die Zeit, in der die Sonne vom Widder aus alle anderen Tierzeichen durchläuft und wieder beim Widder ankommt.

Janvier, Antide: Geb. am 1. Juli 1751 in der Nähe von Saint Claude. Gilt als einer der berühmtesten franz. Uhrmacher. Seine Spezialität waren astronomische Uhren.

Japanperle: eine gezüchtete Perle, bei welcher dem Tier (Perlmuschel) die Schale angebohrt und in das Loch ein kleines Hölzchen eingeführt, das von dem Tier mit einer Perlschicht überzogen wird. Wird später das Hölzchen entfernt, dann befindet sich im Innern der Schale ein halbkugelförmiges hohles Perlsubstanzgebilde, welches mit Perlmutter angefüllt wird.

Japper: nennt sich die Kunstuhr, die 1516 in Königsberg am Rathaus angebracht wurde.

Japanische Wanduhr: zeigt mittels eines am Gewicht angebrachten Zeigers die Zeit an, wobei der Ablauf des Gewichts gleichmäßig zu regeln ist.

Japan-Silber: eine Legierung von Silber und Kupfer.

Jockele-Uhr: eine kleine Schwarzwälder Uhr, baut 1790 Jakob Hebestreit.

Jod: chem. Element, Ordnungszahl 53. Atomgewicht 126,92.

Joule'sches Gesetz: Gesetz über die Beziehung von elektr. Arbeit und erzeugter Wärme. 1 Ws ist 0,00024 kcal $Q = 0{,}00024 \cdot I^2 \cdot R \cdot t$ kcal. Hierbei ist Q die Wärmearbeit u. das Joul'sche Gesetz besagt in dieser Schreibweise, daß die vom el. Strom erzeugte Wärmearbeit dem Quadrat der Stromstärke proportional ist.

Jürgensen, Urban: 1776—1830 Kopenhagen, baute 43 Chronometer und sechs Regulateure nach eigener Konstruktion. Außerdem verbesserte er die bis dahin üblichen Rostpendel, um eine sichere Kompensation zu erzielen. „Regeln der genauen Abmessungen der Zeit durch Uhren" heißt das Buch, das ihn zum Verfasser hat und 1804 erschienen ist. 1807 fertigte er als erster Zylinderräder aus Stahl als Ersatz für die bisherigen aus Messing. Hergestellt wurden von ihm auch die ersten Taschenchronometer, die jedoch keine allzuguten Resultate zeigten.

Julianischer Kalender: wurde im Jahre 46 v. Chr. durch den röm. Kaiser Julius Cäsar eingeführt. Damit wurde anstelle des Mondjahrs von 355 Tagen ein gemeines Jahr mit 365 Tagen und alle 4 Jahre ein Schaltjahr mit 366 Tagen gerechnet. Dabei wurde jedoch nicht berücksichtigt, daß diese mittlere Jahreslänge von 365¹/₄ Tagen gegenüber dem wirklichen Sonnenjahr um 11 Minuten 12 Sekunden zu groß ist, was nach etwa 1600 Jahren, im Jahre 1582, ein Voreilen der Kalenderzeitrechnung um volle 10 Tage ausmachte. Dieser Fehler wurde durch den s. „Gregorianischen Kalender" berichtigt. s. Kalender.

Justieren: einstellen, berichtigen, regulieren.

K

Kadmium: lat. = Cadmium, Cd. Wichte 8,6, Schmelzpunkt 320°, hauptsächlich zur Herstellung leicht schmelzbarer Legierungen verwendet. So schmilzt z. B. eine Legierung mit 10% Cd., 50% Wismut, 13% Zinn u. 27% Blei bereits bei etwa 70°. Galvanische Cd.-Überzüge auf Eisen, Stahl u. Aluminium sind mattglänzend u. auch bei geringer Dicke sehr haltbar. Sie werden verwendet für Mikrometer, Meßtrommeln usw. K. wird ferner für Lagermetalle und bei Akku-Platten verwendet (Nickel-K.-Akku). s. Nichteisen-Metalle.

Kadraktur: auch Kadratur, Schlagwerkmechanismus.

Kalender: s. Gregorianischer u. Julianischer K.

Kalender: (jüdischer) rechnet mit dem Mondjahr. Das Jahr hat nach ihm 353 bis 355 Tage. In 19 Jahren 7 Schaltjahre, die je 383 bis 385 Tage zählten.

Kalender z. Zt. der französischen Revolution 1789. Ließ das Jahr am 22. September beginnen und zählte 12 Monate mit je 30 Tagen. Im gewöhnlichen Jahr wurden am Ende 5, im Schaltjahr 6 Ergänzungstage zugefügt, die immer Feiertage waren. 1806 wurde aber auch in Frankreich der Gregorianische K. eingeführt.

Kalenderreform: plante schon 1079 der persische Astronom Khajam. Er dachte sich die Verbesserung so, daß unter 33 Jahren 6 Schaltjahre eingefügt werden.

Kalenderuhren: geben außer der gewöhnlichen Zeit auch das Datum, die Wochentage, die Monate u. den Mondwechsel an.

Kaliber: Zehntelmaß, s. Schiebelehre.

Kaliber: Größenbezeichnung für das Uhrwerk der Kleinuhren, wird entweder mit der Größe (K. $5^1/_4$ Bidlingmaier) oder mit der Nummer (K. J 81 Junghans) gebraucht. Die Größenbez. wird in Pariser Linien (1''' = 2,25 mm) angegeben. Bei runden Uhren mißt man den Durchmesser, ($10^1/_2$) bei Façon-Uhren Länge und Breite ($8^3/_4$ · 12''') und bei Damen-Façon-Uhren nur die Breite ($3^3/_4$ · $5^1/_4$).

Kaliber der Uhr: arabisch Maß,bez. die Form und Größe eines Uhrwerks. Bis in das 20. Jahrhundert war die Kreisform für die Werkbodenplatte der Kleinuhr vorherrschend. Später führten sich verschiedene s. Werkformen ein, deren Werkboden oval, viereckig, achteckig ist u. die als Façon-Werke bez. werden.

Kalium: Kurzzeichen K, ein Leichtmetall, das auf dem Wasser schwimmt, dargestellt aus kaliumhaltigen Salzen, die als wichtige Düngemittel verwendet werden. In der Metallverarbeitung dient es als Härtepulver in einer kohlenstoffhaltigen Verbindung, dem gelben s. Blutlaugensalz.

Kalk: eine mineralische u. tierische Ablagerung in Form von Kalkstein, Muschelkalk, Kreide u. ä. Chem. Formel Kalzium-Karbonat $CaCO_3$,d. i. kohlensaures Kalzium. Durch Erhitzung auf 1200 bis 1400° entsteht gebrannter K. Dabei wird Kohlensäure CO_2 ausgetrieben, so daß Kalzium-Oxyd CaO zurückbleibt, das begierig Wasser aufsaugt. Daher ist der Kalk, ein viel gebrauchtes Poliermittel, verschlossen aufzubewahren, da er sonst aus der Luft Wasser aufnimmt und zerfällt.

Kalorie: s. Wärme-Einheit.

Kalotte: franz., in der Baukunst, flache Kuppel. In der Mathematik die Oberfläche eines Kugelabschnitts. In der Uhrmacherei Kapsel, Uhrgehäuse.

Kalzium: Chem.Grundstoff (Element). Ordnungszahl 20, Atomgewicht 40,08. Kurzzeichen Ca.

Kanonen-Uhren: waren so eingestellt, daß die Sonne mittags 12 Uhr ihre Strahlen durch ein Brennglas auf das Zündloch warf u. dadurch einen Schuß auslöste.

Kantenbrechung: an Wellen soll zur Werkplatte einen spitzen Winkel von etwa 30° bilden. Dadurch entstehen am Wellenansatz enge Zwischenräume, welche nach dem Gesetz der Haarröhrchenkraft oder Kapillarität das Öl festhalten.

Kapazität: Leistungsfähigkeit eines Menschen oder einer Fabrik, Leistungsfähigkeit einer Stromquelle, ausgedrückt in Ampèrestunden (Ah), Leistungs- bzw. Aufnahmefähigkeit eines Kondensators, ausgedrückt in Farad.

Kapillarität: 1. in haardünnen (kapillaren) Röhren steigen benetzende Flüssigkeiten, dem Zug der übermächtigen Adhäsion folgend, oft bis zu beträchtlicher Höhe empor. Man nennt diese Erscheinung Kapillarattraktion, oder Haarröhrchenanziehung. 2. Bei nicht benetzenden Flüssigkeiten sucht die übermächtige Kohäsion die Flüssigkeit vom Eindringen in das enge Rohr zurückzuhalten. Diese Erscheinung wird Kapillardepression genannt. Die K. spielt eine große Rolle bei der Ölhaltung zwischen Lochstein und Deckstein.

Karat: für Goldgehalt, in früherer Zeit der 24. Teil einer Mark = 250 g

Feingold. 1 Karat war 12 Grän (Körnchen). Heute rechnet man allgemein nach Tausendteilen, so daß ein Karat = 41,667 Tausendstel ist. Demnach entspr. 8 Karat ~ $^{333}/_{1000}$ (nur in Deutschland als Gold anerkannt), 14 Karat ~ $^{585}/_{1000}$, 18 Karat genau $^{3}/_{4}$ = $^{750}/_{000}$.

Karat: als Edelsteingewicht = ~ 0,2 g, das holländische ist 0,20589 g, das englische 0,20554 g. Das alte K. ist auf der Einheit 64 aufgebaut. 1 K. ist dehalb 64/64 oder 205 Milligramm. Metrisches K. ist auf der Einheit 100 aufgebaut. 1 K. ist deshalb 100/100 oder 200 Milligramm. $1/64$ alt K. = 0,02 metr. K. oder ~ 3 Milligramm. $^{62}/_{64}$ alt K = 1 metr. K. oder 202,0 Milligramm.

Karborundum: Silizium-Karbid, ein Kunstprodukt, aus Quarzsand, Koks, Sägemehl u. Salz bei etwa 3000° im el. Ofen geschmolzen, Härte 9,6 d. i. beinahe so hart wie Diamant (Härte 10). In Formen gegossen, werden daraus sehr leistungsfähige Schleifscheiben hergestellt, die trocken oder mit wenig Wasser oder Öl zur Bearbeitung härtester Werkstoffe geeignet sind. s. Schleif- und Poliermittel.

Karborundum-Stein: Silizium-Karbid, eine künstlich hergestellte Verbindung zwischen Kieselsäure u. Kohle, Härte 9,6, also nahe der Härte des Diamanten (10), erfunden 1891 von dem Amerikaner Acheson. Er wird trocken verwendet, jedoch muß seine Oberfläche von Zeit zu Zeit mit Petroleum abgerieben werden, damit der Stein wieder griffig wird. s. Schleif- und Poliermittel.

Kardan-Aufhängung: eine erschütterungsfreie Lagerung für empfindliche Uhren, z. B. See-Chronometer, bei der mittels zweier senkrecht zueinander gelagerter Kreisringe die Uhr sich stets in waagrechter Lage befindet.

Karussell-Uhr: von Bonniksen in England gebaut, als Ersatz für das schwieriger herzustellende Tourbillon, bei dem sich die ganzen Werkteile, einschließlich der Unruh u. der Hemmung im Kreise drehen, sodaß die Unruh in alle denkbaren Lagen kommt u. sich ggf. Lagendifferenzen ausgleichen. Bei der K., die auch bei Lange & Söhne hergestellt wurde, erreicht man das gleiche, indem das Zwischenradtrieb eine kleine Karussell-Einrichtung antreibt, welche lediglich die Unruh in die verschiedenen Lagen bringt, während das Zwischenrad wie bei jeder anderen Uhr die übrigen Uhrteile bewegt.

Kassiopejum: Chem. Element. Ordnungszahl 71. Atomgewicht 174,99, radioaktiv.

Katalysatoren: (griechisch) Kontaktstoffe, beschleunigen das Zustandekommen einer chem. Verbindung zweier Stoffe, ohne sich selbst dabei zu verändern. Mit ihrer Hilfe ist man in der Lage, chem. Reaktionen bei normalem Druck und normaler Temperatur durchzuführen. Neuere Untersuchungen über die Katalyse führten zu der Erkenntnis, daß magnetische u. el. Kräfte wesentlichen Anteil an den Vorgängen haben.

Katheten: im rechtwinkligen Dreieck, die beiden kürzeren Seiten, welche den recht. Winkel einschließen u. je einem spitzen Winkel gegenüberliegen. s. rechtwinkliges Dreieck.

Kathode: Pol der s. Elektronenröhre, an welchem der Minuspol der Anodenspannung (s. dort) anliegt. Wird die K. geheizt, sprechen wir von einer Glühk. Erfolgt diese Heizung mittels Gleichstrom, erfolgt sie direkt (direkte Heizung) im Gegensatz zum Wechselstrom (indireke Heizung), wo die Heizentwicklung von der Emissionsschicht gegen Stromfluß isoliert ist. Infolge der Erwärmung der K. treten an ihr Elektronen aus, welche infolge der hohen Spannung (zwischen Kathode u. Anode) mit sehr großer Geschwindigkeit (von der Spannung abhängig) zur Anode schießen. Da an der K. der Minuspol der Anodenspannung anliegt, mußte man die ursprüngliche Annahme, der Strom fließe von Plus nach Minus, revidieren. Man tut das auch für diesen spez. Fall, und behält aber in den anderen Zweigen der Elektrotechnik die alte Bezeichnung bei.

Kathodenstrahl-Oszillograph: s. Braun'sche Röhre u. Elektronenstrahl-Uhr.

Kation: positiv geladenes s. Ion.

Kegel: auch Konus, Verjüngung, bez. das Verhältnis der Durchmesser-Abnahme zur Länge. So besagt Kegel 1 : 50 (nach DIN 1) daß der dünnere Teil eines konischen Stiftes auf eine Länge von 50 mm um 1 mm schwächer ist als das andere Ende, od. um 0,1 mm bei 5 mm Länge. In den Tabellen wird stets der kleinere Durchmesser angegeben, da er für die Herstellung der Bohrung maßgebend ist. Metrische K. sind in DIN-Blatt 223, Morsek. in den DIN-Blättern 228 u. 231 aufgeführt.

Kegelpendel: s. Fliehkraft-Pendel.

Kegelrad-Getriebe: gekennzeichnet dadurch, daß die Wellen der beiden Getriebeteile nicht parallel zu einander verlaufen wie beim Stirnrad-Getriebe, sondern in einem Winkel zueinander stehen. Vielfach wird ein rechter Winkel angewendet, jedoch sind auch andere Winkel gebräuchlich. Die Zähne sind kegelförmig verjüngt in Richtung auf den Schnittpunkt der beiden Achsen. Angewendet wird dieses Getriebe bei Aufzugrädern, Turmuhren, Zeigerleitungsgetrieben u. ä. s. Getriebearten.

Kerzen-Uhren: waren gewöhnliche Kerzen, in die in gewissen Abständen Kugeln eingeschmolzen waren. Nach Abbrennen des Wachses fielen diese Kugeln in Metallbecken und zeigten durch den Ton die Zeit an.

Kehl-Bohrer: mit langen Schneiden, wiederstandsfähiger u. schnitthaltiger als einfache Spitzbohrer. s. „Eureka"-Bohrer. s. Bohrer.

Kehl-Zapfen: auch Hohlkehlzapfen, s. Trompetenzapfen.

Keil: die Grundform aller schneidenden Werkzeuge, die in einen Werkstoff eindringen sollen, wie Meißel, Stichel, Sägen, Feilen, Bohrer, Fräser usw. Grundsätzlich dringt ein K. mit einem flacheren Keilwinkel leichter ein, er schneidet besser, anderseits ist er aber auch der Bruchgefahr mehr ausgesetzt.

Keilwinkel: am Drehstahl bez. die Neigung der beiden Keilflächen. Er wird je nach Härte des Werkstoffs größer oder kleiner gewählt. s. Drehstähle.

Kepler, Johannes: geb. 27. Dezember 1571 zu Weil der Stadt (Württ.), gestorben 1630 zu Regensburg, Naturforscher, Lehrer der Stiftsschule in Graz, kaiserlicher Mathematiker u. Hofastronom, entdeckte 1609 die ersten beiden Planetengesetze, begründete die neue Astronomie, behandelte u. a. in einem 1611 erschienenen Buch die Grundlagen des astronomischen Fernrohrs, entdeckte 1619 als Professor in Linz das 3. Gesetz der Planetenbewegung, übersiedelte 1626 nach Ulm u. 1628 nach Sagan zu Wallenstein. Die von ihm gefundenen Gesetze der Planetenbewegung sind bek. als die „Kepler'schen Gesetze". s. Erdbewegung.

Kern-Durchmesser: beim Gewinde, bez. den nicht durch Gewindegänge durchschnittenen, massiven Teil des Gewindebolzens. Für das Muttergewinde gibt er das Maß für die Bohrung an. s. Gewinde.

Kessels John Heinrich: 1781-1849, erlernte das Schmiedehandwerk, sattelte um u. wurde Uhrmacher. Er baute keine gewöhnlichen Uhren, sondern stellte nur hochwertige astronomische Pendeluhren und Seechronometer her, wodurch er sich großes Ansehen erwarb. Von 1821 bis 1849 war er, obwohl Holländer, als Chronometermacher bei der dänischen Marine tätig.

Ketten: ähnlich den heutigen Fahrradketten, an Stelle der üblichen Darmsaiten erfindet 1750 J. de Vaucanson.

Ketten: für Schottenuhren waren früher von Hand gebogen. 1839 wurde von August Kienzler in Triberg eine Maschine gebaut, die automatisch fertige Ketten lieferte.

Kettenzug: mittels Kettenrad, zur Übertragung des Gewichtszugs für den Antrieb der Uhr, wobei die Kettenglieder den angebrachten Einfräsungen entsprechen müssen (Teilung).

kgm/s: Kilogrammeter pro Sekunde, Einheit der mechanischen Leistung. Die Leistung, die erforderlich ist, um in einer Sekunde eine Last von 1 kg 1 m hoch zu heben.

kHz: = s. Kilohertz.

KIF 370: Stoßsicherung der Firma Parechoc S.A., Le Sentier (Schweiz). Der Lochstein ist in einem konischen Lager untergebracht (Abbildung).

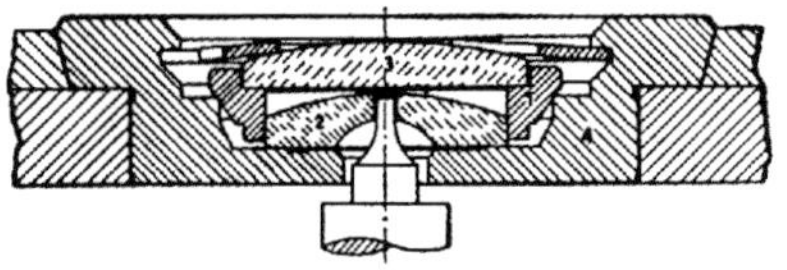

kilocycle: franz. = s. Kilohertz.

Kilogramm-Meter: kgm, auch Meterkilogramm, Einheit der mechan. Arbeit. Die Arbeit, die erforderlich ist, ein Gewicht von einem kg 1 m hoch zu heben.

Kilohertz: kHz, Maßeinheit der Hochfrequenz. 1 kHz = 1000 Hz = 1000 Schwingungen pro Sekunde.

Kilowatt = 102 sec/m/kg, oder ≈ $^4/_3$ PS oder 1000 Watt.

Kinetische Energie: = s. Bewegungsenergie.

Kirchhoff'sches Gesetz: Gesetz über die Stromstärke. Im unverzweigten Stromkreis ist die Stromstärke überall gleich. Im Knotenpunkt ist die Summe der zufließenden Ströme gleich der Summe der abfießenden, Oder: im Knotenpunkt ist die algebraische Summe der Ströme gleich null, z. B. $I_1 + I_2 = I_3 + I_4 + I_5$ oder $I_1 + I_2 - I_3 - I_4 - I_5 = 0$.

Kirschrotglut: die für das Härten des Stahls benötigte Glühtemperatur von 770 bis 800° C.

Klammer-Drehstuhl: auch Universal-Drehstuhl oder s. „Burin fixe" genannt, früher neben dem Drehstuhl zum Langdrehen von Wellen verwendet, zum Flachdrehen von Platten, Ausdrehen von Senkungen u. ä., in den Drehstühlen neuerer Art ersetzt durch Planscheibe u. Support. s. Drehen.

Klammer-Rechnung: bezeichn. die zunächst zusammenzufügenden Zahlen durch die Einklammerung, die außerhalb der Klammer stehenden Faktoren oder Divisoren beziehen sich auf alle in der Klammer stehenden Zahlen, z. B. $3 \cdot (8 + 5) = 3 \cdot 13 = 39$ oder $3 \cdot (8+5) = 3 \cdot 8 + 3 \cdot 5 = 24+15 = 39$.

Klang-Körper: f. Schlagwerke, früher meist Metallglocken oder Tonfedern aus Stahldraht, jetzt gerade oder gewundene Gongstäbe u. Gongröhren, auch Tuben genannt. K. müssen gut befestigt sein u. frei klingen können. Der Hammer darf nicht auf dem K. liegen bleiben, er muß nur kurz anschlagen. s. Schlagwerke.

Klauendicke: am Hemmungsanker, auch Palettenbreite, ergibt sich bei der Konstruktion aus der Größe des Führungswinkels. s. Hemmungen-Grundbegriffe.

Kleben der Begrenzungsstifte: an der Ankergabel, kann vermieden werden, indem sowohl die Begrenzungsstifte selbst, als auch die Berührungsstellen an der Ankergabel gratfrei und metallisch rein sind. Wenn das Werk bewegt wird, muß die Gabel völlig frei von einem Stift an den anderen fallen. s. Gabel-Eingriff.

Kleinbodenrad: Rad zwischen Minuten- u. Sekundenrad (Zwischenrad).

Kleiner Befähigungsnachweis: 1908 eingeführt, bestimmte, daß nur solche Personen Lehrlinge anleiten dürfen, die eine Meisterprüfung bestanden haben. s. Beruf des Uhrmachers.

Kleine Sekunde: richtiger wäre kleiner Sekundenzeiger. Bezeichn. für den exzentrisch angebrachten Sekundenzeiger im Gegensatz zum konzentrisch angeordneten Sekundenzeigers, den man als „große Sekunde" bezeichnet. s. zentraler Sekundenzeiger.

Kleines Jahr: nennt man in astronomischen Fachkreisen unser bürgerliches Jahr. Dort kennt man aber auch noch das „Große Jahr", das 25 920 Erdenjahre umfaßt.

Kleinuhrmacher-Gewerbe: hört 1565 auf, eine freie Kunst zu sein und wird ein Handwerk. Die ersten drei Meister: Esaias Vogel, Hans Praun, Max Stopinger von Nürnberg.

Klepsydra: griech. kleptein = stehlen, hydor = Wasser. Am bekanntesten die von Ctesibius etwa 500 v. Chr. gebaute Wasseruhr, eine ganz besondere Kunstuhr. War eine hohle senkrechte Säule aus Glas, die auf ihrem eigenen Fuß im Jahre eine einzige Umdrehung ausführte. Eingezeichnet in diese waren senkrechte Striche, welche die Monate, und waagrechte, welche die Stunden andeuteten. Oben auf der Säule stand eine weinende Figur, aus deren Augen ein Tropfen nach dem andern — nach genauester Berechnung — in einen Wasserbehälter fiel. Durch diese Tränen wurde der Wasserspiegel langsam, aber zeitgerecht gehoben. Auf diesem schwimmt nun eine zweite Figur und diese zeigt mit einem Stab beim Steigen des Wassers die jeweilige Zeit auf der Glassäule an, die man an den eingeätzten Strichen ablesen konnte.

Klingeltransformator: kleiner Transformator, welcher besonders für Klingelanlagen u. ä. entwickelt wurde. Er liefert sekundär meist 3,5 und 8 Volt und maximal etwa 0,5 Amp. = 4 Watt. Bei der Montage eines Klingeltransformators ist besonders darauf zu achten, daß die Netzspannung nicht an der Sekundärseite angeschlossen wird. Denn bei einem Übersetzungsverhältnis von 220 : 3 entsteht eine Hochspannung von über 16 000 Volt was zumindesten den Transformator zerstört. Unter Umständen bedeutet dies Lebensgefahr.

Kloben: Lagerungsteile im Werkaufbau mit nur einer Auflagefläche, die durch 1 bis 2 Klobenschrauben auf der Unterplatine befestigt werden. Zur Sicherung eines genauen Sitzes und zur Erleichterung des Zusammenbaus, der Remontage, sind Stellstifte (im Maschinenbau „Präzisionsstifte" genannt) eingesetzt. Zum Abheben ist unten am Brückenfuß eine Ausfräsung angebracht. s. Brücken.

Knickfestigkeit: eine Beanspruchung des Materials in seiner Längsrichtung, wobei eine Knickung dann eintritt, wenn der Querschnitt im Verhältnis zur Länge zu gering ist. s. Festigkeit.

Knickpunkt: Biegepunkt der s. Pendelfeder, erfolgt im oberen Drittel.

Knochen- od. Klauen-Öl: durch Auskochen frischer Rinderknochen als Rohöl gewonnen, auf Säuregehalt geprüft, sorgfältig ausgewählt, in unterirdischen Räumen gefiltert, entsäuert, gebleicht u. einer Kältebehandlung bis zu —24° unterworfen. Aus der erstarrten Masse werden die noch flüssig gebliebenen Öltröpfchen ausgepreßt u. weiter zu feinem Uhrenöl verarbeitet. Klauenöl ist fett, schlüpfrig, haftfähig, jedoch wird es durch Sauerstoff, Feuchtigkeit u. chem. Beimengungen der Luft zersetzt. Auch Messing u. Automatenstahl können durch geringe Beimengungen von Schwefel u. Phosphor das Öl zersetzen u. dick werden lassen, wodurch die Zapfen kleben, statt leicht zu gleiten. Durch Beimischung von Mineralöl wird die Schmierfähigkeit etwas verringert, jedoch auch die Gefahr des Zersetzens. Reines Klauenöl wird heute nur noch zur Schmierung von Ankerpaletten in Taschen- u. Armbanduhren verwendet. s. Schmiermittel.

Kobalt: Kurzzeichen Co, Wichte 8,8, Schmelzpunkt 1490°, ein dem Nickel ähnlicher Grundstoff, ein graues glänzendes Metall, früher als unbrauchbar angesehen, weshalb es die Bergleute als „Kobold" bezeichneten, der den Menschen einen Streich spielen will. Es ist härter als Eisen, schmiedbar, magnetisch und wird als Zusatz zu den sehr harten Schneidmetallen verwendet. s. seltene Metalle, Hartmetalle, Nichteisenmetalle.

Kochsalz: allgemein „Das Salz" gen. obwohl es eine Vielzahl s. Salze gibt, zunächst unentbehrlich als Nahrungs- u. Konservierungsmittel. Es ist Natrium-Chlorid, chem. Formel $NaCl$, also ein Salz aus der Salzsäure (HCl). Vorkommen in der Natur als Steinsalz im Erdinnern, Solesalz aus Salzquellen und als Seesalz aus dem Meer. Verwendet in der Technik zur Herstellung von Natrium, Chlor, Salzsäure, Glaubersalz, bei Glaswaren, zur Seifenbereitung, für Kältemischungen. Auf Metallteilen erzeugt es schlimme Zerstörungen. Auch s. Handschweiß enthält **etwas** Kochsalz.

Königswasser: eine Mischung von 1 Teil konzentrierter Salpetersäure u. 3 Teilen konzentrierter Salzsäure, löst infolge seines Gehalts an freiem Chlor und Nitrosylchlorid ($NOCl$) auch den durch einfache Säuren nicht lösbaren „König" der Metalle auf, das Gold u. auch Platin.

Körner-Spitzen: Als Lagerung der Unruh bei Weckern u. einfachen Taschenuhren, erhalten einen Winkel von höchstens 60°, meist weniger, mit Karborundum-Stein u. Missisippi-Ölstein angeschliffen, zum Schluß die scharfe Spitze mit der Polierfeile leicht abgerundet. s. Zapfen.

Körner zum Anreißen: Ähnlich der Reißnadel, jedoch wesentlich kürzer u. kräftiger, zum Einschlagen der Ankörnpunkte.

Körperberechnung: Volumen oder Rauminhalt. 1. Prismatische Körper, Prisma, Säule, Zylinder: $V = \text{Grundfläche} \times \text{Höhe}$, $V = G \times h$; 2. Spitze Körper, Pyramide Kegel, $V = \frac{G \cdot h}{3}$; 3. Stumpfe Körper, Pyramiden u. Kegelstumpf $V = \text{mittlere Grundfläche} \times h$, $V = M \times h$; 4. Kugel: $V = \frac{4 \cdot r^3 \cdot \pi}{3}$ oder $\frac{d^3 \cdot \pi}{6}$. s. Fachrechnen.

Körperhaltung beim Drehen: dann richtig, wenn sich das Arbeitsstück unter Kinnhöhe befindet, so daß es nicht nötig wird, längere Zeit gekrümmt zu sitzen. s. Lebensweise des Uhrmachers.

Körperliche Voraussetzungen: für den Uhrmacherberuf, nicht nötig besondere körperliche Kräfte, jedoch Gesundheit der inneren Organe, vor allem der Lungen, weiterhin gute Augen, feines Gehör, kräftige Hände mit Fingerspitzengefühl. Für die größtenteils sitzende Tätigkeit sind körperl. Mängel, etwa Beinschäden, nicht bedenklich, sie schließen nicht aus, bedeuten aber nicht ohne weiteres eine Eignung für den Uhrmacherberuf. Schweißhände sind nicht zu verantworten. s. Beruf des Uhrmachers.

Körpermaße: auch Raummaße, ausgehend vom Würfel, dem Kubus, mit drei Ausdehnungen: Länge, Breite und Höhe, daher die Bezeichnung „Kubik", 1 Kubikmeter = 1 cbm oder 1 m^3, je 1 m lang, hoch u. breit, voll Wasser 1 t Gewicht. 1 Kubikdezimeter = 1 cdm oder 1 dm^3 = 0,001 m^3 = 1 Liter Wasser 1 kg Gewicht. 1 Kubikzentimeter = 1 ccm oder 1 cm^3 = 0,001 dm^3 (Wasser 1 gr) 1 Kubikmillimeter = 1 cmm od. 1 mm^3 = 0,001 cm^3 (Wasser 1mg). 100 l = 1 Hektoliter = 0,1 t, 1 Deziliter = 1 dl = 0,1 l, 1 cl = 0,01 l, 1 ml = 0,001 l. s. Maße.

Kohäsion: nennt man die Kraft, mit der die Teilchen ein und desselben Körpers zusammenhalten. Die Kohäsion ist bei festen Körpern sehr groß, bei flüssigen sehr klein. Die Gase zeigen anstelle der K. starke Expansion.

„Kohinor": ein Diamant von 106 Karat, einst im Besitz des Rajah von Lahore, jetzt in England.

Kohlenstoff: ein Grundstoff, Kurzzeichen C, entstanden durch Zersetzung organischer Stoffe, durch langsame Oxydation, durch Vermoderung oder Erhitzung unter Luftabschluß. Die als Brennstoff bekannte Kohle besteht zum großen Teil aus K., Holzkohle im Durchschnitt aus 70 %, Braunkohle aus etwa 75 %, Steinkohle bis 98 %. Beigemengt sind weitere Elemente wie Wasserstoff, Sauerstoff, Stickstoff u. Schwefel. Der reinste beim Glühen, Hartlöten usw. verwendete Kohlenstoff ist die Holzkohle. Diamant ist reiner kristallisierter K., auch Graphit ist reiner K., jedoch mit einem anderen Atomgitterbau. Pflanzliche u. tierische Stoffe ergeben beim Erhitzen unter Luftabschluß nicht kristallisierten K. wie Holz-, Leder- u. Knochenkohle. K. findet sich in sehr vielen chem. Verbindungen. In d. Stahlgewinnung ist der jeweilige Gehalt an K. entscheidend für seine Verwendbarkeit, insbesondere für die Härtefähigkeit. Durch Überhitzen des Stahls bis zur Weißglut oder bei zu langem Glühen verbrennt die enthaltene Kohle, der Stahl wird unbrauchbar. Besonders wertvoll ist die Holzkohle als reiner K. beim Glühen, Härten, Hartlöten oder als Pulver zum Einpacken von Stahlteilen beim Glühen. Die aus dem Erdöl gewonnenen Mineralöle wie Benzin sind Kohlenwasserstoff-Verbindungen, u. auch bei der Herstellung künstlicher Austausch-Stoffe wie Kunstharze, Terpentinöl, Benzol, synthetisches Öl bildet der Kohlenstoff einen Hauptbestandteil. s. feste Brennstoffe.

Kohlenstoffstahl: ist s. unlegierter Stahl.

Koinzidenzverfahren: aus lat. coincidere = zusammentreffen. Verfahren, das man auch benutzt zum raschen Feststellen von Gangabweichungen. Vergleicht man die Schwingungen zweier Kleinuhren miteinander, wobei die Uhr I die Normaluhr ist und Uhr II die zu prüfende Uhr, so kann man nach einiger Zeit feststellen, daß die Schläge der einen Uhr sich langsam von denen der anderen Uhr entfernen u. sich anschließend wieder nähern, bis sie wieder für eine bestimmte Zeit scheinbar zusammenschwingen. Die Uhren unterscheiden sich umso mehr im Gang, je öfter die Schläge in einer gewissen Zeit von einander abweichen. Würden beide Uhren gleich gehen, müßten während 24 Stunden sämtliche Schläge zusammenfallen. Weicht die Uhr II um eine fünftel Sekunde von der Uhr I ab, so würde nur einmal innerhalb 24 Stunden Gleichklang erfolgen. Beträgt der Gangunterschied 10 Sek. (50 Schläge), so tritt die Koinzidenz 50mal auf und die Zeit von einer Koinzidenz zur anderen beträgt: $\frac{60 \cdot 60 \cdot 24 \cdot 5}{50} = 8640$ Halbschwingungen (28 min. 48 sec). Bei Geräten, die nach diesem Verfahren arbeiten, wird die Normaluhr auf zehn Minuten vorgehend feingestellt. Hierdurch erreicht man, daß bei kleinen Gangabweichungen der zu prüfenden Uhr die Koinzidenz früher eintritt und so die Beobachtungszeit abgekürzt wird. Die Koinzidenzzeiten errechnen sich dann nach folgender Formel:

$Z = \frac{86\,400}{F\,(B-A)}$, wobei Z = Koinzidenzzeit,

F = Anzahl der Schläge der Uhr pro Sekunde,

B = tägliche Abweichung der Normaluhr in Sekunden,

A = tägliche Abweichung der Prüfuhr in Sekunden.

Für eine zehn Minuten vor einregulierte Uhr ergibt sich nach dieser Formel eine Koinzidenzzeit von

$$Z = \frac{86400}{5 \cdot (600-0)} = \frac{86\,400}{3000} = 28{,}8 \text{ Sek.}$$

Mit Hilfe einer entsprechend einregulierten Eichuhr, die der Uhrmacher ans Ohr hält, u. einer Stoppuhr lassen sich nach dieser Methode sehr einfach Gangabweichungen innerhalb kurzer Zeit sehr genau und einfach ermitteln. Nach diesem Verfahren arbeiten eine Reihe von Geräten, wobei dann das Geräusch der Prüfuhr durch ein Mikrofon aufgenommen wird und die Normaluhr einen am Anker angebrachten Kontakt besitzt, welcher seine Stromstöße dem Gerät übermittelt. Bei einfachen Geräten wird die Koinzidenz durch einen Pfeifton angezeigt und mittels einer Spezialstoppuhr die Zeit zwischen zwei Koinzidenzen gestoppt. Das Zifferblatt der Stoppuhr ist dabei so ausgeführt, daß man sofort die Gangabweichung ablesen kann. s. Swissaphon.

Kokillen: starkwandige, eiserne Gefäße von der Form eines Pyramidenstumpfes ohne Boden, in welche der flüssige Stahl gegossen wird, von wo er dann nach Abheben der K.-Form in glühendem Zustand zum Walzwerk zwecks weiterer Bearbeitung kommt. s. Walzwerk.

Koks: gewonnen durch Verkokung der Steinkohle, d. i. durch Glühen unter Luftabschluß. Dabei entsteht 1. Der s. Hüttenkoks, der für Eisenhütten nötige reine Brennstoff; 2. der Gaskoks, der nur ein Nebenerzeugnis darstellt bei der Leuchtgas-Gewinnung. Bei der Verkokung wird unt. and. der schädliche Schwefelgehalt der Rohkohle verringert. Die in den Kokereien anfallenden Nebenprodukte, Teer, Ammoniak, Benzol u. ebenso die entstehenden Kohlenwasserstoffgase werden zu einer Reihe von technisch wertvollen Stoffen verwendet. s. feste Brennstoffe.

Koksofengas: ein Nebenerzeugnis bei der Herstellung von Hüttenkoks, durch Entgasung der Steinkohle bei der trockenen Destillation, grundsätzlich ein ähnlicher Vorgang wie Leuchtgasbereitung, liefert ein Heizgas von einer gleichguten Verwendbarkeit, wie es das Leuchtgas ist. s. gasförmige Brennstoffe.

Kolbenzahn-Ankerhemmung: s. freie Ankerhemmung mit Kolbenzahn.

Kolben-Zahnrad: anstelle der empfindlichen spitzen Zähne etwas verbreiterte Zahnspitzen von kolbenähnlicher

Form, wodurch eine kleine Hebungsfläche von etwa $3^1/_2{}^0$ Breite entsteht.

Kolophonium: (griech.) Geigenharz, ein beim Destillieren des Terpentins zurückbleibendes, umgeschmolzenes Harz, löslich in Alkohol, Azeton, Chloroform, Schwefelkohlenstoff, Benzol u. Äther, als Flußmittel bei feinen Lötungen verwendet.

Kombinationswiderstand: auch Ersatzwiderstand, ist der Widerstand, durch den wir nebeneinandergeschaltete Widerstände ersetzen können, so daß die Strommenge gleich bleibt.

Kommanditgesellschaft: Handelsgesellschaft mit mindestens einem Komplementär (Vollhafter) und einem Kommanditisten (Teilhafter).

Kompaßzifferblatt: befindet sich auf Stoppuhren für nautische Zwecke, dient zur Orientierung für Schiffe, die sich nicht weiter wie 500 km von einem Drehfunkfeuer entfernt aufhalten.

Kompensation, allgemein: Ausgleich, der durch Temperaturänderungen hervorgerufenen Störungen in den Schwingungen der Gangregler, erfolgt durch Verwendung von Metall-Legierungen mit geringem s. Ausdehnungskoeffizienten. Durch Einbau von mehreren, verschiedenartigen Metallen, s. Bimetallen, durch Ausnutzung der starken Ausdehnung des Quecksilbers beim Pendel, wodurch der gesunkene Schwingungsmittelpunkt selbsttätig wieder nach oben verschoben wird, u. durch besondere Anordnung der Gangreglerteile, mit dem Zweck, die durch Wärmeeinwirkung veränderte Form der Gangregler wieder herzustellen. s. Kompensation des Pendels u. s. Kompensationsunruh.

Kompensation des Pendels: Temperaturausgleich des Pendels. Diese kann erfolgen: 1. an der s. Pendelaufhängung; 2. an der s. Pendellinse; 3. an der s. Pendelstange.

Kompensation des Pendels an der Aufhängung: durch einen zweimetallischen (bimetallischen) Streifen, der die Pendelfeder bei Erwärmung hebt und dadurch die Länge verkürzt, oder bei Abkühlung senkt, wobei die Länge vergrößert wird. s. Kompensation des Pendels.

Kompensation des Pendels an der Linse: a) Ellicot verwendete zwei Pendelstangen, je eine aus Messing und Stahl, wobei das stärker durch die Wärme beeinflußte Messing mittels zweier Nasen die im Innern ausgebohrte Linse etwas heben, bzw. senken konnten. b) Grahams s. Quecksilber-Kompensationspendel. c) Rieflers s. Kompensationspendel mit Ausgleichstück. s. Kompensation des Pendels.

Kompensation des Pendels a. d. Pendelstange: a) s. Rostpendel; b) s. Nikkelstahlpendel; c) s. Quarzpendel; d) s. Quecksilberpendel von Riefler; e) s. Holzpendelstangen. s. Kompensation des Pendels.

Kompensationsunruh: Ausgleichs-Unruh, konstruiert 1782 durch John Arnold, mit einem zweimetallischen (s. bimetallischen) Reifen aus Metallen mit verschiedenen s. Ausdehnungs-Koeffizienten, wobei sich das Metall mit größerer Ausdehnung außen befindet. Nahe den Schenkeln ist der Reif aufgeschnitten. Die Wirkung der Ausgleichs-Unruh erfolgt in der Weise, daß sich bei Erwärmung die ganze Unruh ausdehnt, das außen befindliche Messing jedoch mehr, wodurch sich die freien Enden einkrümmen, so daß die erfolgte Gesamtvergrößerung der Unruh wieder ausgeglichen wird u. die Unruh gleichmäßig weiterschwingt.

Kompensations-Unruhen: für astronomische Zwecke haben 18 Schrauben im Unruhreifen. 12 davon erfüllen ihren gewöhnlichen Zweck, 4 dienen zum Verlegen des Schwerpunktes bei Reglage und 2 sind für astronomische Zwecke. Mit letzteren geht die Uhr genau nach der Normalzeit, nach der Entfernung ebenso genau nach der Sternzeit.

Kompositionsmetall: eine Legierung aus acht Teilen Kupfer, zwei Teilen Zinn, 1 Teil Blei u. 1 Teil Zink, auf dem Schleifstein für Kompositionsfeilen zugerichtet. Wegen ihrer geringen Empfindlichkeit auch für s. Spiralfedern verwendet.

Kondensator: besteht aus zwei Metallplatten, welche durch ein s. Dielektrikum gegeneinander isoliert sind. Der Kondensator ist ein Stromspeicher. Dabei hängt seine Aufnahmefähigkeit, s. Kapazität, von der Größe der Oberfläche seiner Platten, der Entfernung der Platten zueinander (bei kleinerem Abstand größere Kapazität) und von der s. Dielektrizitätskonstante des Dielektrikums ab. Ein K. läßt keinen Gleichstrom hindurch, während dies bei Wechselstrom scheinbar nicht so ist. Legt man nämlich an die Zuleitungen eines K. eine Wechselspannung, zeigt ein mithinzugeschaltetes Meßinstrument das Fließen eines Stroms an. Der scheinbare Stromfluß ist darauf zurückzuführen: In dem Augenblick, in dem eine Platte durch eine positive Halbwelle eines Wechselstroms positiv aufgeladen wird, wird die andere Platte negativ aufgeladen. Kurz darauf kehren sich die Verhältnisse um. Dieser ständige Wechsel in der Ladungseigenschaft der Platten läßt zwar in der Leitung einen Strom und zwar einen Wechselstrom fließen, aber keineswegs ist es so, daß der Wechselstrom durch die Platten hindurchfließt.

Konisch: kegelig, verjüngt, s. Kegel.

Konkav: nach innen gewölbt, hohl, im Gegensatz zu konvex, nach außen gerundet.

Konstant: gleichbleibend, z. B. bei Hemmungen mit k. Kraft, nicht abhängig von den veränderlichen Einflüssen der Antriebskraft.

Konstantan: eine s. Kupfer-Nickel-Legierung mit 54 % Kupfer, 45 % Nikkel und 1 % Mangan, verwendet als Widerstandsmetall bei hohen Temperaturen. s. Nickelin.

Konstruieren: aufbauen. Ergebnis die Konstruktion, der Aufbau. s. aufbauendes Zeichnen.

Kontakt: dient zum Öffnen u. Schließen el. Stromkreise. Arten: Berührungskontakt (a), Schleifk. (b)- Quecksilberk. s. Quecksilberschaltröhre. Speziell in Stromkreisen mit selbstinduktiven Verbrauchern werden die K. durch den s. Öffnungsfunken sehr stark beansprucht. Der Lichtbogen überzieht die K.-Oberfläche mit einer nichtleitenden Oxydschicht, so daß der Stromfluß unterbunden wird. Bei Schwachstrom kann schon die Oxydation, wie sie durch die zersetzenden Einflüsse der Luft entsteht, den Stromfluß unterbinden.

Kontaktgleichrichter: s. Gleichrichter.

Kontaktmetalle: Gold, Platin, Silber, Platin-Iridium. Nichtedelmetalle wie Kupfer u. Eisen sind weniger geeignet. Silber wird gern verwendet, da dessen Oxyd ein Halbleiter ist. Um die schädigende Wirkung des Öffnungsfunkens zu verringern, sollen die Kontaktteile möglichst plötzlich geöffnet werden.

Kontaktstoffe: s. Katalysatoren.

Kontroll-Meter: eine Nachbildung des s. Ur-Meters, die an alle Teilnehmerländer der „Internationalen Meter-Konvention" übergeben wurde.

Kontroll - Uhren: Wächter-Kontroll-Uhren, tragbare, in eine Dose eingeschlossene Uhrwerke, welche mittels der am Bewachungsort befestigten Steckschlüssel auf einem auswechselbaren Stundenblatt die Zeit der Anwesenheit an dem betreffenden Ort vermerkten. K. an Kraftfahrzeugen. „W. W. W.", d. h. was war wann?, wodurch eine Nachprüfung der Fahr- u. Ruhezeiten möglich ist. K. in Fabriken, welche durch Einwerfen einer Blechmarke eine Kontrolle für die Anwesenheit eines Arbeiters gestatten oder auf eingelegten Karten auch die Zeit der Ankunft aufstempeln. s. Uhr-Arten.

Konus: ein schwach kegelig geschliffener Stift.

Konvex: nach außen gewölbt, erhaben, im Gegensatz zu konkav, mit einer nach innen verlaufenden Rundung.

Konzentrieren: auf einen Mittelpunkt zusammenziehen. Beim Metallschmelzen bedeutet es eine Steigerung des reinen Metallgehalts aus dem Erz, bei Säuren: Nicht verdünnt mit Wasser.

Konzentrische Kreise: parallel verlaufende Kreise mit einem gemeinsamen Mittelpunkt, z. B. die gekrümmten Paletten bei der s. Graham-Hemmung. s. exzentrisch

Koordinaten-System: in der Mathematik die Festlegung einer bekannten Größe, einer Strecke, eines Winkels, durch die Lage eines Punkts, einer Geraden oder sonst eines geometrischen Gebildes. Bei Parallel-Koordinaten werden die rechtwinklig oder schiefwinklig gemessenen Abstände eines Punktes von zwei Achsen aus bestimmt, einem Achsenkreuz, dessen waagrechte als „x-Achse" oder Abzissenachse und dessen senkrechte als „y-Achse" oder Ordinatenachse bezeichnet wird. Der Schnittpunkt der beiden Achsen ist der Nullpunkt.

Kopernikanisches Weltsystem: betrachtet die Sonne als Fixstern, der in dem gemeinsamen Zentrum der vielen kreisförmigen Bahnen der Hauptplaneten ruht, Merkur, Venus, Erde, Mars, Jupiter u. Saturn. Seit 1781 ist in weit größerer Entfernung der Uranus nachgewiesen, seit 1801 bzw. 1807 Ceres, Pallas, Vesta u. Juno. Außer dem Nebenplaneten der Erde, dem Mond, sind noch 17 Nebenplaneten oder Monde bekannt, 4 beim Jupiter, 7 beim Saturn u. 6 beim Uranus. Sämtliche Nebenplaneten bewegen sich um ihre Hauptplaneten von Westen nach Osten.

Kopernikus, Nikolaus: richtig Coppernik, 1473 in Thorn geb., 1543 als Domherr in Frauenburg gest. Begründer der mod. Himmelskunde. Lehrt, daß die Sonne Mittelpunkt des Weltalls ist u. von den Planeten Erde, Merkur, Venus, Mars usw. umkreist wird. Stellte sich durch diese Wissenschaft in Gegensatz zur Lehre von Ptolomäus. Er bewies weiter, daß sich die Erde in doppelter Weise dreht: einmal um ihre eigene Achse, wodurch Tag und Nacht entsteht, u. zum zweiten um die Sonne, was die Jahreszeiten zur Folge hat. Diese aufgestellten und wissenschaftlich nachweisbaren Tatsachen erregten überall Aufsehen, in kirchlichen Kreisen sogar Ablehnung, aber da er selbst Domherr und sein Bruder hoher kirchlicher Würdenträger war, wurde er zwar schwer bekämpft, entging aber für seine „Irrlehre" der Inquisition.

Kopfkreis: auch Spitzen- oder Vollkreis, s. Rad- u. Triebgrößen.

Kopfrechnen: im Gegensatz zur schriftlichen Rechnung, sollte vielmehr angewendet werden, zum mindesten für das vorläufige, schätzungsweise Bestimmen eines Ergebnisses, unbeschadet einer nachfolgenden schriftlichen Berechnung, die dann gewissermaßen als Probe od. Bestätigung gelten könnte. s. Fachrechnen.

Korrigierte Zykloiden - Verzahnung: eine Abweichung von der üblichen

Zahnkopfhöhe von 1/2 t. unter Anpassung der Wälzungshöhe an die Zähnezahl des Eingriffs-Triebs. Zur Bestimmung dieser korrigierten Kopfhöhe benützt man die in Tabellen zusammengefaßten „f-Werte", mit denen der Modul m $(=\frac{d}{z})$ multipliziert wird. Es ergibt sich Kopfhöhe = Modul × f-Wert K = m × f. s. Zahnkopf.

Korrosion: (lat. corrosio = Ätzung), eine Zerstörungserscheinung, die an den Oberflächen von metallischen Werkstoffen auftritt u. sich als unregelmäßig verstreute Ausfressung zeigt, besonders an Konstruktionsteilen, die mit Wasser in Berührung kommen. Eine endgültige Erklärung für diese ziemlich verwickelten Vorgänge wurde bis jetzt nicht gefunden. In der Hauptsache scheint es sich um elektrochemische Vorgänge zu handeln, d. h. um die Bildung von kleinen el. Elementen an den betr. Stellen. Als Schutzmittel gegen K. wurden festgestellt: Das Anstreichen mit einer Schutzschicht aus Leinöl, Nitrozellulose-Lack. Metallische Überzüge wie verzinken, verbleien, vernickeln. Vorbehandlung der Metalle mit alkalischen Lösungen (Natrium u. Kadnium), d. h. durch Passivierung. Durch Legieren mit Zusätzen, die dem Werkstoff eine höhere chem. Beschaffenheit erteilen, wie Chrom, Nickel, Kobalt. Die K. erzeugt ähnliche Zerstörungen wie die Oxydation, jedoch sind diese auf andere Ursachen zurückzuführen.

Korund: Tonerde, Aluminium-Oxyd, chem. Formel $Al_2 O_3$, Härte 9 (Diamant 10), vielfach wasserhell u. weiß, rot als Rubin (Karfunkel), blau als Saphir, nach der Insel „Saphirine" im Arabischen Meer benannt. Abarten: Hellblau als Wasser-Saphir, grünlichblau als Aquamarin, grün als orientalischer Smaragd (Chrysolyth), gelb als Topas-Saphir. Feinkörnig, blaßgrau bis indigblau, bekannt als Schmirgel, der als Pulver od. auf Leinen, Papier u. Holz aufgeklebt, in verschiedenen Körnungen als Schleifmittel verwendet wird. s. Edelsteine, Schleif- und Poliermittel.

Kraftgas: ein dem Leuchtgas ähnlicher Brennstoff, der gewonnen wird, indem man Luft- u. Wasserdampf durch glühende Koks-Schichten führt. s. gasförmige Brennstoffe.

Kraftmoment einer Zugfeder: errechnet sich nach der Formel von J. Großmann:

$$M = \frac{E \cdot S^2 \cdot b \cdot 2\pi \cdot n_{eff}}{12}$$

Dabei bedeuten: E = Elastizitätsmodul für Federstahl = 26 000 000 g, S = Klingenstärke in mm, π = 3,14, b = Breite der Aufzugfeder in mm, n_{eff} = effekive (tatsächliche) Windungszahl.

Kraftschlüssige Sekunde: s. zentrale Sekunde.

Kreisfläche: errechnet sich mit dem Halbmesser-Quadrat, vermehrt mit π, also $F = r^2 \cdot \pi$ oder, was das gleiche ergibt: mit dem Durchmesser-Quadrat, geteilt durch 4, vermehrt mit π, also $F = d^2 \cdot \pi : 4$, welche Formel vorzuziehen ist, da regelmäßig die Durchmesser angegeben sind. s. Fachrechnen.

Kreisringfläche: rechnet sich gemäß der Überlegung, daß hierbei von einem größeren Kreis ein kleinerer weggenommen wird. Somit ist die Ringfläche

$$F = R^2 \cdot \pi - r^2 . \pi \text{ oder}$$

$$F = \frac{D^2 \cdot \pi}{4} - \frac{d^2 \cdot \pi}{4}$$

eine Vereinfachung, wenn das gemeinsame $\frac{\pi}{4}$ herausgesetzt und der Rest in Klammern zusammengefaßt wird: $F = \frac{\pi}{4} \cdot (D^2 - d^2)$. s. Fachrechnen.

Kreissektor: ein Kreisausschnitt, so viel 360stel der Kreisfläche, als der s.

Zentri-Winkel α angibt:

$$\text{Fläche} = \frac{\alpha^0}{360^0} \cdot \frac{d^2 \pi}{4}$$

s. Fachrechnen.

Kreisumfang: nur eine Länge, eine Ausdehnung, nicht zu verwechseln mit der Kreisfläche, besteht aus 3,14 mal den Durchmesser. $U = d \cdot \pi$, s. Fachrechnen.

Kreis- und Winkelteilungen: gehen von der Voraussetzung aus, daß der Umfang eines Kreises 360 Winkelgrade umfaßt. Konstruiert man in diesen ein 6-, 3-, 12-Eck, so ergeb. sich die s. Zentriwinkel von $360^0/6$, $360^0/3$, $360^0/12$ = 60^0, 120^0, 30^0. Konstruiert man ein 4- oder 8-Eck, so ergeben sich $360^0/4$ und $360^0/8$ = 90^0 u. 45^0, bei einem 5- oder 10-Eck endlich $360^0/5$ oder $360^0/10$ = 72^0 oder 36^0 Zentriwinkel. Durch diese Teilungen kann man also geometrisch einwandfrei 30, 36, 45, 60, 72 90 und 120^0 bestimmen, von denen aus man mittels der Winkelkonstruktionen unter Zuhilfenahme der Halbmesser 57,3 od. 114,6 mm ohne allzu großen s. Sehnenfehler beliebige Winkel konstruieren kann, wie man sie bei Hemmungszeichnungen benötigt. s. grundlegende Konstruktionen.

Kristalle: Durch ebene Flächen begrenzte Körper, deren Form in erster Linie von der chem. Zusammensetzung des Stoffes abhängt. Sie besitzen für ein u. denselben Körper stets eine vollkommen gleiche, regelmäßige Form.

Krone: s. Aufzug-Krone.

Kronen-Aufzug: auch Bügel-Aufzug oder Remontoir, für Taschen- u. Armbanduhren, gekuppelt mit der Zeigerstellung, gestattet bei geschlossenem Gehäuse das Aufziehen der Uhr, eine Umschaltung auf Zeigerstellung durch Herausziehen der Krone u. ein Zurückschalten des Aufzugs auf Ruhestellung. s. Aufzüge.

Kronen-Doppelstopper: auch Schleppzeiger-Stoppuhr, in der Einrichtung ähnlich dem einfachen Kronen-Stopper, jedoch mit der Möglichkeit, den Doppelzeiger durch einen seitlichen Knopf anzuhalten u. nachspringen zu lassen. s. Stoppuhren.

Kronen-Stopper: für Kurzzeit-Messungen, bei denen für jeden Meßvorgang eine einzige Zeitaufnahme genügt, wie bei einfachen sportlichen Vorgängen: laufen, rudern, schwimmen usw. Das Zifferblatt kann zwei oder mehr Skalen nebeneinander tragen bis zu $^1/_5$ sec., $^1/_{10}$ sec., $^1/_{30}$ sec., $^1/_{50}$ sec., $^1/_{100}$ sec., ferner auch eine Einteilung für $^1/_{100}$ min. (Telemeter- oder Tachometer-Skala). s. Stoppuhren.

Kronrad-Getriebe: eine Abart des Zahnstangen-Getriebes, s. Radlinie, mit der Besonderheit , daß die eingreifenden Zähne nicht auf einer Geraden, sondern auf einem Kreis angebracht sind. Die Achsen von Rad und Trieb stehen senkrecht zu einander u. schneiden sich, z. B. Kupplungsrad beim Kronen-Aufzug. s. Getriebe-Arten.

Kruzifix-Uhren: gehören zu Automatenuhren. Oben am Kreuz dreht sich eine Zeitkugel. Über der Madonna dreht sich eine Krone, auf der die 12 Stunden eingraviert sind. Viele Nachahmungen vorhanden.

Kryolith: Salz, das fast nur in Grönland gewonnen wird und in welchem die Tonerde zwecks elektrolytischer Aluminiumgewinnung gelöst wird.

Krypton: Chem. Grundstoff, Element, Atomgewicht 83,7, Ordnungszahl 36.

Kubik-Zahl: ergibt sich durch dreimaliges Vervielfachen einer Grundzahl mit sich selbst, entsprechend der Berechnung eines Würfel-Inhalts mit der Seitenlänge $l = 7$ cm. $l^3 = l \cdot l \cdot l$ oder $l^3 = 7 \cdot 7 \cdot 7$ (7 hoch drei oder 7 im Kubus), oder 3. Potenz von 7. l^3 = 343, Kubikzahl von 7. s. Potenzen.

Kuckucksuhren: werden 1770 von Anton Ketterer im Schwarzwald hergestellt.

Kühlmittel beim Bohren: bezwecken eine Verminderung od. Beseitigung der durch die großen Umdrehungszahlen des Bohrers entstehenden Erwärmung von Werkzeug u. Werkstück. Häufig verwendet man dazu Öl, besser jedoch Bohr-Emulsion, ein Gemisch von flüssiger Seife, Mineralöl u. Wasser. s. Bohren.

Künstliche Schleif- und Poliermittel: s. Schleif- und Poliermittel.

Kürzen von gemeinen Brüchen: zur Vereinfachung der Rechnung durch Schaffung kürzerer Ziffern, indem man Zähler und Nenner mit der gleichen Zahl teilt, ohne daß der Wert des Bruchs sich ändert, z. B. $^{105}/_{120}$ gekürzt mit $^{15}/_{15}$ = $^{7}/_{8}$. Probe: 7 : 8 = 0,875 105 : 120 = 0,875. s. Bruchrechnen.

Kugel-Inhalt: Volumen $V = 4 \cdot r^3 \cdot \pi : 3$ oder mit dem Durchmesser d ausgedrückt $V = d^3 \cdot \pi : 6$. s. Fachrechnen.

Kugellager: Es gibt zwei Arten von Reibung, die gleitende u. die rollende. Die rollende Reibung benötigt zu ihrer Überwindung ein sehr geringes Maß an Arbeit. Das macht man sich beim K. zu nutze. Zwischen dem Außen- und dem Innenring sind mittels eines Käfigs getrennte Kugeln angeordnet. Diese Kugeln besitzen in Richtung ihrer Hauptbelastung auf dem Außen- u. Innenring nur rollende Reibung. Lediglich an den Berührungsstellen mit dem Käfig entsteht eine gleitende Reibung. Hieraus gründet sich der sehr leichte Lauf dieser Lager. Schon seit langem sind Versuche im Gange, diese Lager auch in der Kleinuhr zu verwenden. Nicht nur wegen des leichten Laufs, sondern auch wegen der geringen Anforderung, welche Kugellager an die Schmierung stellen. Die erste serienmäßige Verwendung von K. in Armbanduhren ist die Lagerung des Rotors der Eterna-Matic-Selbstaufzuguhr, bei welcher der Rotor in fünf Kugeln von 0,65 mm Durchmesser lagert.

Kuhschwanzpendel: nannten die Bauern nach Wegfall der Waag das Pendel, weil es vor dem Zifferblatt schwang u. erst später zwischen Werk und Rückwand untergebracht wurde.

Kulmination: Der Durchgang eines Gestirns durch den Meridian, wobei dieser seinen höchsten Stand über dem Gesichtskreis erreicht, den oberen K.-punkt. Für die Sonne ist dies 12 Uhr wahrer Sonnenzeit. Ihre untere K. erfolgt um Mitternacht.

Kulturperle: ist eine Zuchtperle (franz. = perle de culture). s. Zuchtperle.

Kunstgehäuse: erhielten Taschenuhren 1542 nach Henleins Tod. Herrliche Ziselierungen an Augsburger Dosen und Nürnberger Eiern. Wunderbare Kreuz- und Formgehäuse haben als Schmuck gegolten. Die schönsten Goldemailleuhren sind ab 1630 in der Sammlung Marfels zu sehen.

Kunstharze und Preßstoffe: härtbar, Wichte 1,4 bis 1,8, Farbe verschieden, DIN 7701 u. VDE 0 320, verwendet bei Gehäusen, Fassungen für Sportuhren, bei Hebeln, Isolierteilen, auch Zahnrädern, kein wertloser Ersatz, sondern ein den Metallen gleichwertiger neuer Stoff. Kunstharze werden in künstlichem Aufbau (synthetisch) hergestellt. Sie sind sowohl undurchsichtig, als auch durchscheinend oder glasklar, fest oder biegsam. Grundstoffe sind Phenol und Formaldehyd (Karbolsäure). Phenol wird bei der Gasgewinnung als Nebenerzeugnis oder in chem. Fabriken gewonnen. s. Formaldehyd entsteht durch eine unvollständige Verbrennung von Holzgeist. Durch Zerspaltung d. Grundstoffe entsteht eine harzähnliche Masse. Beim Härten wirkt außer der Temperatur ein starker Druck auf die Preßmasse. Wegen der geringen Lichtbeständigkeit für zarte Farben u. weiß wird neuerdings anstelle von Phenol das Karbomid (Harnstoff) verwendet. Die bekanntesten Kunstharz-Erzeugnisse sind s. Bakelit und s. Kunstharz-Schichtstoffe. s. nichtmetallische Austauschstoffe.

Kunstharz - Schichtstoffe: entstehen durch Tränken von Papier und Gewebe mit aufgelöstem s. Kunstharz durch Pressen unter hohem Druck bei etwa 140°. Sie besitzen ein gefälliges Aussehen, glatte Flächen, scharfe Kanten, können in beliebiger Farbe hergestellt werden, sind unempfindlich gegen Wasser, Öl und Hitze, gering brennbar, polierfähig, verwendbar auch als elektr. Isolierpreßstoffe.

Kunststoffe aus Kohlenwasserstoffen: nicht härtbar, entstanden auf der Grundlage des Kohlenstoffs durch chem. Vielfach-Verbindungen. Ausgangsmaterial ist das aus Karbid und Wasser gewonnene Azetylen. Durch seine Verbindung mit Azeton u. Blausäure entsteht s. Plexiglas, in ähnlicher Weise verschiedene auch als Uhrgläser geeignete Stoffe, wie „Ultra"-Uhrglas, „Elbe"-Dauerglas und s. „Astralon". s. nichtmetallische Austauschstoffe.

Kunststoffe aus Zellulose: nicht härtbar, als Grundstoffe dienen Baumwollzellulose u. Holz-Zellulose, die Stoffe der pflanzlichen Zellenwände. Die bekanntesten Erzeugnisse dieser Art sind Zelluloid, Zellon und s. Vulkanfiber. s. nichtmetallische Austauschstoffe.

Kunstuhren: Zeitmesser, die außer der Uhrzeit auch den Lauf der Gestirne, Jahre, Tag- und Nachtgleiche u. andere astronomische Ereignisse anzeigen. 1. Die bekannteste ist die Straßburger Münster-Uhr, deren erstes Werk in den Jahren 1352 bis 54 gebaut wurde, das zweite 1547 bis 1574 und das dritte Werk, die heutige Münster-Uhr in den Jahren 1838 bis 42 durch den bekannten Straßburger Uhrmacher Schwilgué konstruiert. Sie gibt den Lauf d. Sonne, des Mondes u. der Sterne an, die Schaltjahre, Feste, Tag- und Nachtgleiche usw. 2. Kunstuhr im Chor der Nicolai-Kirche in Stralsund mit einem Zifferblatt von $3^1/_2$ m Durchmesser. 3.) Turmuhr der Kathedrale von Besançon, mit 30 000 Rädern die räderreichste Uhr, aus dem Jahre 1857. s. Uhr-Arten.

Kunstuhr in Gaza: baute Procopius 300 v. Chr. Ein Kopf am oberen Ende rollt alle Stunden mit den Augen. 12 Türen waren für Tag und 12 für Nacht vorhanden. Der Sonnengott Helios ging an den Tagestüren vorüber. Bei Nacht erschien in den Nachttüren ein Licht je nach der Stunde. Bei Tag öffnet sich allstündlich eine Tür und zeigte eine Arbeit von Herkules, während Adler einen Kranz auf dessen Kopf legten. Eine Figur schlug mit einer Keule die Stunde an.

Kunstuhr in Prag: wurde 1419 von Anton Pohl gebaut. Die Sage erzählt, daß ihm nach Fertigstellung die Augen ausgestochen wurden, damit er keine zweite bauen könnte.

Kupfer, Cu: lat. cuprum, Wichte 8,85, Schmelzpunkt 1080°, DIN 1708, dessen hauptsächlichste Erze Rotk.-Erz, Schwefelkies, Kupferschiefer sich im Erzgebirge, im Harz, bei Mansfeld, in Thüringen, Hessen, im Sieger- u. Sudetenland finden, abgesehen von bedeutenden Lagern in fast allen Ländern. Gewonnen wird es durch Schmelzen in kleineren Hochöfen als Roh- oder Schwarzkupfer, aus dem es zu Reink. umgeschmolzen wird. Auf elektrolytischem Weg erzeugt man schließlich chem. reines s. Elektrolytk. K. zeichnet sich besonders aus durch seine schöne, rotbraune Farbe, seine Weichheit, Dehnbarkeit und seine Beständigkeit gegen Feuer u. Witterung. Unter der Einwirkung feuchter Luft u. Kohlensäure überzieht es sich mit einer hellgrünen Schicht von Edelrost, „Patina", wodurch das darunter liegende K. gegen weitere Zerstörung gesichert wird. Durch Verbindung mit Fett- und Fruchtsäuren bildet sich Grünspan, der ebenso wie alle K.-Verbindungen giftig ist. K. ist nach Silber der beste el. Leiter. In reinem Zustand läßt es sich schwer gießen, jedoch legiert es sich gut mit Zink zu s. Messing mit 58 % K. u. s. Tombak mit 80 bis 90 % K. und mit Zinn zu s. Bronze. s. Nichteisenmetalle.

Kupfer-Nickel-Legierungen: Neusilber, 60 % Cu + 25 % Zn + 15 % Ni., Packfong, Weißkupfer, Cu + Zn + Fe + Ni, Argentan, 70 % Cu + 23 % Ni + 7 % Al, Nickelin, 75 % Cu + 25 % Ni, s. Konstantan, 54 % Cu + 45 % Ni + 1 % Mu.

Kupferoxyd-Gleichrichter: s. Gleichrichter.

Kupfer-Zink-Legierungen: DIN 1709, ihre wichtigste das s. Messing, eine Legierung aus K. u. Zink, mit einem Kupfergehalt von 58 bis 85 % K. s. Legierungen.

Kupfer-Zinn-Legierungen: DIN 1705, 1.) Rotguß, Rg, 10, 2.) s. Gußbronze, G Bz 10.

Kupplungs-Aufzug: Der vollkommenere Kronen-Aufzug, bei dem die Umschaltung durch ein „Kupplungsgetriebe" erfolgt. s. Aufzüge.

Kurven für Zahn-Wälzungen: s. Roll-Linien u. aufbauendes Zeichnen.

Kurzschluß: Steigt die Stromstärke in einem Stromkreis über ein zulässiges Maß hinaus, so brennt die Sicherung durch. Die Sicherung muß daher so bemessen sein, daß ein Erhitzen der Leitung od. eine Beschädigung der Stromquelle vermieden wird. s. Sicherungen.

Kurzschlußmotor: ein Elektromotor ohne Kollektor und ohne Bürsten. Der Anker ist als Käfiganker ausgebildet, der aus zwei kupfernen Endscheiben besteht, welche durch kupferne Stäbe miteinander verbunden sind. Dieser Käfig läuft zwischen zwei geteilten Polschuhen einer vom Wechselstrom erregten Spule. Auf den beiden Polenden sitzen kupferne Kurzschlußringe, in welchen durch d. Wechselstrom starke dem Erregerstrom zeitlich nacheilende Wirbelströme erzeugt werden, die im Eisen des Ständers eine gegen die durch den Hauptstrom entstehende Magnetisierung nacheilendes Feld erregen. Es verlaufen somit im Ständer zwei selbständige, zeitlich zueinander versetzte magnetische Flüsse, die, weil sie zweiphasig sind, den Anker zum Anlauf bringen. Nach diesem Prinzip werden auch selbstanlaufende Synchronmotore gebaut.

Kurzzeichen für Fachrechnen: s. Bezeichnungen im Fachrechnen.

Kurzzeichen für Lagen: s. Lagen der Uhr.

Kurzzeitmesser: Stoppuhren wurden 1822 in England gebaut und auf den Markt gebracht.

Kurzzeitmessung: Bestimmung der Dauer eines Vorgangs ohne Berücksichtigung seiner Lage zur Zeitnormalen. Die kleinste Zeiteinheit, auf die man bei einem gegebenen Zeitmesser einen Vorgang bestimmen kann, ist die Schwingungszahl des Gangreglers. Kann man so mit einer Uhr, die fünf Schwingungen pro Sekunde macht, die Fünftelsekunde ablesen, so bedeutet ablesen hier noch lange nicht messen. Mit geringem Aufwand gelingt es, eine Stoppuhr mit „Zehntel"-Sekunde herzustellen und die Grenze für die Unruh-Spirale-Kombination liegt bei der Hundertstel-Sekunde. Kleinere Schwingungszeiten erhält man auf mechanischem Weg durch Verwendung einer Stimmgabel als Gangregler, wie sie das s. Hipp'sche Chronoskop verwendet. Auf diese Weise gelangt man zur tausendstel Sekunde. Solche Geräte werden nicht von Hand betätigt, denn hier würde die s. persönliche Gleichung den Wert solcher Geräte illusorisch machen. Einen breiten Raum in der technischen und sportlichen Kurzzeitmessung nehmen heute elektronische Geräte ein. Diese Geräte arbeiten mit Schwingungszahlen von Hunderttausenden von Schwingungen pro Sekunde und sind somit zur Kurzzeitmessung hervorragend geeignet. s. Elektronenstrahluhr Omega racent Timer.

Kurzzeitzeichen der deutschen Seewarte über Hamburg und Deutschlandsender gefunkt. 17 Zeichen in Morseschrift. Kam nur vor vollen Stunden bei den Sekunden 30, 40, 45, 55 und 60.

Kurz-Zeitzeichen Hamburg, Dauer 30 Sek., Sender Hamburg, 791 kHz, Welle 308,9, täglich 12 Uhr 59 Min. 30 Sek. bis 13 Uhr MEZ. s. Zeitsignale.

Kurz-Zeitzeichen München, Dauer 5 Sek., Sender München, 728 kHz, Welle 412,2, mehrmals täglich in der 60. Min., von 55 bis 60 Sek. MEZ. s. Zeitsignale.

kV, Kilovolt = 1000 Volt.

kWh, Kilowattstunde, Maßeinheit der el. Arbeit. 1 kWh = 3 600 000 Wattsekunden (s. unter Watt, s. Joulsches Gesetz), 1 kWh = 860 kcal.

L

Lackmus-Papier, blaues, wird durch Säuren rot gefärbt, wogegen Laugen oder Basen rotes Lackmuspapier blau färben. Diese Probe wird angewandt zum Nachweis von Säuren und Laugen.

Lackscheibe, zur Befestigung von kleinen Werkstücken, die sich nicht unmittelbar in die Planscheibe einspannen lassen. Das Auflacken erfolgt durch Schellack, der nur so viel erwärmt werden darf, daß er wie Honig fließt. Außerdem müssen die Lackscheibe und das Werkstück erwärmt werden, nicht aber der Schellack selbst. Nach Beendigung der Arbeit wird der anhaftende Schellack, der nur so viel erwärmt tus wieder entfernt.

Länge der Erde, s. Erdlänge.

Länge der Gabel, bei der freien Anker-Hemmung dadurch bestimmt, daß meist der Achsen-Abstand vom Anker-Drehpunkt zur Unruh-Mitte ebenso groß gewählt wird, wie der bei der Konstruktion sich ergebende Achsenabstand Rad-Anker. Längere Gabeln gestatten bei gleicher Übersetzung eine längere Führung mit der Hebelscheibe der Unruh, wodurch der Stoß geringer u. der Eingriff sanfter wird, was sich bei schweren Unruhen günstig auswirkt. Kürzere Gabeln lassen sich dagegen leichter machen, was von großem Vorteil ist, da der Stoß bei der Auslösung u. am Ende der Hebung geringer wird, was die Sicherheit der Auslösung erhöht u. geringere Störungen an der Unruh-Schwingung bringt.

Länge des Sekundenpendels, in unseren geographischen Breiten von etwa 50° nö. Br. 944 mm. s. auch Sekundenpendel, Erdbeschleunigung, Erdmaße.

Längen-Änderung am Pendel, Δ l = delta Länge oder Differenz der Länge, berechnet aus dem täglichen Zeitunterschied in Minuten (Δ t) u. der Beobachtungszeit t für eine berechnete Pendellänge l. Längen-Änderung:

$$\Delta\ l = \frac{2{,}25 \cdot \Delta\ t}{t} \cdot l$$

statt l eingesetzt:

$$\frac{994 \cdot 60 \cdot 60}{n^2} \text{ oder } \frac{3\,580\,000}{n^2}, \text{ ergibt } \Delta\ l$$

$$= \frac{2{,}25 \cdot \Delta\ t}{24 \cdot 60} \cdot \frac{3\,580\,000}{n^2} = \boxed{\frac{5593{,}75 \cdot \Delta t}{n^2}}$$

wobei wie oben angegeben Δt den täglichen Zeitunterschied in Minuten, n^2 das Quadrat der Pendelschläge pro Minute bedeutet.

Längen-Ausdehnung der Metalle, s. Ausdehnungs-Koeffizient.

Längenkreis, s. Meridian.

Längenmaße: Kilometer = km = 1000 m, Hektometer = hm = 100 m, Meter = m, die Maßeinheit, Dezimeter = dm (von lat. decem = 10) = 1/10 m, Zentimeter = cm (von lat. centum = 100) = 1/100 m, Millimeter = mm (von lat. mille = 1000) = 1/1000 m. Unterteilung des Millimeters: Mikron = μ = mü = 1/1000 mm, Milli-Mikron = mμ = milli mü = 1/1000 μ. s. Fachrechnen.

Längenrad, s. Meridian.

Längenuhr. Die engl. Regierung als seefahrende Nation setzte 1714 einen Preis von 20 000 Pfund Sterling aus für die Erfindung einer seetüchtigen Längenuhr (Chronometer). John Harrison, ein gelernter Zimmermann, später Uhrmacher, errang mit seiner 5. Seeuhr den Staatspreis. Diese Uhr differierte auf einer Seereise von 156 Tagen Dauer nur um 54 Sekunden. Am Äquator entspricht eine Sekunde Zeitdifferenz einer Längen-Abweichung von 54 m.

Lagen der Uhr: beim Abgleichen oder Feinstellen. 1.) Für bürgerlichen Gebrauch wird bei Taschenuhren in zwei Lagen abgeglichen, d. i. „Krone oben" (hängen), u. „Zifferblatt oben" (liegen), bei Armbanduhren „Krone unten" (hängen), die normale Lage der Uhr am Arm, u. „Zifferblatt oben" (liegen auf d. Arm). 2.) Für Präzisionsuhren kommen zum Abgleichen zwei waagrechte u. vier senkrechte Lagen in Betracht, mit folgenden Bezeichnungen: Krone oben (hängen) i, Zifferblatt oben (liegen) —, Zifferblatt unten (liegen) —, Krone rechts (hängen) —·, Krone links (hängen) .—, Krone unten (hängen) ! Bei Temperatur-Feinstellung ist daneben noch die Aufzeichnung der Temperaturgrade nötig. s. automatische Wärmekästchen. 3.) Für ortsfeste Uhren ist nur bei der einen Normallage zu regulieren, s. Feinstellen von Uhren.

Lagenfehler durch Einwirken der Spirale zeigen sich innerhalb der vier Hänge-Lagen, (Bügel oben, links, rechts, unten), also trotz gleichartiger Reibungsverhältnisse in der Lagerung. Der Gangfehler wird hier verursacht durch eine Schwerpunkt-Verlagerung, begründet in der geometrischen Form der Spirale, deren Windungen in keinem Punkt den gleichen Radius aufweisen. Diese Erkenntnis veranlaßte Bréguet um 1800, den äußeren Umgang der Spiralfeder in einer bestimmten Kurve nach einwärts zu biegen, um den Schwerpunkt der Spirale auf die Achse der Unruh zu verlegen. s. Feinstellen von Uhren.

Lagenfehler infolge verschiedener Lagerung, das sind Abweichungen im Gang der Uhr, je nachdem sie flach liegt oder hängt, verursacht durch die ungleiche Reibung in der Lagerung der Unruh beim Hängen oder Liegen. Im ersteren Fall reiben die Unruh-Zapfen in den Wandungen des Lochsteins. Die dabei auftretende Reibung kann durch entsprechende Abschrägung oder Abrundung am Steinloch verkleinert werden (s. olivierte Lochsteine). Im zweiten Fall, beim Liegen also, berührt der Unruh-Zapfen nur mit der Abrundung seiner Stirnfläche den Deckstein oder das Deckplättchen, was eine wesentlich geringere Reibung bedingt. Soll diese etwas größer gemacht, evtl. der Reibung im Lochstein angeglichen werden, so kann dies durch eine geringe Abflachung der Zapfen-Stirnfläche erfolgen. s. Feinstellen von Uhren.

Lager für Zapfen: s. Zapfenlager, weiterhin: Stirn- oder Tragzapfen, Tonnen-Zapfen, Kehl-, Trompeten- oder Stütz-Zapfen, Körnerspitzen, Viereck-Zapfen.

Lagersteine, Formen, flach u. gewölbt, fein poliert, durchbohrt als Lochsteine mit fein polierter u. genau dem Zapfen-Durchmesser entsprechender Bohrung, vielfach mit gebrochenen Kanten, siehe oliviert. Decksteine ohne eine Bohrung als Lager für die Stirnflächen von Stütz-Zapfen. Für den gleichen Zweck werden auch Deckplättchen aus gehärtetem Stahl verwendet.

Lagersteine, Material: früher natürliche Edelsteine, Diamanten, meist Rubine (Bez. „Rubis") u. Saphire, heute allgemein künstliche, synthetische Edelsteine, Rubin u. Saphir, die wegen ihrer gleichförmigen Dichte, ohne die bei natürlichen Edelsteinen geschätzte Schichtung als Lagersteine besser geeignet sind.

Lamellen der Pendelfeder: s. Pendelfeder, dünne Federblätter für die Pendelaufhängung.

Landes-Urmeter: eine Nachbildung des in Sèvres bei Paris aufbewahrten Urmeters, für Deutschland in Berlin in der „Physikalisch-Technischen Reichsanstalt" aufbewahrt. s. Urmeter.

Lange & Söhne: nicht nur eine Firmenbezeichnung, sondern ein Begriff für jeden Uhrmacher, als Erzeugerin von Zeitmessern, die ihrer Präzision u. Leistungsfähigkeit wegen weit über Deutschlands Grenzen hinaus eine hervorragende Stellung einnehmen. Durch Ferdinand Adolf Lange in dem wirtschaftlichen Notgebiet der Sächsischen Schweiz begründet, zunächst als Fachschule mit 15 ungelernten Arbeitern aufgebaut, die dort zu „Uhrmachern" im besten Sinne des Wortes herangebildet wurden. Bis in die jüngste Zeit hinein wurden dort Kleinuhren in Handarbeit hergestellt u. erst in neuerer Zeit wurden für die vorbereitenden Arbeiten auch die Methoden der modernen Fertigung angewendet. Jedoch blieb auch dann noch der Geist peinlichster Gewissenhaftigkeit u. mathematischer Genauigkeit, wie ihn die Person des Begründers verkörperte, für die Ausarbeitung der Erzeugnisse maßgebend. s. Lange Adolf u. Glashütte.

Lange, Ferdinand Adolf: 1815 bis 1875 Glashütte i. S., war der Begründer der deutschen Präzisions-Taschenuhren-Industrie in seiner Heimat. 1845 begann dieses Unternehmen mit dem Ziel, nur allerfeinste Uhren mit Ankergang herzustellen. Und von diesem Grundsatz wurde nie abgewichen. In höchster und vollendester Ausführung konnte jede einzelne Uhr die Ganggenauigkeitprüfung der deutschen Seewarte bestehen. Es war somit kein Wunder, wenn sich die Uhren von Lange die Welt eroberten. In der Fabrikation blieb man naturgemäß nicht bei der alten Herstellungsweise, sondern verwertete alle Erfahrungen und schuf neue Kaliber, um mit dem Fortschritt zu gehen. Aber nie wurde der Grundsatz verlassen, höchste Qualität zu erzeugen. Besonderer Wert wurde dabei auf die Verfeinerung des „Freien Ankergangs" gelegt.

Lange, Richard: 1845 bis 1932, in Glashütte, setzte sein ganze Kraft und sein Bestreben darin, durch weitere technische Verbesserungen, vollkommenste Überprüfungen der Herstellungsweise den guten Weltruf der „Lange-Uhren" zu erhalten. Zudem machte er wichtige Erfindungen und schrieb verschiedene Abhandlungen über die höhere Uhrmacherei.

Langlöcher-Bohren: unter besonderer Berücksichtigung einer guten Führung, damit der Bohrer nicht verlaufen kann. Aus diesem Grund wird die Schaufel bei Schaufelbohrern etwas breiter geschmiedet u. anschließend werden die beiden Schmalseiten genau parallel gestaltet. s. Bohren.

Lanthan: chem. Grundstoff, Element, Atomgewicht 138,92, Ordnungszahl 57.

Laterne am Zeigerwerk: eine Anfeilung beiderseits des Minutenrohrs, die ein Zusammendrücken der stehengebliebenen Rohrwandung gestattet, wodurch das Minutenrohr mit sanfter Reibung auf der Welle drehbar wird. s. Bremsen.

Laternen-Trieb: s. Hohltrieb.

Laufsitz: leichter u. weiter L. s. Passungen.

Laufwerk der mechanischen Uhr: zur Weiterleitung der Antriebskraft bis an die Hemmung u. den Gangregler, zugleich Zählwerk für die gemessenen Zeiteinheiten, die mittels Zeiger u. Zifferblatt sichtbar, durch Schlagwerke hörbar gemacht werden. s. Aufbau der mechanischen Uhr.

Laufzeitwerk: die erste Gruppe im Räderwerk der Uhr, vom Antriebsrad bis zum Minutentrieb, unter evtl. Zwischenschaltung notwendiger Zwischenräder, maßgebend für die Laufzeit, die Gangstunden einer Uhr. s. Gruppen im Räderwerk.

Laugen: oder Basen sind im Gegensatz zu s. Säuren Lösungen von Metalloxyden in Wasser. Sie färben rotes Lackmuspapier blau. Mit Säuren zusammengebracht heben sie sich in ihrer Wirkung gegenseitig auf, daher werden sie verwendet, um von Metallteilen die letzten Reste von Säuren zu entfernen. L. lösen tierische und pflanzliche Fette auf u. dienen daher als Reinigungsmittel. Die bekannteste ist die s. Natronlauge, die ähnlich wie bei der Seifengewinnung Öle und Fette auflöst, verseift, der Grund für ihre reinigende Wirkung.

„Lautlos"-Hemmung: wird dadurch erreicht, daß ein Hemmungsrad aus zwei Teilen verwendet wird, die innen u. außen verzahnt sind, sodaß der einzige Stift nicht abfällt, sondern sich unmittelbar an die Ruhefläche des nächsten Zahnes legt. s. geräuschlose Hemmung bei Weckern.

Lebensweise des Uhrmachers: unter Berücksichtigung der fast ausnahmslos sitzenden Tätigkeit in meist gebückter Körperhaltung. Zum Ausgleich gegen mögliche schwere Schädigungen, besonders Magen- u. Darmbeschwerden, soll geeignete Diät mit leicht verdaulichen Nahrungsmitteln, viel Obst, Gemüse, Milch usw. eingehalten werden. Das lange Zeit gekrümmte Rückgrat muß immer wieder einmal gerade gestreckt werden, damit sich keine dauernde Verkrümmung oder Muskelverkürzung bilden kann. Das durch langes u. angestrengtes Sehen auf kurze Entfernungen u. durch die Lupe einseitig beanspruchte Auge soll immer wieder auch in größere Entfernungen sehen, sich „akkomodieren". Ebenso ist die Lunge dankbar, wenn sie sich regelmäßig wieder mit frischer, sauerstoffreicher Luft vollpumpen darf. Aus all diesen Überlegungen heraus muß der Uhrmacher nach des Tages Arbeit an die frische Luft, er sollte geeigneten leichten s. Sport treiben, der nicht anstrengt u. ermüdet, wie wandern, turnen, Leichtathletik, schwimmen, Eissport usw., um in jeder Richtung den durch die tägliche Berufsarbeit möglichen gesundheitlichen Schädigungen wirksam entgegenzuarbeiten.

Leclanché-Zelle: Naß-Element bestehend aus Zink u. Kohle als Elektroden und Salmiaklösung als Elektrolyt.

Lecoultre, Charles Antoine: 1803 bis 1881, war Schweizer, aber kein Uhrmacher, fabrizierte viele andere Metallwaren wie Messer, Bohrer u. dergl. Nebenbei wurden bei ihm Stimmkämme hergestellt für Musikwerke und Spieldosen. Nach einiger Zeit wurden von ihm Sperräder erzeugt, die mit der Federhauswelle aus einem Stück bestanden und damit kam er der Uhrmacherei näher. Zum Schluß stellte er seinen Betrieb um und baute Uhrwerke aller Art. Besonderen Wert legte er dabei auf die Herstellung nur guter Qualitäten.

Legierte Stähle: enthalten nicht allein Kohlenstoff zwischen 0,9 bis 1,6 Prozent, sondern auch Beimischungen von anderen Metallen wie Chrom, Nickel, Wolfram, Molybdän, Aluminium, Kupfer, Vanadium, welche die Eigenschaften der Stähle schon in geringer Zumischung wesentl. verbessern. s. Edelstähle.

Legierungen: chem. Verbindungen von zwei oder mehreren Metallen, wobei sich die Eigenschaften der reinen Metalle wesentlich verändern, so die Härte, Festigkeit, Biegsamkeit, Gießbarkeit, der Schmelzpunkt, die Farbe usw. Oft genügt ein geringer Zusatz eines bestimmten Metalls, damit völlig neue Eigenschaften entstehen. Wichtige Gruppen: Kupfer-Zink-L., Kupfer-Zinn-L., Kupfer-Nickel-L., Zink-L., Zinn-L., Leichtmetall-L., Nickelstahl-L., Beryllium-L. s. Metalle.

Lehrzeit: im Uhrmacherberuf zwischen 3½ und 4 Jahren, in der Industrie für Lehrberufe drei Jahre, als Groß- u. Kleinuhrmacher, Remonteure, Uhrwerksetzer, Uhrgehäusemacher, u. eine 2-jährige Lehrzeit für Anlernberufe als Gangsetzer, Rohwerkmacher, Spiralregler, Uhrteilmacher, Uhrteilsetzer, Zifferblatt-Setzerin, Einsetzerin. Die Aufgaben der L. lassen sich kurz zusammenfassen: 1.) Unterweisung des Lehrlings in allen im Beruf vorkommenden Arbeiten. Zum Nachweis dieser Unterweisung u. zu seiner Vertiefung wird zweckmäßig ein Werkstatt-Wochenbuch geführt. 2.) Der Lehrling ist zur Arbeitsamkeit u. zu guten Sitten anzuhalten, er ist gegen Mißhandlungen zu schützen u. vor Ausschweifungen zu bewahren. 3.) Vom Lehrling soll nichts gefordert werden, was seine körperliche Leistungsfähigkeit übersteigt. 4.) Endlich ist der Lehrling zum Besuch der Berufsschule anzuhalten, die notwendige Zeit für die Schule ist zu gewähren. s. Beruf des Uhrmachers.

Leichtmetalle: alle Metalle (u. Legierungen) mit einer geringen Wichte (1,7 bis 2,8), s. Aluminium, Beryllium, Duralumin, Elektron, Lithium, Magnesium. L. werden seit dem 1. Weltkrieg besonders in Deutschland vielfach verwendet zu Maschinenteilen, elektrischen Leitungen, im Flugzeug- u. Kraftfahrzeugbau u. auch in Großuhren. s. Metalle.

Leichtmetall-Legierungen: 1.) Duralumin, DIN 1713, aus 94% Aluminium, 4,5% Kupfer, 0,5% Magnesium, 1% Silizium, aushärtbar, für Uhren u. Geräte im Auto- und Flugzeugbau verwendet. 2.) Aluminium-Gußlegierung, DIN 1717, aus 92 % Aluminium u. 8 % Kupfer. 3.) Elektron aus 3 bis 10 % Aluminium u. 90 % Magnesium. 4.) Leichtmetall-Spritzguß 1 bis 4 % Zink u. etwas Mangan, Sn, Mg, Al, Zn, mit etwa 90 % Magnesium. s. Legierungen.

Leistung: Arbeit/Zeit. Abkürzung N. N = A : t od. N = (P · s) : t. Hierbei ist P die Kraft, s der Weg u. t die Zeit in Sek. Die L. ist das Verrichten einer bestimmten Arbeit in einer Sekunde. Die Maßeinheit der mechanischen L. ist das Kilogrammeter pro Sekunde (kgm/s)

Leistung el.: Leistung = Spannung · Stromstärke. (N = U · I) od. $N = U^2 : R$ bzw. $N = I^2 \cdot R$. Diese Formel gilt nur für Gleichstrom und für Wechselstromnetze, in welchen keine induktiven Verbraucher vorhanden sind. Befinden sich solche im Stromkreis, wird durch die s. Phasenverschiebung die Effektivleistung um den s. Leistungsfaktor geringer. Es errechnet sich die Leistung: $N = U \cdot I \cdot \cos \varphi$.

Leistungsfaktor: cos φ, also der cosinus des Phasenverschiebungswinkels, s. Phasenverschiebung. Beträgt dieser Winkel 0°, so ist sein cos = 1. Je größer die Phasenverschiebung (φ) um so kleiner wird der cos. Bei der Errechnung der el. Leistung in einem Wechselstromkreis gilt die Formel

$$N = U \cdot I \cdot \cos \varphi$$

Es verringert sich also die tatsächliche Leistung gegenüber der Scheinleistung um so mehr, je größer die Phasenverschiebung ist. s. Scheinleistung.

Leiter: Als Leiter bez. man solche Stoffe, die dem el. Strom einen nur geringen Widerstand entgegensetzen: Metalle, Silber, Kupfer, Eisen, Quecksilber usw. Chem. reines Wasser leitet den Strom nicht. Ist das Wasser mit Basen oder Salzen verunreinigt, leitet es den el. Strom (Elektrolyse)

Leitfähigkeit: L. eines Materials wird ausgedrückt in einer Zahl, die der reziproke Wert des spez. Widerstandes ist. s. Widerstand.

Lentilles Glas: Uhrglasart für runde Uhren (Abbildung).

Lepine, Jean Antoine: 1720 bis 1814, Uhrmacher Ludwigs XV., Ludwigs XVI. und Napoleons I. Es war sein größtes Bestreben, den Beruf zu fördern und deshalb tat er viel, Erfahrungen zu sammeln, um diese fortschrittlich zu verwerten. Die von ihm eingeführten neuen Methoden und Verbesserungen erleichterten die Herstellung der Zylinder- und Ankeruhren. Er verwendete auch als erster Federhäuser mit Verzahnung und ließ dadurch die bisher übliche Schnecke und Kette wegfallen.

Le Roy, Julien: 1686 bis 1759, verbesserte verschiedene Uhren. Sein Ruf als Uhrmacher war sehr gut. Er ist der Erfinder der Zugrepetieruhr, wodurch das 2. Laufwerk, das Schlagantriebwerk, überflüssig wurde. Außerdem baute er als erster eine flache Uhr, bei denen die Hämmer der Repetition an das Gehäuse anschlugen und nicht mehr wie bisher an eine Glocke. Weiter stellte er eine Turmuhr mit waagrecht angeordneten Teilen her, bei der die Räder nicht übereinander, sondern nebeneinander standen. 1724/25 baute er die erste Uhr mit Duplexgang. Einige Abhandlungen über Uhren legte er schriftlich für die Nachwelt nieder.

Le Roy, Pierre: 1717 bis 1785, Sohn des bekannten Julien, war wohl der größte Uhrmacher Frankreichs. Er beschäftigte sich im allg. nicht mit gewöhnlichen Uhren, sondern spezialisierte sich auf Chronometer. Weiter suchte er die Reglage auf eine bisher unerreichte Höhe u. Präzision zu bringen. Ununterbrochen forschte er und stellte viele Versuche an, um dieses Ziel zu erreichen. Sein Bestreben war es, den Temperaturausgleich der Unruh zu erzielen, was ihm vollständig gelang. Mit dieser Leistung hat er etwas geschaffen, was für den späteren Chronometerbau von größter Wichtigkeit war. 1769 baute er auch ein Chronometer mit eigener Hemmung.

Leuchtfarben: verwendet auf Zeigern u. Zifferblättern von Weckern, Taschen- u. Armbanduhren, gestatten das Ablesen der Zeit in der Dunkelheit. Die hierbei verwendeten Leuchtstoffe sind s. Lichtphosphore oder s. Radio-Phosphore. s. Werkstoffe.

Leuchtgas: nach Zusammensetzung u. Leistung ein vorzüglicher Brennstoff, der bei der trockenen Destillation der Steinkohle gewonnen wird. s. gasförmige Brennstoffe.

Leuchtröhren: sind Gasentladungslampen wie s. Glimmlampen. In ihnen entlädt sich der el. Strom in dem stark verdünnten Gas der Füllung. Die Lichtausstrahlung ist die der durch Elektronenstöße angeregten Gasmoleküle. Sog. Kaltes Licht. Ihr Arbeitsprinzip: Ein zylindriches Glasrohr von einigen cm Durchmesser, ist bis auf einen Druck von 0,1 bis 0,2 mm Quecksilbersäule ausgepumpt und mit einem stark verdünnten Gas Neon, Helium usw. gefüllt. In die Enden der Röhre sind Elektronen eingeschmolzen. Die an der Kathode austretenden Elektronen stoßen auf dem Weg zur Anode mit den Gasteilchen zusammen und veranlassen diese zur Lichtausstrahlung. Die Art des verwendeten Gases bestimmt die Farbe des Lichtes (Neon = rot, Kohlensäuregas = Tageslicht).

levée: franz., Hebestein, Hebung.

levée d'entrée: franz., Eingangspalette (-klaue) des Ankers.

leveé de sortie: franz., Ausgangspalette (-klaue) des Ankers.

levée visible: (von oben) sichtbare Hebesteine. Im Gegensatz zu den bei älteren Uhren in den Anker, von oben nicht sichtbar eingelassenen Hebesteinen.

Licht: elektromagnetische Wellen von 0,7 bis 0,4 Zehntausendstel cm Wellenlänge. Die L.-Geschwindigkeit beträgt 300 000 km/sek u. ist nach der Relativitätstheorie die höchst denkbare Geschwindigkeit von Masse oder Energie. Die L.-Geschwindigkeit ist überall und nach allen Richtungen gleich.

Lichtel. Effekt: Entdeckt 1888 durch Hallwads. In Fotozellen wird Licht je nach seiner Intensität in stärkere oder schwächere Ströme verwandelt.

Lichtgeschwindigkeit: 299 800 km/sek, ist die höchste Geschwindigkeit, die im gesamten Kosmos anzutreffen ist und auch (nach neuesten Erkenntnissen) die höchstmögliche.

Lichtjahr: der Weg, den das Licht in einem Jahr zurücklegt, unter Zugrundelegung eines Weges von 300 000 km pro sec, eine Strecke von 60×60×24×365×300 000 km = 9,461 Billionen km. Der Polarstern ist von der Erde 300 Lichtjahre entfernt.

Lichtphosphore: Stoffe, die nach vorheriger Bestrahlung mit Sonnen- oder künstlichem Licht einige Zeit nachstrahlen. Besser für Uhren geeignet sind s. Radio-Phosphore. s. Leuchtfarben.

Lichtspalt: zur Prüfung von genau eben gefeilten Flächen, weiterhin zur Feststellung von Unebenheiten an Arbeitsstücken, Meßgeräten usw.

Lichtuhr: etwa 1530 von Berendino Carravaggin hergestellt. Hatte Schlagwerk, zeigte Stunden, Viertel und Minuten an und zündete durch Feuersteinfunken Licht an.

Ligne droite: franz., (spr. Linj droat), wörtlich „gerade Linie", will besagen, daß die Mittelpunkte von Rad, Anker u. Unruh in einer geraden Linie liegen, wie bei der Schweizer u. Glashütter Ankerhemmung, im Gegensatz zur englischen Spitzzahn-Ankerhemmung, bei denen die Gabel im rechten Winkel zur Linie Rad—Anker steht. s. Freie Ankerhemmung mit Spitzzahn.

Lindemann, Gerich Heinrich: 1820 bis 1885, ist bekannt geworden durch seine Tätigkeit als Fachlehrer an versch. in- u. ausländisch. Fachschulen. Seine dort gemachten Erfahrungen suchte er dadurch zu verwirklichen, daß er in einer von ihm gegründeten Werkstatt Aufzugmechanismen verschiedenster Art herstellte. Aber mit der Zeit wollte er wieder als Lehrer wirken, um seine großen Kenntnisse auch anderen mitzuteilen u. trat so 1878 in die Deutsche Uhrmacherschule in Glashütte ein, die er durch seine Tätigkeit zum führenden Lehrinstitut für Uhrmacher in Deutschland gemacht hat.

Lindenholzkohle: eine Schleifkohle, welche dazu verwendet wird, um auf fertig polierte Messingflächen Muster aufzuschleifen. Zu diesem Zweck kann auch Holz mit feinem Ölsteinpulver verwendet werden.

Linie: Pariser L., abgeleitet vom Pariser Fuß.

1 Pariser Fuß	= 12 Zoll	= 324,84 mm	1',
1 „ Zoll	= 12 Linien	= 27,07 mm	1'',
1 „ Linie	= 12 Douzièmes	= 2,25 mm	1''',
1 „ Douzième		= 0,188 mm	1'''',

In alten französischen und Schweizer Uhren findet man folgende Angaben: 15 r — 19 — 28, d. h. 15steinige Uhr, von 19 L. Werk-Durchmesser und 28 Douzièmes Werkhöhe.

Linnartz, Carl Joseph: 1861 bis 1939. Es gibt wohl keinen Uhrmacher, der diesen Fachmann nicht mit Namen kennt. Er war zweifelsohne der größte Förderer der Lehrlingsausbildung und des Fachschulbesuchs. Als anerkannter Meister gründete er die Fachschule in Köln (Rhein) u. war dort viele Jahre als tüchtiger Fachlehrer tätig. Das von ihm herausgegebene Werk „Das Fachzeichnen des Uhrmachers" hat ihn überall bekannt gemacht.

Linse des Pendels: s. Pendel-Linse.

Lippen am Zylinder: s. Zylinder-Lippen.

Lithium: ein silberweißes Metall, Wichte 0,534, Schmelzpunkt bei 186°, das leichteste aller Metalle. Es findet sich weit verbreitet in der Natur, in verschiedenen Kieselsäure-Verbindung, auch in Mineralquellen. Gewonnen wird es durch Elektrolyse eines Gemenges von geschmolzenem Lithium-Chromid u. Lithium-Chlorid. Beim Verdampfen färben Lithiumsalze die Bunsenflamme karminrot.

Lochen: im Arbeitsvorgang ähnlich dem s. Scheren ausgeführt durch einen Stempel, Durchschlag oder Punzen auf weicher Unterlage (Bleiplatte oder Stirnholzfläche) oder mit einer passenden Zange, (Federlochzange). s. Stanzen.

Lochmaße: der Uhrmacherei, zuerst Buchstabenbezeichnung, dann englisches Lochmaß u. heute das metrische. Unterschiede:

Buchst.	z = 10,49 mm	engl. Lochm.	1 = 5,77 mm
„	m = 7,49 mm	„	10 = 4,85 mm
„	a = 5,94 mm	„	25 = 3,76 mm
		„	50 = 1,75 mm
		„	80 = 0,33 mm

Lochsteine: gebohrte, für deren Herstellung der Schweizer Fatio 1704 ein engl. Patent erhält.

Lochstein-Material: echte Steine, wie Granat, Achat, Rubin, Saphir u. Diamant. Heute werden meist synthetische Lagersteine aus Rubin verwendet. Diese haben eine größere Gleichmäßigkeit im Härtegrad und sind frei von Sprüngen, Rissen und Blasen.

Lösungen: eine Aufnahme von Stoffen in einer Flüssigkeit in der Weise, daß der beigemengte Stoff nicht mehr zu erkennen u. nur durch Verdampfen der Flüssigkeit wieder zu trennen ist. Wenn eine L. keinen Stoff mehr aufnimmt, so spricht man von einer „gesättigten" Lösung.

Lötdrähte: feine Röhrchen aus Hart- oder Weichlot, deren Hohlraum mit einem s. Flußmittel angefüllt ist.

Löten: Die Verbindung von Metallteilen durch ein anderes Metall oder ein Metallgemisch mit einem niedrigeren Schmelzpunkt als die zu verbindenden Teile. Dabei fließt d. geschmolzene Verbindungsmetall, das Lot, in die Fugen zwischen den beiden metallisch reinen u. angewärmten Metallflächen, mit denen sich das Lot legieren muß. s. auch Hartlöten, Hartlote, Weichlöten, Weichlote, Schnell-Lote, Flußmittel.

Lötkolben: ein an einem Halter befestigter Kupferkörper, der viel Wärme aufnimmt u. diese zur Lötstelle leitet. Das Kupfer oxydiert nicht so rasch wie andere Metalle. Für eine dauernde Wärmezufuhr wird auch der el. Strom, eine Gas- oder Benzinflamme verwendet. Bei zu geringer Erwärmung kommt kein „Fluß" zustande, durch einen überhitzten Kolben verbrennt das Lot. Vor Beginn der Lötarbeit wird der Kolben im Salmiakstein gerieben, um die vorhandenen Oxyde zu entfernen. Durch Zugabe von Lot wird die Kolbenspitze verzinnt. Der Form nach unterscheidet man Hammer- u. Spitz-L., letzterer eignet sich besonders für Innenlötungen.

Lötlampe: ein durch Benzinflamme erhitzter Brenner für größere Lötarbeiten außerhalb des Werktisches.

Lötrohr: ein winkelig gebogenes Blasrohr, das durch Zuführen von Luft (Sauerstoff) eine Stichflamme mit hoher Temperatur erzeugt, wie sie beim Hartlöten von Schmuck, Gehäuse-Reparaturen usw. gebraucht wird.

Lötwasser: dient beim Weichlöten zur Entfernung der noch vorhandenen Oxydreste von den durch Feilen- Schaben u. Schmirgeln bereits blank gemachten Lötstellen. Es wird hergestellt, indem man Zinkstückchen bis zur Sättigung in Salzsäure auflöst. Dabei verbindet sich das Zink (Zn) mit dem Chlor (Cl) zu Zinkchlorid ($Zn\ Cl_2$), während der freigewordene Wasserstoff (H_2) entweicht. Durch Hinzufügen von $^1/_3$ Salmiakgeist wird die noch vorhandene freie Säure neutralisiert. s. Lötharz, Lötöl, Lötpaste, Lötdrähte.

Lötzinn: s. Weichlote.

Lose Rolle im Gewichtszug: fälschlich „Flaschenzug" genannt, dient bei nicht ausreichender Kastenhöhe durch Aufteilung der von der Walze abrollenden Schnur auf zwei Stränge dazu, dem Zuggewicht die benötigte Fallhöhe, u. damit die geforderte Laufzeit zu sichern. Da sich hierbei der Gewichtszug auf die beiden Stränge verteilt, muß das Gewicht verdoppelt werden, wenn der bisherige Zug erfolgen soll.

Lot: (lötig), früheres deutsches Gewicht. Grundlage $^1/_{32}$ bis $^1/_{30}$ Pfund. War auch Münz- u. Edelmetallgewicht. Die Feinheit des Silbers wurde in L. ausgedrückt. Feinsilber war 16-lötig.

Lote: allgemeine Anforderungen: 1.) Sie müssen sich mit den blanken Metallflächen des Gegenstandes mischen, legieren, wenn eine feste Verbindung der beiden Teile erfolgen soll. 2.) Ihr Schmelzpunkt muß niedriger sein als der des zu lötenden Werkstückes. 3.) Die Farbe des Lotes soll möglichst der des Gegenstandes entsprechen. s. Silberl., Hartl., Weichlot, Schnell-Lote.

L. S. R.: Laboratoire Suisse de recherches horlogere, schweizerisches Laboratorium für uhrentechnische Untersuchungen. (Der Universität Neuenburg angegliedert).

Ludolf'sche Zahl: die von dem holländischen Mathematiker Ludolf van Ceulen (1540 bis 1610) gefundene und mit dem griechischen Buchstaben π (Pi) bezeichnete Zahl, welche das Verhältnis von Kreisumfang u. Durchmesser angibt. Die Zahl π ist ein unendlicher Bruch, $\pi = 3{,}14\,159\,26\,536\ldots$ abgekürzt = 3,1416, od. 3,14, nach Archimedes $^{22}/_{7}$, nach Mebius $^{355}/_{113}$.

Lünette: Stützlager an der Drehbank, das dazu dient,, das Durchbiegen langer Arbeitsstücke zu verhindern. Glasrand, franz. = lunette.

Luft: Zahnl., Zapfenl., ein zwar kleiner, jedoch stets notwendig. Zwischenraum zwischen Zahn u. Lücke od. Zapfen u. Lagerloch, als Sicherung gegen Klemmungen, auch bei geringer Verunreinigung durch Staub oder sonstige Fremdkörper.

Lupe: ein unentbehrliches Hilfsmittel bei der Bearbeitung kleiner Werkteile, stärkste Vergrößerung Nr. 1 bis zur geringsten mit Nr. 3. Fassungen aus Hartgummi, Leichtmetall od. Preßstoff, mit einem Glasdurchmesser von meist 25 mm (bis zu 30 mm). Die Steinlupe zur Untersuchung von Uhrsteinen besitzt zwei Gläser. Zur Vermeidung von Kondenswasser im Inneren der Lupe besitzen manche Fabrikate Ventilationslöcher.

Luther, Martin: erhält 1527 vom Pfarrer der Ägidienkirche in Nürnberg eine Taschenuhr zum Geschenk.

M

maschine à nettoyer, franz. Reinigungsmaschine.

Männleinlaufen in Nürnberg, eine bekannte Kunstuhr, 1508/09 von Jörg Heuß in Nürnberg gebaut. Standort: Frauenkirche. Figuren trieb Lindenast. Über dem Zifferblatt sitzt Kaiser Karl IV. auf dem Thron. Nach dem letzten 12-Uhrschlag ziehen die sieben Kurfürsten an ihm vorüber und erweisen Ehrenbezeugung. Der Kaiser grüßt und dankt mit seinem Szepter. Bläser und Trommler rühren die Instrumente.

Magnesium, Mg, metallischer Grundstoff, Wichte 1,74, Schmelzpunkt bei 650°, ein Leichtmetall, silberweiß, dehnbar, verbrennt mit weißem Licht. Es kommt vor im Magnesit u. Dolomit, weiter in M.-Silikaten: Talk, Asbest u. Meerschaum, sowie in Salzen wie Kainit. Verwendet wird es für Blitzlicht u. als Desoxydationsmittel in Metall- u. Stahlgießereien, legiert mit Aluminium, Zink u. Kupfer im Maschinen-, Kraftwagen- u. Flugzeugbau, ferner als Zusatz zu Aluminium-Legierungen, auch für Duralumin, endlich mit Kupfer legiert zur Herstellung von Leitungs-Bronzen. Die bekannteste M.-Legierung ist das Elektron mit 3 bis 10% Aluminium, 1 bis 4% Zink, etwas Mangan u. der Rest M. Bei der Bearbeitung können feine Späne in Brand geraten, löschen durch Luft-Abschluß, Sand, Feuerlöscher, keinesfalls aber durch Wasser. s. Leichtmetall-Legierungen.

Magnete, bei den natürlichen M. findet vornehmlich aus Schweden stammender M.-eisenstein Verwendung. Die künstlichen M. sind entweder aus gehärtetem Stahl hergestellte Dauer-M. (permanente M.) oder Elektro-M., deren Kern aus Weicheisen besteht, das nur unter dem Einfluß des el. Stroms magnetisch ist. Nach dem Abschalten des el. Stroms bleibt nur ein kleiner Rest zurück (Remanenz), diese Erscheinung spielt in der Gleichstromtechnik eine große Rolle. Formen der Dauer-M.: Stabm., Hufeisenm., Glockenm.

Magneteisenstein, das beste s. Eisen-Erz, 60 bis 70% Eisengehalt.

Magnetismus, eine Naturerscheinung. Ein Magnet zieht Eisen, Nickel, Kobalt an. Die Kraftwirkung eines Magneten scheint von zwei Punkten auszugehen, den Polen. Die Bahnen, in denen die Kraftwirkung verläuft, nennen wir Kraftlinien. Diese verlaufen außerhalb des Magneten und gehen vom Nordpol (Austritt der Kraftlinien) zum Südpol (Eintritt der Kraftlinien). Der ganze Raum um den Magneten, der von seinen Kraftlinien durchsetzt ist, heißt magnetisches Feld (Kraftfeld). Der M. beruht auf der Tatsache, daß innerhalb der Materie, also des Eisens, sog. Elementarmagnete sich ausbilden, und zwar sind das Atomverbände bestimmter Größen. Durch Magnetisieren werden diese Elementarmagnete so geordnet, daß ihre Nord- und Südpole die gleiche Richtung erhalten, sodaß ihre magnetischen Kräfte sich addieren. Im Gegensatz zu einem unmagnetischen Eisen, in dem die Elementarmagnete wirr durcheinander angeordnet sind, so daß ihre magnetischen Kräfte sich gegenseitig aufheben und nach außen nicht in Erscheinung treten können. Bringen wir zwei Magnete mit ungleichnamigen Polen sich nah gegenüber, so ziehen sie sich an. Umgekehrt erfolgt bei gleichnamigen Polen eine Abstoßung.

Malteser Kreuz, das Stellungskreuz bei der Zugfeder-Stellung, so benannt nach seiner Form, die dem Ordenskreuz der Malteser Ritter (ein Ritterorden auf der Insel Malta im Mittelmeer) ähnlich ist. s. Stellung.

Mangan, Mn, Wichte 7,4, Schmelzpunkt bei 1240°, ein harter, spröder, eisenähnlicher Grundstoff, in der Natur weit verbreitet, aber nicht rein, sondern als Beimischung zu Eisen-Erzen, Zink- und Kalkmineralien. Wichtige Erze sind Braunstein (MnO_2), Braunit, Hausmanit, Manganit u. Manganspat. Mangan dient zur Herstellung von Spiegeleisen, s. weißes Roheisen u. Ferro-Mangan im Hochofen. Es wird verwendet zur Desoxydation des Stahls (Befreiung vom Sauerstoff), für Manganstähle mit 6 bis 15% Mangan, die sehr verschleißfest sind. s. Nichteisen-Metalle.

Mannesmann-Rohre, nahtlos gewalzte Rohre, nach ihrem Erfinder Mannesmann benannt, wegen des Fehlens einer Naht weit leistungsfähiger als die früher hergestellten Rohre mit verschweißter Naht.

Mannhardt Johann, geb. in Tegernsee (By.), besuchte kaum eine Schule, diente zunächst als Hütjunge u. schwang sich durch sein angeborenes Genie zum ersten Turmuhrmacher der Welt empor. Nachdem er als Lehrling bei dem Uhrmacher Deisenrieder in Gmund am Tegernsee gelernt hatte, gelang es ihm 1826, eine Turmuhr mit neuartiger Hemmung zu konstruieren. 1844 siedelte er nach München über, wo er bald viele Arbeiter beschäftigte und fürs In- und Ausland, u. a. auch im Vatikan, Turmuhren mit der neuen

Hemmung baute. Hochgeehrt in Kreisen der Uhrmacherei starb M. am 25. August 1878 in München.

Marconi, Guglieleno, 1874/1937 Bologna, erfand 1896 die Funkentelegrafie u. erhielt für diese die ganze Welt interessierende Entdeckung 1909 den Nobelpreis. Groß waren die Hoffnungen, die man in der ganzen Welt in diese Tat gesetzt hat. In verhältnismäßig kurzer Zeit hat diese völkerverbindende Erfindung eine Vollkommenheit erreicht, die kein Mensch geahnt hätte. M. gründete in England die Gesellschaft für drahtlose Telegrafie.

Marfels Carl, geb. 1854 in Hessen, besuchte die Bürgerschule in Frankfurt (Main), trat bei Ludwig & Fries in Frankfurt in die kaufm. Lehre, wo er bereits mit 24 Jahren Prokurist wurde. 25 Jahre hatte er diese Stellung inne, die ihn viel mit Uhrmachern in Verkehr brachte, wodurch er antike Stücke der Uhrmacherkunst kennen lernte u. zum Uhrensammler wurde. Die weltbekannte „Sammlung Marfels" enthält nicht nur Stücke der ältesten bekannten Taschenuhren, sondern auch besonders fein gravierte, ziselierte u. emaillierte, kostbare Stücke der Uhrmacherkunst. Am 1. April 1893 erwarb er, nach Berlin übersiedelnd den Verlag der Deutschen Uhrmacher-Zeitung u. am 1. Juni 1897 gründete er den „Deutschen Uhrmacherbund", dessen Vorsitz er führte.

Marienkirche Lübeck erhält eine Uhr, die Math. v. Oß 1561/66 gebaut hatte. Einmalig ist, daß sie von der Normaluhr eines Lübecker Uhrmachers aus gesteuert wird. Im Kriege 1939/45 vollständig zerstört.

Marine-Chronometer, Präzisions-Uhr mit zylindrischer Spirale, deren Endkurven beiderseits in entgegengesetzter Richtung verlaufen. Die Fein-Regulierung erfolgt durch Verstellen der Regulierschrauben im Unruh-Reifen. Die ausgezeichneten Gangergebnisse des Marine-Chronometers beruhen auf der fein ausgearbeiteten freien Chronometer-Hemmung, der schweren Unruh, die völlig unbeeinflußt von störenden Einflüssen des Räderwerks große Schwingungen von mehr als 360° ausführt, u. auf einer erschütterungsfreien Lagerung der Uhr. s. Cardan.

Maße, für Längen, Flächen, Körper, Zeit, s. Längen-, Flächen-, Körper-Raum- u. Zeitmaße.

Massengramm, im Gegensatz zum Gewicht eines Körpers, das von der Erdanziehung abhängig ist, bleibt die Masse des Körpers unveränderlich. Einheit der Masse ist jede Stoffmenge, die in Paris ein Gramm wiegt. Zum Unterschied zum Gramm-Gewicht (g) bez. man die Gramm-Masse mit gr. Der Aufdruck der Gewichtsstücke gibt genau genommen nur ihre Massen an und nur für Paris ihr Gewicht.

Massen-Mittelpunkt, auch Schwerpunkt eines s. Körpers, vereinigt die Summe aller Massenteilchen eines Körpers in einem Punkt, der allein zu stützen ist, wenn der Körper in seiner Ruhelage verbleiben soll.

Massiv-Anker, für die Haken-Hemmung, ein aus Stahl ausgeschnittener, geschliffener u. polierter Stahlkörper, im Gegensatz zu dem aus Stahl-Blech gebogenen Blechanker. s. Haken-Hemmung.

massive Triebe, Volltriebe oder Flankentriebe, besitzen einen mit der Triebwelle durchgehenden Triebkörper, in den die Triebzähne eingefräst sind, im Gegensatz zu Hohltrieben, bei denen zwischen den Triebstöcken Hohlräume bestehen. s. Triebe.

Maßlinien, Maßpfeile, Maßzahlen, im Fachzeichnen, DIN 406. a) Die Maßlinien laufen parallel zur gemessenen Kante in etwa 5 mm Abstand. b) Die Endpunkte sind durch Maßpfeile bez., die regelmäßig innerhalb der Maßhilfslinien gesetzt werden, bei Raummangel auch außerhalb. c) Die Maßzahlen werden entsprechend groß u. deutlich, etwa in der Mitte der Maßlinie eingesetzt, sie stehen so, wie sie beim Messen der Strecke auf dem Maßstab erscheinen. Eingetragen werden stets die natürlichen Maße, nicht die vergrößerten oder verkleinerten. Jedes Maß erscheint nur einmal u. zwar an der Stelle, wo es der Arbeiter sucht. Die Maß-Eintragung muß besonders übersichtlich u. klar erfolgen, die Maßzahlen dürfen durch andere Linien weder getrennt, noch gekreuzt werden.

Maßstäbe als Bruchzahlen, veranschaulichen das Verhältnis von Zeichnung zur Wirklichkeit besser als die Verhältniszahlen. Natürliche Größe: 1 : 1 = $^1/_1$, Verkleinerungen: 1 : 2,5 = $^1/_{2,5}$ oder 1 : 5 = $^1/_5$, d. h., die Zeichnung ist $^1/_5$ der Wirklichkeit; Vergrößerungen: 2 : 1 = $^2/_1$ = 2, d. h., die Zeichnung ist zweimal so groß wie in Wirklichkeit.

Maßstäbe im Fachzeichnen, DIN 823: Natürliche Größe: 1 : 1, Verkleinerungen: 1 : 2,5, 1 : 5, 1 : 10; Vergrößerungen: 2 : 1, 5 : 1, 10 : 1, 20 : 1, 50 : 1; s. Zeichnungs-Normen.

Maß-Zapfen, Kaliber-Maße, Wellen mit Zapfen, die um je $^1/_{100}$ mm abgestuft sind. Sie werden bei Taschenuhr-Arbeiten dazu verwendet, Lagerlöcher auszumessen. s. Meß-Werkzeuge.

mathematische Pendellänge, auch reduzierte Pendellänge, gegenüber der körperlichen oder physischen Pendellänge, stets weniger als diese. Sie wird gemessen vom Biegepunkt der Pendelfeder (im oberen Drittel) bis zum s. „Schwingungsmittelpunkt", der zwischen dem Linsenmittelpunkt u. dem s. Schwerpunkt des gesamten Pendels liegt. s. Pendel-Begriff u. physische Pendellänge.

mechanische Arbeit, Kraft mal Länge des Weges, gemessen in m/kg.

mechanische Uhr, s. Aufbau der mechanischen Uhr.

Megacycle, franz. = s. Megahertz.

Megahertz, 10^6 = 10 000 kHz = 10 000 000 Schwingungen in der Sekunde.

Meile, geographische oder deutsche Meile = 7,42 km oder 4 Seemeilen. 1 Seemeile ist demnach 1,855 km. 1 Längengrad am Äquator = 15 geographische Meilen oder 111,300 km.

Meisterprüfung, in alter Zeit sehr erschwert. Mindestbedingungen: drei Jahre Fremde, Anmeldung bei der Innung (Zunft) 1 bis 3 Jahre vorher. Meisterstück: Repetieruhr mit 40 Stunden Gangzeit, unter fremder Aufsicht hergestellt.

Memovox, Bez. für einen von der Firma Jaeger-Le Coultre, Genf (Schweiz),

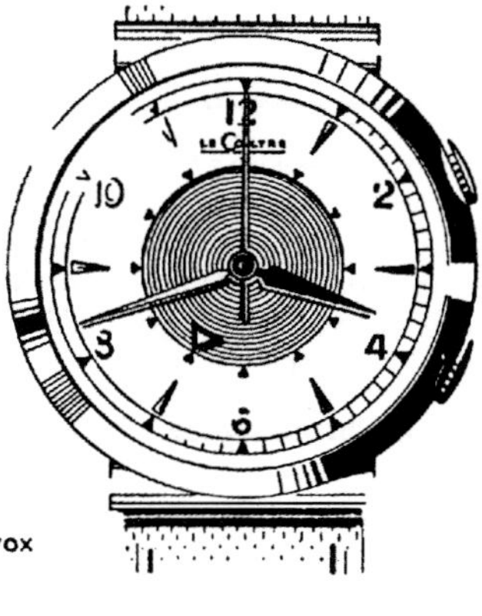

Memovox

herausgebrachten Armbanduhrwecker, welcher im Gegensatz zu den anderen bekannten Systemen, zwei getrennte Federhäuser besitzt. Diese werden durch zwei verschiedene Kronen aufgezogen.

Mergenthaler Ottmar, geb. 10. Nov. 1854 in Hachtel (Württemberg) wurde Uhrmacher u. erfand zu Beginn der achtziger Jahre in den USA. nach langen Versuchen die erste brauchbare Zeilensetz- u. Gießmaschine. Für diese hervorragende Erfindung erhielt er vom Technischen Institut von Philadelphia den großen Ehrenpreis. Leider war ihm nicht vergönnt, die Früchte seiner Erfindung zu genießen. Der viel gefeierte Erfinder der „Linotype"-Setzmaschine starb schon 45jährig, am 28. Oktober 1899 in New York.

Meridian, Längenkreis, von Pol zu Pol gehend gedacht, vom 0-Meridian, durch die Sternwarte von London, Greenwich, aus zählt man je 180 Längenkreise nach Osten u. nach Westen, zur Bestimmung der östlichen (ö. L.) u. westlichen Länge (w. L.), s. Erdlänge.

Messen, Grundforderung, ein Vergleichen der Größen eines Werkstücks mit den bekannten Maßgrößen, im metrischen Maßsystem mit dem Meter, dem 40 000 000. Teil des über die Pole gemessenen Erdumfangs u. seiner kleineren Teile, dm, cm, mm. s. Meß-Werkzeuge.

Messer an der Ankergabel, siehe Sicherheitsmesser.

Messerluft an der Gabel, wird dadurch geprüft, daß der Hebelstift in einem Winkel von etwa 90° zur Gabel gedreht wird. Dann muß sich die Gabel genügend zwischen der Ankerbegrenzung u. der Sicherheitsrolle bewegen lassen, ohne daß der Zahn des Hemmungsrads von der Ruhefläche auf die Hebungsfläche gleitet. s. Gabeleingriff, Hornluft.

Messerschraube, zum Festhalten der Zifferblatt-Füße, Schrauben mit halbseitig verbreitertem, messerähnlichem Ansatz, welcher bei einer halben Drehung dieser „Messerschneide" den Zifferblattfuß festklemmt.

Messing, eine Legierung von Kupfer und Zink mit einem Kupfergehalt von 58 bis 85 %. 1.) Hartm., Ms. 58 zusammengesetzt aus 58 Prozent Kupfer, 40 Proz. Zink und 2 % Blei; geliefert in Stangen u. als Formm., gut zu bearbeiten mit spanabhebenden Werkzeugen. 2.) Druckm., Walzm., Ms. 63 mit 63 % Kupfer u. 37 % Zink, gewalzt als federhartes Blech, für Platten, Gehäuse und gezogen als Draht. 3.) Gußm. GMs. 67, zusammengesetzt aus 67 % Kupfer, 30 Proz. Zink u. 3 % Blei, verwendet für dünnwandige Gußteile, Gehäuse. 4.) Tombak, Ms. 85, mit 85 % Kupfer und 15 % Zink, gut kalt zu bearbeiten, verwendet als Bleche für unedlen Schmuck. s. Kupfer-Zink-Legierungen.

Messingräder, 1787 durch L. Hofmayer in Neustadt (Schwarzwald) gegossen. Dadurch kamen die üblichen Holzräder in Wegfall. Bald bezogen alle Uhrmacher die Räder von ihm.

Meßuhr, mit einer Meßgenauigkeit bis zu $^1/_{1000}$ mm. Für das zwischen die Meßbacken gebrachte Einzelteil gibt der Zeiger der M. den Meßwert an. s. Meßwerkzeuge.

Meßuhren mit Räderwerk für Beobachtungen u. nicht zur Zeitmessung wurden 1484 von Bernhard Walther in Nürnberg gebaut.

Meß-Werkzeuge, Schiebelehre, Kaliber, mit Nonius, Tastermaß od. Zehntelmaß, Feinmeßschraube oder Mikrometerschraube, Maßzapfen oder Kaliber-Maße, Kegelzirkel oder Kaliberzirkel, Spitz-Zirkel, Stellwinkel mit Maßstab, Zapfen-Endmaß, Zylindermaß, Lochmaße, Federmaß, Meßuhren und Feinmeßmaschine.

mesure du temps, franz. = Zeitmessung.

Metalle, a) Eisen und Stahl, b) Nichteisen-M., c) Leichtm., d) Edelm., e) Legierungen, f) seltene M., s. Werkstoffe, Übersicht.

Metallfärben, Veränderung der Farbe von Metallen zur Verschönerung oder zum Schutz gegen die Einwirkung der Luft, meist auf chem. Wege durchgeführt.

Metallglocken, s. Klangkörper.

Metallräder und -triebe, werden ab 1750 im Schwarzwald verwendet und verdrängen dadurch allmählich die Teile aus Holz.

Meter, 1 M. (1 m) ist der 10millionste Teil des Erdquadranten. 1795 in Frankreich eingeführt, in Deutschland 1872. Urmeter wird in Sèvres bei Paris aufbewahrt. 1 m = 10 dm = 100 cm = 1000 mm. s. Erdmaße.

Meterkilogramm, s. Kilogrammeter, Abk. mkg.

Meter u. Wellenlänge, der unveränderlichen Wellenlänge des roten Spektrallichts für Kadmium, zur Vergleichung mit dem s. Urmeter. 1 m = 1 533 164,03 Wellenlängen.

Metrisches Gewinde, nach mm gemessenes Gewinde, z. B. M 5 = M.-G. mit 5 mm Gewindedurchm., Außendurchmesser, im Gegensatz zum Zollgewinde, z. B. $1/4''$ = $1/4 \cdot 25{,}4$ mm = $\approx$ 6,25 mm Gewindedurchmesser.

Metrisches Maßsystem, 1771 in Frankreich eingeführt. 1 Meter der zehnmillionste Teil eines Erdmeridianquadranten; der kürzeste Bogen vom Pol zum Äquator. Unterteilung immer durch 10. 1 m, 1 dm, 1 cm, 1 mm, d. i. $1/10$, $1/100$, $1/1000$ m.

metrisches Maßsystem, beseitigte die in früherer Zeit in den verschiedenen Ländern gebräuchlichen Maße (Elle, Fuß, Zoll usw.), die oft trotz gleicher Bezeichnung verschiedene Größen bedeuteten, so z. B. der Fuß: 1 Schweizer Fuß = 0,283 m, 1 Pariser Fuß = 0,32484 m, 1 Rheinischer Fuß = 0,31385 m, 1 Englischer Fuß = 0,30479 m. Als Grundlage für alle Längen, Flächen, Volumen u. Gewichte dient nunmehr das Meter, 1 m = der zehnmillionste Teil eines Meridian-Quadranten. s. Meter.

Metronom, kleines Uhrwerk in Holzgehäuse. Dient als Taktmesser für Musiker. Durch Verschieben der Pendellinse von Presto bis Largo einzustellen.

Metronom

Mikrodynamometer, Zeitwaage, welche nach Angaben von Dr. ing. h. c. R. Straumann hergestellt wurde und nicht nur den Gang der Uhr anzeigt, sondern auch fortlaufend das Kraftmoment des Räderwerks. Auf einer Braun'schen Röhre kann gleichzeitig die Funktion der Ankerhemmung verfolgt werden.

Mikrofarad, (μ F) millionste Teil eines s. Farad.

Mikrometerschraube, zum Messen der Dicke von Werkstücken. Die Meßschraube hat entweder eine Gewindesteigung von 1 mm bei 100 Teilstrichen auf der Meßhülse, oder eine Steigung von $1/2$ mm, bei 50 Teilstrichen auf der Meßhülse. Meßgenauigkeit ist jeweils $1/100$ mm. M. sind oft auch mit einem Zifferblatt ausgestattet, auf dem unmittelbar die Hundertstel Millimeter abzulesen sind. s. Meßwerkzeuge.

Mikron, in goldplattierten Uhrgehäusen ist der Feingehalt nach M. eingestempelt.

1 Mikron	= 0,001 mm	od. 0,2 der Blechlehre
5 Mikron	= 0,005 mm	od. 1 der Blechlehre
10 Mikron	= 0,010 mm	od. 2 der Blechlehre
20 Mikron	= 0,020 mm	od. 4 der Blechlehre
100 Mikron	= 0,100 mm	od. 20 der Blechlehre

Zeichen für Mikron = μ = $^1/_{1000}$ mm, Millimikron = mμ = $^1/_{1\,000\,000}$ mm, s. Längenmaße.

Mikroskop, ein Feinsehgerät, zur Vergrößerung sehr kleiner Gegenstände. Das Ultra-Mikroskop gestattet die Wahrnehmung von Teilchen bis zu sechs Millionstel Millimeter.

Mikrosplit, Bez. für einen s. Mikrographen der nach Art eines Doppelstoppers gebaut ist.

Milchuhren bei alten Ägyptern hoch im Ansehen. Waren im Tempel aufgestellt. 360 Behälter wurden von 360 Priestern bedient und reichten fürs ganze Jahr.

Millimeter-Papier, im Fachzeichnen ein sehr wertvolles Hilfsmittel, sowohl bei der Herstellung von Werkzeichnungen als auch besonders beim freihändigen Skizzieren. Dabei ist die senkrechte u. die waagrechte Projektionsrichtung ohne weiteres gegeben u. es ist ohne Schwierigkeit eine Darstellung im Maßstab 10 : 1 möglich, wenn die cm-Quadrierung als mm gerechnet werden, sodaß die mm-Teilung den Zehnteln entspricht.

Millimü, Milli-Mikron, $^1/_{1000}$ μ oder 0,001 μ, weiterhin $^1/_{1\,000\,000}$ mm oder 0,000 001 mm, bezeichn. mit dem griechischen Buchstaben $\mu\mu$ = mü mü. s. Längenmaße.

Mineralöle, gewonnen aus Erdöl od. Steinkohlen- und Braunkohlenteer. Sie zersetzen sich nicht, neigen jedoch zum Breitlaufen, sodaß die Lager nach kurzer Zeit trocken sind. Durch entsprechende Mischung mit fetten Ölen werden M. schlüpfriger, haftfähiger u. sie halten sich mehr auf kleinem Raum. Jedoch wird damit auch die Neigung zum Zersetzen größer. s. Schmiermittel.

Minute, 1) lat. hora sexagesima = $^1/_{60}$ Stunde, die erste Unterteilung einer Stunde, der kleinere Zeitteil. 1 Minute = 1 min = 1^m. 2) Im Kreis der 60. Teil eines Winkelgrads. 1 Winkelminute = 1', s. Zeitmaße.

Minutenrad, das erste Rad im Räderwerk mit feststehender Umlaufzahl in einer Stunde, veranschaulicht durch die Umdrehung des auf der Minutenwelle sitzenden Minutenzeigers. Die gleiche Umdrehung führt das mit sanfter Reibung, s. Laterne, auf der Minutenwelle drehbare Minuten- od. Viertelrohr aus. s. Stundenrad, s. Gruppen im Räderwerk.

Minutenrohr, s. Viertelrohr.

Minutenwerk, s. Gruppen im Räderwerk, s. Formeln im Fachrechnen Ziff. 2 B.

Minutenzeiger, oder Viertelzeiger, 1685 allgemein eingeführt (Abbildung s. Seite 220).

Mississippi-Ölstein, s. Ölsteine.

Mittag, wahrer Sonnen-Mittag, Sonnen-Kulmination, höchster Stand der Sonne, nur in den auf dem Meridian von Stargard—Görlitz liegenden Orten zugleich 12^h mittags MEZ (Mitteleuropäische Zeit). s. Zeitarten.

Mittagslinie, s. Meridian.

Mitteleuropäische Zeit, Geschichte MEZ, 1893 eingeführt. Bis dahin gab es allein in Deutschland 18 verschiedene Ortszeiten. Von Königsberg bis Aachen bestehen 58 Minuten Zeitdifferenz. Für

Deutschland gilt der 15. Meridian von Görlitz, der genau 1 Stunde östlich vom Nullmeridian Greenwich liegt. Angeschlossen: Deutschland, Österreich, Ungarn, Schweiz, Italien, Jugoslavien, Skandinavien.

Mitteleuropäische Zeit, MEZ., bezeichnet die mittlere Ortszeit von Stargard u. Görlitz, 15 Grad östl. Länge, u. ist die einheitliche Zonenzeit der zwischen dem 7. Grad u. dem 22. Grad östlicher Länge liegenden Ländern. Die MEZ geht gegenüber der s. OEZ um eine volle Stunde nach, gegenüber der WEZ um eine volle Stunde vor. s. Zeitarten.

Mittelsenkrechte, eine Gerade, die eine Strecke halbiert u. auf ihr senkrecht steht. Zur Konstruktion werden von den Endpunkten der Strecke aus mit beliebiger Zirkelöffnung (mindestens aber mehr als die halbe Strecke) Kreisbögen nach beiden Seiten geschlagen. Die Verbindung der beiderseits der Strecke liegenden Schnittpunkte der Kreisbögen ergibt die gesuchte Mittelsenkrechte. s. grundlegende Konstruktionen.

Mitternachts-Sonne, eine an den beiden Polen der Erde zu beobachtende Erscheinung, bei welcher während einer bestimmten Zeit des Jahres die Sonne auch abends nicht unter den Horizont sinkt. Die Ursache hierfür liegt in der Schrägstellung der Erdachse um $23^1/_2{}^0$, wodurch die Pole bei der täglichen Umdrehung der Erde auch während der Nachtstunden im Sonnenlicht bleiben.

mittlerer Tag, eine gleichmäßige Aufteilung der 365,24222 Sonnentage des Jahres, um für unsere Zeitmesser gleichlange Tage zu erhalten. Wegen des gleichzeitig mit der täglichen Umdrehung der Erde erfolgenden Fortschreitens auf der jährlichen Erdbahn entsteht gegenüber dem für die Umdrehung allein maßgebenden Sterntag eine regelmäßige Verlängerung des Sonnentages um 3 min 55,9 sec, d. i. die Zeit, um von dem neuen Standpunkt auf der Erdbahn aus wieder die gleiche Stellung zur Sonne zu erreichen. Mit Rücksicht auf die unendlich große Entfernung der Sterne von der Erde ist dies schon nach einer vollen Umdrehung der Fall. Weiterhin bleibt aber die tägliche Differenz von 3 min 55,9 sec gegenüber der Sternzeit infolge der Schrägstellung der Erdachse und der elliptischen Erdbahn nicht gleich, sondern der Sonnentag weicht täglich bis zu 30 sec ab, im Höchstmaß etwa 16 min gegenüber der mittleren Sonnenzeit. Die tägliche Differenz ist in Uhrmacherkalendern, nautischen Jahrbüchern usw. als s. „Zeitgleichung" angegeben. s. Zeitarten.

mittlere Umgänge der Zugfeder, die annähernd gleichmäßigen 4 bis 5 wirksamen Umgänge der Zugfeder, nach Ausschaltung des stark ansteigenden ersten u. der ebenso nochmals ansteigenden weiteren Umgänge gegen Ende des Aufzugs durch die s. Stellung s. Zugfeder-Kraft.

mkg/s, Meterkilogramm pro Sekunde, s. kgm/s.

Modul im Fachrechnen, m, Durchmesserteilung, enthält nicht den in jeder Umfangsberechnung benötigten ungenauen Wert π = 3,14159... oder 3,1416 oder 3,14, sondern teilt die jeweils maßgebende Größe des Teilkreis-Durchmessers durch die Anzahl der Zähne. $m = \frac{d}{z}$ oder $m = \frac{d'}{z'}$.
Der Modul ist ebenso wie die Teilung für Rad- u. Trieb gleich groß. Um die s. Teilung zu erhalten, wird der Mo-

dul mit 3,14 (π) vervielfacht.

$t = m \cdot \pi \cdot$ Umkehrung, $m = \frac{t}{\pi}$

Mohammedanischer Kalender begann mit der Flucht Mohammeds 622. Rechnet mit dem Mondjahr. In 30 Jahren 11 Schaltjahre.

Molekel, auch Molekül, die kleinsten durch mech. Hilfsmittel herzustellenden Teile eines Stoffes, die unter chem. Einwirkung in die kleinsten Teile, die Atome, zerlegt werden, welche bis in jüngste Zeit als nicht weiter teilbar galten.

Molybdän, Mo, metallischer Grundstoff, Wichte 10,2, Schmelzpunkt bei 2500°, silberweiß, dehnbar, polierfähig. Als wertvoller Zusatz zu legierten Stählen, s. Edelstählen, verwendet s. Nichteisen-Metalle.

Monat, entspricht etwa der Umlaufzeit des Mondes um die Erde. Siderischer Monat sind 27 Tage, 7 Stunden, 45 Minuten, 11,5 Sekunden und ist die Zeit, in der der Mond wieder vor dem gleichen Fixstern steht. Synodischer Monat sind 29 Tage, 12 Stunden, 44 Minuten, 3 Sekunden und ist die Zeit zwischen zwei Neumonden. Der Sommermonat zählt 30 Tage, 10½ Stunden und ist der 12. Teil des Jahres.

Monatsnamen, bei den Römern nur zehn: 1. März, röm. Martius, nach dem Kriegsgott Mars benannt, der Monat, in dem die Kriegszüge begannen. 2. April, von lat. aperire = öffnen, Knospen, Blüten. 3. Mai, röm. Majus, nach der Göttin Maja. 4. Juni, röm. Junius, nach der Göttin Juno. 5. Quintillis, der fünfte Monat, 45 v. Chr. nach dem Kaiser Julius Cäsar „Juli" genannt. 6. Sextilis, der sechste Monat, 8 v. Chr. nach dem Kaiser Augustus „August" genannt. 7. September, der siebte Monat. 8. Oktober, der achte Monat. 9. November, der 9. Monat. 10. Dezember (December), von Dezem = 10, der 10. Monat. Später wurden noch zwei Monate eingeführt: Januar, einer Deutung nach abgeleitet von dem röm. Gott Janus, dem Gott der Zeit und des Anfangs, „Janus-Gesicht", Kopf mit zwei Gesichtern, einer anderen Deutung nach benannt nach dem hl. Januarius. Februar, von lat. februa = Reinigung.

Mond, Planet, Durchmesser 3476 km. (0,2725 Erddurchmesser) Masse 0,0123 Erdmasse. (1:81,56). Abstand im Mittel 384 400 km, in Erdnähe 356 400 und in Erdferne 406 700 km. Umlauf synodisch (Neumond - Neumond) 29,5306 Tage, siderisch (Stern - Stern) 27,3217 Tage. Drakonitisch (Knoten - Knoten) 27,2122 Tage. Geschwindigkeit in der Bahn 1,0 km/sek.

Monde, Wandelsterne, die einen Planeten umkreisen und zus. mit diesem ihre Bahn um die Sonne beschreiben. Sie werden auch Trabanten der Planeten genannt. Ihr Licht erhalten auch sie von der Sonne. Erde und Neptun haben je einen Mond, Mars 2, Uranus 4, Jupiter 9 u. Saturn 10 Monde.

Mondjahr, die Zeiteinheit im alten römischen Kalender, zu 355 Tagen mit 12 ungleichen Monaten, denen von Zeit zu Zeit ein Schaltmonat angefügt wurde. Jahresbeginn zunächst 1. März, später 1. Januar. Die sich aus dieser Zeitrechnung ergebenden Unstimmigkeiten wurden 40 v. Chr. durch den römischen Kaiser Julius Cäsar mit dem nach ihm benannten s. „Julianischen Kalender" beseitigt. s. Jahr.

Monogramm, griech., Handzeichen, verschlungen gez. Anfangs-Buchstaben eines Namens.

montre la, franz. = Uhr.

montre bijou, franz. = mit Edelsteinen besetzte Schmuckuhr.

montre bracelet, franz. = Armbanduhr.

montre complique, franz. = komplizierte Uhr wie Automatic-Kalenderuhr oder Chronograph.

montre de poche, franz. = Taschenuhr.

montre de ville, franz. = Stadtuhr, gemeint ist die schlichtere Gebrauchsuhr, besonders im Gegensatz zur Fantasieuhr.

montre fantaisie, franz. = Uhr mit Fantasiegehäuse.

Motor-Antrieb, wirtschaftlicher u. weniger mühevoll bei größeren Arbeiten. Der Motor ist so auszuwählen, daß er bis zu 10 mm Durchmesser bei Dreharbeiten u. bis zu 6 mm bei Bohrungen durchzieht. Dies entspricht einer Kraft von $^1/_{10}$ bis $^1/_8$ PS oder 75 bis 100 Watt bei einer Umdrehungszahl von 1400 bis 1500/min. Schwächere Motoren genügen nicht, stärkere sind unwirtschaftlich. s. Antrieb.

Mudge, Thomas, 1715/1794, als engl. Chronometermacher bekannt, ist der Erfinder des „freien Ankergangs". Dieser war naturgemäß zunächst noch nicht so entwickelt, wie wir ihn heute kennen. Bis dieses Ziel erreicht wurde, bedurfte es verschiedener Verbesserungen. Erst der Schweizer Antoine Tavan (1749/1830) konstruierte diesen Gang so, daß er seinen Siegeszug antreten konnte. Dabei dürfen wir auch Lange in Glashütte nicht vergessen, der in späterer Zeit zur Verbesserung sehr viel beigetragen hat. 1760 Ankergang mit zwei Hebeflächen konstruiert. (Bild s. Seite 221)

Münchner Rathausuhr, 1908 von der Firma Neher u. Söhne gebaut. Stiftung eines dortigen Bürgers. Mit einem Kunstwerk und Figurenspiel ist ein Glockenspiel verbunden, das über 43 Glocken verfügt.

Muffel-Ofen, mit verschließbaren Gefäßen aus feuerfestem Ton, beheizt mit Gas oder Öl, zum Glühen empfindlicher Stahlsorten. s. Stahl.

Multiplizieren, Multiplikation. s. Vervielfachen.

Muttergewinde, Innen-Gewinde, in die Wandung eines Bohrloches eingeschnittene Gewindegänge, bei denen das Bohrloch dem Kern-Durchmesser, d. i. etwa 0,8 des Gewinde-Durchmessers entspricht. s. Gewinde.

Mutteruhr, s. Hauptuhr.

mV, Millivolt = Ein Tausendstel Volt.

N

N, Formelzeichen für die Leistung, sowohl die elektrische als auch die s. mechanische Leistung.

Natrium, Na, ein Leichtmetall, verbindet sich leicht mit Sauerstoff, reißt diesen an sich, wobei er anderen Körpern entzogen wird, es desoxydiert also. Aus diesem Grunde findet es Verwendung als s. Borax, einem Salz der Borsäure, chem. Formel $Na_2\ B_4\ O_7 + 10\ H_2O$, bei Hartlötungen. Das bekannteste Salz des N. ist das Chlor.-N., eine Auflösung des Metalls in Salzsäure (HCl), das schlechthin als „Salz" bez. s. Kochsalz. s. Salze.

Natronlauge, in Wasser gelöstes Natrium-Oxyd, chem. Formel NaOH. Vorgang: $Na_2O + H_2O = Na_2O_2H_2$ Natriumoxyd + Wasser = 2 Teile Na O H. Sie bildet sich bei Auflösung von Seife in Wasser und wird als Lösemittel für tierische u. pflanzliche Fette verwendet.

natürliche Schleif- und Poliermittel, s. Schleif- u. Poliermittel.

Nautikzähler, eine Stoppuhr, bei der die Teilung rückwärts geht. Sie dient zum Messen der Vorbereitung bis z. B. Startschuß.

Navigator, Tissot, Schöpfung der Firma Chs. Tissot & Fils, Le Locle (Schweiz), gestattet es jederzeit, ohne Manipulation die Zeit irgend eines Punktes der Erde abzulesen.

Neben-Erzeugnisse, bei der Verkokung, d. i. der trockenen Destillation von Braunkohle: Der Braunkohlenteer, aus dem bis zu 35% Rohöl und etwa 60 % Paraffinmasse gewonnen werden, daneben Heizgase, die in Kraftmaschinen verwendet werden. s. flüssige Brennstoffe.

Neben-Erzeugnisse, bei der Verkokung, d. i. der trockenen Destillation von Steinkohle: Der Koksofen-Teer, welcher zu Benzol verarbeitet wird, nebenbei Heizgase, die dem Leuchtgas ähnlich sind, und nach entsprechender Reinigung in Kraftmaschinen verwendet werden. Außerdem fallen bei der Verkokung der Steinkohle noch eine Reihe von Erzeugnissen an, die in der chem. Industrie zu Süßstoffen, Farbstoffen usw. verarbeitet werden. s flüssige Brennstoffe.

Nebenuhr, besitzt kein eigenes Gehwerk. Ihre Fortschaltung besorgt eine s. Hauptuhr. Diese besitzt eine Kontakteinrichtung, welche sekundlich, halbminutlich oder (und dies ist in der Regel der Fall) minutlich einen Stromstoß durch die Leitung schickt. N. besitzen, mit Ausnahme der Sekundenspringer, s. polarisierte Magnetsysteme sodaß die Kontakteinrichtung der Hauptuhr so beschaffen sein muß, daß der Strom nach jedem Stromstoß seine Richtung ändern muß. Man wählt diese Anordnung um eine größere Sicherheit zu erhalten. Denn würde, durch irgend einen Einfluß die N. einmal um zwei Einheiten weiterspringen, wäre der nächste Stromstoß wirkungslos und erst der zweite würde wieder eine Fortschaltung bewirken. An eine Hauptuhr lassen sich beliebig viele N. anschließen und alle zeigen vollkommene Übereinstimmung. N.-Werke baut man auch in Zeitdrucker, Arbeits-Kontrolluhren, Stempeluhren ein. Auch zum Einschalten von Antriebsaggregaten für Turmuhren werden sie verwendet.

Neigung, die einseitige Abnahme einer Höhe oder Stärke auf eine bestimmte Länge, entspricht dem halben Wert der Verjüngung oder des s. Kegels.

Neodym, chem. Grundstoff, Element, Atomgewicht 144,27, Ordnungszahl 60.

Neon, Edelgas, Element, Atomgewicht 20,18, Ordnungszahl 10, Zeichen Ne.

Neon-Leuchtuhren, Hersteller Synchron-Zeit-Uhren KG., Carl Walter, Frankfurt (Main). s. Nebenuhr, als Außen- u. Innenuhr lieferbar, bei welcher die Zeiger aus Neon-Leuchtröhren bestehen. Gute Werbewirkung. Lieferbar bis zu einem Mindestdurchmesser von 40 cm in über 20 verschiedenen Farbtönen (Abbildung s. Seite 220).

netto, rein, ohne Verpackung. N.-preis = Preis, von dem kein Abzug mehr gewährt wird. „Rein n." ohne Skontoabzug.

Neusilber, Nickelmessing, eine Legierung aus 60 % Kupfer, 25 % Zink u. 15 % Nickel, trotz des hohen Kupfergehalts fast silberweiß, verwendet als Blech, Federn u. Draht, für Kontaktfedern u. Metallwaren (Alpacca, Packfong, Argentan), versilbert (Alfenide, Christofle-Metall). Wegen seiner entsprechenden Härte wird es weiter verwendet zu Polierfeilen u. wegen des schönen Klanges zu Gongstäben. s. Kupfer-Nickel-Legierungen.

Nichteisenmetalle, s. Antimon, Blei, Chrom, Kadmium, Kobalt, Kupfer,

Mangan, Molybdän, Nickel, Quecksilber, Wismut, Wolfram, Zink, Zinn, s. Metalle.

Nichtleiter, Stoffe, die dem el. Strom einen sehr hohen Widerstand entgegensetzen (Porzellan, Seide, Papier, Preßstoffe, Glas u. ä.), daß bei den in Frage kommenden Spannungen kein Strom fließen kann.

Nichtmetallische Austauschstoffe, s. Kunstharze und Preßstoffe, härtbar, s. Kunststoffe aus Zellulose, nicht härtbar, s. Kunststoffe aus Kohlenwasserstoffen, s. Galalith, Milchstoffe, s. Werkstoffe, Übersicht.

Nichtrostende Stähle, unter der Bez. „Nirosta" bekannt, entstehen durch entsprechende Zumischung von Chrom und Nickel. So enthält beispielsweise Krupp V 2 A-Stahl 18 % Chrom, 8 % Nickel u. nur 0,2 % Kohlenstoff. Er wird verwendet zu Apparaten, Werkzeugen, Böden für Uhrgehäuse, chirurgischen Geräten, Messerklingen usw. s. Edelstähle.

Nickel, Ni, lat. Niccolum, Wichte 8,85, Schmelzpunkt bei 1400 bis 1450°, silberweiß, zäh, gut zu polieren, sehr korrosionsbeständig u. wird von Magneten angezogen. Verwendet wird es für galvanische Überzüge, als Beimischung für legierte u. nichtrostende Stähle, zu verschiedenen Legierungen, deren wichtigste das Neusilber u. besonders der durch seine geringe Wärme-Ausdehnung für die heutige Uhrmacherei unentbehrliche Nickelstahl sind, s. N.-Stahl-Legierungen. Durch N.-Zusatz erhöht sich die Leistung von Magnetstählen um ein Vielfaches. s. Nichteisen-Metalle.

Nickel-Gold-Legierungen, ergeben Metalle von platin-ähnlichem Aussehen, bei 10 bis 20 % Nickelzusatz große Härte u. hohen Abnutzungs-Widerstand, s. Weißgold.

Nickelin, eine Kupfer-Nickel-Legierung mit 75 % Kupfer u. 25 % Nickel, verwendet für Kontaktfedern u. Widerstandsdrähte. s. Konstantan.

Nickelstahl, erfindet 1897 in Paris Ch. Guillaume. Legierung ist beinahe unempfindlich gegen Temperatureinflüsse s. „Invarstahl" (ihrer Unveränderlichkeit wegen), s. N.-Legierungen.

Nickelstahl-Legierungen, als Werk stoffe für Pendelstangen u. Unruhen, ebenso für Spiralen, also für empfindliche Uhrteile, die sich in der Wärme möglichst wenig ausdehnen, ihre Spannkraft nicht verändern, gegen Magnetismus widerstandsfähig sind u. ä. 1) s. Invar, N.-L. mit etwa 36% Nickel, 2) s. Elinvar, Nickelstahl mit Zusätzen von Chrom, Mangan und Wolfram u. fast unveränderlicher Elastizität zwischen + 50° bis —10° C. 3) s. Nivarox mit Zusätzen von Molybdän u. Beryllium, widerstandsfähig gegen Oxydation u. Magnetismus. 4) s. Contracid, berylliumhaltig, unempfindlich gegen Säuren u. mit geringem Spannungsabfall. 5) „Durapower"- mit Zusätzen von Magnesium, Molybdän, Chrom u. Beryllium, besonders rostsicher u. unmagnetisch.

Nickelstahlpendel, verwendet als Werkstoff für die Pendelstange, eine Nickelstahl-Legierung mit etwa 1/3 Nikkelzusatz, das einen sehr niedrigen s. Ausdehnungs-Koeffizienten besitzt, das von Guillaume 1897 erfundene „Invar", gemäß der franz. Bez. **invar**iable = unveränderlich, bei Temperaturveränderungen die Länge fast nicht verändert. Diese neue Metall-Legierung wurde zuerst von Riefler für Kompensations-Pendel verwendet. Die Deutsche Uhrmacherschule in Glashütte besaß zwei Invar-Stäbe mit einem Ausdehnungs-Koeffizienten von

$$\alpha = 0{,}000\,000\,35 \text{ und } 0{,}000\,000\,05$$

gegenüber dem an sich schon sehr geringen Ausdehnungs-Koeffizienten von normal 0,000 001 verschwindend klein. s. Kompensation des Pendels.

Niederfrequenz, das Gebiet der Elektronentechnik, das sich mit den Schwingungen bis zu 20 kHz befaßt, Wechselstromtechnik.

Niob, lat. Niobium, Nb, Wichte 12,7, Schmelzpunkt bei 1950°, gewonnen bei der Erzeugung von Tantal, benannt nach der Tochter des Tantalus „Niobe". s. seltene Metalle.

Nipp-Uhren, franz. nippes, kleine, zierliche, besonders als Zimmerschmuck verwendete Uhr.

Nitrogenium, s. Stickstoff.

Nitrose Gase, Stickstoff-Oxyde, giftige Dämpfe, die beim Gebrauch von Salpetersäure entstehen, also gut lüften, noch besser im Freien arbeiten. Giftige Gase entstehen auch dann in bedeutenden Mengen, wenn verschüttete Säure mit Erde oder Sägespänen bedeckt werden. Da sie explosibel sind, darf in der Nähe des Arbeitsplatzes keine offene Flamme brennen.

Nivarox, eine Abk. aus „nicht variabel" (unveränderlich) und „nicht oxydabel" (nicht rostend). Diese Bez. verwendet man für eine von Dr. ing. h. c. R. Straumann von der Gebr. Thommen AG., Waldendurg (Schweiz), in Zus.-Arbeit mit der Spiralfedernfabrik Carl Haas, Schramberg (Schwarzwald), entwickelte Spiralfeder, welche hervorragende Eigenschaften besitzt. Die verwendete Berylliumlegierung besteht aus 30 % Nickel, Wolfram oder Molybdän 6 bis 8 %, Eisen 61 bis 63 % und Beryllium 1 %. Die N.-Spirale besitzt einen thermischen Koeffizienten von 0,5 sek. pro Grad in 24 Stunden für die beste Qualität. welche bei N. V immerhin noch sechs sek. pro Grad C in 24 Stunden beträgt. Sein Elastizitätsmoment beträgt 19 000 bis 20 000 kg/mm. Seine Proportionalitätsgrenze 56/60 kg/mm². Seine Härte nach Vickers 420 bis 460. Das logarithmische Dekrement der Dämpfung $4{,}9 \cdot 10^{-3}$. Mit diesen Werten steht es den besten Stahlspiralen nicht nach. Auch was die Dämpfung der Schwingung durch die innere Reibung anbelangt, steht N. den besten Stahlspiralfedern mit Vergleichswerten von 145 (für Stahl) und 141 für N. kaum nach. Auch der Isochronismusfehler der Uhr, meist durch die Einflüsse der Hemmung ein Nachgehen in den kleinen Schwingungsbögen wird durch N., das ein Vorgehen der kleinen Schwingungsbögen bewirkt, angenehm korrigiert. Im Gegensatz hierzu vergrößerte das (siehe) Elinvar den Isochronismusfehler durch ein Nachgehen in den kleinen Bögen. Eine N.-Spirale, die während fünf Minuten in einem Magnetfeld von 150 Gauss war, zeigte eine Gangstörung von 0,7 sek. Nach einer Magnetisierung bei 250 Gauss wurden im Durchschnitt eine bleibende Wirkung von 0,75 sek./24 Stunden gemessen. s. Nickelstahl-Legierungen. Die Nivarox-Spirale ist eine sog. selbstkompensierende Spirale, d. h. die Einflüsse der Wärme — welche sich doch bei den dünnen und langen Spiralen sehr stark auswirken, werden im Material kompensiert, ohne daß nach außen eine Veränderung — sei es in der Länge oder in der Elastizität — auftritt.

Nonius, an der Schiebelehre, von lat. non = 9, ein von Vernier 1631 erfundener Hilfs-Maßstab von insgesamt 9 mm Länge, der in 10 Teile geteilt ist, wodurch ein Noniusteil $^{9}/_{10}$ mm lang wird. Durch Vergleichen mit der am Maßstab befindlichen normalen mm-Teilung ($^{10}/_{10}$ mm) läßt sich beim Zusammentreffen der beiden verschiedenen Teilungen ein Unterschied von Zehntels-Millimetern bestimmen. s. Meß-Werkzeuge.

Normal-Glühen, wird angewendet, um das beim Walzen, Schmieden oder Einsetzen des Stahles ungleichmäßige Gefüge wieder zu normalisieren. s. Glühen des Stahls.

Normal-Meter, s. Ur-Meter.

Normalzeit, eingestellt auf MEZ (mitteleuropäische Zeit), die dauernd mittels des täglichen Zeitzeichens kontrolliert wird. Beim Feinstellen des Gangs einer Uhr ist dieser so abzugleichen, daß er je nach Güte der Uhr mit der Normalzeit mehr oder weniger genau übereinstimmt. s. Feinstellen, Zeitzeichen, Gang der Uhr.

Normung bezweckt auch im Uhrmacher-Beruf eine planmäßige Verminderung der Vielzahl von Formen für das gleiche Uhrteil, sie gestattet einen geringeren Lagerbestand u. Kapital-Aufwand, erzeugt bessere Qualitäten u. Benennungen, hilft Zeit sparen u. bietet Austausch-Möglichkeiten. Der seit 1917 arbeitende Deutsche Normen-Ausschuß (DNA) hat bis 1926 mehr als 7100 Normblätter für alle möglichen Teile geschaffen u. damit bereits eine weitgehende Vereinfachung erzielt. Auch innerhalb der Uhrmacherei ist man neuerdings bestrebt, sich die günstigen Erfahrungen der Normung ungeachtet verschiedener Schwierigkeiten nutzbar zu machen. Die durch den DNA durchgeführte Normung umfaßt folgende Gebiete: A) Grundnormen; allgemeine, technische, Zeichnungen, Passungen, Gewinde. B.) Werkstoffnormen: Stahl u. Eisen, Nichteisen-Metalle, Werkstoff-Prüfung. C.) Maßnormen: Paßstifte, Niete, Schrauben u. Muttern, Bolzen, Keile, Zahnräder, Transmissionen, Wälzlager, Bedienungs-Elemente. D.) Normung für Elektrotechnik: s. Fachzeichnen, Übersicht, Zeichnungs-N.

Normung von Stahl und Eisen
1. Stähle: DIN 1611, z. B. „St 37.11", Thomas- oder Siemens-Martin-Stahl, dabei bedeutet St = Stahl, 37 = 37—45 kg/mm² Zugfestigkeit, 11 = DIN-Blatt 1611. DIN 1661, z. B. „St C 45·61", Vergütungs-Stahl mit 4,5 % Kohlenstoff, nach DIN-Blatt 1661. DIN 1662, z. B. „ECN 25", legierter Einsatz-Stahl (Ölhärter) mit 2,5% Nikkel u. 60 bis 100 kg/mm² Zugfestigkeit oder „VCN 45", legierter Vergütungsstahl mit 4,5 % Nickel u. 100 bis 145 kg/mm² Zugfestigkeit. 2. Eisen: DIN 1681, z. B. „Stg 3881", Stahlguß mit 38 kg/mm² Zugfestigkeit nach DIN-Blatt 1681. DIN 1691, z. B. „Ge 1291", Gußeisen mit 12 kg/mm² Zugfestigkeit nach DIN-Blatt 1691. DIN 1692, z. B. „Te G 92", Temperguß nach DIN-Blatt 1692 mit 35 kg/mm² Zugfestigkeit.

Novochoc, Stoßsicherung, bei welcher der Lochstein zwischen Federn gelagert ist (Abbildung s. Seite 220).

Nürnberger Eier, waren nicht die ersten von Peter Henlein gebauten tragbaren Uhren, wie vielfach irrtümlich angenommen wird. Sie waren zunächst dosenförmig, nahmen etwa 25 Jahre später ovale Formen an, und das gegen 1600 aufgetauchte Wort „Eier" kann gegen 1650 als zutreffend betrachtet werden, als die Uhrgehäuse unter dem Einfluß des Barockstils eiförmige Gestalt erhielten.

Nürnberger Zeit zeigte ein Uhr an der Sebalduskirche in Nürnberg etwa um 1400. Dies war eine Uhr mit zwei Kreiszifferblättern, von denen der eine Kreis Nürnberger, der andere welsche Zeit anzeigte.

Nullmeridian, Null-Längenkreis, der durch die Sternwarte von Greenwich bei London gedachte Meridian oder Längenkreis, als Ausgangspunkt für die Bestimmung der östl. oder westl. Länge eines Ortes, der ö. L. oder w. L.

Nul punkt, absoluter, —273.16 Grad C. Tiefste je erreichbare Temperatur. Eine tiefere Temperatur ist nach unseren heutigen Vorstellungen unmöglich.

O

Oberflächen-Härtung, s. Einsetzen oder Zementieren.

Oberflächen-Schutz, durch metallische und nichtmetallische Überzüge. 1) metallische: Verzinkung im Feuer u. galvanisch, verzinnen durch Eintauchen in flüssige Bäder oder durch Aufspritzen, verbleien, vernickeln, meist galvanisch, nach vorherigem Überzug mit Kupfer oder Kadmium, verchromen, überziehen mit Aluminium nach dem Spritzverfahren. 2) Nichtmetallische: Emaillieren von Gußeisen und Stahl durch glasartige Überzüge, brünieren durch verreiben von Öl in die durch Erhitzen entstehende Oxydschicht, anstreichen mit Grundfarbe (Mennige) u. Ölfarbe, mit anschließendem Lakkieren, durch Überziehen mit einer Öl- oder Fettschicht. s. Korrosion.

Oberflächen-Veredlung des Werkgestells, s. Werkgestell.

Öffentliche Uhren, erste, aufgestellt: 1361 Nürnberg, 1368 Breslau, 1369 Mainz, 1370 Kolmar, 1370 Paris, 1375 Frankfurt (Main), 1381 Basel, 1386 Köln, 1391 Metz, 1404 München, 1417 Wien.

Öffnungsfunke, beim Öffnen eines Stromkreises entstehender Funke, der dadurch entsteht, daß der Strom beim Unterbrechen der leitenden Verbindung seinen Weg über die Luft fortsetzt. Die Funkenstrecke ist umso größer, je langsamer der Kontakt geöffnet wird. Aus diesem Grund sind die meisten Schalter so gebaut, daß unter dem Einfluß einer Feder das Öffnen möglichst rasch vonstatten geht. Besonders in Stromkreisen mit induktiven Verbraucher wird der Ö. besonders stark, weil der nacheilende Induktionsstrom den Strom um ein Vielfaches seines ursprünglichen Werts verstärken kann.

Öl, Anforderungen: 1) Säurefrei, damit es Metallteile nicht angreift. 2) In der Wärme nicht zu flüchtig, wodurch ein Trockenlaufen der Uhr eintreten würde. 3) Bis zu einer gewissen Kälte (—15°) nicht erstarren. 4) Nicht zu leichtflüssig, damit es nicht aus den Lagern läuft, sondern an der Metallfläche haftet u. diese benetzt. 5) Schlüpfrigkeit, damit es die auftretenden Reibungen wirksam vermindert. s. Uhren-Öle, Schmiermittel.

Ölblock, auch Ölbesteck, eine Zusammenstellung von fünf farbigen, geschlossenen Ölnäpfchen mit den Nummern der 5 Ölsorten u. einem Näpfchen für Remontoirfett. s. Ölsorten.

Ölen, 1) Für weniger belastete und schnell umlaufende Lager (Zwischenrad, Sekundenrad, Steigrad-Zapfen), dünnflüssiges Öl. 2) Für stärker belastete, sich langsam drehende Lager (Federhaus, Mittelrad-Zapfen), dickflüssigeres Öl. 3) Für die Aufzugspartie, Zugfeder, Körnerschrauben, Fett, Vaseline. Bei einer Mischung von Ölen ist es wichtig, daß sie bei Temperaturänderungen ihren Flüssigkeitsgrad möglichst beibehalten. Die aufgewendete Ölmenge muß genügend, darf aber nicht zu groß sein (verlaufen). s. Ölsorten.

Ölfilm, eine feine Ölschicht aus schlüpfrigem Schmiermittel an der belasteten Seite des Zapfens, die nicht verdrängt werden darf, damit die Reibung entsprechend vermindert wird.

Ölnäpfchen, meist aus Achat oder Glas, mit gut schließendem Deckel, zur Aufnahme des laufend benötigten Bedarfs an Öl, der mindestens alle acht Tage erneuert werden soll, da der Ölgeber stets Verunreinigungen, Metallspäne usw. mitführt.

Ölpflege, 1) Vor Sonnenlicht schützen, da sonst das Öl zersetzt wird, also dunkel und kühl aufbewahren. 2) Ölfläschchen stets wieder verschließen, um Staub u. sonstige Fremdkörper fernzuhalten, da diese eine Schmirgelwirkung verursachen. 3) Nicht aus der Flasche unmittelbar ölen, sondern aus dem Ölnäpfchen, damit der Ölvorrat nicht verunreinigt wird. 4) den Ölgeber, einen schlank gefeilten Messingdraht rein halten u. nicht auf dem Werktisch liegen lassen. s. Uhren-Öle, Schmiermittel.

Ölsenkung, besser klein und halbkreisförmig als groß u. flach, da die scharfe Kante an der kleineren u. tieferen Ölsenkung das Austreten des Öls besser verhindert.

Ölsorten, Nr. 1 grün, Verwendung: a) Armbanduhren unter 6‴, sämtliche Lager, Hemmung und Räderwerk; b) Herrentaschenuhren u. Armbanduhren über 6‴, nur für die Hemmung. Nr. 2, rot, Verwendung: Armbanduhren über 6‴, für das Räderwerk. Nr. 3, blau, Verw.: Taschenuhren, für das Räderwerk. Nr. 4, gelb, Verw. Großuhren für die Hemmung. Nr. 5, klar, Verw. a) Großuhren, für das Räderwerk; b) Taschen- und Armbanduhren, für das Federhaus. s. Uhren-Öle, Schmiermittel.

Ölsteine, Arkansas- u. Mississippi-Ölstein, Härte 6/7, besteht aus Quarz u. Schiefer, sehr feine Körnung mit sehr hartem Bindemittel. Mit etwas Öl wird er verwendet zum Feinschleifen von gehärtetem Stahl, im Handel erhältlich in Stücken oder als Pulver. s. Schleif- u. Poliermittel.

Ölstein-Pflege, Arkansas- u. Mississippi-Ölsteine werden stets mit einem Gemisch aus Petroleum u. Olivenöl od. Maschinenöl verwendet. Damit bleiben die Steine immer sauber u. scharf. Andere Öle verharzen den Stein u. machen ihn stumpf. Er kann dann ggf. in Seifenlauge mit Salmiak ausgewaschen, oder bei Vorhandensein einer alten Ölkruste im Feuer ausgebrannt u. auf einer Glasplatte mit Schmirgel Nr. 4 u. Wasser flachgeschliffen werden. Ein gepflegter, d. h. stets wieder sauber abgewischter Ölstein bleibt immer flach und scharf. s. Schleif- und Poliermittel.

Ölstein-Pulver, gemahlener Ölstein von feinem Korn, zum Feinschleifen von gehärtetem Stahl. s. Schleif- und Poliermittel.

Öl-Uhr, gläserne Lampen, die an einer Skala das verbrauchte Öl anzeigten u. so eine annähernde Zeitbestimmung während der Nachtzeit gestalteten.

Ösen-Aufhängung des Pendels, siehe Pendel-Aufhängung.

Ohm, Zeichen Ω (omega) ist die Einheit des el. Widerstands 1 O. ist der Widerstand, den ein Quecksilberfaden von 1,063 m Länge und einem Querschnitt von 1 mm^2 bei 0° C dem Stromfluß entgegensetzt.

Ohm Georg Simon, geb. 1789 in Erlangen, gest. 1854. Hochschullehrer in München. Entdeckt das s. „Ohm'sche Gesetz". Die Beziehung zwischen Stromstärke, Spannung u. Widerstand.

Ohm'sches Gesetz, dieser wichtigste Grundsatz der Elektrotechnik lautet: Die Stromstärke ist der Spannung direkt u. dem s. Widerstand umgekehrt proportional. I = U : R u. U = I · R. u. R = U : I.

Oleum, rauchende, konzentrierte s. Schwefelsäure, die zum Abbeizen des Glühspans von Stahlteilen verwendet wird. s. Säuren.

Olive, das Futter für den Zeigerstellknopf bei Taschenuhren.

olivette, Deckelvorsprung bei Taschenuhren.

olivierte Lochsteine, die Bohrung ist nicht zylindrisch, sondern zur Verminderung der Reibung an den beiden Seiten stärker auspoliert, sodaß der Zapfen nur in der Mitte d. Lochs reibt. O. L. werden vorwiegend für Unruhlagerung, seltener bei Radlagerung verwendet. s. Steinlager (Abbildung s. Seite 221).

Omega, griech. Buchstabe Ω Zeichen für das s. Ohm der Einheit des el. s. Widerstands.

Omega Time Recorder, schreibendes Zeitmeßgerät für sportliche Zeitnahme, das die Zeit auf 1/100 Sek. anzeigt und druckt. Als Zeitnormale wird eine Quarzuhr verwendet, welche von einem Quarz gesteuert wird, der eine Frequenz von 100 kHz besitzt. Durch Frequenzteiler wird diese Frequenz auf 60 Hz herabgedrückt u. zum Antrieb eines Synchronmotors verwendet, der ein Zählwerk betreibt, das im wesentlichen aus vier Trommeln besteht, die an ihrem Umfang Reliefzahlen tragen u. die Stunden, Minuten, Sekunden u. die Hundertstel Sekunden anzeigen. Die Druckvorrichtung besteht aus einem elektromagnetisch betätigtem Hammer, der ein Farbband und einen Papierstreifen auf d. Zählwerk schlägt. Nach jedem Anschlag wird der Papierstreifen automatisch weiterbefördert. Jede zehntel Sekunde läßt sich eine Zeitmessung durchführen.

Onogo-Signal, Zeitzeichen der deutschen Großfunkstelle Nauen. Dieses Zeitzeichen, das speziell für die Schiffahrt gedacht ist, begann um 0 h 55 m bzw. 12 h 55. In der ersten Minute besteht es aus einer ununterbrochenen Folge von Strichsignalen, die 4/5 Sek. lang sind, also jeweils durch eine Pause von 1/5 Sek. getrennt sind. In der zweiten Minute werden von der ersten bis zur 50. Sek. kurze Punktsignale gegeben, und von der 56. bis zur 60. Sekunde ein Dauerton. Das eigentliche Hauptsignal beginnt mit der 58. Minute und zwar wird das Zeichen x (— · · —) verwendet, das jeweils bei der vollen Zehnersekunde endet bis zur 50. Sekunde u. endet mit drei Strichen. In gleicher Weise werden in der nächsten Minute das Zeichen n (— ·) gegeben. In der letzten Minute das Zeichen g (— — ·), wobei ein von der 55. bis zur 60. Sek. gegebenes o (— — —) mit dem Ende des letzten Striches die volle Stunde anzeigt. Als Schlußsignal wird noch ein Strich gesendet u. zwar von 1 h 0 m 10 s bis 1 h 0 m 20 s. Das gleiche gilt auch sinngemäß für das um 12 h 55 beginnende Zeitzeichen.

or, franz. = Gold.

Ordinaten-Achse, die senkrechte „y-Achse" im s. Koordinaten-System.

Organisation des Uhrmacherberufs, als Dachorganisation der Zentralverband deutscher Uhrmacher, weiterhin Landes- und Kreisinnungen. Die Handwerkskammern, durch die Handwerkernovelle vom 26. Juli 1897 geschaffen, geben dem Handwerk eine öffentlichrechtliche Selbstverwaltung u. zugleich ein Organ der Interessen-Vertretung. Ihre Hauptaufgabe bildet die Regelung der Handwerksverhältnisse, insbesondere des Lehrlingswesens, der Gehilfen- und Meisterprüfungen, die Überwachung der gesetzlichen Bestimmungen im Kammerbezirk, die Förderung des Handwerks durch Ausstellungen, Fachschulen u. Meisterkurse und endlich die Vertretung des Handwerks bei Erstattung von Gutachten, durch Beratung von Wünschen u. Anträgen aus dem Handwerk u. durch ihre Weiterleitung an die zuständigen Staatsbehörden. s. Beruf des Uhrmachers.

Ortho-Zykloide, gemeine Radlinie. s. Radlinie.

Ortszeit, mittlere als Nachfolge der „wahren" gegen Ende des 18. Jahrhunderts eingeführt, weil zuverlässiger. Mittlerer Mittag wurde in Genf 1780 durch Schlag auf eine Glocke der Kathedrale verkündet. Es folgten London, Berlin, Paris, Zürich.

Osmium, Os, metallischer Grundstoff, Wichte 22,5 schwer schmelzbar, bei 2500°, in allen Säuren unlöslich. Es gehört zu den Platin-Metallen u. wird verwendet für el. Glühlampen, Füllfederhalter usw. s. seltene Metalle.

Ost-Europäische Zeit, OEZ bez. die einheitliche Zonenzeit für die zwisch. dem 22. u. 37. Grad östlicher Länge, für welche die mittlere Ortszeit des 30. Meridians ö. L. (Petersburg—Leningrad) maßgebend ist. Die OEZ gilt für den zwischen dem 22. u. 37. Grad ö. L. liegenden Teil von Rußland, für Finnland, Polen, Bulgarien, Rumänien sowie die übrigen Balkanländer. In der OEZ gehen die Uhren gegenüber der s. MEZ um eine volle Stunde voraus. s. Zeitarten.

outil, (le), franz. = Werkzeug.

Oxyd, die Verbindung eines Grundstoffs mit Sauerstoff O (Oxygenium). Verbindungen mit einem Sauerstoffteil bez. man als Monoxyd, mit zwei Teilen als Dioxyd, mit drei Teilen als Trioxyd usw. Sauerstoffarme Oxyde nennt man Oxydul, z. B. $Fe_2\ O_3$ (zwei Teile Eisen u. drei Teile Sauerstoff) ist Eisen-Oxyd, aber Fe O ist Eisen-Oxydul.

Oxydation, der Vorgang der chem. Verbindung eines Stoffes mit Sauerstoff. Findet sie rasch und unter Feuererscheinungen statt, spricht man von einer Verbrennung, die bei Entzug von Sauerstoff durch Bedecken mit dichtem Material, Sand usw. aufhört. Auch der Feuerlöschapparat beruht auf diesem Gedanken. Langsam stattfindende O. ist die Vermoderung, bei der auch Wärme entsteht. Als Oxydationsmittel benutzt man solche Stoffe, die leicht Sauerstoff abgeben, wie s. Ozon, Salpetersäure (HNO_3), Braunstein (M_uO_2). s. Sauerstoff, Desoxydation oder Reduktion.

Oxydlösende Reinigungsmittel, 1) Spiritus; 2) Zyankali, Renovirin. s. Reinigungsmittel.

Oxygenium, s. Sauerstoff.

Ozon, O_3, aktiver Sauerstoff, das stärkste Oxydationsmittel, verwendet zum Sterilisieren von Trinkwasser und als Bleichmittel. s. Sauerstoff.

P

Packfong, Weißkupfer, eine in China vielfach gebrauchte Legierung aus Kupfer, Zink, Eisen u. Nickel. s. Neusilber.

Palette, (franz.) Ankerklaue.

Paletten am Hemmungsanker, die Klauen oder Lappen am Anker, an deren schräg angeschliffenen Hebungsflächen die Spitzen des Anker- oder Hemmungsrades entlang gleiten, unter gleichzeitiger Hebung des Ankers und Erteilung eines Impulses an Anker u. Gangregler. s. Hemmungen, Grundbegriffe.

Palladium, Pd, Wichte 11,9 Schmelzpunkt 1557 °, ein zu den Platinmetallen zählender Grundstoff, der sich stets gemeinsam mit Platin findet, manchmal auch mit Gold legiert. Es ist silberweiß, wird an der Luft nicht schwarz, weshalb Silberwaren bisweilen auf galvanischem Wege mit Palladium überzogen werden. Im Gegensatz zu anderen Platin-Metallen löst es sich schon in Salpetersäure. Es wird auch zu unmagnetischen Spiralen verwendet. s. seltene Metalle.

Pappelholz-Späne, ebenso trockene Ahorn-Späne, geeignet zum Trocknen von gereinigten Werkteilen, da sie nicht gerbsäure- u. harzhaltig sind. s. Trocknen.

Paraffin-Masse, gewonnen bei der Destillation von Braunkohle. s. Koks, s. flüssige Brennstoffe.

Parallel-Kreise, auch Breiten-Kreise, s. Erdbreite.

Parallelogramm der Kräfte, zwei Kräfte, die aus verschiedener Richtung auf einen Punkt wirken, vereinigen sich zu einer Gesamtkraft, deren Größe u. Richtung durch das Parallelogramm bestimmt wird, deren Seiten durch die Größe und die Richtung der wirkenden Kräfte bestimmt werden.

Parallelschaltung, s. Reihenschaltung.

Pare choc, franz. = Stoßsicherung.

Pariser Linie, auch kurz s. Linie = 1‴ = 2,25 mm.

Pariser Rot, auch Stahlrot genannt, Eisen-Oxyd, das durch Schlämmen ein sehr feines Korn erhält. In dunkelroter Farbe verwendet man es für Stahl-Polituren, hellrot für Messing-, Gold- u. Silber-Polituren. Angerührt mit Olivenöl wird es als Brei oder mit Talg als feste Polierpaste verwendet. s. Schleif- und Poliermittel.

Parsek, kosmisches Entfernungsmaß, 1 P. = 3259 s. Lichtjahre = 206 265 s. astronomische Einheiten.

Passage am Zylinder, auch s. Durchgang.

Passungen, 1) Angaben für die Größen zusammengehöriger Teile. Durch DIN sind hierfür folgende Begriffe festgelegt: Nennmaß = das durch Zeichnung und Maßzahl bestimmte Maß. Oberes Abmaß = der Unterschied zwischen dem Größtmaß u. dem Nennmaß. Unteres Abmaß = der Unterschied zwischen d. Kleinstmaß u. dem Nennmaß. Der Unterschied zwischen den beiden Grenzmaßen ergibt die Toleranz (lat. tolerrire = dulden). Das Sollmaß ist anzustreben, es liegt in der Toleranz-Mitte. Das Istmaß bez. das tatsächliche, am Stück vorhandene Maß.
2) Sitze: Bez. für die Größe des Übermaßes oder des Spiels. Die DIN-Passung unterscheidet: 1. Ruhesitze: P = Preß-Sitz z. B. bei Einpreß-Steinen; F = Fest-Sitz z. B. bei Messing-Lagern; T = Treib-Sitz z. B. bei Stellstiften Radscheiben; H = Haftsitz, z. B. bei Putzen, Unruhen auf der Welle 2. Bewegungs-Sitze: S = Schiebesitz, z. B. bei Schlittenführungen, Support; G = Gleitsitz, z. B. Minutenrohr auf der Welle; EL = enger Laufsitz, z. B. bei Pendelfedern im Schlitz; LL = leichter Laufsitz, z. B. bei Zapfen-Lagerungen unter 0,2 mm Durchmesser; WL = weiter Laufsitz, z. B. bei Zapfen-Lagerungen in billigen Uhren.

3) „ISA"-Passung: Ein internat. Passungs-System im Anschluß an die DIN-Passung, mit Rücksicht auf den Export in der industriellen Fertigung allgemein üblich. Hier gelten für die Bezeichn. von Bohrungen die großen Buchstaben A—Z, für Wellen die kleinen Buchstaben a—z, welche zus. mit den Ziffern 1—16 (größte Toleranz) die einzelnen Qualitäten der Passung angeben. Es gelten die Ziffern 1—4 für Lehren, 5—6 für Edelpassung, 6—9 für Feinpassung, 8—10 für Schlichtpassung, ab 11 für Grobpassung. Durch dieses genaue System wird auch die Austauschbarkeit von Bohrungen u. Wellen gewährleistet, die an verschiedenen Orten angefertigt wurden.

Passungs-Einheit, P. E., gibt die Abstufungen der DIN-Passungen an. 1 PE $= 0{,}005 \cdot \sqrt[3]{D}$, sodaß für jeden Durchmesser einer Bohrung oder Welle ein Grundmaß für das Spiel festliegt. Für Laufsitz L kommen z. B. in Frage 1,5 PE, für leichten Laufsitz LL, 3 PE, für weiten Laufsitz WL, 5 PE.

Patina, auch Edelrost, ein grünlicher Überzug auf Gegenständen aus Kupfer u. Kupfer-Legierungen, besonders Bronze, entsteht durch Einwirkung feuchter, kohlensäurehaltiger Luft. Es ist seiner chem. Zusammensetzung nach kohlensaures Kupfer u. schützt wie ein Anstrich das darunter liegende Kupfer vor weiterer Zerstörung, daher die lange Lebensdauer von kupfernen Gegenständen an der Luft. In Metallwarenfabriken wird P. auch künstlich erzeugt.

Pendel, s. Drehpendel, Torsionspendel, Erdbeschleunigung, Gegenschwungpendel, Graham-Pendel, Impuls, Isochronismus, Kompensation und Kompensations-Pendel, Massen-Mittelpunkt. Mathematische u. physische Pendellänge, Proportion, Quarzpendel, Quecksilberpendel, Nickelstahlpendel, Rieflerpendel, Rostpendel, Schwerkraft, Schwerkraftpendel u. Schwerpunkt. Schwingungsbogen, Schwingungsdauer Schwingungsmittelpunkt, Schwingungszahl, Transportpendel, Unterstützungs-Ebene.

Pendel, allgemeiner Begriff, lat. pendulum = das Hängende, ein an einem „gewichtslosen Faden" freischwingend aufgehängter „schwerer Punkt". Einen „gewichtslosen" Faden gibt es ebensowenig wie einen „schweren Punkt". Diese Begriffe kann man sich nur denken u. man muß damit beim s. „mathematischen Pendel" rechnen. Am nächsten kommt diesem Begriff ein an einem Seidenfaden aufgehängtes Kügelchen aus Gold. Grundsätzlich unterscheidet man zwei Gruppen von Pendeln: a) s. Schwerkraft-Pendel; b) s. Federkraft-Pendel (Unruh).

Pendelaufhängung, früher durch einen Seidenfaden, dessen wirksame Länge verändert werden konnte, in billigen Schwarzwälder Uhren an einer Drahtöse, die stark abgenutzt wird, bei besseren Uhren heute allgemein mittels s. Pendelfeder. Für feine Uhren wurde auch die s. Schneidenaufhängung wie man sie noch an Waagen und feinen Meßinstrumenten (z. B. Minimeter) findet, verwendet. Schließlich wurden auch Versuche mit einem Rollpendel gemacht.

Pendelfeder, die heute am häufigsten angewandte Art der Pendelaufhängung, bestehend aus einem oder mehreren gehärteten Federstahlbändern (Lamellen), die je nach dem Gewicht des Pendels stärker u. kürzer oder dünner u. länger sind. Bei einem Pendelgewicht bis zu 8 kg würde eine Feder von 0,2 mm^2 Querschnitt ausreichen, d. i. 4 mm Breite bei 0,05 mm

Klingenstärke. Meist wählt man jedoch 0,1 mm Klingenstärke bei 4 mm Breite, was für zwei Pendelfedern einen tragenden Querschnitt von $2 \times 0{,}1 \times 4$ mm $= 0{,}8$ mm² ergibt, also eine vierfache Sicherheit. Die freie Federlänge beträgt bei Riefler 3 mm, bei Strasser 4 mm, bei Uhren für bürgerlichen Gebrauch bis zu 6 mm. Der Biegepunkt der Pendelfeder erfolgt im oberen Drittel. Die Pendelfeder darf nicht klemmen, das Pendel muß in der Ruhelage frei u. senkrecht hängen.

Pendelführung, die Verbindung zwischen Hemmung u. Pendel, erteilt dem Pendel bei jeder Schwingung einen kleinen Antrieb (s. Impuls) u. bewirkt dadurch, daß das Räderwerk gemäß den zeitengleichen Schwingungen des Pendels ablaufen kann. In der Praxis nennt man dieses Verbindungsglied die s. Pendelgabel, kurz auch „Gabel".

Pendelgabel, das Verbindungsglied zwischen Pendelstange u. Hemmung, eine gabelförmige Aussparung, oft auch ein Stift, der in eine Aussparung des Pendelstabes greift. Der Drehpunkt der Gabel muß in Höhe der Ankerwelle liegen, die Gabel selbst darf einerseits nicht klemmen, andererseits auch nicht zu weit sein, da sonst das Pendel schaukelt oder schlingert.

Pendelgesetze, 1. Die Schwingungsdauer eines Pendels hängt nicht ab von seiner Masse oder seinem Werkstoff, sondern lediglich von seiner mathematischen (reduzierten) Länge. Am gleichen Ort schwingen also gleichlange Pendel gleichmäßig. Dabei schwingt ein längeres Pendel langsamer als ein kürzeres. 2. Die s. Schwingungsdauer eines Pendels hängt ab von der s. Erdbeschleunigung g, die vom Äquator zu den Polen zunimmt. 3. Die Längen zweier Pendel verhalten sich umgekehrt wie Quadrate ihrer Schwingungszahlen. $L : l = n^2 : N^2$ (L, N für Sekundenpendel) $994 \text{ mm} : l = n^2 : 60^2$ Daraus ergeben sich nach den Regeln der s. Proportion zwei Lösungen: zunächst $l \times n^2 = 994 = 60^2$, und hieraus

$$\boxed{1)\ l = \frac{994 \cdot 60^2}{n^2}} \quad \text{oder} \quad \boxed{2)\ n^2 = \frac{994 \cdot 60^2}{l}}$$

Zu beachten, daß in beiden Fällen auf dem Bruchstrich die Werte für das Sekunden-Pendel stehen: $994 \cdot 60^2$.

Pendelkompensation, s. Kompensation u. Kompensations-Pendel.

Pendellänge, im Fachrechnen, bezieht sich stets auf die mathematische oder s. reduzierte Pendellänge, im Gegensatz zur körperlichen oder s. „physischen Pendellänge" von der Aufhängung bis zur Regulierschraube. Für die Berechnung wird diese Länge reduziert zur s. „mathematischen Pendellänge", vom Biegepunkt der Pendelfeder bis zum s. „Schwingungsmittelpunkt". Die Berechnung der Pendellänge erfolgt aus der bekannten Länge L des Sekundenpendels u. seiner Schlägezahl N, sowie der bekannten Schlägezahl eines Pendels, nach der Formel

$$l = \frac{L \cdot N \cdot N}{n \cdot n} = \frac{994 \cdot 60 \cdot 60}{n \cdot n}$$

s. Formeln Ziffer 4.

Pendellänge u. Barometerstand, je größer der mittlere Barometerstand, desto kürzer wird das Pendel. Eine Erhöhung des Quecksilberstandes um 1 mm bedingt ein tägliches Nachgehen um 0,015 sek.

Pendellänge u. geographische Breite, des Sekundenpendels wächst nach den Polen zu u. zwar ergibt je ein Breitengrad ein tägliches Vorgehen um 3,8 sek. s. Erdbeschleunigung.

Pendellänge und Höhenlage, das Sekundenpendel nimmt ab mit d. Höhe u. zwar ergibt 1 m Erhöhung ein Nachgehen um täglich 0.014 sek.

Pendellinse, eine dem Rande zu verjüngte linsenförmige Scheibe aus Gußeisen, Rotguß, Messingblech mit Bleikörper oder massiv Messing, oft auch 1 bis 2 zylindrische Metallkörper, wie beim Rieflerpendel oder offene Glasgefäße mit Quecksilber. s. Kompensationspendel.

Pendelschläge aus dem Räderwerk berechnen sich aus der Übersetzung i geteilt durch die doppelte Zähnezahl des Hemmungsrades Z_h, nach der Formel:

$$\frac{1}{n_h} = \frac{i}{2 Z_h} \text{ oder ausführlicher}$$

$$\frac{1}{n_h} = \frac{Z'_z \cdot Z'_h}{Z_m \cdot Z_z \cdot 2 Z_h}$$

z. B. für ein Sekundenpendel:

$$\frac{1}{n_h} = \frac{12 \cdot 12}{96 \cdot 90 \cdot 2 \cdot 30} = \frac{1}{3600} \quad (1:3\,600),$$

d. h. Verhältnis 1 Stunde zu 3600 Schlägen.

Pendel-Schwingungsdauer, s. Schwingungsdauer des Pendels, Formeln Ziffer 5.

Pendelstange, besteht vielfach aus einem einfachen Stahlstab, bei Präzisionsuhren aus Nickelstahl mit einem geringen Ausdehnungskoeffizient, bei bürgerlichen Uhren aus Holz, das durch Behandlung mit siedendem Firnis gegen Feuchtigkeit geschützt wurde. Die früher vielfach gebrauchten Rostpendel bestanden aus Metallstäben mit verschiedenen Ausdehnungskoeffizienten. Ebenso wurden Versuche mit Stangen aus Quarz u. Quarzglas gemacht. Beim Riefler-Pendel wird ein Stahlrohr verwendet, das zu $^2/_3$ mit Quecksilber gefüllt ist. Siehe Ausdehnungskoeffizienten, s. Kompensationspendel.

Pendeluhren scheinen erst mehr als drei Jahrzehnte später in Gebrauch gekommen zu sein als die Unruh-Uhr, die mit der Waag u. später mit der Rad-Unruh ausgestattet war. s. Geschichte der Pendeluhr.

Pendulette, franz. = Stiluhr.

Pentode, fünfpolige s. Elektronenröhre, die außer dem Steuergitter noch ein Schirm- u. Bremsgitter besitzt.

Perihel, Sonnennähe eines Planeten. D. i. jener Punkt der Planetenbahn, in dem sich der Planet in seiner größten Nähe zur Sonne befindet. Gegensatz s. Aphel.

Periode beim Dezimal-Bruch, die regelmäßig wieder erscheinende Zahl eines unendlichen s. Dezimalbruchs.

Peripherie, (griech.) Umfang, die Linie, die eine Kurve, ein Vieleck begrenzt. Besonders angewandt für den Umfang eines Kreises, s. Fachrechnen.

Perlen (echte) entstehen vollkommen natürlich in der Perlmuschel ohne Zutun des Menschen. Die Perlmuschel formt in ihren Weichteilen durch Kalkablagerung ein kugelförmiges Gebilde. Fundorte: Vorderindien, Westindien, Persischer Golf, Australien.

Perlenformen: Rundperlen (kugelförmig), Boutonperlen (knopfförmig), Pendeloqueperlen (ei- oder birnenförmig), Barockperlen haben eine unregelmäßige Form. s. Kulturperle, s. Japanperle, s. Blisterperle

permanent: dauernd, Permanent magnetisch = dauermagnetisch.

Perma-Uhr, elektr., mittels Schwachstrom (Taschenlampenbatterie) aufgezogene Uhr. Werkdurchmesser 66 mm. Unruhhemmung. Gangdauer ca. zwölf Monate mit einer Batterie. Herstellerfirma: Gebr. Baur, Schwenningen/Nekkar (Abbildung s. Seite 221).

Permeabilität, magnetische Leitfähigkeit, diese hängt von der Eisensorte, aber auch von der Feldstärke ab. Eisen ist nicht imstande, unbeschränkt Kraftlinien aufzunehmen. Bei einer gewissen Kraftliniendichte ist es gesättigt. Erhöhen wir darüber hinaus die Ampèrewindungen noch weiter, so nimmt die Permeabilität gleichzeitig ab, und zwar in dem Maße, daß durch die Erhöhung der Ampèrewindungen keine nennenswerte Verstärkung des Kraftflusses mehr erfolgen kann.

Perpendikel, lat. = Lot, eine Gerade, die auf einer anderen senkrecht steht. In alter Zeit die Bezeichnung für das Pendel, das sich in der Ruhelage senkrecht, d. h. in Richtung zum Erdmittelpunkt einstellt. s. Pendel.

Perpetual-Taschenuhr mit Selbstaufzug, 1780 von Bréguet gebaut.

Perpetuum mobile, eine Maschine, die Arbeit aus dem Nichts schaffen soll. Sie widerspricht dem 1. Hauptsatz der Energielehre: Die Summe der Energie bleibt bei allen Prozessen in der Welt konstant. Energie kann weder geschaffen noch vernichtet werden, sondern nur in eine andere Energieform gewandelt werden. Jedes P. m. ist daher undenkbar, d. h. ein Gerät, das ohne Arbeit zu leisten, sich nur dauernd bewegen würde ist Utopie, denn es bedeutet schon die Überwindung der Reibungs- und sonstigen Widerstände Arbeit. Ganz zu schweigen von Lösungen, die noch Arbeit leisten sollen.

persönliche Gleichung. Der Mensch hat auf Grund seiner physischen und psychischen Konstitution eine individuell verschiedene Reaktionszeit. Dies wirkt sich sehr stark bei Zeitnehmern aus, deshalb ist bei Rekorden entweder elektrische Zeitnahme oder sind mindestens drei Zeitnehmer erforderlich. Wäre nun die p. G., also die Reaktionszeit des einzelnen Menschen ein unveränderlich feststehender Wert, könnte man sie in Kauf nehmen. Aber dies ist nicht der Fall, der Mensch unterliegt den mannigfaltigsten seelischen und körperlichen Beeinflussungen und Schwankungen, sodaß seine Reaktionszeit ebenfalls verändert wird.

Petrol-Äther, s. Schwefel-Äther.

Petroleum, ein Destillations-Produkt des Erdöls, das zwischen 180 bis 280° verflüchtigt, Wichte 0,75 bis 0,87, also leichter als Wasser, schwimmend auf der Oberfläche. Die Farbe ist wasserhell, bei Oxydation gelblich u. fluoriszierend (farbenschillernd), mischt sich mit Äther, Schwefel-Kohlenstoff, Terpentin-Öl, aber nicht mit Alkohol. Gutes Lösungsmittel für Fett, Öl u. Schmutz an Metallteilen, besonders geeignet zur Vorreinigung stark verschmutzter Großuhrenteile u. mit fetter Schleifpaste behafteter, geschliffener Werkstücke. s. fettlösende Reinigungsmittel, s. flüssige Brennstoffe.

Pendule, franz. (sprich „Pandül"), eine kleine Pendeluhr, Stutzuhr, wie sie in kostbarer Ausführung besonders viel als Kaminuhren in Frankreich verwendet werden.

Peter-Henlein-Denkmal, am 1. Juli 1905 in Nürnberg enthüllt. Es steht auf dem Hefnersplatz und zeigt den Meister in Arbeitskleidung mit Schurzfell, wie er besinnlich sein Werk betrachtet.

Pfeiler im Werk-Aufbau, Verbindungsteile zwischen zwei Platinen, wodurch diese zugleich in einem bestimmten Abstand von einander gehalten werden.

Pfeiler-Werke im Werkaufbau, besitzen für die Lagerung des gesamten Werks, mit Ausnahme des Unruhklobens, eine Oberplatine, die durch Pfeiler mit der Unterplatine verbunden ist.

Pflanzen-Öle, gewonnen aus fetthaltigem Samen, wie Rüböl, Rizinusöl,

Olivenöl, finden in der Uhrmacherei weniger Verwendung, sie werden wegen ihrer großen Schlüpfrigkeit und Haftfähigkeit zum Fettermachen von Mineralölen u. zum Schmieren großer Uhrwerke benutzt. s. Schmiermittel.

Phasenverschiebung: Ist in einem Wechselstromkreis ein induktiver Verbraucher, der dem entstehenden Strom einen Widerstand entgegensetzt, indem ein Induktionsstrom (Selbstinduktionsstrom) fließt, der dem entstehenden Strom entgegen gerichtet ist, so daß der entstehende Strom nicht sogleich seinen vollen Wert annimmt, so können die Spannungshöchstwerte und die Stromstärkehöchstwerte nicht zeitlich zusammenfallen. Diese Verschiebung zwischen Spannung und Stromstärke nennen wir Phasenverschiebung. Ausgedrückt wird diese in einem Winkel (ψ). Da aber elektrische Leistung stets nur aus dem Zusammenwirken von Spannung und Stromstärke entsteht, wird durch die Ph. die tatsächliche Leistung herabgesetzt und dies um so mehr, je größer die Ph. ist. s. Scheinleistung, s. Leistungsfaktor.

Philippe, Jean Adrian, 1815/1894, Erfinder des Bügelaufzugs. Alle Versuche scheiterten, den üblichen Uhrenschlüssel durch einen anderen Aufzug entbehrlich zu machen. Erst die Einrichtung, die Ph. 1842 in Paris machte, hatte vollen Erfolg, wenn es auch noch lange Zeit dauerte, bis die heutige Vollkommenheit erreicht worden war. Es war eine willkommene Erfindung, als man die Uhr mit der Krone aufziehen u. damit auch die Zeiger einstellen konnte. Ph. wurde später Teilhaber von Patek, Philippe & Co., Genf (Schweiz).

Phillips Eduard, geb. 1821 in Paris, besuchte 1840 bis 42 die polytechnische Schule, ein berühmter Mathematiker, der wegen seiner Berechnung der Spiral-Endkurven in der Uhrmacherschaft großes Ansehen genoß. 1862 wurde er durch den bekannten Uhrmacher A. L. Berthoud ersucht, die Verhältnisse des Schwingungsbogens in den Lagen zu untersuchen. Am 31. 8. 1868 überreichte in der Akademie eine Denkschrift über den Einfluß einer Unruh mit zweimetallischen Streifen auf den Isochronismus u. 1869 brachte er seine Theorie zur Bestimmung des Elastizitäts-Koeffizienten zur Anwendung. In Fachkreisen hochgeehrt starb er 1890 in Paris.

Phosphor, P, chem. Grundstoff, kommt in der Natur in Salzen der Phosphor-Säure vor, in Phosphaten wie Apatit, Phosphorit u. ä. Weißer Ph. ist giftig, oxydiert bei gewöhnlicher Temperatur an der Luft. Roter Ph. ist geruchslos, schmilzt nicht und oxydiert nicht, ist unlöslich, entzündet sich bei etwa 400°, ungiftig, wird daher meist zur Zündholz-Herstellung verwendet.

Phosphoreszenz, die Fähigkeit gewisser Stoffe, bei gering erhöhter Temperatur, unter der Einwirkung von Licht, ultraviolette Strahlen, Kathoden- oder Röntgenstrahlen, eigenes Licht auszusenden. s. Leuchtstoffe.

Photoströme, s. lichtelektrischer Effekt.

Physik, Lehre von den Naturvorgängen ohne stoffliche Veränderung. Wir unterscheiden folgende Untergruppen: Bewegungs- und Wärmevorgänge, Schall, Licht, Magnetismus, Elektrizität, Gravitation (Schwere).

physische Pendellänge, auch körperliche Länge eines Uhrpendels, die Gesamtlänge des aus verschiedenen Teilen und Stoffen zusammengesetzten Pendels, von der Aufhängung bis zur Regulierschraube. Diese körperliche

Länge ist nicht maßgebend für den Begriff „Pendellänge" und für die Schwingungszahl, sie ist stets größer als die hierfür maßgebende, gedachte, s. „mathematische Pendellänge". s. Pendelbegriff.

pierre, franz. = Stein, pierre de montre = Uhrstein.

Piezoelektrizität, wird ein aus einem s. Quarz herausgeschnittener Stab od. ein Plättchen auf Druck oder Zug in einer bestimmten kristallographischen Richtung beansprucht, so entsteht an einer zugehörigen polaren Achse ein elektrischer Feldzustand; der direkt piezoelektrischer Effekt. Wird umgekehrt an einem solchen Kristall an einer polaren Achse eine elektrische Spannung angelegt, so zieht sich das Kristall zusammen od. verlängert sich: reziprok-piezoelektrischer Effekt. Wird eine Wechselspannung an die Elektroden eines Piezokristalls angelegt, so erleidet der Kristall mechanisch periodische Deformationen. Dabei liegt nun die Eigenschwingungszahl in der Größenordnung d. hochfrequenten Schwingungszahlen der Telegrafie und Rundfunktechnik. Während jeder piezoelektrische Kristall über einen größeren Frequenzbereich als s. Kondensator wirkt, verhält er sich in dem kleinen Bereich seiner Resonanzlage, ähnlich wie ein s. elektrischer Schwingkreis u. hat als solcher in der Zeitmessung mannigfaltigste Verwendung gefunden. Durch geeignete Wahl seines Ausschnitts können Temperaturkoeffizienten von 10^{-5} bis 10^{-6} und kleinere erzielt werden. Anwendung: Quarzuhr, Zeitwaagen, Zeitmesser für sportliche Zwecke usw. s. Quarzsteuerung, s. Quarzsteuerung, s. Quarzuhr, s. Vibrograf, s. Swissaphon, s. Omega Time Recorder, s. Racend Omega Timer, s. Atomuhr.

pignon, franz. = Trieb.

pignon coulant, franz. = Trommel oder Rainurerad.

Pikofarad (pF), der billionste Teil eines s. Farads.

Pins, federnde Stege zum Befestigen der Uhrarmbänder.

Pins

Pinzette, Spiralzange.

piton, franz. = Spiralklötzchen.

pivot (le), franz. = Zapfen.

pivoter, Zapfen polieren.

Plandrehen, mit Support, Bearbeitung d. Stirnfläche eines runden Werkstücks mit dem rechten Seitenstahl. s. Drehen.

Planet, Himmelskörper, der sein Licht von der Sonne bezieht u. als deren Trabant er seine Bahnen beschreibt. Deshalb sind für uns nur die Planeten sichtbar, die zu unserem Sonnensystem gehören. Im Gegensatz zu den Fixsternen sind für uns die Bewegungen der Planeten feststellbar. Größte Planeten u. ihre Werte s. Tabelle Himmelskörper, die die Planeten umkreisen nennt man Monde.

Tabelle

Name	Durchmesser (km)	Rauminhalt Erde = 1	Monde
Merkur	5 140	0,05	
Venus	12 620	0,88	
Erde	12 756	1,00	2
Mars	6 860	0,15	1
Jupiter	143 600	1314	11
Saturn	120 600	765	10
Uranus	53 400	59	5
Neptun	49 700	72	1

Planetarium, ein Gerät, das die Bewegungen der Sonne, der Sterne und der Planeten in der Regel an die Innenseite einer Kuppel projiziert, um das Geschehen am Sternenhimmel in anschaulicher Weise zu demonstrieren. auch deshalb, weil es ermöglicht, den Ablauf des ganzen Geschehens zu beschleunigen wie zu verzögern oder festzuhalten.

Planetarium, erstmals von Pfarrer s. Hahn gebaut. Ebenso berühmt wie seine Globenuhr. Erstaunenswert, daß dieses vollständig zeitengenau arbeitet. Die Kügelchen, die Weltenkörper darstellen, bewegen sich in gleicher Zeit wie in Wirklichkeit die Gestirne, von einer Pendeluhr getrieben.

Planigloben, auf ebenen Landkarten dargestellte Erdkugelbilder.

Planscheibe beim Drehen, zur Bearbeitung von Werkstücken außerhalb der Mitte. Sie kann wie die Spannfutter im Spindelstock befestigt werden oder ist mit besonderem Spindelstock stets fertig zum Gebrauch, s. Drehen.

Planteur, ein Werkzeug zum Anzeichnen von übereinander liegenden Bohrungen, verwendet zum Geradestellen von Trieben, zum Zentrieren beim Lochfüttern usw.

Plaqué, Vergoldung mit Hilfe des el. Stroms, also auf galvanischem Wege. s. Goldüberzüge.

Plateau, franz. = Platte, Hochebene. In der Uhrmacherei die Hebelscheibe auf der Unruhwelle. s. Hebelscheibe.

Plateauluft, ist die Bewegung, die zwischen jeder Sicherheitsvorrichtung des Ankers und allen Stellen des Plateaus deutlich sichtbar vorhanden sein muß. Ist zu wenig vorhanden, spießt sich das Messer, beim Gegenteil löst die Uhr schwer aus.

Platin, Grundstoff, Kurzzeichen Pt., Wichte 21,4, Schmelzpunkt 1771°, weiß, glänzend, hämmerbar, walzbar, läßt sich zu feinsten Drähten ausziehen, wird bei gewöhnlicher Temperatur u. auch in der Glühhitze von Sauerstoff nicht angegriffen, unlöslich allen Säuren, ausgenommen s. Königswasser, es besitzt den gleichen Ausdehnungskoeffizienten wie gewöhnliches Glas, läßt sich daher in Glas einschmelzen. Verwendung zu Schmuckwaren, Drähten, Elektroden und Instrumenten. Legierungen mit Iridium dehnen sich in der Wärme wenig aus (Urmeter). Weitere Legierungen: Platin-Gold-Silber für Zahnfüllungen, Platin-Gold-Blei für Schmuckwaren, 25 Teile Platin u. 75 Teile Silber, Platinsilber, Platin aufgewalzt auf Silber als Platin-Doublée.

Platine, im Walzwerk ein dicker Flachstab, aus dem Feinblech gewalzt wird, in der Uhrmacherei die Werkplatte.

Platin-Metalle, Iridium, Wichte 22,4, Osmium, Wichte 22,48, Rhodium, Wichte 12,47, Ruthenium, Wichte 12,26, besitzen ähnliche Eigenschaften wie Platin, sie werden auch vielfach zus. mit diesem gefunden.

Plattenwerk im Werkaufbau, mit meist zwei kleineren Oberplatinen, auch Platten gen., z. B. einer Federhaus- u. einer Räderwerksplatte, in der Minuten-, Zwischen-, Sekunden- u. Ankerrad gelagert sind, dazu ein Ankerkloben u. ein Unruhkloben. s. Werkaufbau.

Plexiglas, 1. ein Kunststoff, dessen Grundmaterial bei der Zellulosegewinnung anfällt, in der Hauptsache eine Verbindung von Azeton, Azetylen u. Blausäure. Es besitzt verschiedene glasähnliche Eigenschaften, jedoch geringere Wichte (1,8). Es ist mechanisch fester, leichter zu bearbeiten, nicht spröde u. unzerbrechlich. Bei einer Erwärmung bis auf etwa 70° läßt es sich biegen u. beliebig formen. Plexi ist glasklar u. besonders durchlässig für ultraviolettes Licht, es wird auch im

Sonnenlicht nicht trüb u. behält seinen Glanz. 2. Seine Kratzfestigkeit ist dagegen geringer als die des Silikitglases, ebenso ist sein Ausdehnungskoeffizient verhältnismäßig groß. Wegen seiner verschiedenen günstigen Eigenschaften findet es vielfach Verwendung für „unzerbrechliche" Gläser in Kraftwagen, Flugzeugen u. Uhren, auch als sog. Panzergläser, weiterhin aber auch für kunstgewerbliche und Gebrauchsgegenstände, für durchsichtige Uhrgehäuse u. selbst für Schmuckwaren. s. Kunststoffe aus Zellulose.

Pneumatische Uhr, 1872 von Christ. Reithmann, München, 1818/90 hergestellt.

Polarisiertes Magnetsystem, im Gegensatz zu einem nichtpolarisierten System, bei dem der Anker unmagnetisch ist, wird beim polarisierten System auch der Anker (meist) dauermagnetisch. Da sich der Anker unter dem Einfluß des Stroms um ein halbe oder eine viertel Umdrehung weiterdreht, würde der nächste Stromstoß unwirksam bleiben, wenn nicht der Strom seine Richtung ändern würde und somit auch die Polarität des Elektromagneten.

Polarstern, nahe dem Himmelspol, um den sich das Himmelsgewölbe scheinbar dreht. Er ist ein Stern zweiter Größe u. liegt in einer geraden Linie von den zwei hinteren Rädern des „großen Himmelswagens" zum vorderen Deichselstern des „kleinen Himmelswagens".

Polieren von Werkstücken erfolgt im Anschluß an das Feinfeilen oder Feindrehen. Es ist eine Fortsetzung des Schleifens mit feineren Mitteln. Während bis zum Feinpolieren die Oberfläche noch feinste Metallspäne abgibt, werden bei der Druck-Politur durch glasharte Stahlstäbe, Rollen, Scheiben, die letzten Unebenheiten der Oberfläche verdrückt u. die Oberfläche selbst dabei gehärtet. Durch Einreiben mit Wachs oder Öl wird eine bessere Gleitfähigkeit erreicht u. eine feine Hochglanz-Politur erzeugt. s. Schleif- u. Poliermittel.

Polier-Grün, Chrom-Oxyd, durch Schlämmen auf ein sehr feines Korn gebracht, dient zum Polieren von Gegenständen aus Chrom, (Uhrgehäusen, Schmuck u. ä.). Es ist härter als Polier-Rot u. wird in ähnlicher Weise wie dieses verwendet, s. Pariser Rot, s. Schleif- u. Poliermittel.

Polier-Rot, s. Pariser Rot, s. Polier-Grün.

Polonium, radioaktiver Grundstoff (Element), Zeichen Po, Atomgewicht 210,5. Ordnungszahl 84.

Polwendesystem: Zum Antrieb von Nebenuhren verwendet man bei uns fast ausschließlich das P. Dabei besitzen die Nebenuhren ein s. polarisiertes Magnetsystem. Dieses spricht nur an, wenn nach jedem Fortschaltimpuls der Strom seine Richtung ändert. Diese Anordnung gibt eine größere Sicherheit, sei es gegen Fremdströme, die die Nebenuhr weitergeschaltet haben, so daß der nächste, von der Hauptuhr kommende Stromstoß unwirksam bleibt, sei es für den Fall, daß ein Stromstoß der Hauptuhr die Nebenuhr um zwei Minuten weiter geschaltet hätte, sodaß auch für diesen Fall der nächste Impuls unwirksam bleibt.

pont d'ancre, franz. = Ankerkloben.

pont de barillet: Federhausbrücke.

pont de finissage = Räderwerksbrücke, (franz. = Brücke, finissage = Räderwerk)

Porzellan-Glocken verwendete man für ein Glockenspiel, das 1929 auf dem Turm der Frauenkirche in der Porzellanstadt Meißen errichtet wurde. Ein ähnliches mit 37 Glocken erhielt 1937 der Zwinger in Dresden, 1945 völlig zerstört.

Potentielle Energie, s. Energie der Lage.

Potenzen, die Ergebnisse des Potenzierens, wobei eine Grundzahl oder Basis so oft als Faktor gesetzt wird, wie die Hochzahl oder der Exponent angibt, z. B.: 5^2 = 5 hoch zwei = 5 im Quadrat = 5×5 = 25, eine Quadratzahl, angewendet bei der Quadratfläche; oder 5^3 = 5 hoch drei = 5 im Kubus = $5 \cdot 5 \cdot 5$ = 125, eine Kubikzahl, angewendet beim Kubik-Inhalt eines Würfels. s. Fachrechnen.

Potenzieren im Fachrechnen, eine besondere Art des Vervielfachens, wobei eine Grundzahl oder Basis so oft als Faktor gesetzt wird, wie es der Exponent oder die Hochzahl angibt, z. B. 6^2 = 6 hoch zwei oder 6 im Quadrat, d. h. 6 ist zweimal als Faktor zu setzen: $6^2 = 6 \cdot 6 = 36$; oder 4^3 = 4 hoch drei = 4 im Kubus, d. h. 4 ist dreimal als Faktor zu setzen: $4^3 = 4 \cdot 4 \cdot 4 = 64$, die 3. Potenz von 4. s. Fachrechnen.

Potos, ein Stab, der parallel zur Erdachse steht und der in Uhren vielfach Verwendung fand. Mit ihm wurden Zeiten für gleiche Stunden bestimmt.

Potsdamer Glockenspiel, weltberühmt, erhält 1735 die Garnisonskirche. Es hatte 35 Glocken und wurde von der Grave konstruiert. Im Krieg vollständig vernichtet.

Präzisions-Rundstahl, ein Werkzeug-Stahl mit mindestens 1,1 % Kohlenstoff u. höchstens 0,05% Schwefel u. Phosphor zus., blank gezogen u. poliert. Beisp.: P. R. 5 DIN 175 = blank gezogener u. polierter Rundstahl von 5 mm Durchmesser nach DIN-Blatt 175. s. Stahl.

Praseodym, Element, Atomgewicht 140,92, Zeichen Pr., Ordnungszahl 59.

Prellen der Unruh bei der Zylinder-Hemmung, das Anschlagen des Prellstifts im Unruh-Reifen an den meist in der Zylinderbrücke angebrachten Prellbock, wenn die Unruh infolge einer Erschütterung einen größeren Schwingungsbogen als 180 bis 240° machen könnte. Dadurch wird das Ausschwingen des Zylinders verhindert. s. Zylinder-Prell-Einrichtung.

Primzahlen im Fachrechnen, lassen sich nicht in Faktoren zerlegen, z. B. 37, im Gegensatz z. B. $36 = 2 \cdot 2 \cdot 3 \cdot 3$, s. Faktoren-Zerlegung.

Probe im Fachrechnen, eine Sicherung gegen Fehl-Rechnungen, die zum mindesten insoweit durchzuführen ist, ob das Ergebnis einigermaßen praktisch möglich ist. Bei Zeigerwerken sollte die Probe grundsätzlich durchgeführt werden. So wurden beispielsweise errechnet: $z'_v = 12$, $z_w = 48$, $z'_w = 15$, $z_{st} = 60$. Die Probe zeigt:

$$\frac{z_w \cdot z_{st}}{z'_v \cdot z'_w} = \frac{48 \cdot 60}{12 \cdot 15} = 4 \cdot 4 = 16 \quad \text{(statt 12)}$$

Das Zeigerwerk ist also falsch, es wäre etwa durch Einsetzen eines Stundenrads von 45 Zähnen richtigzustellen:

$$\frac{z_w \cdot z_{st}}{z'_v \cdot z'_w} = \frac{48 \cdot 45}{12 \cdot 15} = 4 \cdot 3 = 12 \quad (12:1)$$

Probiermittel für Edelmetalle: 1. Für geringere Feingehalte Salzsäure, für bessere, reine Salpetersäure mit wechselndem Kochsalzzusatz. 2. Durch Vergleich mit dem Strich von Probiernadeln mit bestimmtem Feingehalt. 3. Bei Platinlegierungen wird zunächst das beigemischte Palladium durch die Salpetersäure braun gefärbt u. dann aufgelöst. 4. Silber wird durch Salpetersäure mit Kochsalz-Zusatz geprüft, wobei sich Chlorsilber bildet, während sich die unedlen Metalle wie Neusilber usw. völlig auflösen.

Probiernadeln, für die Prüfung von Edelmetallen, Nadeln von bestimmtem Feingehalt, mit denen Probestriche zum Vergleich mit den Strichen des zu prüfenden Metalls auf dem Polierstein gemacht werden.

Probierstein, zur Bestimmung des Feingehalts von Platin, Gold, Silber, ein mattgeschliffener, dichter Basalt-Stein, auf dem ein Probestück des zu prüfenden Metalls durch verschieden starke Säuren nacheinander aufgelöst wird, zunächst die unedlen Beimischungen, Nickel u. Kupfer, dann Gold, während Platin als feiner Strich stehen bleibt.

Pro cent, %, 1. a u f 100, nimmt als Ausgangspunkt die Grundzahl 100% + den %-Aufschlag und sucht hierzu die Grundzahl von 100%, z. B. es wurden auf die Selbstkosten 10% Gewinn geschlagen, so daß der Verkaufspreis 93,50 DM betrug (= 110%). Wieviel betragen die Selbstkosten (100%)? 110 % = 93,50 DM, 1 % = 93,50 : 110 = 0,85 DM, 100 % = 100 · 0,85 DM = 85 DM Selbstkosten. s. Fachrechnen. 2. v o m Hundert, ein Aufschlag auf der Grundlage von je 100 Einheiten zur Ermittlung eines vergleichbaren Satzes, angewendet in den verschiedensten Beziehungen, besonders bei der Preisberechnung, beim Zins usw. Für alle im Verhältnis von 1 : 100 unterteilten Maßeinheiten (M - Pf, m - cm, hl - l) ergibt sich ohne weiteres der Hundert- oder Prozentsatz durch Berechnung der kleineren Einheit. s. Fachrechnen.

Profil-Stahl, Profil-Eisen, durch Walzen hergestellte Stücke von verschiedenen Querschnitten, die an jeder Schnittstelle durchaus gleiche Form u. Abmessungen aufweisen, z. B. Vierkant-, Flach-, Rundstahl usw., Schienen, Träger u. ä.

Projektion im darstellenden Zeichnen, lat. Entwurf, die Darstellung eines Gegenstands auf drei ebenen Flächen in je einer Ansicht: auf der Vertikal-Ebene als Vorder-Ansicht, s. Aufriß, auf der Horizontal-Ebene als Draufsicht, s. Grundriß, auf der seitlichen Vertikal-Ebene als Seiten-Ansicht oder Seitenriß, letzterer regelmäßig von links gesehen, infolgedessen nach rechts projiziert. s. darstellendes Zeichnen.

Pro mille, ‰, von tausend Einheiten aus berechnet, angewendet für Provisionen u. ä., z. B. 3 ‰ von 8000,— DM, = 3 · 8 = 24,— DM; 1 ‰ von 8000,— DM = 8,— DM, s. Prozent.

Proportion, im Fachrechnen, oder Verhältnisgleichung, besteht aus zwei gleichen Verhältnissen, z. B.:

2 : 3 = 10 : 15, sprich 2 zu 3 wie 10 zu 15, oder als Bruchzahlen geschrieben: $^2/_3 = {}^{10}/_{15}$, gekürzt mit 5: $^2/_3 = {}^2/_3$. Bei der Probe muß das Produkt der „äußeren" Glieder ebenso groß sein wie das Produkt der „inneren" Glieder:

2 : 3 = 10 : 15

äußeres : inneres = inneres : äußeres Glied.

Probe: $2 \times 15 = 3 \times 10$

$30 = 30$

Diese Probe bei Proportionen dient zur Berechnung von Pendellänge u. Schwingungszahl, nach dem Lehrsatz (s. Pendelgesetze 3.): $994\ mm : l = n^2 : 60^2$ Probe: $l \times n^2 = 994 \times 60^2$. Daraus die beiden Auflösungen:

$$1.\ l = \frac{994 \cdot 60^2}{n^2}$$

oder

$$2.\ n^2 = \frac{994 \cdot 60^2}{l}$$

Protaktinum, radioaktiver Grundstoff, Atomgewicht 231, Ordnungszahl 91, Symbol Pa.

Proton, schweres, positiv geladenes Elementarteilchen. Masse $1{,}66 \cdot 10^{-24}$ g · Ladung $+ 4{,}77 \cdot 10^{-110}$ elektrostatische Einheiten.

Prüfungen im Uhrmacherberuf:

a) Jährliche Zwischenprüfung des Zentralverbands durch Anfertigung eines dem Ausbildungsstand entsprechenden Arbeitsstücks als Nachweis des erreichten Jahresziels.

b) Mit beendeter Lehrzeit Ablegung der Gesellenprüfung, praktisch u. theoretisch entsprechend den Richtlinien der s. Grundforderungen.

c) Nach 5jähriger Gesellenzeit Zulassung zur Meisterprüfung mit deren Bestehen nach vollendetem 24. Lebensjahr der Meistertitel verliehen u. die Befugnis zur Anleitung von Lehrlingen erteilt wird. s. Beruf des Uhrmachers.

PS = Pferdestärke, 1 PS = 75 sec/m/kg = ≈ 0,75 Kw., englisch HP (horse power = Pferde-Stärke).

Ptolemäisches Welt-System, geht von der Annahme aus, daß die Erde der Mittelpunkt der Schöpfung ist und unbeweglich feststeht. Sie wird von der Sonne und allen anderen Gestirnen umkreist. Diese Lehre stellte Ptolomäus um 200 n. Chr. in Alexandrien auf. Sie blieb das ganze Mittelalter hindurch bis zu s. Kopernikus maßgebend.

Puddeln, Herstellung von Schweiß-Stahl, s. schmiedbares Eisen.

Pulsometer, zur Zählung der Pulsschläge. Bei Beginn der Zählung in Gang gesetzt, nach 30 Schlägen gestoppt. Äußerer Zifferblattrand zeigt dann die Anzahl der Pulsschläge je Minute.

Punzen, auch Bunzen, kleine Stempel von runder, hohler, eckiger Form, mit Zahlen, Buchstaben oder Figuren, die damit in Gegenstände geschlagen werden können, z. B. Punzieren von Feingehalt u. Hersteller-Firma bei Gegenständen aus Edelmetall. Darüber hinaus dienen massive, glatte Punzen in der Uhrmacherei zum Verengen von zu großen Löchern, Hohlpunzen zum Vernieten von Rad u. Trieb u. ä.

Putzen am Zylinder, ein auf das Zylinderrohr aufgeschlagener Messingputzen, auf dem die Unruh vernietet ist, s. Zylinder-Hemmung.

Pyrometer, Gerät zum Messen hoher Temperaturen (über 1000 Grad), bei denen die Quecksilberthermometer nicht mehr ausreichen, z. B. in Schmelz- u. Härteöfen. Das thermo-elektrische P. ist ein Thermo-Element. Es besteht aus einem Bimetallstreifen. Wird es in einen Glühofen gebracht, erzeugt die Wärmestrahlung an der Lötstelle einen der Temperatur entsprechenden Strom, der durch ein Galvanometer gemessen wird, dessen Skala in Temperaturgraden geeicht ist. Beim Glühfaden-P. wird die Wärmestrahlung mit einer geeichten Glühlampe gemessen, die durch einen Widerstand auf die gleiche Helligkeit eingeregelt wird.

Pythagoräischer Lehrsatz, dem griech. Mathematiker Pythagoras zugeschrieben, besagt: „Im rechtwinkeligen Dreieck beträgt die Summe der Katheten-Quadrate ebenso viel wie das Quadrat der Hypothenuse." Versuch: In einem rechten Winkel mit den Katheten 3 cm u. 4 cm ist die schräge Verbindung, die Hypothenuse 5 cm. Probe: $3^2 + 4^2 = 5^2$, $9 + 16 = 25$ oder in Buchstaben: $a^2 + b^2 = c^2$, daraus ergeben sich drei Sätze: a) $a^2 = c^2 - b^2$, b) $b^2 = c^2 - a^2$, c) $c^2 = a^2 + b^2$, s. Fachrechnen.

Q

Quadrant, der vierte Teil eines Kreises, z. B. des Erdumfangs, des Äquators, oder eines Erdlängen-Kreises, Meridians, letzterer maßgebend für die Länge des Ur-Meters. s. Erdmaße.

Quadratkonstruktion, vom Uhrmacher kurz als Viereck bezeichnet, am besten konstruiert aus dem Kreis (Zylinder), indem man die vier Schnittpunkte der waagrechten u. senkrechten Durchmesser mit dem Kreisumfang verbindet, oder ohne Kreislinie durch Konstruktion eines rechten Winkels, auf dessen Schenkeln man die Quadrat-Seite abschneidet u. von diesen Endpunkten aus mit der gleichen Zirkelöffnung Kreisbögen zur 4. Ecke schlägt. Das Quadrat ist ein Viereck, Parallelogramm mit vier gleichen Seiten u. vier gleichen Winkeln (je 90°). Seine Fläche errechnet sich aus $a \cdot a$ oder $l \cdot l$, d. i. a^2 oder l^2 (a im Quadrat), der Grundlage für die gesamte Flächen-Berechnung: qkm — qm — qdm — qcm — qmm oder km^2 — m^2 — dm^2 — cm^2 — mm^2. s. Viereck, grundlegende Konstruktionen.

Quadratwurzel, die Grundzahl oder s. Basis zu einer zweiten Hochzahl oder zweiten s. Potenz zu bestimmen. Schreibweise $\sqrt{64} = 8$, spr. Quadrat-Wurzel aus 64 (8 ist die Quadrat-Wurzel). s. Potenzen, s. Wurzel-Ziehen.

Quadratzahl im Fachrechnen, ein Vervielfachen besonderer Art, wobei die Grundzahl oder Basis als Länge einer Quadrat-Seite betrachtet wird, die selbst zweimal als Faktor zu sehen ist. Schreibweise: $4^2 = 4 \cdot 4 = 16$, spr. 4 im Quadrat oder 4 hoch zwei oder 2. Potenz von 4, s. Potenzen.

Quantième, auch „montre à quantième", franz. Bez. für Datum oder Kalenderuhr.

Quarzpendel, mit Pendelstangen aus geschmolzenem Quarz, deren Herstellung wegen des geringen Querschnitts bedeutende Schwierigkeiten verursacht, bis unter Verwendung des elektrischen Ofens verschiedene Versuche zu befriedigenden Ergebnissen führten. Bekannt ist das durch Satori in Wien gebaute Quarzpendel, bei dem die Befestigung der Aufhänge-Vorrichtung durch Ringe erfolgt, die auf die Stange geschoben u. dort durch radiale Schrauben festgeklemmt werden. Als Kompensation wird ähnlich wie beim Riefler-Pendel ein kurzes Stahlrohr verwendet. s. Kompensation des Pendels.

Quarzsteuerung: Unter Ausnützung des s. piezoelektrischen Effektes wird ein Quarz zur Steuerung eines s. el. Schwingkreises heran gezogen. Die Schaltung zeigt die Abbildung (Schaltung nach Pierce). Wird durch einen Spannungsstoß an den Kristallplatten eine Eigenschwingung eingeleitet, so

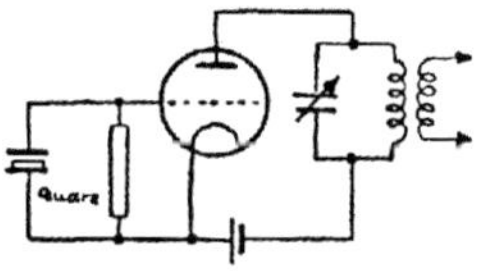

Quarzgesteuerte Stufe (Pierce-Schaltung).

führt der Quarz mechanische Schwingungen aus. Ist nun der Anodenkreis auf diese sehr konstante Schwingung abgestimmt, werden seine Schwingungen durch die Rückkopplung über die Gitter-Anoden-Kapazität dauernd aufrechterhalten. Die Frequenzkonstanz kann durch Verwendung eines Thermostaten erhöht werden.

Quarzuhr: Die besonderen Eigenschaften des Quarzes werden in der Q.

zur Zeitmessung ausgenutzt. Hierbei steht im Mittelpunkt ein Schwingkreis, der von einem Quarz gesteuert wird. Die Frequenz liegt dabei in der Größenordnung von 50 bis 100 kHz. Da diese Frequenz für die praktische Verwertung viel zu hoch ist, wird sie über Frequenzteiler herabgedrückt. Diese Frequenzteiler arbeiten so, daß sie die Frequenz in einem bestimmten Verhältnis herabdrücken, ohne daß hierbei auch nur die geringste Abweichung im Untersetzungsverhältnis denkbar wäre. Die in mehreren Stufen auf 250—1000 Hz herabgedrückte Frequenz wird zum Antrieb eines Synchronmotors verwendet, der seinerseits die Zeiger antreibt. Auch der Synchronmotor garantiert für eine unverfälschte Darstellung der ankommenden Frequenz. Die Schwierigkeiten bestehen darin, einen geeigneten Quarz zu finden, der über lange Zeit seinen Schwingungswert beibehält. Quarz ist sehr temperaturempfindlich, sodaß man durch Thermostaten für stets gleiche Temperatur sorgen muß (36°). Es gelingt, diese Temperatur auf ± 0,002° konstant zu halten. Die Unabhängigkeit vom Luftdruck wird erreicht indem man den Quarz in eine luftleere Röhre einschmilzt. Die Gangabweichungen betragen $^1/_{1000}$ bis $^1/_{10000}$ Sekunde pro Tag.

Quecksilber, lebendiges Silber, lat. „argentum vivum" das einzige bei normaler Temperatur flüssige Metall, erstarrt bei —39,5 ° C. lat. Hydrargyrum, Kurzzeichen Hg, Wichte 13,5. Vorkommen: Gediegen in kleinen Tröpfchen im Gestein, weiter in Verbindung mit Schwefel als Zinnober-Erz. Länder: Pfalz, Kärnten u. Krain, Spanien, Rußland, China, Kalifornien. Gewinnung: Durch Erhitzen verdampft, vom Schwefel getrennt, in Tonröhren abgekühlt, wieder flüssig.

Quecksilber, Eigenschaften: flüssig, silberglänzend, hohes Gewicht, großer s. Ausdehnungs-Koeffizient, etwa zehn mal so hoch wie Flußstahl u. mehr als 100 mal so groß wie Invarstahl, daher geeignet zur Temperaturmessung beim Thermometer u. für Ausgleichspendel, verbindet sich leicht mit anderen Metallen zu s. Amalgamen, die bei der s. Feuervergoldung u. s. Feuerversilberung Verwendung finden. Quecksilberdämpfe sind giftig.

Quecksilberbarometer, s. Barometer.

Quecksilber-Gleichrichter, s. Gleichrichter.

Quecksilber-Kompensations-Pendel, 1721 baute Graham erstes mit Quecksilber in Röhren. 1726 folgte Harrison, der Quecksilber in Behältern unterbrachte. Bei Kutter stand die Pendelstange mit Quecksilber in Verbindung u. Riefler baute 1891 ein Pendel, bei dem das Metall wieder in der Pendelstange war.

Quecksilber-Kompensations-Pendel von Riefler, besitzt als Pendelstange ein Mannesmann-Rohr von 16 mm Weite u. 1 mm Wandstärke, das zu $^2/_3$ mit Quecksilber gefüllt ist. Dadurch vermag das auf fast die ganze Länge der Pendelstange verteilte Quecksilber den Temperatur-Änderungen rascher zu folgen u. ist außerdem nicht etwaigen Temperaturschichtungen ausgesetzt, wie dies bei den im unteren Kastenteil schwingenden kurz. Quecksilbergefäßen des Graham-Pendels möglich ist. Vorteilhaft für die Gleichmäßigkeit der Schwingungen ist weiter die mehrere kg schwere Metall-Linse, welche die Luft gut durchschneidet. s. Kompensation des Pendels.

Qecksilberkontakte, werden in den Kippschaltern von el. Uhren gern verwendet, da das Quecksilber als flüssiges Metall einen raschen u. vollkommenen Kontakt gibt, bei dem wegen des Luftabschlusses in der Glasröhre keine Verbrennung eintritt. Trotzdem das Qecksilber in der Reihe der Metalle den größten spez. Widerstand für el. Strom besitzt (0,94 Ω auf 1 m Länge u. 1 mm² Querschn.), entsteht bei der geringen Länge der Röhre u. dem beträchtlichen Querschn. kein nennenswert. Kontaktwiderstand. s. Quecksilber-Schaltröhre.

Quecksilberschaltröhre, hier wird die leitende Verbindung durch das eingeschlossene Quecksilber hergestellt. Die Röhre ist mit einem indifferenten Gas gefüllt. Der Schaltvorgang vollzieht sich unter Ausschluß des atmosphärischen Sauerstoffs, sodaß keinerlei Oxydation entstehen kann und solche Kontakte eine unbegrenzte Lebensdauer haben.

Quersumme, das Ergebnis der einzelnen nebeneinander stehenden Stellenwerte einer Zahl, z. B. 11 880. Quersumme = 1+1+8+8+0 = 18. In diesem Fall zeigt die Quersumme, die durch 3 und 9 teilbar ist, an, daß die Zahl 11 880 durch 9 geteilt werden kann. Warum? In ähnlicher Weise gibt die „Wechselquersumme" an, ob eine Zahl durch 11 teilbar ist. Hierbei sind die übersprungenen Stellenwerte zu addieren, sie müssen die gleiche Summe ergeben, z. B. **149 369.** Wechsel-Quersumme = 1+9+6 = 16 4+3+9 = 16. Warum? s. Teilbarkeit der Zahlen.

Quotient im Fachrechnen, das Ergebnis des Teilens oder Dividierens

z. B. $\frac{10}{60} = \frac{1}{6}$ (1:6) (Übersetzung) oder

$\frac{z_{st}}{z'_w} = \frac{45}{15} = 3:1$ (Zeigerwerk)

R

R Formelzeichen für den el. Widerstand.

Racend Omega Timer: Zeitmeßgerät für sportliche Zwecke, das im wesentlichen aus einem s. „Omega-Time-Recorder" und einer Filmapparatur besteht, die Zielbilder liefert, welche jeden Läufer in dem Augenblik des Passierens der Ziellinie mit der dazugehörigen Zeit darstellt.

Radar: Rückstrahl-Ortungstechnik. Von einer Dipolantenne werden Impulse von sehr kleinen elektromagnetischen Wellen (Zentimeterwellen) ausgestrahlt. Diese Wellen werden von dem anzumessenden Gegenstand (Flugzeug, Schiff, Eisberg usw.) zurückgestrahlt, reflektiert. Aus der bekannten Ausbreitungsgeschwindigkeit der Wellen (300 000 km/s) und der Laufzeit ergibt sich die Entfernung. Wenn man bedenkt, daß es möglich ist, Entfernungen von wenigen Metern mit sehr hoher Genauigkeit zu messen, kann man sich ein Bild machen von den großen Swierigkeiten, die es zu überwinden galt. Beim Mond kommt das Echo nach 2,4 Sek. R.-Strahlung zurück. RADAR = Abkürzung von RAdio-Detection And -Ranging, Radio-Entdekkung und -Abtastung.

Radgrößen im Fachrechnen, volle Rad-Durchmesser D, Kopf-Durchmesser, Spitzen-Durchmesser ergeben sich aus dem Teilkreis-Durchmesser d durch Zuschlag von je einer Wälzungshöhe, einer halben Teilung beiderseits des Teilkreis-Durchmessers.

$$\mathbf{d}_k = d + \frac{2}{2} t$$

Umkehrung: $d = \mathbf{d}_k - \frac{2}{2} t$

(siehe Formeln im Fachrechnen Ziffer 8).

radial, in Richtung des Radius verlaufend oder des Kreis-Halbmessers, also in Richtung auf den Radmittelpunkt.

radiale Verschiebung der Werkteile, der Achsen und Räder, durch besondere Ausführung der Zapfenlager verhindert, möglich nur innerhalb des eingehaltenen Luftraums. Im Gegensatz hierzu die axiale Verschiebung begrenzt durch Spurlager, Stutzlager.

Radioaktivität: die schwersten Elemente des periodischen Systems zerfallen unter Aussendung von Strahlen: α-Strahlen (positiv geladene Heliumkerne) β-Strahlen (Elektronen u. Strahlen, Wellen) und wandeln sich dabei in andere Elemente um. Der Zerfall läßt sich durch irdische Hilfsmittel bis jetzt noch nicht beeinflussen.

Radio-Phosphore, erzeugen durch radio-aktive Wirkungen Licht. Der radio-aktive Stoff, das Radium, Mesothorium, Radiothorium oder Gemische davon, sind in einer dauernden Umwandlung in leichtere Elemente begriffen, wobei sie unsichtbare Strahlen, die „Alpha"-Strahlen aussenden. Beim Auftreffen dieser Strahlen auf die der Leuchtmasse beigemengten Schwefel-Zink-Kristalle ensteht ein Aufblitzen und von sonstigem Licht unabhängiges, dauerndes Leuchten (s. Leuchtfarben).

Radium, von dem französischen Forscher-Ehepaar Marie und Pierre Curie 1898 als das wichtigste radio-aktive Element in der Pechblende entdeckt. Ein glänzend weißes, bei 700 Grad schmelzendes Metall, das an der Luft sehr unbeständig ist. Wasser wird von ihm stürmisch zersetzt. Sämtliche R.-Verbindungen zeigen Radioaktivität. Als Zerfallprodukt des Urans findet sich in allen Uran-Mineralien. Erzeugung in Kanada jährlich 25 g, Belgisch-Kongo 6 g, St. Joachimstal 3 bis 5 g (siehe Leuchtfarben). Dieses R. ist nicht zu verwechseln mit der auf unseren Zifferblättern verwendeten, mit dem gleichen Namen bezeichneten Leuchtmasse, die aus anderen Stoffen hergestellt wird.

Radium-Zahlen auf Zifferblättern, Leuchtziffern und Punkte sollen mit der blanken Hand nicht berührt werden, sie sind weiterhin vor Feuchtigkeit, Säurespuren und grellem Licht zu schützen. Zum Abwischen soll kein Lappen, sondern reine Watte oder ein reiner, weicher Pinsel verwendet werden.

radizieren, ist (siehe Wurzelziehen) vom lat. radise = Wurzel.

Radlinien, gebildet durch Abrollen eines Rades 1. auf einer Geraden, 2. auf einem Kreis, 3. in einem Kreis, wobei ein Punkt des Rollkreises bestimmte Kurven beschreibt, die für die Gestaltung der Zahnwälzungen wichtig sind: 1. die gemeine Radlinie oder Artho-Zykloide, 2. die Aufradlinie oder Epi-Zykloide, 3. die Inradlinie oder Hypo-Zykloide (siehe Roll-Linien, siehe Zykloiden).

Radteilkreis, Durchmesser, berechnet aus dem vollen Radkreis, zunächst durch Bestimmung der Teilung

$$t = \frac{\mathbf{d_k} \cdot \pi}{z + \pi} \quad \text{oder} \quad t = \frac{\mathbf{d_k} \cdot 3}{z}$$

(siehe Formeln Ziffern 7b), worauf diese Teilung, bzw. $\frac{2}{2}$ t vom Volldurchmeser D abgezogen wird:

$d = \mathbf{d_k} - \frac{2}{2}\,t$ (siehe Formeln Ziff. 8).

Teilkreis⌀ = Voll⌀ — Teilung. Bei Berechnung der Teilung ist besonders zu beachten, daß hier der Volldurchmesser D gegeben ist, also die normale Formel für die Teilung ($t = \frac{d \cdot \pi}{z}$) nicht angewendet werden darf.

Radteilung für Zahnräder, Hemmungsräder (siehe Teilung für Zahnräder und Hemmungsräder).

Radunruh, einfache Unruh, dient lediglich als Schwingmasse, meist aufgebaut nach folgenden Gesichtspunkten: kleines Mittelteil, leichte Schenkel, schwerer Reifen.

Radzahn, Aufbau: Breite des Zahnes wie der Lücke normal 1/2t, Gesamthöhe des Zahnes 1 t, nämlich: 1/2 t für den gewälzten Zahnkopf, zugleich der Abstand vom Teilkreis zum Spitzen- oder Vollkreis, ebenso 1/2 t für den Zahnfuß, zugleich der Abstand vom Teilkreis zum Grundkreis. Die Wälzung des Zahnkopfes entspricht den Kurven der Aufradlinie oder Epi-Zykloide. Der Zahnfuß ist begrenzt durch geradlinig verlaufende Flanken (siehe Triebzahn, siehe Verzahnungen).

Räder, Zahnräder mit mehr als 20 Zähnen (siehe Triebe), Zahnräder bis zu 20 Zähnen, Hemmungsrad, Zahnrad, Sperrad.

Räder in der Uhr, kreisrunde Scheiben, an ihrem Umfang mit Lücken versehen, in welche die Zähne eines anderen Rades oder eines Triebes eingreifen und so beide Teile mit gleicher (siehe Umfangsgeschwindigkeit) fortbewegen.

Räder-Schneidgeschirr erfunden um 1742 war wohl die vollendetste Vorrichtung, die Verzahnung der Räder gleichmäßig herzustellen. Erfinder unbekannt.

Räderuhr soll bereits um 1000 n. Chr. durch den gelehrten Mönch Gerbert, den späteren Papst (siehe Sylvester II.) gebaut worden sein. Nach neueren Forschungen aber handelte es sich dabei um ein Astrolabium, eine einfache Glasröhre zur Beobachtung der Sterne. Es wäre auch kaum denkbar gewesen, daß eine Erfindung von solcher Tragweite erst 300 Jahre später erwähnt wird, wie dies durch den ital. Dichter Dante Alighieri um 1300 in seiner „Göttlichen Komödie" geschieht: „... wie wohlgefügt der Uhren Räder tun: In voller Eil' zu fliehen scheint das letzte; das erste scheint, wenn man's beschaut, zu ruh'n."

Räderwerk, bestehend aus gezahnten Rädern und Trieben, hat einmal die Aufgabe, die Kraft des Antriebsrades (Walzenrad, Kettenrad, Federhaus) auf das letzte Rad des Räderwerks, das Hemmungsrad zu übertragen und dadurch dem Anker und Gangregler stets wieder etwas Kraft zuzuführen, und in zweiter Linie durch das Minuten-, Sekunden- und Stundenrad die abgelaufene Zeit zu zählen (Zählwerk) (siehe Fachrechnen).

Rändelmutter. Durch parallele Einkerbungen der Mutter rauh gemachte Außenflächen, welche das Drehen der Schrauben mit der Hand ermöglichen. Rändeln, auch randrieren.

Raquette franz. = Rückerzeiger an der Spirale.

Rastwerke, für Feststellwerke: Feststeller für Teilscheiben, Raste für Stellhebel an der Zeigerstellung, Scheibenrasle (siehe Feststellwerke).

Rattrappanten-Zeiger franz. rattrapper = einholen. Zeiger bei Stoppuhren, der konzentrisch unterhalb des normalen Sekundenzeigers angeordnet ist. Ein besonderer Drücker dient zur Betätigung dieses Zeigers. Mit Hilfe des R.-Z. ist es möglich, Zeiten mehrerer Läufer festzuhalten. Beim Start werden beide Zeiger gleichzeitig in Bewegung gesetzt. Geht der erste Läufer durchs Ziel, wird der R.-Z. gestoppt, seine Zeit abgelesen und durch einen erneuten Druck auf den Knopf holt er den normalen Zeiger ein (Abbildung s. Seite 221).

Raummaße (siehe Körpermaße).

Raum-Nutzwerk, mit einer besonderen Aufteilung des verfügbaren Werkraumes unter größtmöglicher Ausnutzung für die Unterbringung der notwendigen Werkteile, wie etwa das „Mofa"-Werk in Größen von 9 bis 13''' (siehe Kaliber, siehe Werkformen).

rebattement franz. = prellen.

Rechen beim Schlagwerk, ein zweiarmiger Winkelhebel, dessen kurzer Arm sich mit seinem Stift in die entsprechende Stufe der Stundenstaffel legt, während der lange Arm mit seinem gezahnten Kreissegment durch sein Eigengewicht um ebenso viele Zahnteilungen (je 2 Grad wie auch die Höhe der Stundenstaffeln) zurückfällt, als der Stift in die Stundenstaffel eingeschwungen ist, und dadurch die nötige Zahl von Zähnen für den Schöpfer frei gibt (siehe Rechenschlagwerk, siehe Schaltwerke).

Rechenschlagwerk regelt die Zahl der Stundenschläge vom Gehwerk aus. Auf dem Stundenrad sitzt eine staffelförmige Scheibe mit 11 Stufen, die (siehe Stundenstaffel), in die sich der Einfallhebel legt. Gleichzeitig sind auf dem langen Rechenarm dieselbe Zahl von Zähnen wie die Anzahl der an der Stundenstaffel eingefallenen Stufen zum Eingriff des (siehe Schöpfer) bereit. Bei dieser Schlagwerksanordnung stimmt das Schlagen auch beim Rückwärtsdrehen des Zeigers stets mit der Zeigerstellung überein (siehe Schlagwerke).

rechter Winkel, eine besondere Art der Winkel. Er entsteht durch den senkrechten Schnitt zweier Geraden und beträgt $1/4$ des Kreiswinkels, das ist 90 Grad.

rechtwinkeliges Dreieck, enthält einen rechten oder 90-Grad-Winkel. Ihm gegenüber als dem größten Winkel liegt auch die längste Seite, die Hypothenuse. Eingeschlossen wird der rechte Winkel durch die beiden kürzeren Seiten, die Katheten, denen gegenüber nur je ein spitzer Winkel (weniger als 90 Grad) liegen kann. Das rechtwinkelige Dreieck ist maßgebend für die Berechnungen nach dem siehe Pythagoräischen Lehrsatz (siehe Dreiecke).

Reduktion, Zurückführung eines Metalloxydes, einer Verbindung mit Sauerstoff, auf das reine Metall, durch Entzug des Sauerstoffs. Die hierbei verwendeten Stoffe nennt man Reduktionsmittel, z. B. Koks bei der Eisengewinnung, der sich mit dem Sauerstoff des Eisenerzes, das ist Eisenoxyd, zu Kohlenoxyd verbindet, so daß das Eisen frei wird, oder bei Herstellung von reinem Kupfer aus dem Kupferoxyd CuO, durch Einleiten von Wasserstoff, der den Sauerstoff an sich reißt, wobei einerseits Wasser (H_2O) und andererseits reines Kupfer entsteht (siehe Eisengewinnung, siehe Desoxydation).

reduzierte Pendellänge, auch mathematische Pendellänge, die gemäß (siehe Pendelbegriff) verminderte Länge des physischen Pendels.

Reflexion: Zurückwerfen, trifft ein Lichtstrahl auf eine glatte Fläche oder einen Spiegel, so wird er zurückgeworfen (reflektiert). Dabei gilt: Einfallwinkel = Reflexionswinkel.

Regiomontanus, ursprünglich Johann Müller, 1436/1476, hervorragender Astronom, hat in Nürnberg die erste Sternwarte eingerichtet und geleitet. Von seinen vielen Arbeiten ist besonders ein Astrolabium zu erwähnen, das sich im Germ. Nationalmuseum in Nürnberg befindet, ein Instrument, das der Winkelmessung dient. Weiter befaßte er sich mit der Herstellung größerer Metallspiegel.

Reglerwerk (siehe Gruppen im Räderwerk, siehe Formeln Ziffer 2 c).

Regleuse: in der Fabrikation bezeichnet man mit Regleuse eine weibliche Arbeitskraft, die die Spiralen abzählt und an der Rolle flachrichtet.

Regulaten, eine genau gehende Pendeluhr, meist mit Ausgleichs-(Kompensations-)Pendel, führte sich 1873 nach der Wiener Weltausstellung allgemein ein.

Regulator, eine an Triebwerken und Maschinen angebrachte Vorrichtung zur Regelung des Gangs und zum Ausgleich kleinerer Unregelmäßigkeiten. In der Technik sind für bestimmte Regelungszwecke eine Reihe von Regulatoren konstruiert worden, z. B. der Zentrifugal-R. Für die Uhrmacherei sind das Schwerkraftpendel, kurz Pendel, und das Federkraftpendel, die Unruh, die wichtigsten Regulatoren für den gleichmäßigen Ablauf des Räderwerks. In Schlagwerken wird der (siehe Windfang) in Zusammenwirken mit dem etwa gleichbleibenden Druck der umgebenden Luft als R. und gleichzeitig als Bremsvorrichtung für den Ablauf des Schlagwerkes benützt. Der Name „Regulator" oder (siehe „Regulateur") bezeichnet eine genau gehende Pendeluhr, nach der andere Uhren eingestellt werden können.

regulieren von Uhren (siehe feinstellen).

Reguliermutter am Pendel zur genauen Verstellung der Pendellinse, in guten Uhren mit einer Umfangsteilung von 8, 10, 12, 20, 50 oder 100 Teilen. Um die Steigerung des Reguliergewindes festzustellen, wird die Gewindelänge durch die Anzahl der Gänge geteilt. Damit ergibt sich die Verschiebung der Pendellinse bei einer vollen Umdrehung der Reguliermutter und daraus die Veränderung bei einer entsprechenden Teildrehung.

Regulierschrauben in der Unruh, je eine in der Nähe der Schenkel, oft auch noch ein Paar in der Mitte des freien Unruhreifens. Durch Rechtsdrehen wird eine Beschleunigung, durch Linksdrehen eine Verzögerung der Schwingungen bewirkt.

Reibahlen bezwecken die Herstellung des genauen Maßes (Passung) und einer hohen Oberflächengüte. Handreibahlen besitzen am Schaftende ein Vierkant zur Aufnahme des Windeisens. Zur besseren Führung in der Bohrung sind sie kegelig angeschnitten. Verschiedentlich ist die Angel von Reibahlen gekörnt, um eine rauhe Griffoberfläche zu erhalten. Die Zahl der Schneiden kann gerade oder ungerade sein, letztere setzen sich weniger leicht fest. Die Schneiden selbst können gerade oder schraubenähnlich gewunden sein, R. sind stets nur nach vorwärts zu drehen, niemals rückwärts, da sich hierbei die Späne verkleinern und die Schneiden ausbrechen können.

Reibung, 1. der Widerstand, welcher der Verschiebung einer Fläche entlang einer anderen, sie berührenden Fläche entgegenwirkt. Bei trockenen Flächen ist die Reibungskraft umso größer, je näher die Massenteilchen aneinanderrücken können. Bei gleichem Stoff und gleichartigem Korn ist die R. größer als beim Zusammenwirken verschiedener Werkstoffe: Messing und Stahl, Stahl und Stein. Zur Verminderung der R. wird das unmittelbare Aufeinanderliegen der gleitenden Flächen durch eine schlüpfrige Ölschicht verhindert.
2. die R. wächst mit dem Druck, mit dem der eine Körper gegen den anderen gepreßt wird und ist unabhängig von der Größe der sich berührenden Flächen. Bei allen Maschinen geht durch die R. ein Teil der Arbeit verloren, d. h. wird in nicht verwertbare Wärme umgewandelt. Wir unterscheiden gleiten-

de R. (bei Zapfen) und rollende R. (Eingriffe-Kugellager). Naturgemäß geht bei der gleitenden R. mehr Arbeit verloren als bei den rollenden oder wälzenden. Neben dem Druck, der die R. erhöht, ist auch die Oberflächenbeschaffenheit für die Größe der Arbeit maßgebend. Reibung R = f × N (Faktor mal Normaldruck) hierbei bedeutet f den R.-koeffizient, der für die einzelnen Metalle und Oberflächen verschieden ist. Er errechnet sich: R.-koeffizient f = R. durch Normaldruck (R : N). Er ist ein echter Bruch und wird umso größer sein, je größer die R.-arbeit ist. Die R. eines Zapfens nimmt mit zunehmendem Durchmesser zu. Auf der anderen Seite ist es für die R. belanglos, ob die Auflagefläche größer oder kleiner ist. Große oder kleine Lagerhöhe hat also keinen Einfluß auf die R., weil sich bei einem langen Zapfen der Druck auf eine größere Fläche verteilt. Wichtig für die R. im Zapfenlager ist neben dem durch die Oberflächengüte bedingten R.-koeffizient der Abstand der Kraft vom R.-punkt, also die Entfernung von dem Punkt, in welchem das Rad in das Trieb eingreift, zum Lager. Hier nimmt die R. proportional zur Entfernung ab. Flache Uhren haben demnach bei gleichen Kräften größere R. als höhere Uhren. Aus diesem Grund laufen sich auch die Lager-Kleinbodenrad oben und Minutenrad oben viel schneller aus (siehe eingehende, siehe ausgehende Reibung).

Reibungskupplung, bei dem mit sanfter Reibung auf der Minutenwelle drehbaren Minutenrohr, bewirkt durch das Zusammendrücken der (siehe „Laterne", siehe Bremsen).

Reihenschaltung: Schaltung von Elementen mit dem Zweck, die Stromstärke zu erhöhen. Dabei werden die gleichnamigen Pole miteinander verbunden, Plus mit Plus und Minus mit Minus.

reinbeizen (siehe gelbbrennen).

Reinigung beim Schleifen, das ist gründliche Beseitigung aller kleinsten zurückgebliebenen Schleifteilchen, die in den Lagern ihre zerstörende Wirkung fortsetzen und als Oxyde sofort auch eine Zersetzung der Öles verursachen würden (siehe Schleif- und Poliermittel, siehe Reinigungsmittel).

Reinigungsmaschine, mit drei Bädern (1. Reinigungsflüssigkeit, 2. vorgebrauchtes Gasolin, 3. reines Gasolin), in welchen die in Drahtkörbchen untergebrachten Werkteile nacheinander unter rascher Drehung gründlich durchgespült und abschließend luftgetrocknet werden, so daß sie schließlich vollkommen fett- und staubfrei sind. Mittels einer exzentrisch gelagerten Spindel wird eine gründliche Durchspülung erreicht, die verwendeten Glasgefäße verhindern eine Zersetzung (siehe Reinigungsmittel).

Reinigungsmittel (siehe fettlösende und siehe oxydlösende Reinigungsmittel, siehe Spülmittel, siehe Trocknen).

Reißnadel, aus Präzisionsrundstahl DIN 175, ein mit harter Spitze versehener Stahlstift zum Anreißen von Linien (siehe Anreißwerkzeuge).

Reithmann, Christian, 1818/1909, ein gelernter Schreiner, lernte als Uhrmacher um und wurde Erfinder: eine freie Hemmung, eine Räderschneidmaschine, außerdem stellte er elektrische Uhren und Haustelegrafen her. Sein Name wurde besonders bekannt durch den Bau der ersten pneumatischen Uhr, die er 1872 in München aufgestellt hat. Baute ein elektrisches Glockenspiel.

Remontage (siehe remontieren).

remontieren: Das fabrikmäßige Zusammensetzen der Uhren. Es unterteilt sich in das Aufzugsetzen, Räder setzen, Gang machen.

Remontoir (siehe Kronenaufzug, siehe Bügelaufzug).

remontoir à bascule, Wippenaufzug.

remontoir à vue: Kupplungsaufzug „à vue Aufzug". Beim Kupplungsaufzug sind im Gegensatz zum Wippenaufzug, bei dem die Räder unsichtbar sind, Kron- und Sperrad sichtbar (à vue).

Renaissance franz. = Wiedergeburt. Wiederaufleben der Wissenschaften und Künste in der Zeit von Mitte 15. bis Anfang 17. Jahrhunderts. Wiederaufnahme der antiken, besonders der römischen Kunst und Anschauungsformen. Verdrängte die Gotik. Die Spät-Renaissance ging im 17. Jahrhundert über in den (siehe Barock).

Renovirin, ein oxydlösendes, mit aufgelöstem Zyankali gemischtes, käufliches Reinigungsmittel für Oxyde. Wegen der starken Giftigkeit des Zyankali sorgfältig aufbewahren und anwenden, nach Gebrauch mit Wasser und Spiritus gut nachspülen und anschließend sorgfältig trocknen (siehe oxydlösende Reinigungsmittel).

renvoie franz. = Aufzugszwischenrad.

Reparatur, die Wiederinstandsetzung.

reparieren, wieder instandsetzen, in den Gebrauchszustand bringen, ein für den Uhrmacher sehr beachtenswerter Begriff.

Repassage franz. = Wiederdurchgehen, eine vollständige Nachkontrolle der neuen Uhr, die früher ohne Ausnahme auseinandergenommen wurde, Zapfen poliert, Eingriffe geordnet, Gang gerichtet. Zum Schluß wurden alle Räder und Kloben von unten fein geschliffen und entgratet und dann Zusammensetzen und Ölen.

Repetierschlagwerk, von franz. repeter = wiederholen, also ein Wiederholungsschlagwerk bei Pendel- und Unruhuhren, für Stunden, Viertelstunden und Minuten. In Taschenuhren ist außer dem gewöhnlichen Gehwerk noch ein gesondertes Repetierwerk eingebaut, das durch einen Druckknopf ausgelöst wird. Bei Pendeluhren mit Schlagwerk wird das Repetieren durch Zug an einer Schnur bewirkt, welche am Ende eines Hebels befestigt ist, dessen anderes Ende beim gewöhnlichen Schlagen durch einen Stift des Wechselrades betätigt wird (siehe Schlagwerk).

Repetieruhr franz. repeter = wiederholen. Repetieruhren sind Schlagwerkuhren (Taschen- oder auch Großuhren), bei denen durch einen Druck auf einen Knopf das Schlagwerk ausgelöst wird und z. T. bis auf die Minute die Zeit schlägt (Abbildung s. Seite 221).

Repetieruhren bauten 1676 Ed. Barlow und Daniel Quare. Damit konnte man ohne Licht die Zeit abhören.

Repetierwecker, der in kurzen Zeitabständen wiederholt weckt. Zu diesem Zweck sitzt auf dem Zwischenrad ein mehrzackiger Stern, der den Hebel anhebt und wieder in die Lücke zwischen zwei Zähnen fallen läßt. Dadurch wird der Weckerarm immer wieder frei gegeben und gesperrt.

Resonanz: Das Mitschwingen eines Körpers in Gegenwart eines schwingenden Körpers. Ein Mitschwingen tritt nur dann auf, wenn die beiden Körper die gleiche Eigenschwingungszahl besitzen (R.-frequenz). R. gibt es auch auf dem Gebiet der Hochfrequenz, wo sie eine der Grundlagen des Rundfunkempfangs ist.

ressort (le) franz. = Feder allgemein.

ressort de tirette franz. = Winkelhebelfeder.

retard: franz. retarder = nachgehen.

Reuleaux, Franz, Professor Dr., 1829/1905, Hauptdisziplin war die Maschinen- und Getriebelehre, außerdem hatte er sehr viel für die Uhrentechnik übrig. In seinem in Fachkreisen sehr bekannten Werk „Theoretische Kinematik" werden von ihm die Uhren fachwissenschaftlich behandelt. Aber auch in konstruktiver Beziehung schrieb er viel über Uhren. Besonders tätig war er für die Einführung der Herstellung von Schiffs-Chronometern in Deutschland.

Reversionspendel, Gegenschwungpendel, erfunden 1818 von dem Engländer Kater, bestehend aus zwei fest miteinander verbundenen Pendeln, von denen eines nach unten, das andere nach oben gerichtet ist. Sind beide Pendel völlig gleich, so bleiben sie in jeder Lage in Ruhe. Je schwerer der obere Pendelkörper ist oder je mehr man ihn von der Drehachse entfernt, desto langsamer schwingt das Pendel. Praktisch hat dieses Pendel wenig Anwendung gefunden (siehe Pendel).

Revolver-Brosche, eine Stahlscheibe mit acht Broschen.

Revolver-Drehbank, ausgestattet mit einem Revolverkopf, einem Halter für mehrere nacheinander zur Arbeit kommenden Werkzeuge (siehe drehen).

reziproker Wert, umgekehrter Wert einer Zahl, bedeutet stets 1 geteilt durch die Zahl, z. B. für 5:

$$\text{r. W.} = \frac{1}{5} = 0{,}2 \quad \text{oder für 1:} \frac{5}{8}$$

$$\text{r. W.} = \frac{1 \cdot 8}{5} = \frac{8}{5} = 1{,}6$$

(siehe Teilen mit gemeinen Brüchen, siehe Bruchzahlen).

rhabillage franz. = Reparatur.

rhabilleur franz. = Reparateur.

Rheinisch Zoll, 1 Zoll = 1" = 26,16 mm, s. Zoll

Rhenium: Chem. Grundstoff, Zeichen Re, Atomgewicht 186,31. Ordnungszahl 75.

Rhodium, ein zu den leichten Platin-Metallen zählender Grundstoff, chem. Zeichen Rh, Wichte 12,47, Schmelzpunkt 1970°, findet sich in Platinerzen und legiert mit Gold. Es ist in allen Säuren, selbst in Königswasser, unlöslich u. wird verwendet zu schwarzen Porzellanfarben, bei der Glanzvergoldung von Porzellan, zu Tiegeln für Widerstandsöfen und zur Oberflächenveredlung. s. seltene Metalle.

Richard, Daniel Jean, gen. Bressel, geb. 22. 8. 1665 in La Sagne, zeigte bereits als Knabe große Vorliebe für mechanische Künste. Er erlernte das Schlosserhandwerk u. setzte 1679 eine ihm übergebene Taschenuhr instand. Nachdem er den ganzen Mechanismus studiert hatte, beschloß er, selbst eine solche Uhr zu bauen, etwa um 1681, u. anschließend verfertigte er laufend solche zunächst noch rohe Werke. Er baute selbst eine Räderschneidmaschine, sein Schüler verpflanzte die Uhrmacherei nach La Chaux-de-Fonds, er selbst ließ sich um 1705 in Le Locle nieder, wo er 1741 als Begründer der Schweizer Uhrenindustrie starb.

Riefler, Siegmund, Dr. phil., geb. 9. 8. 1847 in Mariarein b. Nesselwang (Bay.), Physiker, Förderer u. Vervollkommner der Präzisionszeitmessung für Sternwarten und solche Stellen, bei denen es auf Sekundenbruchteile ankommt. Erfindet gegen 1890 die Rieflerhemmung mit konstanter Kraft. Dort erhält das Pendel seinen Antrieb durch die Biegung der Aufhängefeder. Weiter wurde von ihm ein Quecksilberkompensationspendel konstruiert, bei dem das Quecksilber im Pendelrohr sich befindet u. nicht in besonderem Behälter. Später ging aus seiner Werkstatt ein Nickelstahlpendel hervor, das in feinen Uhren hervorragende Gangresultate aufweist. Ebenso wie Strasser erkannte er den Wert des Invarstahls unmittelbar nach seiner Entdekkung. 1897 wurde er Ehrendoktor der Universität München. Hochgeehrt starb er 1912 als Mitinhaber der bekannten Präzisions-Uhrenfabrik C. Riefler, Nesselwang (Bild s. Seite 220).

Riefleraufzug, elektr. Uhraufzug für astronomische Präzisionsuhren von Dr. S. Riefler. Konzentrisch auf der Zwischenradwelle sitzt ein 10 Gramm schwerer Hebel, welcher über ein Gesperr und ein Gegengesperr (welches während des Aufzugsvorgangs die Uhr antreibt) die erforderliche Antriebskraft liefert. Hat dieser Hebel eine bestimmte Lage erreicht, dann schließt er durch Berührung mit dem langen Arm eines Winkelhebels den Stromkreis. Der kürzere Arm dieses Hebels wird von einem, mittels Widerstand einzuregulierendem Elektromagneten angezogen. Hierbei wird der auf dem Zwischenrad sitzende Hebel hochgeworfen. Diese Anordnung zeichnet sich durch große Regelmäßigkeit der Antriebskraft aus u. dadurch, daß durch den Aufzug keinerlei den Gang der Uhr störende Einflüsse entstehen.

Rieflerhemmung, eine freie Pendel-Hemmung, s. Strasser-Hemmung, 1891 von S. Riefler konstruiert. Ist eine Federkrafthemmung. Zwei Gangräder sind fest miteinander verbunden. Eins davon ist das Antriebsrad und hat lange, spitze Zähne; das andere ist das Hebungsrad, dessen Zähne kurz und stumpf sind. Der Anker hat zwei Karneolstifte, die als Klauen dienen, sie sind zur Hälfte abgeflacht. Das Antriebsrad wirkt nur auf den runden, das andere auf den flachen Teil der Stifte. Antrieb des Pendels ohne Gabel nur durch die Aufhängefeder. Pendel schwingt immer vollständig frei. Ruhereibung ist ständig vorhanden. Hat Ähnlichkeit mit Brocothemmung. s. Hemmungen mit Pendel.

Rieflers Kompensationspendel, mit Ausgleichstück aus Messing auf der Nickelstahlstange, welches den Linsenkörper in einer Bohrung der Linse in seiner Höhenlage verändern kann u. so die mathematische Pendellänge (s. dort) selbsttätig reguliert, s. Kompensation des Pendels.

Rinderle, Thaddäus, 1748 bis 1842, Mönch und Priester, war neben Hahn wohl der bedeutendste Uhrmacher. Die von ihm 1787 gebaute Kunstuhr, zu der er sich die Werkzeuge selbst schuf, besitzt den von Huygens erfundenen Aufzug. Mit einem Blick ist dort von jedem Ort der Erde sowohl die herrschende Sternzeit wie die Ortszeit ersichtlich, dazu der Tag, wo die Sonne gerade auf- oder untergeht, wo es Tag, wo es Nacht ist, ob eine Sonnen- oder Mondfinsternis ist usw. befindet sich in Furtwangen.

Ringuhren, als kleinste Uhren, die es gibt, 1850 in Chaux-de-Fonds gebaut. Gegenstück eine Uhr in Oslo, deren Zifferblatt $8^1/_2$ m ⌀ hat; Viertelzeiger ist $8^1/_4$ m u. Stundenzeiger $3^1/_2$ m lang.

Riß im darstellenden Zeichnen, die drei Ansichten eines Körpers, Auf-, Grund- und Seitenriß. s. Anordnung der Ansichten.

Robin, Robert, 1742 bis 1800. Erfand 1790 seine erste Hemmung, die auch seinen Namen trägt. Noch zwei weitere Hemmungen wurden von ihm erfunden. Sämtliche Hemmungen haben sich auf die Dauer nicht bewährt. Man kann sie nur noch auf Zeichnungen sehen oder rekonstruiert. Robin war ein bekannter und guter Uhrmacher seiner Zeit. Hat auch einige Bücher u. Schriften über die Uhrentechnik verfaßt.

Rochet, (franz.) Sperrad.

Röhrengleichrichter, s. Gleichrichter.

Röhrenkompensation, von Hardy. Besteht nur aus ganz dünnen, vielfach durchlöcherten Röhren, sodaß innen u. außen die gleiche Temperatur vorhanden ist. In einer Präzisionsuhr der Sternwarte London ist ein derartiges Pendel.

Röllchenhemmung, hat Ähnlichkeit mit Rollenhemmung, ist aber noch einfacher. Gangrad nur 12 Zähne mit symmetrischer Dreieckform. Die Hebung des nächsten Zahnes erfolgt immer nach zwei Halbschwingungen. Anker ist runde Stahlscheibe mit runder Ausfräsung. Kurzes und starres Pendel. Heute nur noch sehr selten.

römische Ziffern, setzen sich zusammen aus 7 Grundzeichen: I = 1, V = 5, X = 10, L = 50, C = 100 (centum), D = 500, M = 1000 (mille). Zur Bildung der Zahlenwerte stehen die höheren Werte links, die rechts davon stehenden niederen Werte werden zugezählt, z. B. VI = 6, XII = 12, CX = 110. Gleiche Werte nebeneinander werden zusammengezählt, z. B. XXX = 30, CC = 200. Niedrigere Werte links von höheren Werten sind abzuziehen, z. B. IV = 4, IX = 9, XC = 90. 1879 = MDCCCLXXIX. s. Ziffern.

Rösten der Eisenerze, Erhitzen an der Luft, um eine Anzahl von unbrauchbaren Beimischungen, besonders auch Wasser, auszutreiben. s. Eisengewinnung.

Roheisen, das Erzeugnis des Hochofens, Wichte 6,3—7,2, Schmelzpunkt etwa 1300° C, Schwindmaß 1 %. Zusammensetzung: Eisen 90—95 %, Kohlenstoff 3,5—5 %, Silizium 2—3 %, Phosphor 0,2—0,3 %, Mangan 0,5 bis 1,5 %, Schwefel 0,02—0,1 %. Maßgebend für die Flüssigkeit ist der hohe Kohlenstoffgehalt, der bei der Verarbeitung auf schmiedbares Eisen u. Stahl wesentlich verringert werden muß. Je nach dem höheren Mangan- oder Siliziumgehalt unterscheidet man weißes und graues Roheisen. s. schmiedbares Eisen und Stahl.

Rohlinge für Triebe, Drehstähle usw., grob vorgearbeitete Werkteile zur Herstellung von fertigen Trieben, Drehstählen usw.

Rohwerk, franz.: ébauche, bei Kleinuhren umfaßt das Rohwerk die nicht zusammengesetzten Teile der Uhr. Die meisten deutschen Rohwerkhersteller liefern ihren Kunden alle Teile in einbaufertigem Zustand (auf Wunsch mit abgezählter oder nicht abgezählter Spirale). Die Schweizer Rohwerkhersteller liefern alle Rohwerke ohne Assortiment, also ohne Unruh, Anker u. Ankerrad.

Rolle, bewegliche: Bei der beweglichen (losen) Rolle herrscht Gleichgewicht, wenn Kraft = ½ Last. Daraus ergibt sich, daß der Zug am freien Ende der Schnur nur die Hälfte des Gewichtes beträgt. Verwendet wird die bewegliche Rolle bei Gewichtsuhren, weil man (durch das höhere Gewicht) hierbei nur die halbe Fallhöhe erhält.

Rollenhemmung ist eine rückführende Hemmung für lebhaft schwingende, kurze Pendel, Gangrad 50 Zähne; Anker ist eine runde Stahlscheibe mit

Ausfräsung für Raddurchgang. Pendelausschlag sehr groß. Eingangslippe des Ankers erzeugt keine Hebung, sondern nur Ruhereibung. Gangrad steht dabei still. Hebung erfolgt nur an der Ausgangslippe. Keine Aufhängung, sondern starres Pendel. s. Hemmungen mit Pendel.

Rollinien, auch Rollkurven, Radlinien, Zykloiden: 1. Gemeine Radlinie, Ortho-Zykloide, eine Kurve, die ein Punkt eines Kreises beschreibt, wenn er auf einer Geraden abrollt, wie ein Rad auf der Straße. 2. Aufradlinie, Epi-Zykloide, jene Kurve, die ein Punkt am Umfang eines Kreises beschreibt, wenn er auf einen Kreis abrollt. 3. Inradlinie, Hypo-Zykloide, jene Kurve, die ein Punkt am Umfang eines Kreises beschreibt, der in einem Kreis abrollt. 4. Fadenlinie, Evolvente, jene Kurve, die der Endpunkt eines Fadens beschreibt, der auf einen Kreis aufgerollt ist und abgerollt wird, wobei der abgerollte, gestreckte Faden jeweils eine Tangente an den Kreis bildet.

Rollinien im Fachzeichnen: s. Aufradlinie, Fadenlinie, Inradlinie, gemeine Radlinie, Rollkreise, Zykloiden. s. aufbauendes Zeichnen.

Rollkreise, maßgebend für die Erzeugung der Rollinien oder Rollkurven, Zykloiden. Sie sind bei der Konstruktion von Triebflanken-Verzahnungen halb so groß wir der Teilkreis-Durchmesser des Triebes, was für das Trieb die als Inradlinien oder Epizykloiden zu betrachtenden geraden, radialen Triebflanken ergibt. Bei der Triebstock-Verzahnung ist der Rollkreis ebenso groß wie der Teilkreis, wodurch die Zahnwälzungen entsprechend steiler u. der Zahn selbst etwas höher wird. s. Rollinien.

Roskopfhemmung, freie Stiftankerhemmung, ähnlich der Weckerhemmung. Jedoch verwendet man meist Gangräder mit 18 Zähnen, damit die Übersetzung kleiner gemacht werden kann. Auch der Gabeleingriff weicht ab, er erfolgt statt an einem Unruhstift durch einen Hebefinger der Unruh. Der Ausschwung wird durch eine auf die Unruhwelle aufgeschlagene Sicherungsrolle mit Sicherungsspitze verhindert, die nur dann durchgehen kann, wenn sie genau gegenüber der Hohlung steht. s. Stiftanker-Hemmung.

Roskopfuhr. Die nach ihrem Erfinder benannte Uhrenart muß, wenn sie Anspruch auf eine echte Roskopfuhr erheben will, folgende Merkmale besitzen: Über den Mittelpunkt der Werkplatte hinausgreifendes Federhaus. Ein vom Federhaus betriebenes Zeigerwerk u. eine Stiftenankerhemmung ohne Begrenzungsstifte oder Seitenwände zur Begrenzung der Ankerbewegung. Das Federhaus muß etwa acht Umdrehungen machen.

Rost, eine braunrote, pulverige oder schuppige Zersetzungsschicht auf der Oberfläche eines Eisenkörpers, hervorgerufen unter dem Einfluß von Sauerstoff u. feuchter Luft. Er besteht im allgemeinen aus wasserhaltigem Eisenoxyd mit folgender chemischen Zusammensetzung:

$Fe(OH)_3 \cdot 2\,Fe_2O_3$, d. i. 1 Teil Eisen, Sauerstoff, Wasserstoff, 2 Teile Eisen, 3 Teile Sauerstoff. s. Rostschutz, Edelrost oder Patina

Rostpendel, von John Harrison erfunden, von Urban Jürgensen u. Kessels vervollkommnet, besitzt Stäbe aus Metallen mit verschiedenen Ausdehnungs-Koeffizienten, s. dort, Stahl u. Zink, mit einem Zinkrohr in der Mitte, an dem man mittels angebrachter Bohrungen u. Bolzen die entsprechende Länge der Pendelstange einstellen kann, die dann bei Temperatur-Veränderungen selbsttätig reguliert wird. s. Kompensation des Pendels.

Rostschutz, durch Anstrich mit Blei-Mennige, einem Blei-Oxyd ($Pb_3 O_4$) als Grundfarbe u. Leinöl-Farbe als Deckschicht, weiter durch Verzinken, Vernickeln, Verchromen, Brünieren, durch Legieren mit Chrom u. Nickel (nichtrostender Stahl), endlich durch eine feine Öl- oder Fettschicht, letzteres besonders wichtig für Eisen- u. Stahlgegenstände, die länger eingelagert werden. Polieren dient auch als Rostschutz, da hier Staubteile, unter denen feuchte Luft ein Rosten verursacht, schwerer haften bleiben. s. Oberflächen-Schutz.

Roteisenstein, ein deutsches Eisen-Erz (s. dort), 30—50 % Eisengehalt.

Rotgold, eine Gold-Legierung mit hohem Kupfer-Zusatz. s. Gold.

Rotguß, auch Tombak genannt, Rg-10, eine Legierung aus 86% Kupfer, 10% Zinn, 4% Zink, oft auch etwas Blei, verwendet im Apparatebau, wegen seiner Härte auch zu Uhrteilen, für die Stahl nicht brauchbar ist, wie zu Rädern in Turmuhren u. ä. s. Kupfer-Zinn-Legierungen.

Rotor: umlaufender Teil (Läufer) el. Motoren. In Automaticuhren wird ein Gewichtskörper, welcher sich ohne Anschlag um 360° drehen kann, ebenfalls als Rotor bezeichnet. s. Automaticuhr.

roue (la): (franz.: das Rad) roue de grande moyenne = Großbodenrad, roue de petite moyenne = Kleinbodenrad, roue de seconde = Sekundenrad, roue d'ancre = Ankerrad, roue de cylindre = Zylinderrad, roue de couronne = Kronrad, roue d'angle = Transmissionsrad.

Rubidium: Radioaktiver Grundstoff. Symbol Rb. Atomgewicht 85,48. Ordnungszahl 37.

Rubin, (lat. ruber = rot), ein lebhaft rot gefärbter, durchsichtiger Edelstein aus der Gruppe der Korunde, Aluminium-Oxyd $Al_2 O_3$, d. i. kristallisierte Tonerde, von der Härte 9. Haupt-Fundstätten sind Ceylon für hellere, Siam für dunkelrote Steine. Die rote Farbe wird durch Beimengungen von Eisenverbindungen erzeugt. Früher meist allgemein als Uhrstein verwendet, heute durch technisch bessere, synthetische Edelsteine ersetzt. (Bezeichnung „Rubis") s. Edelsteine.

Rückerzeiger, dient in Verbindung mit dem Spiralschlüssel zur Verkürzung oder Verlängerung der wirksamen Spiralfeder-Länge. Er ist in der Mitte der Unruh zügig drehbar gelagert. Der Ring des Rückers ist aufgesprengt und federt. Am Ende trägt der Rückerzeiger den Spiralschlüssel, dessen Zwischenraum bei flachen Spiralen der zwei- bis dreifachen Klingenstärke entspricht. Zur Sicherung gegen das Eindringen weiterer Spiralfeder-Umgänge trägt der Schlüssel unten eine Nase. s. Spiralfeder.

Rückfallflächen, besser Rückführungsflächen, drücken das Gangrad im Ergänzungsbogen eine kleine Strecke zurück. Der dabei zurückgelegte Weg ist der Rückführungswinkel, jene schiefen Ebenen aber, welche die Rückführung bewirken, nennt man Rückführungsflächen.

rückführende Hemmung wird 1676 von Hooke (1635 bis 1703) in England erfunden. 1680 von William Clement verbessert, daß dieser heute als deren Erfinder gilt, s. Hakenhemmung, rückführende Stiftenhemmung für Kurzpendel, Brocothemmung.

Rückführung des Hemmungsrades, erfolgt durch eine am Anker vorhandene schiefe Ebene, die im Ergänzungsbogen des Gangreglers den an dieser Fläche anliegenden Radzahn zurückdrückt. Dabei muß die auf die Fläche wirkende Kraft u. die entstehende Reibung überwunden werden. s. Spindel-, Haken-, Brocot- u. Rollenhemmung.

Rückführungswinkel, bei Hemmungen, bezeichnet die beim Zurückdrükken des Gangrads von diesem durchlaufene Winkel.

Ruhelage bei der Hemmung, bezeichnet das Stilliegen des Hemmungsrades an der Anker-Ruhefläche, während die Ankergabel an den Begrenzungsstiften ruht u. die Unruh völlig frei u. unbeeinflußt vom Räderwerk den Ergänzungsbogen ausführt. Bei den ruhenden, reibenden Hemmungen ist diese Ruhe nicht vollkommen, da die gewölbten Flächen des Zylinders oder die kreisförmigen Ankerpaletten an den Spitzen des Hemmungsrades reiben, wodurch der Gangregler auch während der Ruhe unter der veränderlichen Einwirkung des Räderwerkes verbleibt, sodaß die Uhr schlechter reguliert. s. Hemmungen.

ruhende, reibende Hemmung, zeigt ein äußerlich in Ruhe befindliches Hemmungsrad, jedoch reiben die Hemmungsrad-Spitzen an den gewölbten Ruheflächen des Hemmungsteiles u. beeinträchtigen dadurch die gleichmäßigen Schwingungen des Gangreglers. s. Hemmungen.

Ruhereibung ist z. B. beim Grahamgang vorhanden. Wenn der Zahn angefallen ist und das Pendel in gleicher Richtung weiterschwingt, dann bleibt das Gangrad vollständig ruhig stehen und trotzdem drückt die Federkraft ständig auf den Gangregler. Anders dagegen ist es bei der freien Ankerhemmung. Hier schwingt der Gangregler vollständig frei, ohne jede Krafteinwirkung, weil der Anker am Begrenzungsstift anliegt und den Federdruck auffängt. Bei Rieflerhemmung ist ebenfalls Ruhereibung vorhanden, bei der Strasserhemmung dagegen schwingt das Pendel frei.

Ruhesitz, s. Passungen.

Ruhestein bei der Chronometerhemmung, ein in die Feder oder Wippe eingesetzter, halbzylindrischer Stein, dessen gerade Fläche $8^1/_2$—12^0 unterschnitten ist u. dem Zahn des Hemmungsrades 1^0 Ruhe sichert. s. Chronometerhemmung.

Ruhewinkel bei der Hemmung, bezeichnet jene Fläche am Hemmungsteil, an der die Spitze des Hemmungsrades vom Auffallen bis zur Kante der Hebungsfläche ruht. Angegeben in Winkelgraden wird er als Ruhewinkel bezeichnet. s. Hemmungen, Grundbegriffe.

Runddrehen, auch langdrehen, Bearbeitungen der zylindrischen Flächen eines Werkstückes. s. Drehen.

Rundgewälzte Triebe, besitzen eine halbkreisförmige Wälzung, die Kopfhöhe beträgt die Hälfte der Breite $^1/_2$ S! Bei Trieben bis zu neun Zähnen ist die Zahnstärke $^1/_3$ t, die Lücke $^2/_3$ t, bei Trieben ab zehn Zähnen $^2/_5$ t, die Lücke $^3/_5$ t. Somit ergibt sich als Zahnkopf-Höhe für Triebe bis neun Zähne $h_k = {}^1/_2 \cdot {}^1/_3\ t = {}^1/_6\ t$, beiderseits zum Teilkreis-Durchmesser zugezählt, ergibt als Volldurchmesser $D'_1 = d' + 2 \cdot {}^1/_6\ t = d' + {}^1/_3\ t$. Für Triebe ab 10 Zähnen entsprechend $D'_2 = d' + 2 \cdot {}^1/_5\ t = d' + {}^2/_5\ t$. s. Formeln Ziff. 12.

Rundlaufen des Triebes, wird geprüft, indem das Trieb mit dem Drehherz zwischen den Drehstuhl-Spitzen langsam gedreht wird, wobei die Stichel-Auflage knapp an die Triebzähne herangeschoben wird. Durch untergelegtes weißes Papier erkennt man an der Veränderung der Lichtspalt-Breite deutlich jedes Unrundlaufen.

Ruthenium, ein zu den leichten Platin-Metallen zählender Grundstoff, chem. Zeichen Ru, Wichte 12,26, Schmelzpunkt 2500°. Es ist ein graues, sprödes, pulverisierbares Metall, das in keiner Säure außer Königswasser löslich ist. s. seltene Metalle.

S

Sackmann Ernst, 1861 bis 1934, langjähriger Direktor der Staatlichen Uhrmacherschule Hamburg, war als erfolgreicher Fachlehrer in Fachkreisen allgemein bekannt und geschätzt. Nach Besuch der Schweizer Uhrmacherschule in Le Locle übernahm er 1888 die dort bestehende Fachklasse u. baute sie zu einer bedeutenden Uhrmacherschule aus. Von seinen Schriften ist besonders sein „Geleitbuch für die Uhrmacherschule" rühmlich bekannt geworden.

Sägen, s. Grundforderung, Stahlbänder oder Stahlscheiben, die durch ihre meißelförmigen Zähne unter gleichmäßigem Druck eine feine Rille aus dem Material herausarbeiten u. dieses dadurch trennen. Je nach der Schnittrichtung unterscheidet man Sägen, die auf Zug arbeiten, z. B. die Laubsäge, u. größere, die auf Schub arbeiten, z. B. die Bogensäge. Ein Druck darf stets nur in einer Richtung ausgeübt werden. Kreissägen sind in ihrer Zahngröße entsprechend der Werkstoff-Dicke auszuwählen. Damit Flach- u. Kreissägen beim Schnitt leichter laufen, sind die Blattseiten mit Talg, Stearin oder Seife (aber nicht mit Öl) zu bestreichen. Die Zähne aller Sägen müssen geschränkt sein, d. h. abwechselnd etwas nach links oder rechts abgebogen werden, damit eine breitere Rinne entsteht als die Dicke des Sägblattes beträgt u. dieses ohne zu klemmen frei schneiden kann. Aus dem gleichen Grunde werden Kreissägen für größere Arbeiten in der Mitte dünner geschliffen, oder an den Zähnen etwas gestaucht.

Sägespäne, zum Trocknen für gereinigte Werkstücke, jedoch keine Eichen- oder Tannenholzspäne, da diese Gerbsäure u. Harz enthalten, sondern trockene Ahorn- oder Pappelholz-Späne.

Säure-Behandlung, stets mit größter Vorsicht, Aufbewahrung in besonders gekennzeichneten Flaschen (keine Bier- oder Weinflaschen), in einem eigenen, verschlossenen Schrank, die Flaschen selbst stets sofort wieder verschließen. Bei der Arbeit darauf achten, daß keine Spritzer (s. Säureverdünnen) auf die Haut, in die Augen oder auf die Kleidung treffen, da starke Säuren alle organischen Stoffe zerstören u. Verbrennungen verursachen. Sofort mit viel Wasser nachspülen, ebenso wenn etwas Säure verschüttet wurde. Beim Gebrauch von Salpetersäure entstehen „nitrose Gase", ebenso bilden sich giftige Dämpfe, wenn etwa verschüttete Säure mit Erde oder Sägespänen bedeckt wurden. Daher ist bei all diesen Arbeiten gut zu lüften, besser noch im Freien zu arbeiten. Keinesfalls darf in der Nähe des Arbeitsplatzes eine offene Flamme brennen.

Säuren, Begriff, Wasserstoff-Verbindungen, bei denen Nichtmetall-Oxyde in Wasser aufgelöst wurden. Häufig in der Uhrmacherei verwendete Säuren: 1. Salpetersäure, chem. Formel HNO_3, d. i. Wasserstoff + Stickstoff (Nitrogenium) + Sauerstoff; ihre Verbindungen heißen „Nitrate". 2. Salzsäure, chem. Formel H CL, d. i. Wasserstoff + Chlor, Verbindungen „Chloride", 3. Schwefelsäure, chem. Formel H_2SO_4 d. i. Wasserstoff + Schwefel (Sulfur) + Sauerstoff. Ihre Verbindungen heißen „Sulfate" s. Laugen oder Basen, Salze.

Säure-Neutralisation erfolgt durch Laugen oder Basen (s. dort), da die beiden sich in ihrer Wirkung aufheben. Diese Tatsache wird benützt, um von Gegenständen, die mit Säure behandelt wurden, die letzten Säurereste zu entfernen. Dabei entsteht eine Flüssigkeit, die sich neutral verhält, die weder blaues s. Lackmuspapier rot gefärbt, wie die Säure, noch rotes Lackmuspapier blau färbt, wie die Lauge, ein Zeichen dafür, daß beide Flüssigkeiten nur in der zur Bildung eines Salzes ausreichenden Menge vorhanden sind. Nachspülen mit Wasser.

Säuren u. el. Strom. Sie leiten den el. Strom gut u. werden daher mit Wasser verdünnt zur Füllung von galvanischen Elementen verwendet (Elektrolyt) u. in galvanischen Bädern bei der Herstellung von Metall-Überzügen gebraucht.

Säure-Verdünnen, darf nur in der Weise erfolgen, daß die Säure tropfenweise oder in einem feinen Strahl dem Wasser zugefügt wird, niemals darf umgekehrt das Wasser in die Säure geschüttet werden, da sonst starke Erwärmung auftritt, die Säure verspritzt u. Augen, Haut u. Kleidung gefährdet. Sicherung durch Schutzkleidung und Handschuhe aus Gummi.

Säure-Wirkung, ist verschieden stark. Bis zu einem gewissen Grad wirken verdünnte Säuren stärker als gesättigte oder konzentrierte Säuren. Säuren (auch Laugen u. Salze) lösen Metalle, Metall-Oxyde, Fette usw. auf u. werden daher verwendet zum Abbeizen (s. dort), Reinigen u. Entfetten.

Safety Pinion: wörtlich Sicherheitstrieb. Das Minutenradtrieb ist auf die Minutenwelle aufgeschraubt. Und zwar so, daß es im Betrieb festgezogen wird. Bricht jetzt die Feder, dann wird, durch den Rückschlag das Trieb gelöst, so daß die Zähne u. die Zapfen des Räderwerks geschont sind. (Findet sich in vielen amerikanischen Taschenuhren.)

Saite, aus zusammengedrehten Därmen, zur Aufhängung des Zuggewichtes, das beim Abrollen die Umdrehungen des Walzenrades bewirkt u. damit die Gangdauer der Uhr bestimmt.

Salmiak, Ammonium-Chlorid, chem. Formel NH_4 El, ein weißes Kristallpulver, das entsteht, indem man Ammoniak (NH_3) in Salzsäure (HCl) leitet. Salmiak löst sich unter starker Verminderung der Temperatur in Wasser. Verwendet als Lötmittel, zerfällt beim Erhitzen (NH_3) u. Salzsäure (HCl). Das Chlor verbindet sich mit dem Metall zu Chlorid, der Wasserstoff bildet mit dem Sauersoff Wasser (H_2O), wobei also Sauerstoff entzogen, s. desoxydiert wird.

Salmiakgeist, in Wasser aufgelöstes Ammoniak (ein farbloses Gas), etwa 10 %, chem. Formel NH_4. Vorgang: NH_3 (Ammoniak) + H_2O (Wasser) = NH_4 + HO. Verwendet als Reinigungsmittel.

Salpetersäure, chem. Formel HNO_3, d. i. 1 Teil Wasserstoff, 1 Teil Stickstoff u. 3 Teile Sauerstoff; wasserhell, am Licht unter Abspaltung von Sauerstoff u. Stickoxyden gelb färbend, stechend riechende, rauchende Flüssigkeit, Wichte 1,52, ein sehr starkes Oxydationsmittel, löst alle Metalle außer Gold u. Platin, wodurch andere lösbare Metalle ausgeschieden werden können, „Scheidewasser". Durch die Mischung von 1 Teil Salpetersäure u. 3 Teilen Salzsäure entsteht „Königswasser", das auch Gold u. Platin auflöst. In hochkonzentrierter Salpetersäure sind manche Metalle wie Eisen vollkommen unlöslich, während dieses von verdünnter Salpetersäure heftig angegriffen wird. Verwendet wird diese Säure zum Beizen von Metallen, sowie zur Herstellung von Sprengmitteln u. Farbstoffen. Die Salze aus Salpetersäure heißen Nitrate.

Salz, Begriff, ist die Verbindung von Metallen mit Säuren (s. dort), wobei der Wasserstoff durch das Metall ersetzt wird. Auch durch Zusammenfügen eines Metalloxydes oder einer Lauge (s. dort), die auch ein Metalloxyd enthält, mit einer Säure entsteht ein Salz. Salze sind Elektrolyte, sie scheiden beim Stromdurchgang, der Elektrolyse (s. dort), am Stromaustritt, der Kathode, reine Metalle aus u. werden so zur galvanischen Vergoldung, Verkupferung, Vernicklung, Versilberung usw. verwendet.

Salze, Verbindungen von Metallen oder Metall-Oxyden mit Säuren. Am bekanntesten ist das Kochsalz (NaCl). Man unterscheidet: 1. neutrale Salze, bei denen der gesamte Wasserstoff durch Metall ersetzt ist, z. B. schwefelsaures Kupfer, bekannt als Kupfervitriol ($CuSO_4$), 2. saure Salze, bei denen nur ein Teil des Wasserstoffs durch Metall ersetzt ist, z. B. schwefelsaures Natrium ($NaSO_4 + H$).

Salzsäure, eine wässrige Lösung von Chlorwasserstoff, chem. Formel HCl, d. i. 1 Teil Wasserstoff u. 1 Teil Chlor, eine farblose, an der Luft stark rauchende Flüssigkeit, Wichte 1,2. Sie zählt zu den stärksten Säuren, löst alle unedlen Metalle, wobei Wasserstoff entweicht. Verwendung für den Uhrmacher zur Herstellung des Lötwassers (s. dort), zum Löten von Zink, wobei reine Salzsäure gebraucht wird. Größte Vorsicht bei Verwendung von Salzsäure, keine Spritzer auf Haut u. Kleidung, niemals Wasser in die Säure gießen, sondern umgekehrt! Die Salze der Salzsäure heißen Chloride.

Samarium: Radioaktives, chem. Element, Atomgewicht 150,43, Symbol Sm, Ordnungszahl 62.

Sandstein, Quarz-Körnchen, durch Ton, Kalk oder Kiesel gebunden, Härte 6—7, verwendet zum Naßschleifen von Stahlwerkzeugen u. Gläsern. Schleifräder dürfen nicht im Wasser hängen bleiben, da sie sich einseitig mit Wasser vollsaugen, unrund laufen u. sich einseitig stärker abnützen. s. Schleif- u. Poliermittel.

Sanduhr, um 1500 urkundlich bekannt, wahrscheinlich aber bereits viel früher, seit der Erfindung des Glases, bekannt, vermutlich auch schon bei den Chinesen. In neueren Sanduhren fand man vier Gläser, die sich in $^1/_4$, $^1/_2$, $^3/_4$ und $^4/_4$ Stunden leerten, Zifferblatt und Zeiger besaßen.

Sanduhren verdrängen Sonnen- und Wasseruhren weil unabhängig von der Sonne. Bessere S. U. hatten 4 Gläser für je $^1/_4$ Stunde. Beim Umkehren des letzten Glases wurde der Zeiger auf dem Zifferblatt 1 Stunde vorgerückt. Gläserfüllung: pulverisierter Marmor. Übelstand: Pünktlichkeit in Wartung.

Sanduhr = Todeszeichen. Sanduhr im Altertum als Symbol des Todes verwendet. Tod auf Bild hält in einer Hand Sense und in anderer Sanduhr.

Saphir, kristallisierte Tonerde, Aluminium-Oxyd, Al_2O_3, ein Edelkorund wie der Rubin (s. dort). Die Härte des Saphirs beträgt 9, die Farbe ist blau. s. Edelsteine.

Satori-Pendel. Nach seinem Erfinder benannt. Elektromagnetischer Pendelantrieb. Oberhalb der Pendelaufhängung befindet sich ein Elektromagnet, welcher den sog. Antriebserteiler anzieht. Dieser ist über ein Pendelfederblech mit dem beweglichen Teil der Pendelfeder verbunden u. schwingt mit dem Pendel. Schwingt nun das Pendel nach links, dann bewegt sich der Antriebserteiler nach rechts. Durch eine ebenfalls vom Pendel gesteuerte Kontakteinrichtung wird der Magnet erregt, der Antriebserteiler angezogen u. die dadurch hervorgerufene Spannung seiner Befestigungsfeder erteilt dem Pendel einen Antriebsimpuls. Die Größe dieses Impulses ist konstant u. unabhängig von der Spannung des Stroms, so daß diese Pendel eine große Ganggenauigkeit ermöglichen. Um dem Pendel keine Kraft zu entziehen, wird die Fortschaltarbeit für das Räderwerk nicht vom Pendel bewältigt, sondern ein kleines Gewicht treibt das mit einer Grahamhemmung ausgerüstete Werk an. Die Kraft am Gangrad ist so gering, daß sie gerade ausreicht, um bei jeder Schwingung des Pendels das Gangrad einen Zahn weiter zu bewegen.

Sauerstoff, lat. Oxygenium, O, Wichte 1,42, kommt in der Luft mit 21%, im Wasser u. in fast allen anderen Körpern vor. Er ist notwendig zum Leben, zur Atmung, ebenso zur Verbrennung. Sauerstoff verbindet sich leicht mit fast allen Grundstoffen, wobei man von einer Oxydation spricht. Ihr Ergebnis sind Oxyde, das sind feine Schichten, welche die Oberfläche verändern. So bildet sich z. B. auf schmelzendem Blei oder Zinn eine feine, grauweiße Haut von Blei-Oxyd (PbO), das giftig ist, bzw. Zinn-Oxyd (SnO_2). Auf der Oberfläche des Eisens entsteht Eisen-Oxyd, (Fe_2O_3), das je nach der Stärke der Schicht zur Feststellung der Anlaß-Farben dient, auch bei der Bearbeitung bildet sich Eisen-Oxyd in der Form von Zunder, Glühspan, Hammerschlag usw. Auf Kupfer bildet sich eine feine, dunkle Schicht von Kupfer-Oxyd (CuO), wodurch es seine schöne, goldähnliche Farbe verliert. Edelmetalle verbinden sich nicht mit Sauerstoff, sie bleiben blank. In Gold- u. Silberloten sind auch unedle Metalle enthalten, welche oxydieren, daher zur Beseitigung dieser für das Löten schädlichen Oxyde ein Reduktionsmittel, den Borax benötigen, welcher die entstandenen Oxyde in einer Schlacke auflöst. Kleine Stahlteile wie Schrauben, Federn usw. schützen wir beim Glühen vor der Oxydation, indem wir sie in Holz-Kohle-Pulver einpacken, das sich mit dem Sauerstoff verbindet, so daß die Eisenteile blank bleiben. Bei der Eisen- und Stahl-Herstellung wird heiße Luft eingeblasen und weiterhin sauerstoffreicher Schrott (Rost-Eisen-Oxyd) beigegeben, wodurch der Kohlenstoffgehalt des Eisens zum Teil verbrannt, also vermindert wird. Bei der Feuerung, der Lötpistole, dem Lötrohr, dem autogenen Schneiden u. Schweißen wird Sauerstoff (Luft) zugeführt u. dadurch die Verbrennungstemperatur wesentlich gesteigert. In der Technik wird reiner Sauerstoff gewonnen durch die mittels des el. Stromes durchgeführte Zerlegung (Elektrolyse) des Wassers (H_2O). Bei —119° C läßt sich Sauerstoff verflüssigen u. in Stahlflaschen füllen, die versandt werden. s. Oxyd, Oxydation, Ozon, Desoxydation.

Saunier Claudius, geb. 1816 in Maçon (Frankreich), begann seine Laufbahn als Schüler der von Henriot gegründeten Uhrmacherschule. Nach kurzem Aufenthalt in der Schweiz kehrte er 1841 nach Maçon zurück, um dort wieder eine Uhrmacherschule zu gründen, die er bis 1848 leitete. Infolge politischer Ereignisse wurde die Schule wieder geschlossen u. Saunier ging als Uhrmacher nach Paris. 1854 erschien sein erstes Buch über „Hemmungen u. Eingriffe", 1855 begründete er die Zeitschrift „Revue chronometrique", eine heute noch bestehende Fachzeitung. Neben Uhrmacher-Kalendern gab er 1858 das Fachwerk „Die Zeit und ihre Messung in älterer u. neuerer Zeit" u. 1870 endlich sein „Praktisches Handbuch für Uhrmacher" heraus, an dem er 15 Jahre gearbeitet hatte. Mit dem Kreuz der Ehrenlegion ausgezeichnet starb der geistreiche, biedere, bescheidene u. sittlich überragende Mann, der über 50 Jahre sein außerordentliches Talent und sein umfassendes Wissen der Uhrmacherei gewidmet hatte, im Jahre 1896 zu Paris (Bild s. Seite 221).

Savonnette-Uhr: Taschenuhr mit Sprungdeckel, der das Glas schützt u. durch einen Druck auf die Krone aufspringt. (Auch Sprungdeckeluhr genannt.) Sav. Uhren haben sehr flache und dünne Gläser = Savonnette-Gläser. Im Gegensatz zur Sav.-Uhr bezeichnet man Uhren ohne Sprungdeckel als offene Uhren.

Sechseck-, Dreieck-, Zwölfeck-Konstruktion, beruht darauf, daß der Halbmesser eines Kreises sich 6mal auf seinem Umfang auftragen läßt. Überspringt man je einen Teil, so erhält man das (gleichseitige) Dreieck, schneidet man von jedem der vier Durchmesserschnittpunkte am Kreis aus den Halbmesser nach beiden Seiten ab, so ergibt sich das Zwölfeck.

Sechting, Joh. Gottfried, 1749 bis 1814, bekannt als Hersteller astronomischer Uhren. Am bekanntesten sind: eine Standuhr mit Musikwerk, Kalendarium, Mondphasen u. sich drehender Sternkarte; eine Jahresuhr, die Datum, Sonnenstand, Mondphasen, Sonnenauf- u. -untergang anzeigt u. dabei noch nebenher je einen Himmels- u. Erdglobus treibt. Für sich selbst baute er eine ganz abnorme Tischuhr, bei der die Zeiger feststehen, während die vergangene Zeit auf zwei sich drehenden Zifferblättern abzulesen ist. Zudem versah er diese Uhr mit Schlagwerk u. Repetition.

Seconde au centre (SC) (franz. Sekunde aus der Mitte) Zentrumsekunde (s. dort).

Seechronometer, Geschichte: Erstes von dem Franzosen Pierre le Roy (1717 bis 1785) im Jahre 1769 gebaut; Berthoud (1727 bis 1807), Paris, verwendet zuerst Gang- sowie Auslösungsfedern; Louis Berthoud u. John Arnold haben gerade Auslösungsfedern auf dem Ruhearm eingeführt.

Seechronometer: Zeitmesser hoher Präzision, welcher speziell für den Gebrauch auf See gebaut ist. Seechronometer besitzen in der Regel Chronometerhemmung u. sind an geschützter Stelle untergebracht. Eine kardanische Aufhängung sorgt dafür, daß der Chronometer stets seine Lage beibehält. Im Zeitalter der Funkentelegraphie verliert der Seechronometer etwas an Bedeutung, weil es ja heute möglich ist, jederzeit auf dem Funkweg genaue Zeit zu erhalten. Dennoch wird auch heute noch auf einen genau gehenden See- auch Bordchronometer großen Wert gelegt, denn die genaue Uhrzeit ist bei der Ortsbestimmung unerläßlich.

Seewarte, deutsche, in Hamburg ins Leben gerufen. Neben astronomischen Beobachtungen, See- u. Wetternachrichten ist sie dazu berufen, die Reglage der Marineuhren zu überprüfen.

Sehne im Fachzeichnen, die gerade Verbindung zwischen zwei Punkten eines Kreisbogens, stets kürzer als der zugehörige Kreisbogen. s. grundlegen Konstruktionen.

Sehnenfehler bei Kreisteilungen, bei Winkelkonstruktionen übr 10° zu berücksichtigen, da sich bei längeren geraden Strecken allzu große Differenzen zwischen der Geraden u. dem zugehörigen Kreisbogen ergeben. Bei Konstruktion von größeren Winkeln ist daher zunächst ein Winkel zu suchen, der sich aus der Kreisteilung ohne weiteres einwandfrei ergibt, z. B. 30°, 36°, 45°, 60°, 90°, 120°, um dann durch Zufügen oder Abziehen von kleineren Winkeln den verlangten Winkel zu erhalten. s. Kreis- u. Winkelteilungen.

Seidenfaden als Aufhängung des Pendels 1673 von Huygens verwendet. Er schrieb das Buch: „Theorie des Pendels".

Seifenlösung, Seifenlauge, warm, mit etwas Salmiakgeist versetzt, ein gutes Reinigungsmittel für stark verschmutzte u. mit „fettem" Öl behandelte Werke. Die Seife bewirkt eine Zersetzung der Fette in fettsaure Natriumsalze u. Glycerin. s. fettlösende Reinigungsmittel.

Seismograph. Gerät zur Feststellung von Erdbeben, das im wesentlichen aus einem mehrere tausend Kilo schweren Pendel besteht, welches bei Erdstößen infolge seiner großen Trägheit in seiner Lage verharrt u. so eine Relativbewegung zwischen der Aufhängevorrichtung u. dem Pendel entsteht. Sind diese Bewegungen auch sehr klein, so sorgt doch ein sinnvolles Hebelsystem dafür, daß sie in Form von Zickzackkurven auf einer Trommel, welche von einem Uhrwerk angetrieben wird, sichtbar werden und gleichzeitig ihre zeitliche Lage feststellbar ist.

Seitenriß im Fachzeichnen, Seitenansicht eines Körpers, meist von links gesehen, daher gemäß der Anordnung der Ansichten in der DIN rechts vom Aufriß zu zeichnen, in Ausnahmefällen auch die Ansicht von rechts, die entsprechend links vom Aufriß erscheint. s. Anordnung der Ansichten u. Schnitte darstellendes Zeichnen.

Sekundärfehler: Unter der geschickten Hand eines erfahrenen Regleurs läßt sich eine Bimetallkompensationsunruh so einrichten, daß sie sowohl bei einer bestimmten untersten Temperatur als auch bei einer Höchsttemperatur keinen Wärmefehler mehr hervorruft. Nun ist es leider keineswegs so, daß die Unruh, die bei +10 Grad u. bei + 30 Grad genau schwingt, dies auch in allen Zwischenstufen tut. Dieser Fehler wird als Sekundärfehler bez. Er tritt auch bei temperaturkompensierenden Spiralfedern auf.

Sekunde, (lat. minima hora pars) = der kleinere Stundenteil, die zweite Unterteilung nach der Minute, auch minuto secundo, der zweite Teil einer Zeitminute, 1 Zeitminute = $1^{m.}$ = $60^{s.}$ Zugleich gültig für die Bez. der Gradminute = 1' = 60'' (s. Zeitmaße).

Sekundenpendel, ein einfaches oder zusammengesetztes Pendel, das einen Schlag, eine einfache Schwingung, in einer vollen Zeitsekunde ausführt. Seine mathematische Länge (s. dort) ist je nach der geographischen Breite etwas verschieden, da auch die Erdbeschleunigung (s. dort) in der Äquatorgegend geringer ist, als in unseren mittleren Breiten oder gegen die Pole zu. Sie beträgt etwa am Äquator 990,974 mm, für Mainz 994,041 mm, für Spitzbergen 995,99 mm.

Sekundenpendeluhr, eine mit Sekundenpendel (s. dort) ausgestattete, gut ausgearbeitete Räderuhr, die in der Uhrmacherwerkstatt vielfach als Normaluhr u. zu Zeitmessungen für wissenschaftliche Zwecke verwendet wird.

Sekundenrad, das dritte Rad im Räderwerk mit feststehender Umlaufzahl in einer Minute, veranschaulicht durch die Umdrehung des auf seiner Welle sitzenden Sekundenzeigers. s. Minuten- u. Stundenrad, Gruppen im Räderwerk.

Sekundenzeiger ab 1800 allgemein eingeführt.

Selbstaufzug: s. Automaticuhr

Selbstinduktion: s. Induktion.

selbsttätiger Aufzug, beschäftigte die Fachleute u. Gelehrten seit etwa 200 Jahren, ohne daß große Erfolge zu verzeichnen waren. Für Großuhren erfand Albrecht Ulli, Biel, eine Aufzugeinrichtung, die in der Hauptsache aus einem Quecksilberbehälter mit dichtschließendem Kolben, verbunden mit einer Zahnstange, die in ein Trieb greift, dessen Bewegungen auf die Aufzugwelle übertragen wird. Mit der verbreiteten Ausnützung des el. Stromes wurden verschiedene Aufzüge konstruiert, die in kurzen Abständen die Feder nachspannen. Für die tragbare Uhr wurde die Selbstaufzugfrage erst in neuester Zeit durch die „Automatic" (s. dort) in verschiedenster Ausführung befriedigend gelöst.

Selen: Chem. Grundstoff. Zeichen Se. Atomgewicht 78,96. Ordnungszahl 34.

Seltene Metalle: s. Iridium, Kobalt, Niob (Niobium), Osmium, Palladium, Rhodium, Rutenium, Tantal (Tantalum), Uran, Wolfram, Zer (Cerium), (s. Metalle).

Semikrograph: Tertienzähler (s. dort) werden auch Mikrographen genannt. Sie zeigen die 100stel Sekunde an. Ein auf gleiche Art gebautes Gerät, welches nur die fünfzigstel Sekunde anzeigt nennt man Semikrograph (Halbmikrograph).

Semikrosplit: Bez. für einen Semikrographen (s. dort), wenn er nach Art eines Doppelstoppers gebaut ist.

Senker, zum Entgraten von Bohrungen u. zur Herstellung von Aussenkungen für Niete, Schraubenköpfe usw. Spitzsenker oder Krauskopf, mit einem Winkel von 60° zum Entgraten, von 75° für Nietköpfe, von 90° u. 120° für Senk- u. Linsenkopfschrauben. Zapfensenker, mit einem zylindrischen Führungszapfen im Durchmesser des Bohrlochs, zur Herstellung ebener Auflageflächen u. zylindrischen Aussenkungen für Schraubenköpfe.

Sextant: Optisches Navigationsgerät, welches vornehmlich auf Schiffen zur Standortbestimmung verwendet wird. Hierbei wird die Höhe der Sonne oder eines Sternes gemessen u. in Verbindung mit der Uhrzeit der Standort ermittelt.

Shock-Resist: Stoßsicherung (s. Super Shock resist) mit in einer Feder gelagertem Lochstein und einer besonderen Feder für den Deckstein.

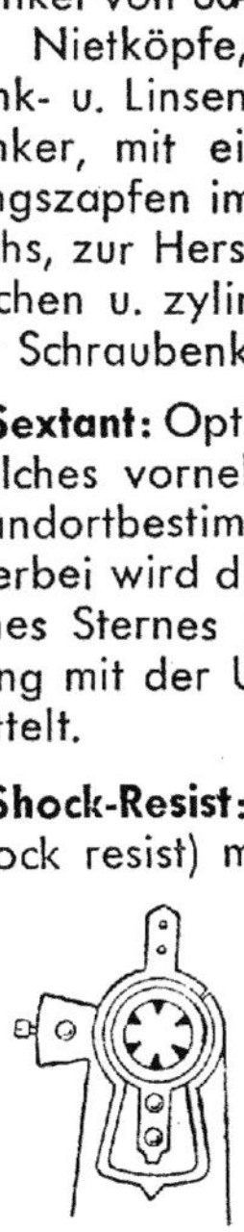

„Shock-Resist"

Shorttuhr: Astronomische Pendeluhr, bestehend aus zwei getrennten Uhren mit Sekundenpendel, von denen eine als Haupt- u. die andere als Nebenuhr arbeitet. Das Pendel der Hauptuhr schwingt völlig frei, es erhält von der Nebenuhr in jeder dreißigsten Sekunde einen el. Antrieb u. ist weder mit einer Hemmung noch mit einem Räderwerk verbunden. Das Pendel der Nebenuhr wird seinerseits vom Pendel der Hauptuhr synchronisiert. Alle dreißig Sekunden löst das Nebenpendel el. einen Gewichtshebel aus, der das Hauptpendel antreibt. Im Gegensatz zu andern astronomischen Uhren, die wegen der Öleindickung in einem schwachen Vakuum von 600 mm schwingen, ermöglicht das Fehlen ölbedürftiger Hemmungs- u. anderer Teile die Anwendung eines sehr starken Vakuums von etwa 30 mm Hg (0,04 at). Hierdurch genügt für den halbminütlichen Antriebsimpuls ein Gewicht von 0,43 Gramm mit einer Fallhöhe von 2 mm.

Sicherheitsmesser an der Gabel, auch Sicherheitsstift, meist mit der Gabel fest verbunden oder mittels Haftsitz in einer Bohrung befestigt. Als Einzelteil wird der Sicherheitsstift auf die Gabel aufgeschraubt. Er hat zusammen mit der Rolle die Aufgabe, den Anker in seiner Ruhelage zu sichern u. ein Zurückschlagen der Gabel bei Stößen oder Erschütterungen zu verhindern. s. Gabeleingriff.

Sicherheitsrolle, beim Gabeleingriff, entweder eine einfache Rolle mittels Haftsitz auf der Unruhwelle befestigt, oder mit der Hebelscheibe so verbunden, daß beide in zwei Ebenen übereinander gehalten werden, s. Gabeleingriff.

Sicherung: Zum Schutze der el. Leitungen baut man in diese Sicherungen ein. Dies sind im wesentlichen dünne Metalldrähtchen, welche die Eigenschaft haben, Ströme höherer Stromstärke als vorgesehen nicht hindurchzulassen, sondern durchzuschmelzen, wodurch der Stromfluß unterbrochen wird. Anstelle dieser Schmelzsicherungen, welche nach jedem Durchbrennen (flicken ist verboten!) erneuert werden müssen, werden heute mehr u. mehr Sicherungsautomaten verwendet. In diesen fließt der Strom durch die Wicklungen eines Elektromagneten. Sobald die Stromstärke zu groß ist, wird durch elektromagnetische Kraft ein Hebel angezogen, der einen Schalter öffnet und den Stromkreis unterbricht. Nach Beheben der Störung wird am Automaten lediglich ein Knopf eingedrückt u. der Stromfluß ist wieder hergestellt.

siderischer Monat, Umlaufzeit des Mondes um die Erde, Dauer 27 Tage, 7 Stunden, 45 Minuten, 11,5 Sekunden.

Siebkette: Der Gleichstrom, welcher von einer Gleichrichterröhre geliefert wird, ist ein sog. pulsierender Gleichstrom (s. dort). Zur Glättung dieses Stromes verwendet man die in der Abb. gezeigte Siebkette. Die Drossel-

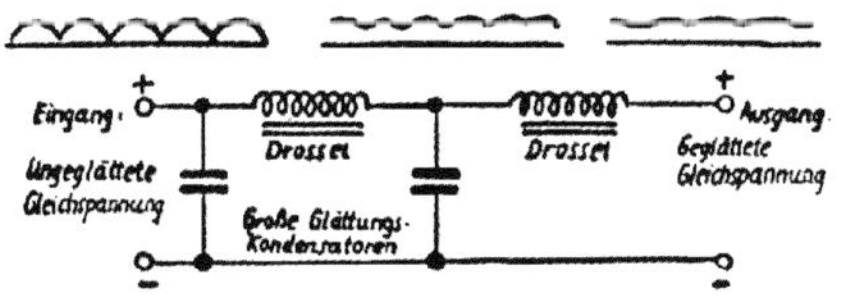

spulen (s. dort) setzen den Wellenbergen des pulsierenden Gleichstromes einen erhöhten Widerstand entgegen (s. Selbstinduktion). Infolgedessen lädt der Strom den Kondensator auf. Nach Durchgang des Wellenberges eilt der im Kondensator aufgespeicherte Strom dem abfließenden Strom nach, so daß bildlich gesprochen das Wellental ausgefüllt wird.

Siemens-Martin-Ofen, geheizt durch ein Gemisch von erhitztem Gas u. Heißluft, wobei Temperaturen bis zu 2000° entstehen, die auch eine Verarbeitung von Altmaterial (Schrott) zu Stahl gestatten. Außerdem bleibt die Masse flüssig, obwohl sie nur noch einen geringen Kohlenstoffgehalt besitzt, sie läßt sich gießen (Stahlguß). s. Eisensorten, schmiedbares Eisen.

Sievert, Hermann, 1845 bis 1898, Uhrmacher u. Fachschriftsteller. Erlernte Uhrmacherei bei einem Schmied, der selbst nur ein halbes Jahr gelernt hatte. Durch Selbststudium u. Fleiß erwarb er sein überdurchschnittliches Können u. Wissen. 1879 schrieb der Zentralverband der deutschen Uhrmacher ein Preisausschreiben für ein wirklich gutes Fachbuch aus. Sievert ging dort als Sieger hervor u. erhielt den Preis für „Leitfaden für Uhrmacherlehrling". Dieses Buch war früher wohl das verbreitetste u. beliebteste, was auch damit bewiesen werden kann, daß es sechs Auflagen erlebte.

Signaluhr: Mechanische oder el. Uhr (auch Synchronuhr oder Nebenuhr) besitzt eine Einrichtung, die es erlaubt, zu bestimmten Zeiten einen Stromkreis zu schließen, der dann akustische Signale, Glockensirenen, Hupen o. ä. betätigt. Das Merkmal der Signaluhr ist das Signalrad, ein Rad, das sich in der Regel in 24 Stunden einmal dreht. In dieses Rad werden die Signalstifte eingeschraubt, die dann den Vorkontakt schließen. Ein Signal ertönt auch dann, wenn zur vollen Minute, der von der Minutenwelle betätigte Fünfminutenkontakt geschlossen wird. Signaluhren werden auch mit zwei oder mehr Stromkreisen geliefert, so daß mehrere Signalkreise bedient werden können. Durch eine Sonntagausschaltung werden die Signale an Sonntagen unterdrückt. Eine Samstagumschaltung erlaubt es an Samstagen andere Signalzeiten als an den übrigen Wochentagen zu wählen. Durch eine besondere Vorrichtung wird es ermöglicht, die Signaldauer etwa in dem Bereich von 8 bis 40 Stunden zu verändern.

Silber als Bez. = neuhochdeutsch; althochdeutsch = Sil(a)bar; altsächsisch = Silubar; altniederländisch = silver; altfriesisch = selover; angelsächsisch = seolfor; altnordisch = silfo; gotisch = siluhr; baltisch = sirebo; litauisch = sidebras; altpreußisch = soraplis.

Silber, Ag, (lat. Argentum), Wichte 10,5, Schmelzpunkt bei 961°, DIN 1710 Agt. Erze sind der Silberglanz Ag_2S, Rotgüldigerz, 3 $Ag_2S \cdot As_2S_3$, Silberantimonglanz $Ag_2S \cdot SbS_3$ (Antimon), Silberhornerz Ag Cl (Clorsilber), also verbunden mit Arsen (As), Antimon (Sb), Schwefel u. Chlor, oft zusammen mit Kupfer u. Bleierz. Länder: Sächsisches Erzgebirge, Harz, Ungarn, Siebenbürgen, Norwegen, Mexiko, Kanada, Nord- u. Südamerika, China, Japan. Eigenschaften: Glänzendweiß, polierfähig, weicher als Kupfer, härter als Gold, sehr dehnbar, feine Bleche u. Drähte, bester Leiter für Wärme u. Elektrizität. Es wird leicht angegriffen von Schwefelwasserstoff, unter Bildung von schwarzem Schwefelsilber, es löst sich in heißer, konzentrierter Schwefelsäure, ebenso in verdünnter Salpetersäure, wobei Silbernitrat entsteht $AgNO_3$, Höllenstein. Silber legiert sich gut mit Gold, Kupfer, Blei, Quecksilber u. Zink, mit geringen Mengen Eisen, Nickel und Kobalt als Hartsilber. Für Münzen u. Geräte ist das Silber zu weich, daher wird es mit Kupfer legiert. Verwendung: Zu Schmuck u. Tafelgeschirr, das durch Aufnahme von Schwefel dunkel, bzw. schwarz wird. Beim Anfassen mit schweißigen Fingern bildet sich Chlorsilber, das durch Abwaschen mit Ammoniak-Wasser abgewaschen werden kann. Wegen seiner guten Leitfähigkeit für el. Strom u. seiner Unempfindlichkeit gegen Sauerstoff wird Silber vielfach zu Kontakten verwendet.

Silberaluminium, eine Legierung von $^1/_3$ Silber u. $^2/_3$ Aluminium.

Silberdoublée, Werkstücke aus unedlem Metall mit aufgewalzter Silberschicht.

Silbergehalt, früher bezeichnet durch Lot, heute durch Tausendstel, 1 Lot = $^{62,5}/_{1000}$, also bedeutete 14lötiges Silber eine Legierung von $^{875}/_{1000}$. Die heute gebräuchlichsten Silbergehalte sind $^{800}/_{1000}$, $^{830}/_{1000}$, $^{900}/_{1000}$ und $^{950}/_{1000}$, für Ausfuhrartikel neuerdings auch $^{835}/_{1000}$. Silberwaren von $^{800}/_{1000}$ aufwärts müssen den gesetzlichen Silberstempel tragen.

Silberlote DIN 1710, zum Löten von Edelmetallen und von hochwertigem Stahl verwendet, eine Legierung von Kupfer, Zink und Silber, bezeichnet nach dem Silbergehalt

	Kurzzeich.	Silber	Schmelzp.
In Form von Körnern			
Silberlot 4	Agl 4	4%	855°
Silberlot 9	Agl 9	9%	820°
Silberlot 12	Agl 12	12%	785°
In Form von Streifen			
Silberlot 8	Agl 8	8%	830°
Silberlot 25	Agl 25	25%	765°
Silberlot 45	Agl 45	45%	720°

(siehe Hartlote)

Silberüberzüge, versilbern, außer Walzsilber (Silberdoublée): 1. Feuerversilberung (s. dort), 2. galvanische Versilberung in einem Silberbad, an dessen Anode (Stromeintritt) sich reines Silberblech befindet, während sich das beim Stromdurchgang ausgeschiedene reine Silber auf dem an der Kathode (Stromaustritt) hängenden, chem. reinen Gegenstand niederschlägt. 3. Anreibeversilberung (s. Anreibevergoldung) erzeugt bei anschließend vergoldeten Gegenständen, wie Werkplatten, Kloben und Rädern ein feines Korn und schönen Glanz. 4. Tauchversilberung erfolgt durch Eintauchen der Gegenstände in einen Silbersud, eine sehr schwache Versilberung, bes. für Ausbesserungsarbeiten.

Silizium, Si, chemischer Grundstoff, kommt in der Erdrinde verbunden mit Sauerstoff und Metallen vor, als Quarze und Silikate. Siliziumbronze ist eine Legierung von Bronze, Natrium und Kieselfluorkalium, sie besitzt hohe Festigkeit und gute el. Leitfähigkeit. Siliziumkarbid (s. Karborundum), ein künstlich geschmolzener, sehr harter Schleifstein. Der höhere Siliziumgehalt ist maßgebend für das „graue Roheisen" (s. dort).

Simplexstopper, läuft nur so lange, als die Krone hineingedrückt bleibt. Er wird verwendet zur Messung häufiger und kurz unterbrochener Intervalle (s. Stoppuhren).

Sitz, s. einpassen und Passungen.

Skandium, Chem. Grundstoff (Element), Zeichen Sc, Atomgewicht 45,10, Ordnungszahl 21.

Skelettuhren besaßen hinten und vorne Glasdeckel. Schön ornamentiertes Werk. Platinen und Brücken reichlich durchbrochen, so daß man, da auch das Zifferblatt nur aus einem Reif bestand, durch die ganze Uhr hindurchsehen konnte.

Skizze im Fachrechnen, ein vorzügliches Hilfsmittel bei Körperberechnungen oder bei Aufgaben unter Anwendung des Pythagoräischen Lehrsatzes, wobei eine gute, maßstäblich gezeichnete Skizze mit einheitlich eingetragenen Maßen (mm) bereits eine annähernde Lösung gestattet, unabhängig von allen möglichen Rechenfehlern in den Stellenwerten, beim Wurzelziehen usw. (s. Fachrechnen).

Skizze im Fachzeichnen, eine freihändige, unmaßstäbliche Darstellung des Gegenstandes nach den drei Rissen, jedoch mit DIN gerechter Eintragung aller Maßlinien und Maßzahlen (s. darstellendes Zeichnen).

Skleroskop, ein Prüfgerät zur Bestimmung der Härte eines Werkstoffes, verwendet zur Prüfung gehärteter Stoffe, bei dem in einem Glasröhrchen ein kleiner, mit Diamantspitze versehener Stahlkörker aus bestimmter Höhe (254 mm) auf das Prüfstück herabfällt und nach dem Aufprall wieder hochspringt. Die an einer Skala festgestellte Sprunghöhe gibt einen Anhalt für die Härte des Werkstücks.

slow (engl.) langsam.

Soffittenlampe, Glühlampe, deren Leuchtdraht der Länge nach durch die Röhre gezogen ist, die an beiden Enden die Kontakte trägt.

Solunaruhr, eine Schöpfung der Firma Heuer für die Anhänger des Angelsports. Ein passionierter Jünger Petris der amerikanischen Forellenfischer J. A. Knight hat herausgebracht, daß die Forellen zu bestimmten Zeiten anbeißen und zu anderen Zeiten gar nicht. Dies setzte er in Zusammenhang mit Ebbe und Flut. Für den Fischer schuf Knight eine Tabelle und Heuer macht das mit einer Uhr, an der der Fischer ablesen kann, ob die Fische anbeißen oder nicht.

Sommerzeit, s. einfache und doppelte Sommerzeit und Zeitarten.

Sondermaße, Hilfsmeßlehren für bestimmte Zwecke: Lochmaße zum raschen Messen von Zylindern, Bohrern, Rädern, Gläsern, Ringen, Federbreiten und -Dicken. Vorzuziehen ist jedoch die unmittelbare Messung mittels Schiebe- oder Tastermaß, nach dem metrischen Maßsystem, wodurch die willkürlich mit Nummern versehenen Hilfsmaße überflüssig werden. s. Meßwerkzeuge.

Sonne: Durchmesser 1 390 000 km (109.1 Erddurchmesser). Masse 331 950 Erdmassen (1.983 · 10^{33} g). Entfernung: geringste (Periphel) 146 950 000 km. Größte (Aphel) 152 060 000 km. Strahlungstemperatur 5955 Grad abs.

Sonnengeschwindigkeit: infolge der Erdumdrehung wandert die Sonne scheinbar um 15 Grad in der Stunde. Da auf 51,5 Grad nö. Breite die Grade 68 km von einander entfernt sind, ist die scheinbare Geschwindigkeit der Sonne mit 1020 km/std.

Sonnenjahr, bestehend aus annähernd 365 Umdrehungen unter gleichzeitigem Fortschreiten auf der Erdbahn, genau 365,24 222 Sonnentagen. s. Jahr.

Sonnenkulmination, der höchste Stand der Sonne auf ihrem scheinbaren Umlauf um die Erde. Mit diesem Zeitpunkt ist es für den betr. Ort „Wahrer Sonnenmittag" oder 12 Uhr, was jedoch wegen der Korrektur durch die „mittlere Zeit" (s. dort), die Zeitgleichung, und die Zonenzeit (s. dort), bei uns die MEZ, nicht mit der Uhrzeit 12 übereinstimmt. s. Zeitarten.

Sonnentag, der Zeitraum zwischen zwei Kulminationen der Sonne, täglich um 3 Min., 55,9 Sek. länger als eine volle Umdrehung der Erde, da diese täglich außerdem um ein Stück auf der Erdbahn fortschreitet, sodaß noch eine Drehung von 3 Min., 55,9 Sek. nötig ist bis zur nächsten Kulmination der Sonne (s. Sterntage). Außerdem weichen die Sonnentage täglich noch etwas voneinander ab, sodaß zur Schaffung einer für unsere Zeitmesser brauchbaren gleichmäßigen Tageslänge der „mittlere Sonnentag" eingeführt wurde, der 365,24222. Teil eines Sonnenjahres, s. Zeitarten.

Sonnenuhr, das geschichtlich älteste Gerät zur Zeitmessung, unter Bewertung der Schattenlänge und Schattenrichtung mit einer Zeitbestimmung durch den Schattenstab, das „Gnomon", nach welchen Sklaven die Zeit ausriefen, im weiteren wurden solche Instrumente in handlicher, tragbarer Form gebaut, mit einem zur Erdachse gleichlaufenden Schattenstab. Vielfach wurden hohe Steinbauten für die Schattenmessung aufgeführt, von denen die vom indischen Maharadscha Dschaisingk II. 1725 erbauten, bis zu 275 m hohen Aufbauten mit Stufen und Marmorbrüstungen die bekanntesten sind.

Sonnenumdrehung. Auch die Sonne dreht sich in 25 Tagen und 6 Stunden um ihre eigene Achse.

Sonstige Gesichtspunkte für die Eignung im Uhrmacherberuf, ausschlaggebend bleiben die körperlichen, geistigen, charakterlichen und wirtschaftlichen Vorraussetzungen (s. dort). Dazu gehört ein gutes Schulzeugnis, nicht zweckmäßig sind alle Rücksichten auf Bekanntschaft, Verwandtschaft u. ä., auch das Vorhandensein eines ererbten Werkzeuges kann kein Beweis für die Eignung sein. s. Beruf des Uhrmachers.

Spannfutter beim Drehen: 1. Stufenfutter, 2. Dreibacken- oder Universalfutter, 3. Planscheibe für Werkstücke, deren Bearbeitung außerhalb der Mitte liegt, s. Drehen.

Spannkraft, verwandt mit der Zusammenhaltskraft, der Kohäsion der Masseteilchen, wirkt rückformend bei Verbiegungen und ist die Ursache für das Zurückfedern, der Elastizität einer Feder.

Spannung: Allgemein eine Kraft die auseinanderziehen will. In der Elektrotechnik die Einheit des Potentialunterschieds zwischen zwei Polen. Dabei fließt der Strom stets von dem Pol der höheren Spannung zu dem der niederen. Die Einheit der Spannung ist das s. Volt.

Spannungsabfall: Längs eines Leiters geht Spannung (durch die Überwindung des Widerstandes) verloren. Der Sp. errechnet sich nach dem Ohm'schen Gesetz, indem man den Widerstand des Leiters errechnet (oder mißt) und nach der Formel R · I die Spannung errechnet. Die so errechnete Spannung ergibt im Vergleich zur Ausgangsspannung den Spannungsabfall.

Spannungsfreiglühen, zur Beseitigung von Spannungen, die beim Walzen, Schmieden und Schweißen entstanden sind. Zu diesem Zweck werden die Werkstücke 1 bis 2 Stunden bei 550 bis 650° geglüht und sehr langsam abgekühlt, s. Glühen.

Spannungsmessung: Die Sp. erfolgt mit dem Voltmeter. Bei Schwachstromelementen (Trockenbatterien) dürfen hierzu nur hochohmige Voltmeter verwendet werden. Die Spannungsmessung in einem Stromkreis muß stets beim Anschluß des Stromverbrauchers vorgenommen werden, weil, bes. bei längeren Leitungen der Spannungsab-

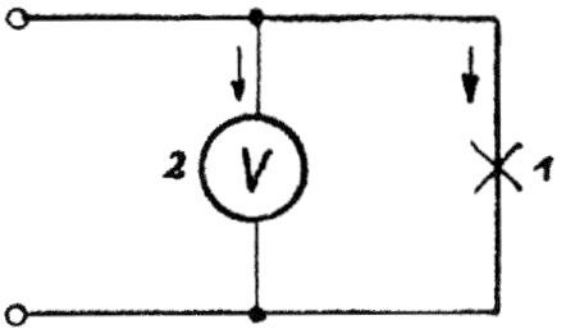

Schaltung des Strommessers (Nebenschaltung): 1 Verbraucher, 2 Spannungsmesser

fall die Spannung um ein Beträchtliches herabsetzen kann.

Spanwinkel beim Drehstahl, die an der Vorderseite, der „Brustseite" des Drehstahls, in einem bestimmten Winkel zur Senkrechten angeschliffene Neigung, die das Abschälen der Drehspäne begünstigt. Die Späne rollen an der Vorderseite des Stahles ab und verursachen dort allmählich Vertiefungen, s. Drehstähle.

Spateisenstein, ein Eisenerz (s. dort) mit 30 bis 45% Eisengehalt.

Speckhart Gustav, 1852 bis 1919, war eigentlich nur kurze Zeit im Beruf tätig, verlegte sich bald auf das Sammeln alter Uhren und auf die Erforschung der Geschichte der Uhren. Auf beiden Gebieten hat er Hervorragendes geleistet und sein Name war überall bekannt. Als anerkannter Fachmann wurde er oft bei Streitfragen über Altertumswert als Sachverständiger beigezogen. Seine persönliche Sammlung war das Ziel vieler Besucher, sie kam später an das Landesgewerbemuseum Stuttgart und konnte dort von Kennern und Liebhabern bewundert werden. Nebenbei betätigte er sich als Fachschriftsteller und machte manche Erfindung.

Spektrum: Leitet man weißes Licht durch ein Prisma, so wird es in seine Bestandteile zerlegt, also in seine Grundfarben: Rot, Orange, Gelb, Grün, Blau, Indigo, Violett. Dabei ist das Rot am langwelligsten und das Blau am kurzwelligsten.

Sperrad im Gesperr, für Großuhren aus hartgewalztem Messing, für Kleinuhren aus gehärtetem Stahl, vielfach mit Getriebeverzahnung. Die Zähne des Sperrades sind sägenartig spitz und entsprechend kräftig, erhalten also möglichst nicht mehr als 24 Teilungen. Die geraden Flanken der Sperradzähne sind 8 bis 10° unterschnitten, der Zahnrücken ist vielfach leicht gewölbt, weil dann die ebenso geformte Unterseite des Sperrkegels leichter in die Zahnlücke gleitet und nicht nur die Sperradspitzen abnützt, s. Gesperr.

Sperrfeder im Gesperr, bezweckt lediglich, den beim Aufziehen ausgehobenen Sperrkegel am Sperrad zu halten, sodaß er vermöge der Unterschneidung der Sperradzähne und der Anzugfläche am Sperrkegel bei der entgegengesetzten Bewegung sofort wieder in die Sperradlücken eintritt und sperrt. Die Sperrfeder hat nicht den Sperrkegel im Sperrad festzuhalten, wozu sie kaum in der Lage wäre. Daher sind starke Sperrfedern nicht notwendig und wegen der dadurch verursachten stärkeren Abnutzung der Gesperrteile auch unzweckmäßig. Es ist darauf zu achten, daß sich Sperrfedern nicht an einem Punkt, sondern in der ganzen Länge durchbiegen, da sie dadurch eine längere Lebensdauer erhalten, s. Gesperr.

Sperrkegel im Gesperr, auch Sperrklinke genannt, setzt sich mit seiner genau den Sperradlücken entsprechenden Spitze in die Sperradlücken und sperrt dadurch. Seine Dicke muß etwas geringer sein, als der Ansatz der Sperrkegelschraube (s. dort), um die freie Bewegung des Sperrkegels zu sichern. Der Eingriff des Sperrkegels muß auf der Tangente erfolgen, d. h. der Sperrraddrehpunkt muß auf der Senkrechten zu dem im Angriffspunkt des Sperrkegels gezogenen Sperrad-Halbmesser liegen, s. Gesperre.

Sperrkegelschraube, im Gesperr, eine Ansatzschraube, zur drehbaren Befestigung des Sperrkegels, wobei der Ansatz etwas höher sein muß, als der Sperrkegel selbst, damit er sich frei bewegen kann, trotzdem das Schraubengewinde fest angezogen ist, s. Gesperr.

Sperrmaul des Platzgabbeck, eine Kunstuhr, 1418 von Johann gebaut. Fand am Rathaus in Köln ihren Platz.

spezifische Wärme, die Wärmemenge, die notwendig ist, um 1 kg des Stoffes um 1° C zu erwärmen: Mittlere spezifische Wärmereihe (zwischen 0 und 100°) Wasser 1 kcal. (Einheit), Benzol 0,44 kcal., Aluminium 0,214 kcal., Glas 0,19 kcal., Eisen 0,115 kcal., Kupfer 0,094 kcal., Silber 0,056 kcal., Platin 0,033 kcal., Blei 0,031 kcal., Metalle haben eine kleine spezifische Wärme, d. h. sie erwärmen sich leichter.

spezifischer Widerstand: s. Widerstand.

spezifisches Gewicht, s. Wichte.

Sphärometer, griech. Kugelmesser, ein Apparat zur Messung geringer Dicken mittels einer Mikrometerschraube, in der Optik, ein Instrument zur Ermittlung der Brillennummer.

Spiel für Lagerzapfen, im Interesse eines guten Eingriffs möglichst gering, nur so viel, als zum freien Lauf der Welle nötig ist.

Spieluhren wurden schon 1768 in Simonswald im Schwarzwald hergestellt.

Spindelhemmung, die älteste Hemmung für Groß- und Kleinuhren, heute nicht mehr verwendet. Eine rückführende Hemmung, bei der die im rechten Winkel zu einander stehenden Lappen an der Spindel wechselweise in die aufrechtstehenden Zähne des kronenförmigen Hemmungsrades eingreifen. Als Gangregler diente anfänglich der mit kleinen Gewichten beschwerte Waagbalken, kurz „Waag" gen., später eine Radunruh oder das Pendel. Bei Spindeltaschenuhren darf die Hemmung nicht geölt werden, s. Hemmungen mit Pendel, s. Hemmungen mit Unruh.

Spindelkloben, ab 1560 oft überaus künstlerisch gefertigt. Nach Zeichnungen berühmter Maler von Frauen in Friedberg (b. Augsburg) hergestellt. Deutsche und englische Kloben besaßen immer nur 1 Fuß, französische und holländische stets 2 Füße.

Spindeluhr mit Pendel, entworfen 1494 von Leonardo da Vinci; wurde nie ausgeführt.

Spiralbohrer, heute auch in kleinsten Durchmessern hergestellt, der leistungsfähigste und beste Bohrer. Vorzüge: 1. gute Schnittleistung, 2. saubere, glatt geschabte Löcher, 3. gute Spanabfuhr, daher kein Festfressen, 4. sichere Führung durch den zylindrischen Bohrerkörper, 5. Maßhaltigkeit bis zum letzten Rest, Lebensdauer. Der Winkel der Bohrerschneiden beträgt 116°, die Neigung der Querschneiden 55°. Beim Anschleifen ist besondere Sorgfalt anzuwenden, am besten mit Schleifmaschine ausführen, s. Bohren.

Spiralendkurve, eine Aufbiegung des äußeren Umganges in einer bestimmten Kurve, wodurch die Spirale nach allen Seiten gleichmäßig arbeitet und der Schwerpunkt der Spirale auf die Unruhachse verlegt wird. Damit werden Lagenfehler, die durch eine Verschiebung des Spiralschwerpunktes verursacht werden, weitgehend ausgeschaltet und die Feinstellung von Präzisionsuhren wesentlich gefördert, s. Spiralfeder.

Spiralfeder, ein bandförmiger Metallstreifen, in gleichmäßigen Windungen um einen Mittelpunkt gelegt, links oder rechts gewunden, bei der flachen Unruh in einer Ebene liegend. Als Werkstoffe werden verwendet: Stahl gehärtet und ungehärtet, Elinvar, Nivarox, Kompositionsmetall, Palladium (s. dort). Die Befestigung des inneren Spiralendes erfolgt durch die Spiralrolle (s. dort), während das äußere Klingenende im Spiralklötzchen festgehalten wird. Der Form nach unterscheidet man: 1. Flache Spirale (s. dort), 2. Flache Spirale mit aufgebogenem, äußeren Umgang (Bréguetspirale), 3. Zylindrische Spirale (s. dort).

Spiralfeder, Geschichte: Peter Henlein verwendete dazu Schweinsborsten; 1647 Hautefeuille Federn mit wenig Umgängen, 1658 von Huygens verbessert und vergrößert. Um einseitige Ausdehnung zu verhindern 1775 John Arnold zylindrische Form und 1800 Bréguet aufwärtsgebogene Endkurve. Vetterlein verwirft Biegen wegen Strukturveränderung und schafft kurvenlose Feder.

Spiralfedern in Uhren wurden erstmalig 1674 in Paris auf Veranlassung von Huygens verwendet.

Spiralklötzchen, zur Befestigung des äußeren Spiralfederendes. Es ist verschieden geformt, aus Messing, Neusilber oder Stahl gefertigt. Das Ende wird mit einem Stift in der Bohrung festgehalten. S. Spiralfeder.

Spiralrolle, zur Befestigung des inneren Spiralfederendes, hält die Feder auf dem Spiralansatz. Die Rolle ist ringförmig, seitlich aufgeschlitzt, sitzt federnd auf dem Spiralansatz. Die Festigung der Spiralfeder erfolgt entweder in einer Bohrung mit Stift oder durch Verdrücken in einem Schlitz. S. Spiralfeder.

Spiralschlüssel, mit Rücker (s. dort) dient zur Veränderung der wirksamen Spiralklingenlänge. S. Spiralfeder.

Spiritus, durch Gärung u. Destillation von Kartoffeln, Zuckerrüben, Getreide und Holz gewonnener Alkohol, der durch unangenehm riechende Zusätze als Getränk unbrauchbar gemacht, denaturiert wird. Vom Uhrmacher als Brennstoff für die Spirituslampe verwendet, und mit einigen Tropfen Salmiak als oxydlösendes Reinigungsmittel gebraucht, das jedoch auch eine vorhandene Schutzschicht von Schellack und Zaponlack auflöst. Wegen der Feuergefährlichkeit Vorsicht beim Abkochen in Spiritus, zum Ablöschen stets einen luftdichten Deckel bereit halten! S. oxydlösende Reinigungsmittel, flüssige Brennstoffe.

Spirofix: Rückerzeiger von „Cortébert", der durch eine zusätzliche Vorrichtung die Spirale festklemmt, sodaß diese während der Schwingung zwischen Spiralstift und Schlüssel nicht spielen kann. Vor dem Verstellen des Rückerzeigers muß natürlich die Spirale erst gelöst werden.

Spirograph: Elektronisches, quarzgesteuertes Gerät, welches in der Fabrikation verwendet wird und die Spiralfedern eicht, mißt, prüft, formt und schneidet (Abbildung s. Seite 221).

Spitzbohrer, auch Schaufelbohrer, schneidet nur in einer Richtung, er wird beim Anschleifen stets kleiner. Wenn die Spitze nicht genau in der Mitte liegt, bohrt er einseitig und mit größerem Durchmesser. Durch Verbreiterung der Schaufel mit parallel laufenden

Schmalseiten wird eine bessere Führung bei langen Löchern erzielt. S. Bohrer.

Spitzenkreis, s. Vollkreis, Kopfkreis.

Spitzenlagerung für Unruhen, bei Weckern, Küchenuhren usw., angeschliffen in einem Kegel von 30° bis höchstens 60°. Der dazu gehörige Hohlkörner besitzt einen Winkel von 80°. Damit sich die Spitze nicht zu leicht abnützt, wird sie leicht abgerundet. S. Zapfen.

Spitzenspiel beim Gewinde, ein kleiner Luftraum, der durch Abflachen an den Spitzen der Gewindegänge gegenüber dem ausgerundeten Grund des Muttergewindes, ebenso umgekehrt durch Abflachung an den Spitzen des Muttergewindes, die durch die Ausrundung der Bolzengewindegänge am Kern entsteht. S. Gewinde.

Spitzgewälzte Triebe, mit einer Wälzungs- oder Kopfhöhe von $^3/_4$ der Zahnbreite ($^3/_4 \cdot s'$). Diese Breite ist bei Trieben bis zu 9 Zähnen $^1/_3$ t, bei Trieben von 10 Zähnen ab $^2/_5$ t. Somit ergibt sich als Kopfhöhe für Triebe bis zu 9 Zähnen $^3/_4 \cdot {}^1/_3\, t = {}^1/_4\, t$, beiderseits zum Teilkreis-Durchmesser d' zugezählt, ergibt $d'_{k3} = d' + 2 \cdot {}^1/_4\, t = d' + 0{,}05\, t$, und weiterhin für spitze Triebe von 10 Zähnen ab eine Kopfhöhe von $^3/_4 \cdot {}^2/_5\, t = {}^3/_{10}\, t$, beiderseits zum Teilkreisdurchmesser d' zugezählt $d'_{k4} = d' + 2 \cdot {}^3/_{10}\, t = d' + 0{,}6\, t$. s. Formeln Ziff. 12.

Spitzsenker od. Krauskopf. S. Senker.

Spitzzahnankerhemmung, auch englische Ankerhemmung, gleicharmig, ungleicharmig. S. Freie Ankerhemmung für Spitzzahn.

Spitzzahnrad, mit messerähnlichen Spitzen ausgestattet, welche beim Entlang-Gleiten an den schräg angeschliffenen Hebungsflächen des Ankers die Hebung bewirken, ohne selbst eine Hebung ausführen zu können. S. Hemmung.

Spitzzirkel, zum Aufreißen von Kreisen, zur Herstellung von Schenkelungen auf Radscheiben, zum Übertragen von Abmessungen usw. s. Anreißwerkzeuge.

Sport für Uhrmacher, als Ausgleich gegen die tägliche sitzende Tätigkeit, darf nicht ermüden, überanstrengen u. die zur Berufsarbeit benötigten Organe, bes. die Hände und das Fingergefühl schädigen, wie etwa Ringen, Heben, Boxen. Daher sind leichtere Sportarten zu wählen wie wandern, schwimmen, Eis- und Schneesport, allgemein alle Sportarten, die in frischer Luft ausgeführt werden. Das gekrümmte Rückgrat strecken helfen, den Lungen viel Sauerstoff zuführen und auch für das überanstrengte Auge eine Erholung bringen, durch Betätigung auf größere Entfernungen und durch den wohltuenden Einfluß des Grüns in Wald und Feld. S. Lebensweise des Uhrmachers.

Spröde, das Gegenteil von weich u. dehnbar, bez. also harte Werkstoffe, die keine größere Formveränderung gestatten, ohne zu reißen, zu brechen, wie harter Stahl (Glashärte), Gußeisen u. ä. Durch leichtes oder stärkeres Anwärmen läßt sich die Sprödigkeit eines Werkstoffes wesentlich mildern.

Sprungdeckeluhr = Savonnetteuhr (s. dort).

Sprung im Lagerstein, ein Fehler, der beim Fallen der Uhr vielfach auftritt. Der Stein sitzt dabei wohl noch fest, die Uhr macht zunächst ihren Gang weiter, jedoch entsteht durch den Bruch ein Sprung im Lagerloch, der eine kleine Schneidkante bildet und den

Zapfen im Laufe der Zeit dünner fräst, bis er bricht.

Spülmittel, nach dem Reinigen, bezwecken die Entfernung eines feinen Überzuges, den alle aus dem Erdöl gewonnenen Reinigungsmittel hinterlassen, und der später das Öl beeinträchtigen würde. Durch Nachbehandlung mit völlig fettfreien Spülmitteln wie Benzin, Gasolin u. ä. kann dieser feine Überzug entfernt werden. S. Reinigungsmittel.

Spund im Zylinder, oberer und unterer, auch Tampon gen. an beiden Enden des Zylinderrohres eingeschlagen, als Träger für die in Steinen laufenden Zylinderzapfen.

S. S. C. Société Suisse de Chronometrie. Schweizerische Gesellschaft für Chronometrie (Zeitmeßkunde)

subtrahieren, Subtraktion, siehe abziehen.

Super Shock resist: Stoßsicherung der Firma Erismann-Schinz. Der Lochstein ist in einer Ringfeder untergebracht, welche ein seitliches Ausweichen des Steines gestattet, sodaß der Wellbaum

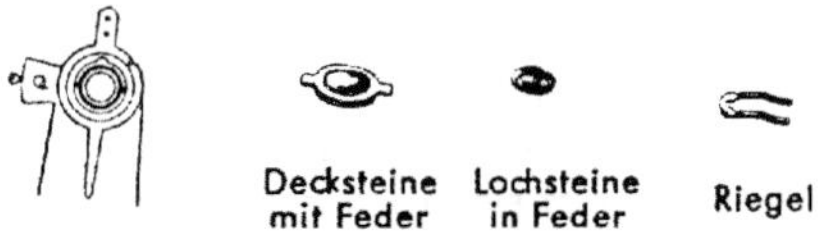

der Unruhwelle am Stoßfänger zum Anliegen kommt. Axiale Stöße werden durch das Ausweichen des mittels zwei federnden Nasen versehenen Decksteinfassung aufgefangen.

Support, ein Stichelhalter und Stichelführer, ermöglicht das Drehen mit festem Stichel, im Gegensatz zu der freien Bewegung des Handstichels. Der Support gestattet 2 Bewegungen, den Plan- und den Langzug, außerdem ist der Langschlitten auf dem Planschlitten drehbar befestigt, sodaß eine Winkeleinstellung bis zu 45° für das Drehen von Kegelflächen möglich wird. S. Drehen.

Swissaphon: Gerät zur schnellen Feststellung der Gangabweichung einer Uhr mittels optischer Anzeige der Phasenverschiebung zwischen der Normalfrequenz und der zu prüfenden Uhr, unter Verwendung eines Kathodenstrahloszillographen (s. dort). Hierbei wird der Kathodenstrahl der Braunschen Röhre (s. dort) in zwei aufeinanderstehenden Ebenen abgelenkt und auf dem Leuchtschirm sichtbar gemacht. Hierbei steuert die Normaluhr die waagerechte Bewegung des Kathodenstrahls derart, daß dieser in jeder $1/5$ Sek. waagerecht über den Schirm läuft und dann blitzschnell in die Ausgangsstellung zurückeilt, um sein Spiel von neuem zu beginnen. Durch die Leuchtmasse des Schirmes erscheint dieser Vorgang dem Auge als waagerechte Linie auf dem Schirm. Die Prüfuhr lenkt nun den Strahl in senkrechter Richtung ab, derart, daß bei jedem Schlag der Prüfuhr auf der waagerechten Linie eine senkrechte erscheint. Geht nun die Prüfuhr genau, dann steht die Senkrechte immer an gleicher Stelle auf der Waagerechten. Ist dies nicht der Fall,dann wandert die Senkrechte und zwar um so schneller, je größer ihre Abweichung ist. Der Schirm der Röhre ist mit drei Marken versehen. Die Messung erfolgt, indem beim Durchgang des senkrechten Strahles durch eine der Marken mittels einer Taste eine Stoppuhr ausgelöst wird. Kehrt der Strahl wieder zur Ausgangsmarke zurück, dann wird die Stoppuhr zum Stillstand gebracht. Von der Stoppuhr kann der Gang der Uhr sofort abgelesen werden.

Sylvester II., dessen ursprünglicher Name auf Gerbert lautete (Familien- oder Geschlechtsnamen gab es erst ab 1250), war ein franz. Mönch, der 935 in Aurillac in Mittelfrankreich geboren wurde. Von 999 bis 1003 war er als Papst Sylvester bekannt. Er beschäftigte sich außer mit kirchlichen Fragen noch viel mit Kunst, wie er überhaupt sehr gelehrt gewesen ist. 996 fertigte er einen Sternglobus mit Sonnenuhr an, Horologium, um damit die Zeit bzw. die vergangenen Stunden zu messen. Er galt lange Zeit als der Erfinder der Räderuhr. Unterlagen über den Erbauer der ersten Räderuhr sind nirgends vorhanden. Tatsache ist, daß man sich in Klöstern vielfach mit dem Bau von Uhren beschäftigte, so glaubte man annehmen zu können, daß von Gerbert die erste Räderuhr stammt.

symmetrisch: griech. gleichmäßig, verhältnisgleich (Symmetrie).

synchron: gleichlaufend.

Synchronmotor: Bei ganz kleinen Synchronmotoren (wie sie zum Antrieb von Uhren verwendet werden) besteht der Läufer (Rotor) aus einer gezahnten Weicheisenscheibe. Der Ständer besteht aus einem Weicheisenkern, welcher von einer Magnetspule umgeben ist. Die Enden des Eisenkernes sind als Polschuhe ausgebildet und umfassen den Läufer. Unter dem Einfluß des Wechselstromes (und nur für solchen sind Synchronmotore zu verwenden) werden nun die Polschuhe im Rhythmus des Wechselstromes magnetisiert: es wird jeder Polschuh abwechselnd nord- und südmagnetisch. Auch die entsprechenden „Polenden" des Läufers werden magnetisiert. Wird nun der Läufer in Bewegung gesetzt (angeworfen), und zwar mit einer ganz bestimmten Geschwindigkeit, dann stehen sich, da ja auch der Läufer unter dem Einfluß des von den Polschuhen aufgebauten Magnetfeldes magnetisiert wird, immer ungleichnamige Pole gegenüber, so daß der Läufer im Rhythmus des Wechselstromes Bewegungsimpulse erhält. Die Drehrichtung des Läufers hängt davon ab, in welcher Richtung er angeworfen wird. Wird der Läufer überlastet und seine Umdrehungszahl geringer, dann fällt er aus dem Tritt und bleibt sofort stehen, weil jetzt der Fall eintritt, daß ungleichnamige Pole sich gegenüberstehen, was eine Anziehung bedeutet. Verwendet wird der Synchronmotor überall dort, wo es darauf ankommt, eine stets gleiche Drehzahl zu haben. Früher war bei uns der Wechselstrom synchronisiert, d.h. durch eine besondere Synchronisierungseinrichtung, welche von einer Präzisionsuhr überwacht wurde, wurde dafür gesorgt, daß der Wechselstrom ganz genau die angegebene Frequenz von 50 Hz besaß. Dadurch wurde es möglich, Synchronmotore zum Antrieb von Uhren zu verwenden (Synchronuhren, s. dort). Auch heute spielen Synchronmotore in der Zeitmessung eine große Rolle, wenn man auch die zu ihrem Antrieb erforderliche Wechselspannung nicht mehr dem Netz entnimmt, sondern die Wechselfrequenz durch ein Schwingquarz (s. Quarz und Quarzuhr) erzeugt. Auch Stimmgabeln werden zu ihrer Erzeugung verwendet (s. Tick-O-Graf). In der Quarzuhr wird der Synchronmotor zum Antrieb des Zeigerwerkes verwendet. Bei den Zeitwaagen (s. dort) dient der Synchronmotor zum Antrieb der Schreibwalze. Immer wird er deshalb verwendet, weil er es gestattet, die mit großem Aufwand erzeugte Wechselspannung von großer Gleichmäßigkeit unverfälscht wiederzugeben. Eine weitere Verwendung findet der Synchronmotor auch in den Zeitmeßgeräten, welche bei Sportveranstaltungen verwendet werden (s. Racend OmegaTimer und OmegaTime

Recorder), welche Geräte mit einer Genauigkeit von fast einer tausendstel Sekunde arbeiten und bei welchen die Schreibwalzen ebenfalls von einem Synchronmotor angetrieben werden, welcher seine Frequenz von einer Quarzuhr bezieht.

synchronschwingende Pendel: Am Pendel einer Präzisionsuhr (Sternwarte) befindet sich ein Magnetstab, welcher in einer Spule bei jeder Pendelschwingung einen Strom induziert. Über eine Synchronisierungsleitung werden diese Stromstöße oft weit entfernten Hauptuhren zugeführt, so daß diese im Rhythmus der Steueruhr schwingen. Auf diese Weise gelingt es diesen Uhren den Gang von hochwertigen Präzisionsuhren zu verleihen. Synchronschwingende Pendel werden auch als Nebenuhren verwendet (s. Ato-Uhr).

Synchronuhr: Ein Synchronmotor (s. dort) wird zum Antrieb eines Zeigerwerkes benutzt. In Netzen mit frequenzreguliertem Strom laufen diese Uhren sehr genau, benötigen keinerlei Wartung. Ihr Nachteil besteht darin, daß Synchronmotore nicht von selbst anlaufen. Bleibt der Strom auch nur für Bruchteile von Sekunden weg, dann bleibt die Uhr stehen. Aus diesem Grunde hat man schon sehr früh auch die Verwendung von selbstanlaufenden Synchronmotoren in Erwägung gezogen. Aber diese sind noch weniger geeignet, denn bei Stromunterbrechung bleiben auch diese Uhren stehen, laufen aber beim Wiedereintreffen des Stromes wieder selbsttätig an, so daß die Uhr um den Betrag der Stromunterbrechung falsch geht. Einen Ausweg bringt allein die Synchronuhr mit Gangreserve. Bei dieser Uhr sind zwei Werke vorhanden: Ein normales, mechanisches Uhrwerk mit Unruhhemmung und einem Federhaus, welches von dem zweiten Werk, dem Synchronwerk aufgezogen wird. Eine besondere Einrichtung sorgt für den Gleichlauf der beiden Werke, denn der Sekundenzeiger wird vom Synchronwerk betrieben, während Stunden- und Minutenzeiger vom mechanischen Werk angetrieben werden. Synchronuhren mit Gangreserve besitzen infolge der Kopplung des mechanischen Werkes mit dem Synchronwerk die Genauigkeit des Synchronwerkes. Sie sind also nur in frequenzregulierten Netzen zu verwenden. Bleibt der Strom weg, dann laufen Minuten- und Stundenzeiger weiter, der Sekundenzeiger und das Synchronwerk bleiben stehen. Beim Wiedereintreffen des Stromes läuft der selbstanlaufende Motor wieder an und zieht auch gleichzeitig die Feder des mechanischen Werkes wieder auf.

synodischer Monat, die Dauer eines vollen Mondwechsels, d.i. 29 Tage, 12 Stunden, 44 Minuten, 3 Sekunden oder 29,53059 Tage.

Synthese, (griech.) Zusammensetzung, der künstliche Zusammenbau der für einen bestimmten Stoff benötigten Grundstoffe unter ähnlichen Voraussetzungen, wie sie in der Natur bestehen. Auf diesem Wege erzeugt man heute synthetisch Benzin, Öl, Edelsteine, Farbstoffe usw.

synthetischer Rubin, aus den gleichen Grundstoffen wie der natürliche Rubin, künstlich geschmolzener Edelstein, der als Uhrstein bevorzugt wird, weil er bei gleichmäßiger Härte völlig frei ist von Sprüngen, die durch die natürliche Schichtung auftreten können. Zur Herstellung von künstlichem Rubin wird reine Tonerde bei etwa 2000° geschmolzen, der entstandene Stein durch Kupferscheiben mit Diamantsplittern zerschnitten, zerbrochen, geschliffen und durch Stahldraht mit Diamantpulver gebohrt. Bes. Sorgfalt erfordert die Herstellung gerader Flächen, der genau runden Form, der Durchmesser von Stein und Bohrung und die Innehaltung bestimmter Winkel. S. Edelsteine.

synthetischer Saphir, in ähnlicher Weise wie künstlicher Rubin aus reiner Tonerde geschmolzen, bleibt jedoch ohne Zusatz von färbenden Oxyden, ist wasserhell und besitzt ein dichtes Gefüge, was ihn als Uhrstein besonders wertvoll macht. S. Edelsteine.

synthetisches Öl, eine künstlich hergestellte ölähnliche Flüssigkeit (Trikresylphosphat), das eine geringere Schmierfähigkeit besitzt. Vorzüge: Zusammenhalten in Tropfen, unempfindlich gegen Luft und Metalle, keine Verdickung, Erstarrung unter minus 10°. Nachteile: Geringere Schmier- u. Haftfähigkeit, ausreichend für den geringen Lagerdruck in Armbanduhren, durch Mischung mit etwa 10% fettem Öl verbessert. Ein Überzug von Zaponlack wird durch dieses Öl aufgelöst, wodurch es klebrig wird. S. Schmiermittel.

Sch

Schablone, allgemein, Muster für gleichartige Erzeugung, Schablonenuhr, eine Markenuhr mit auswechselbaren Teilen. In der Rohwerk-Fabrikation versteht man unter Schablone das Rohwerk mit den dazugehörigen Furnituren in nicht zusammengesetztem Zustand.

Schacht im Hochofen, der mittlere Teil des Hochofens, in dem die Reduktion des Eisen-Erzes erfolgt. s. Eisen-Gewinnung.

Schätzen im Fachrechnen, eine wertvolle Sicherung gegen Fehlrechnungen, eine Antwort auf die Frage, was sich voraussichtlich ungefähr ergeben müßte, insbesondere wichtig bei Rechnungen mit Dezimalbrüchen, bei denen ein Irrtum in der Kommasetzung gleich einen 10 oder 100fachen Fehler ergeben kann, z. B. 18,23 : 5,927 = 3,007. Schätzung 18 : 6 = 3, nach welchem überschlägigen Ergebnis die tatsächlich errechnete Zahl stets zu überprüfen ist. s. Fachrechnen.

Schallgeschwindigkeit: beträgt in der Luft 333 m/sek. Dieser Wert liegt auch der Telemetereinteilung des Chronographen meist zugrunde. Dabei ist die Schallgeschwindigkeit sehr stark von der Temperatur u. dem Luftdruck abhängig. Die Werte für einige Temperaturen:

Grad Celsius:	—100	—20	0	+20	+100
Schallgeschwindigkeit:	250	319	332	344	390 m/sek.

Schaltklinke: Bestandteil der Ato-Uhr, befindet sich am Pendel. Greift in Schaltrad ein, muß in allen Lagen frei abfallen. Niemals ölen.

Schaltrad ist das letzte Rad der Ato-Uhr. Sitzt an Stelle des Gangrades u. hat ähnliche Verzahnung. Durch Schaltklinke wird es bei Kontaktschluß um einen Zahn vorwärtsgeschoben, was dem Abfall eines anderen Gangradzahnes entspricht. Nirgends Öl.

Schaltstern, für Schlagwerke u. Kalender-Werke, s. Schaltwerke.

Schaltvorgänge bezwecken die Steuerung, bzw. Blockierung von Bewegungsvorgängen im Uhrwerk. Hierher gehören Gesperre (s. dort) u. genau betrachtet auch alle Hemmungen (s. dort) als doppelseitige Gesperre, weiterhin Schalt-, Brems- u. andere Stell-Vorrichtungen. Sie lassen sich in zwei große Gruppen teilen: 1. Schaltwerke, treibend u. auslösend (s. dort), 2. Feststellwerke, Bremsen, Rastwerke, Verriegelungen, Gesperre (s. dort). s. Fachzeichnen — Übersicht.

Schaltwerke für drehende Bewegung: 1. treibend: Schöpfer u. Rechen beim Schlagwerk, Schaltstern, Stundenstaffel, Stell-Vorrichtungen, Malteser Kreuz, Schaltrad u. Stoßhebel für Stoppuhren. 2. auslösend: Auslösehebel für Laufwerke u. Schlagwerke, Auslösung mit Rücklauf-Gelenk, für Schlagwerke mit Stundenstaffel. Für geradlinige Führung: Schalthebel für Zeigerstellung, angewendet beim Kronen-Aufzug. s. Schaltvorgänge.

Schattensäulen waren öffentliche Uhren auf freien Plätzen. Am Erdboden wurden Querstriche angebracht, so daß eine gewisse Genauigkeit beim Zeitablesen vorhanden war.

Schattenuhr, tragbare, war nur ein senkrechter Holzstab, den man ständig bei sich trug, wie heute eine Uhr.

Schaufelbohrer, s. Bohrer.

Scheibenraste, in Rastwerken, wie Datumstern, Staffelstern in Schlagwerken, Herzscheibe mit Nullsteller bei Stoppuhren. s. Rast-Werke.

Scheidewasser, s. Salpetersäure, „Königswasser".

Scheinleistung: Errechnet man in einem Wechselstromkreis die Leistung ohne Berücksichtigung des Leistungsfaktors (s. dort), dann erhält man lediglich die Scheinleistung. Dieser scheinbare Wert mit in VA (Volt-Ampère) ausgedrückt. s. Leistung des el. Stromes).

Schellack, erstarrtes Harz aus tierischen Stoffen, erzeugt durch die Lackschildlaus, welche an den Ästen des Lackgummibaumes eine dünnflüssige, klebrige Masse absondert, die an der Luft verkrustet, den Schellack. Für den Uhrmacher wird er gebraucht zum Einlacken von Anker-Hebesteinen, zum Auflacken von Werkstücken auf der Lackscheibe, weiter bei der Bearbeitung von Uhrsteinen.

Schenkel eines Winkels, die beiden einen Winkel einschließenden Geraden, die sich im Scheitelpunkt schneiden. s. Winkel.

Schenkelungs-Norm für Hemmungsräder. Beim Aufreißen von Hemmungsrädern sind folgende Maße zu beachten: 1. Zahnlänge, gemessen vom Spitzenkreis bis zum Zahngrund, 2. Zahnkranzbreite, gemessen vom Zahngrund bis zu den Schenkeln außen, 3. Breite des Mittelteils, gemessen vom Rand des Mittelloches bis zu den Schenkeln innen, 4. Schenkelbreite außen, am inneren Rand des Radkranzes aufzutragen, 5. Schenkelbreite innen, am Umfang des Mittelteils aufzutragen. Die angegebenen Größen sind für 5 Schenkel meist etwas geringer, sie geben Mindestmaße an, die nicht unterschritten werden dürfen. Als Ausgangsmaß dient der Durchmesser des Spitzenkreises d_k. Tabelle für Schenkel von Hemmungs-Rädern.

Teil	4 Schenkel	5 Schenkel
1. Zahnlänge	$0{,}10 \cdot d_k$	$0{,}10 \cdot d_k$
2. Zahnkranzbreite	$0{,}04 \cdot d_k$	$0{,}03 \cdot d_k$
3. Breite des Mittelteils	$0{,}06 \cdot d_k$	$0{,}06 \cdot d_k$
4. Schenkelbreite außen	$0{,}04 \cdot d_k$	$0{,}03 \cdot d_k$
5. Schenkelbreite innen	$0{,}05 \cdot d_k$	$0{,}04 \cdot d_k$

s. Hemmungen

Schenkelungs-Norm für Zahnräder. Beim Aufreißen von Zahnrädern sind folgende Maße zu beachten: 1. Zahnlänge, gesamt 1 Teilung, bestehend aus Zahnkopf mit $^1/_2$ t u. Zahnfuß mit $^1/_2$ t, 2. Zahnkranzbreite, ungefähr 1 t, gemessen vom Zahngrund bis zu den Schenkeln außen, 3. Breite des Mittelteils, etwa 1,5 t, gemessen vom Rand des Mittelloches bis zu den Schenkeln innen, 4. Schenkelbreite außen, etwa 1 t, am inneren Rand des Radkranzes aufzutragen, 5. Schenkelbreite innen, etwas größer als Ziffer 4, am Umfang des Mittelteiles aufzutragen. Auch hier sind die Größen für 5 Schenkel etwas geringer, sie geben Mindestmaße an, die im Interesse der Festigkeit nicht unterschritten werden dürfen. Als Grundlage dient die Rad-Teilung, $t = \frac{D \cdot \pi}{z}$

Tabelle für Schenkel von Zahnrädern.

Teil	4 Schenkel	5 Schenkel
1. Zahnlänge	1 · t	1 · t
2. Zahnkranzbreite	1,25 · t	1 · t
3. Breite des Mittelteils	1,5 · t	1,2 · t
4. Schenkelbreite außen	1,15 · t	0,9 · t
5. Schenkelbreite innen	1,5 · t	1,2 · t

s. Zahnräder.

Scheren, das Abrennen von Material durch zwei genau übereinander stehende, aneinander vorbei bewegte Klingen. Dünne Bleche können mit der Handblechschere, stärkere mit der Stock- oder Hebelschere abgetrennt werden. In Großbetrieben verwendet man vielfach die stetig schneidende, kreisförmige Scheren. Auch das Ausschneiden von Werkteilen durch Stanzen (s. dort) beruht auf dem Scher-Vorgang.

Scherengang ist vollständig veraltet. Der sehr langgezogene Anker befindet sich seitlich des Gangrads, das an Stelle von Zähnen aufwärtsstehende Stifte besitzt. Die Uhr macht einen sehr kleinen Gang. Nur bei ganz alten Turmuhren kann man diesen Gang heute noch sehen.

Scher- oder Schubfestigkeit, die Beanspruchung eines Werkstoffes quer zur Stabachse, wobei eine Zerstörung des Zusammenhangs durch die Verschiebung von zwei benachbarten Querschnitten erfolgt, z. B. beim Abscheren einer Niete, ein Vorgang, wie er auch beim Scheren, Schneiden u. Stanzen als Arbeitsvorgang wirkt. s. Festigkeit.

Scherzing-Uhr, eine Schwarzwälder Wanduhr, Größe 50 × 70 mm.

Schiebefutter, Einpreßfutter oder Chaton, enthalten einen fertig gefaßten Stein, der zusammen mit dem Futter eingesetzt wird, wodurch man die mühsame Arbeit des Steinfassens erspart. Häufig werden diese Futter nicht eingepreßt, sondern mit 2 bis 3 Schrauben befestigt. Schiebefutter gestatten eine leichte Regelung der Höhenluft, sie können sowohl gefaßte, als auch eingepreßte Steine haben. s. Steinfassung.

Schiebelehre, auch Kalibermaß genannt, besteht aus einem normalen mm-Maßstab u. einem darauf verschiebbaren Teil, dem Nonius (s. dort), mittels dessen Zehntel-Millimeter abgelesen werden können. s. Meßwerkzeuge.

Schiefe Ebene, eine in bestimmtem Winkel zur Waagrechten geneigte Fläche, bei der das Verhältnis Höhe: Länge oder $\frac{h}{l}$ als Steigerung verzeichnet wird. In der Technik dient sie zum Heben von Körpern, die in senkrechter Richtung nicht gehoben werden können, für Lasten, die im Verhältnis zur verfügbaren Kraft zu schwer sind.

Durch diese Vorrichtung wird also Kraft gespart, allerdings auf Kosten eines größeren Weges (= Zeit). Im täglichen Leben dient die schiefe Ebene zum Heben schwerer Lasten (Ladebrücke), zur Überwindung von Höhenunterschieden bei Straßen, Eisenbahnen, weiter zur Erleichterung der Arbeit bei allen schneidenden Werkzeugen durch die keilförmige Gestalt der Schneiden, bei Sägen, Sticheln, Bohrern usw., weiter bei Gewinden durch ihre zylindrisch gewundenen schiefen Ebenen, u. endlich in der Uhr zum Hochheben des Ankers mittels der schrägen Hebeflächen, zur Bewegung von Hebeln u. anderen Schlagwerksteilen usw.

Schieferstein, ein blauer Naturstein, verwendet mit dünnem Öl für feine Messing- und Goldschleifarbeiten. s. Schleif- und Poliermittel.

Schlacke bei der Eisengewinnung, auf dem schwereren Roheisen schwimmende flüssige Kalk- und Kieselstoffe, welche die Verunreinigungen an Erde u. Gestein aus dem Eisenerz aufnehmen. Verwendet wird sie zur Herstellung von Portland-Zement, für Schlackenpflaster- und Bausteine, weiter verarbeitet zu Schlackenwolle, einem wertvollen Isoliermittel gegen Kälte, Wärme u. Schall. s. Eisengewinnung, Zuschläge.

Schläge der Unruh, bezeichnen einfache oder Halb-Schwingungen, im Gegensatz zu Voll- oder Doppel-Schwingungen, z. B. die Schläge einer normalen Taschenuhr mit einem Sekundenrad $z_s = 80$, Hemmungstrieb $z'_h = 8$ u. Hemmungsrad $z_h = 15$. Schläge pro Minute n_m = Übersetzung i · 2 · Hemmungsradzahnzahl : n_m =

$$\frac{z'_h}{z_s \cdot 2 \cdot z_h} = \frac{8}{80 \cdot 2 \cdot 15} = \frac{1}{300} \; (1:300)$$

Schläge der Unruh abzählen, durch Feststellung der Doppel-Schläge oder Voll-Schwingungen, z. B. bei einer normalen Taschenuhr $n_m = 300$, abzuzählen 150 Doppel-Schläge.

Schläge des Gangreglers, s. Schwingung.

Schläge des Pendels, s. Pendelschläge.

Schlägezahl beim Schloßscheiben-Schlagwerk, berechnet aus der Summe der niedrigsten u. der höchsten Schlägezahl (1 + 12 = 13), multipliziert mit der höchsten Schlägezahl (12), geteilt durch 2. Schlägezahl ist also $\frac{13 \cdot 12}{2}$ = 78, dazu 12 Halbstunden-Schläge + 12, Gesamt-Schlägezahl = 90, zugleich die Anzahl der Teilungen für die Schloßscheibe. s. Schlagwerke.

Schlämmen, Trennen der gröberen Körner eines Schleifmittels durch Erzeugung eines Schlammes, also eine Trennung mit Hilfe des Wassers.

Schlaglot, körnerförmig verkleinertes Hartlot, Messing, das flüssig über Reisig in Wasser gegossen wird. s. Hartlot.

Schlaglote, DIN 1711, bezeichnet nach dem Kupfergehalt.

Benennung		Kurzzeichen	Kupfer	Schmelzpunkt
Schlaglot	42	Msl 42	42%	820°
Schlaglot	45	Msl 45	45%	835°
Schlaglot	51	Msl 51	51%	850°
Schlaglot	54	Msl 54	54%	875°

Zum Vergleich: Messing (58—85% Kupfer) schmilzt bei 1000°, Kupfer schmilzt bei 1100°. s. Hartlote.

Schlagwerke gab es schon um 1300; solche mit Schlußscheibe u. Einfallhebel u. solche mit Rechen u. Stundenstaffel. In Schwarzwälder Uhren etwa 1730 eingeführt. Schlag erfolgte auf Glocken aus Glas oder Guß (Abbildung s. Seite 220).

Schlagwerke, s. Rechen-Schlagwerk, Schloßscheiben-Schlagwerk, Dreiviertel-, Vierviertel-Schlagwerk, Westminster-, Wittington-Schlagwerk.

Schlagwerk-Räderuhr, 1366 in Mailand auf öffentlichem Platz aufgestellt; London folgte 1348 diesem Beispiel.

Schleifen des Spiralbohrers, mittels einer Schleiflehre, die aus einem quadratischen Stahlblech von 30 mm Seitenlänge hergestellt wird. Die Lehre enthält den Winkel von 116° für die beiden Schneidkanten, symmetrisch zur Bohrer-Achse verteilt, den Winkel von 60° für die Neigung der Freiflächen zur Span-Nute, und endlich den Winkel von 125° (180—55°) für die Neigung der Mittelschneide zu den beiden Schneidkanten.

Schleifen, Schärfen von Schneidwerkzeugen, erfolgt zunächst durch gröbere Schleifmittel, Sandstein, Korund, Karbonat, Schmirgelstein u. ä. unter Kühlung durch Wasser, anschließend durch Verfeinerung der Schneide auf dem Ölstein unter Zugabe von Öl. Zu beachten ist dabei, daß es vorteilhafter ist, öfter u. wenig zu schleifen, daß die Schleifgeschwindigkeit u. der Schleifdruck nicht zu groß sind, daß durch entsprechende Kühlung eine Erwärmung vermieden u. das Werkzeug beim Schleifen kreisförmig bewegt wird.

schleifen und polieren (Grundforderung), schleifen im Sinne des Schärfens die Wiederherstellung der Schneidfähigkeit unserer Werkzeuge (s. dort), als Oberflächen-Vollendung ist das Schleifen u. in gewissem Sinne auch das Polieren (mit Ausnahme der Druckpolitur) eine Fortsetzung der spanabhebenden Bearbeitung eines Werkstückes mit feineren Mitteln u. Arbeitsmethoden.

Schleiflehre für Spiral-Bohrer, zur Einhaltung der für ein gutes Schneiden notwendigen Winkel. s. Schleifen von Bohrern.

Schleifmittel, Bindemittel: a) durch Mineralien, mittels Magnesia oder Wasserglaskitt, bei etwa 300° gebrannt. b) durch Pflanzenstoffe wie Gummi-Schellack, Zelluloid, Kunstharz u. ä. c) durch keramische Stoffe wie Ton, Porzellanerde, Feldspat, die nach hydraulischer Pressung in der Weißglut gebrannt wurden. s. Schleif- u. Poliermittel, künstliche.

Schleiföl für Ölsteine, ein Gemisch von Petroleum u. Olivenöl oder Maschinenöl zu gleichen Teilen, in einer besonderen Flasche aufzubewahren. Bei der Arbeit genügt ein großer Tropfen, der gleichmäßig dünn auf der Schleiffläche verrieben wird.

Schleif- u. Polierfeilen, aus Flachstahl, Bronze (Kompositions-Metall) oder Zinn, zur Bearbeitung des Werkstückes im Drehstuhl. Die kreuzweis aufgerauhten Arbeitsflächen müssen unbedingt eben sein. In die Vertiefungen der Feile wird wenig Schleif-Pulver mit dem Finger eingerieben u. öfter gewechselt. Ebenso darf das nachfolgende Poliermittel nur eine ganz dünne Schicht zwischen den Arbeitsflächen bilden. s. Schleif- u. Poliermittel.

Schleif- und Poliermittel, der Zweck ist: Sehr feine Schichten vom Material abzunehmen, eine glatte Oberfläche zu schaffen u. den Werkstücken ein schönes Aussehen zu verleihen, wie dies für Wellen, Hebeflächen, Zapfen usw. verlangt wird. Die Grenze zwischen Schleif- u. Poliermitteln kann nicht scharf gezogen werden. Das Polieren ist einerseits eine Fortsetzung des Schleifens mit feineren Mitteln u. die Erzeugung einer glatten, hochglänzenden Fläche durch Glätten, Verschieben der Gefügeteile an der Oberfläche.

Schleif- und Poliermittel, D. 2.
natürliche: Bimsstein, Holzkohle, Korund, Ölsteine, Schiefersteine, Schmirgel, Sandstein, Tripel, Diamantstaub, Diamantine, Pariser Rot, Poliergrün, Wiener Kalk.
künstliche: „Indiga"-Ölstein, Karborundum-Stein, Karborundum, Elektro-Korund, Degussit, s. auch Druckpolitur u. Hilfsstoffe.

Schleif- u. Poliermittel, Körnung, dessen Gleichmäßigkeit ausschlaggebend ist für das Gelingen der Schleifarbeit, da einzelne gröbere Körner (wie auch Fremdkörper) stets einzelne Risse verursachen u. dadurch Schliff oder Politur beeinträchtigen. Ein gleichmäßiges Korn wird erzielt durch Sieben der gemahlenen Schleif- u. Poliermittel u. durch anschließendes Schlämmen, das bei natürlichen Schleifmitteln (Ölsteinen) ohnehin unter der Einwirkung des Wassers erfolgte. s. Schleif- u. Poliermittel, Pflege.

Schleif- u. Poliermittel, Pflege, soll besonders darauf achten, daß die gleichmäßig gekörnten Pulver nicht durch Staub- u. Sandkörner, Holz- u. Papierfasern verunreinigt werden, da diese ein anderes Korn besitzen u. bei der Schleifarbeit Risse verursachen. Daher sind Schleif- u. Poliermittel verschlossen aufzubewahren u. bei der Arbeit selbst ist größte Reinlichkeit die oberste Voraussetzung für das Gelingen der Arbeit. Weiterhin darf nicht übersehen werden, daß manche dieser Stoffe, z. B. Wiener Kalk, unter der Einwirkung von Luft u. Feuchtigkeit zerfallen u. unbrauchbar werden.

Schleif- u. Poliermittel, Unterlage, weicher als die harten Schleifkörner, die sich als scharfkantige kleine Schneidewerkzeuge in die Unterlage eindrücken müssen, weshalb sich Papier, Weichholz, Leder, Tuch u. weiche Metalle wie Zinn, Zink, Neusilber, Kupfer u. Kupfer-Legierungen (Kompositions-Metall) für diesen Zweck besonders eignen.

Schleif- u. Polier-Platten: Spiegelglas-Platten, mit Schmirgel-Pulver zum Schleifen, mit Ölstein-Pulver oder Pariser Rot zum Polieren, **Schmirgel-Papier** in verschiedener Körnung, mit dünnflüssigem Leim aufgeklebt auf eine Weichholz-Unterlage, zwecks Glättung zwischen zwei Glasplatten gepreßt. Für kleine Flächen benutzt man den **Flachschleifer,** ebenso eine **Lackscheibe** zum Auflacken der Teile. Sehr bewährt hat sich endlich die Zinnplatte (als weiche Unterlage) zum Polieren mit Diamantine.

schlesische Uhrenindustrie hat 1850 versucht, die Taschenuhrfabrikation in Deutschland anzusiedeln. Fabriken: Eppner in Lähn u. Gustav Becker in Freiburg (Schlesien). Später mit Uhrenfabriken Gebrüder Junghans fusioniert. s. Eppner.

Schloßscheibe im Schlagwerk, auch Schloßrad, Schlußscheibe, sitzt auf dem Viereck des Beisatzrades, regelt die Stunden- u. Halbstundenschläge. Beim Einstellen der Zeiger muß der halbe bzw. volle Stundenschlag ganz ausklingen, da sonst Unstimmigkeiten zwischen Zeigerstellung u. Schlagwerk auftreten (s. Rechenschlagwerk). Die Schloßscheibe trägt an ihrem Umfang entsprechend der Schlägezahl schmälere oder breitere Einschnitte für den Eingriff des Einfallhebels. Ihrer Konstruktion nach unterscheidet man Gleit- und Tast-Schloßscheiben (s. dort). s. Schlagwerke.

Schlüsselaufzüge, bereits in den ersten Räderuhren verwendet, sowohl als Aufzug von der Zifferblatt-, als auch von der Werkseite aus. s. Aufzüge.

Schmelz- bzw. Erstarrungs-Temperaturen: Wolfram 3370° C, Platin 1771° C, Fluß-Stahl 1350—1450° C, Gußeisen 1200° C, Kupfer 1083° C, Silber 960° C, Messing 900° C, Aluminium 658° C, Zink 419° C, Blei 327° C, Zinn 232° C, Paraffin 54° C, Wasser 0° C, Seewasser —2,5° C, Glycerin —19° C, Quecksilber —39° C, Stickstoff —210° C, Sauerstoff —219° C.

Schmelzpunkte der Metalle, s. Grundstoffe.

schmiedbarer Guß, s. Temperguß, Eisensorten, Normung von Stahl und Eisen.

schmiedbares Eisen und Stahl, mit einem Kohlenstoff-Gehalt zwischen 0,05% u. 1,8%. Grundstoff hierfür ist das weiße Roheisen (s. dort), dessen hoher Kohlenstoff-Gehalt vermindert wird. Nach der Erzeugung unterscheidet man 1. Schweiß-Stahl, der nach dem ältesten Verfahren im Puddelofen erzeugt wird, u. 2. Flußstahl, erzeugt nach dem Bessemer- u. Thomasverfahren u. im Siemens-Martin-Ofen (s. dort).

Schmiege, ein veränderlicher u. feststellbarer Winkel, verwendbar als Winkelschablone. s. Anreiß-Werkzeuge.

Schmiermittel s. Uhrenöle: Mineralöl, Pflanzenöl, Knochen- oder Klauenöl u. synthetisches Öl. Uhrenfette: Vaseline. Zweck aller Schmiermittel ist, die trotz Hochglanzpolitur der dicht gemachten Gleitflächen zweier Werkstoffe noch auftretende Reibung möglichst zu verringern. s. Hilfsstoffe.

Schmirgel, kristallisierte Tonerde mit Magneteisenstein und sonstigen Beimengungen, feinkörniger Korund, verwandt mit Rubin u. Saphir, Härte 7 bis 8. Mit Öl oder Wasser angerührt in verschiedenen Körnungen zum Schleifen von Werkzeugen, Stahlteilen u. Messing. Für Strichpolitur Schmirgelpapier, Schmirgelleinen oder mit Schellack verbunden als Schmirgelstein. s. Schleif- und Poliermittel und Korund.

Schmirgelstein, aus Schmirgelpulver mit Schellack verbunden, erhältlich in den drei Körnungen I, II, III, ein vorzügliches Schleifwerkzeug für verschiedene Uhrmacherarbeiten. Zum Nachschleifen wird der Schmirgelstein auf einer Glasplatte mit Schmirgelpulver Nr. 4 u. Wasser in großen Kreisbewegungen verarbeitet. s. Schmirgel.

Schmuckuhren, Zeitmesser, bes. kleine Damenuhren, in kunstvoll gearbeiteten Gehäusen, mit optischem Glas, feinem Armband aus Kordel, Leder oder Metall in besonderer Ausführung.

Schnapphans nennt sich die Kunstuhr in Jena.

Schnecke zum Ausgleich des Antriebes, 1525 erfunden. Wirkt wie Hebel. Bei Vollaufzug wie kurzer, bei Ablauf wie langer Hebel.

Schneideisen für Gewinde, Schneidkluppe für Gewinde. s. Gewinde-Schneideisen, s. Gewinde-Schneidekluppe.

Schneiden-Aufhängung des Pendels, in alten Uhren vielfach verwendet, heute noch gelegentlich in Präzisions-Pendeluhren. Die leicht abgerundete Schneide dreht sich meist in einer kleinen Vertiefung der Pfanne, bei Riefler auf einer ebenen Unterlage aus Stahl oder Achat. Der Berührungspunkt von Schneide u. Pfanne muß in der Achse der Ankerwelle liegen. s. Pendel-Aufhängung.

Schneidwinkel, beim Drehstahl, die Summe aus dem Keilwinkel (s. dort) u. dem Freiwinkel (s. dort).

Schnell-Lote, leicht schmelzbare Lote mit einem Schmelzpunkt unter 330° C, bei welcher Temperatur normales Weichlot schmilzt. Sie enthalten außer Blei noch Wismut, ein stark glänzendes, rötlich weißes Metall, wodurch der Schmelzpunkt bis auf 96° herabgesetzt wird. Einige Schnell-Lote: 15% Zinn, 25% Blei, 60% Wismut, 125° Schmelzpunkt, 25% Zinn, 22% Blei, 53% Wismut, 113° Schmelzpunkt, 15,5% Zinn, 32% Blei, 52,5% Wismut, 96° Schmelzpunkt. Verwendet werden Schnell-Lote besonders für leichtschmelzende Legierungen bei Sicherungen. s. Lote.

Schnellschwinger: Armbanduhren deren Schwingungszahl höher als die normale von 18 000 Schwingungen pro St. (bis zu 22 500 Schwingungen pro St.)

Schnittgeschwindigkeit, v, der Weg, den die Schneide eines Werkzeuges (Stichel, Fräser, Bohrer usw.) in einer bestimmten Zeit zurücklegt. Sie errechnet sich aus dem Umfang des Werkstücks ($d \cdot \pi$) u. der Umdrehungszahl pro Min. (u). $v = d \cdot \pi \cdot n$ m/min.

Schnittverlauf, Schnittflächen, im darstellenden Zeichnen, nach DIN 36: 1. Schnittverlauf, bez. durch eine kurze, stark gezeichnete, strichpunktierte Linie, am Anfang u. Ende des Schnittes je ein Buchstabe, z. B. Schnitt A—B. 2. Entstandene Schnittflächen werden schraffiert, dünne Linien, im Winkel von 45°. Stifte, Schrauben, Niete usw. werden nicht geschnitten. Der früher viel angewandte halbseitige Schnitt des Körpers wird kaum mehr gebraucht. s. Zeichnungs-Normen.

Schnitt-Werkzeug, zum Ausschneiden von verschieden geformten Teilen aus Metall-Blech, auch Kunststoffen u. Pappe, in der Massenfabrikation besteht aus dem Schnittstempel, der Patrize, u. der genau entsprechend ausgearbeiteten Schnitt-Platte oder Matrize. Für jedes einzelne Werkteil ist ein derartiger „Schnitt", wie er kurz genannt wird, notwendig.

Schöpfer beim Rechenschlagwerk, greift meist mit einem Stift in die Rechenzähne ein u. bewegt dabei den Rechen um eine Zahnteilung, d. i. ein Winkel von 2°, weiter. s. Rechenschlagwerk u. Schaltwerke.

Schottenuhren, zuerst gebaut um 1750 von J. Dilger, genannt Schottenbauer, auf dem Schottenhof bei Neustadt. Die Bez. Schottenuhr kommt also nicht daher, wie oft falsch behauptet wird, daß der Erfinder Schott hieß oder daß diese Uhren bes. für Schottland gebaut worden sind.

Schraubenformen: Sechskant-Schraube DIN 252, Vierkant-Schraube DIN 47a, Zylinder-Schraube DIN 84, Halbrund-Schraube DIN 85, Senk-Schraube DIN 87, Linsen-Senk-Schraube DIN 88, Flache Rändel-Schraube DIN 625, Hohe Rändel-Schraube DIN 464, Flügel-Schraube DIN 316, Schaft-Schraube DIN 426, Blanke Sechskant-Muttern, Flügel-Muttern, flache u. hohe Rändel-Mutter, flache u. hohe Hut-Mutter.

Schraubenlinie, dadurch entstanden, daß man eine schiefe Ebene, ein rechtwinkeliges Dreieck, auf einen Zylinder aufgewickelt denkt, wobei die längste Seite, die Hypothenuse, die Schraubenlinie erzeugt, die längere Kathete dem Zylinderumfang und die kürzere Kathete der Gewindehöhe oder Steigung entspricht.

Schraubschlüssel-Aufzug, fast ausschließlich für Rückwand-Aufzug angewendet. Die Aufziehzapfen mit Schlüsselrohr sind mit Gewinde versehen. s. Aufzüge.

Schraubstock, im Uhrmacherberuf als Parallelschraubstock verwendet, fest auf dem Werktisch angebracht, sodaß das Werkstück stets senkrecht eingespannt werden kann.

Schubfestigkeit, s. Scherfestigkeit.

Schultz, Wilhelm, 1854 bis 1921, bekannter Uhrmacher und Schriftsteller. Übernahm 1880 die Herausgabe der „Deutschen Uhrmacher-Zeitung". Unter seiner weitsichtigen Leitung errang sich dieses Fachblatt Weltruf. Vielseitig, wie er war, schrieb er nicht nur eine große Zahl von Fachaufsätzen, sondern verfaßte 1902 das Buch „Der Uhrmacher am Werktisch", das jedem Uhrmacher wohl bekannt ist. Ein weiteres Werk von ihm „Unsere Zeitmesser und ihre Behandlung" wurde in 11 Sprachen übersetzt und fand überall im In- und Ausland begeisterte Leser. Von 1912 bis 1921 wurde von ihm auch der „Deutsche Uhrmacher-Kalender" herausgegeben.

Schwachstromanlagen: el. Anlagen mit einer Betriebsspannung von maximal 60 Volt. Wenn auch bei ihrer Errichtung nicht die Anforderungen gestellt werden wie bei Starkstromanlagen, so müssen hier doch unbedingt auch die einschlägigen Vorschriften des VDE berücksichtigt werden. Für Uhrenanlagen gelten zusätzlich die Bestimmungen für Fernmeldeanlagen.

schwalbenschwanzförmig, trapezähnlich verbreitert, zur Erzielung einer sicheren Führung von verschiebbaren Maschinenteilen, z. B. beim Support. Weiterhin angewendet beim Einsetzen abgebrochener Radzähne, um dem Ersatzstück einen sicheren Sitz zu verleihen.

Schwarzwälder Automatenuhren zeigten alles Volksleben von der hin- und her gehenden Schildwache bis zur Köpfung eines Verbrechers, vom Knödel fressenden Bauern bis zur Schlachtung eines Ochsen u. dergl. mehr.

Schwarzwälder Uhr bez. als ihren Geburtsort den Hof „Auf der Rödeck" bei Altglashütten, der um 1650 von der Famile Kreutz bewohnt war, die auch die ersten Uhren herstellte.

Schwarzwald in Amerika: ausgewanderte Schwarzwälder Uhrmacher legen dort 1807 den Grundstock zu einer Großuhrenindustrie und bereiten den Uhrmachern im Schwarzwald starke Konkurrenz.

Schwefel, S (lat. Sulfur), ein nichtmetallischer Grundstoff, kommt in Sulfaten vor, das sind Verbindungen der Schwefelsäure (H_2SO_4), wie Gips, Schwerspat, und in den Sulfiden, das sind Verbindungen des Schwefelwasserstoffs (H_2S), wie Schwefelkies, Zinkblende, Bleiglanz, weiterhin in den Organismen von Pflanzen und Tieren, bes. im Eiweiß. Durch Schwefel wird Silber schwarz gefärbt, z. B. durch schwefelhaltige Hautausscheidung. Stahl wird durch Aufnahme von Schwefel verdorben (Weichflecken). S. Schwefelsäure.

Schwefeläther, auch Petroläther, sehr rein und gut fettlösend, bes. geeignet zur Reinigung feiner Uhren, wie das Benzin sehr feuergefährlich. S. fettlösende Reinigungsmittel.

Schwefelsäure, chem. Formel H_2SO_4, bestehend aus 2 Teilen Wasserstoff (H_2), einem Teil Schwefel (S) u. vier Teilen Sauerstoff (O_4), eine farblose, ölige Flüssigkeit, die stark wasseranziehend wirkt. Sie greift Metalle, ausgenommen Blei, stark an u. wird daher im Gemisch mit Salpetersäure zum Gelbbrennen von Kupferlegierungen verwendet, außerdem zur Metallfärbung. Abgebrochene Stahlteile, wie Schräubchen, Stifte usw. lassen sich durch Schwefelsäure auflösen, während Kupfer u. seine Legierungen erst später gelöst werden. Nach Anwendung von Schwefelsäure ist es wichtig, die letzten Reste der Säure durch Neutralisation (s. dort) u. gründliches Nachspülen mit Wasser zu beseitigen. Rauchende, konzentrierte Schwefelsäure, „Aleum" genannt, dient zum Abbeizen des Glühspans von Stahlteilen. Alaun ist ein Doppelsalz aus schwefelsaurem Kalium u. Aluminium. Die Salze der Schwefelsäure werden als „Sulfate" bez. (von Sulfur = Schwefel), das bekannteste davon ist das schwefelsaure Kupfer, $CuSO_4$. d. i. Kupfervitriol. s. Säuren.

Schwefelsilber, entsteht durch Aufnahme von Schwefel aus Schwefelverbindungen in der Luft, bes. durch Schwefelwasserstoff in Hautausscheidungen, im Hühnerei usw. Dadurch überziehen sich die Silbergegenstände mit einer schwärzlichen Schicht von Schwefel-Silber, Silber-Sulfid, die Oberfläche wird schwarz.

Schweißhände, s. Handschweiß.

Schweißstahl, das Erzeugnis des Puddelofens, wobei durch Umrühren der flüssigen Roheisenmasse ein Teil des Kohlenstoffs an der Luft verbrennt. s. schmiedbares Eisen.

Schweizer Ankerhemmung, s. Freie Ankerhemmung, mit Kolbenzahn.

Schweizer Steinfassung, von der Innenseite der Werkplatte aus eingedreht, ergibt beim Ersatz des Steines eine Veränderung der Höhenlage, falls der neue Stein dicker ist als der alte Stein. s. englische Steinfassung, Glashütter Steinfassung.

Schweizer Uhrenindustrie, gegründet 1587 durch den Burgunder Charles Custin, Genf, wo es 100 Jahre später bereits 100 Uhrmacher gab mit insgesamt 300 Arbeitern u. einer Jahreserzeugung von etwa 5000 Uhren. In Neuenburg wurde 1679 die Fabrikation für Taschenuhren begründet, in Biel 1846 u. in Grenchen 1851. Die Uhrenerzeugung erfolgte zunächst in Heimarbeit, jedoch wurde bald eine weitgehende Arbeitsteilung durchgeführt, aus einfachen Werkstätten entstanden Fabriken für Rohwerke u. Uhrenbestandteile. Aus dem Uhrmacher wurde der Uhrenfabrikant, der unfertige Uhren bezog u. von Remonteuren gangfertig machen ließ. Die Uhrenkontore, die sich im 18. und 19. Jahrhundert von Le Locle u. La Chaux-de-Fonds über den Berner Jura u. die deutschsprechenden Kantone ausbreiteten, brachten für die Uhrenfabriken eine Blütezeit. Heute sind alle in der Uhrenindustrie arbeitenden Firmen zu einer großen Exportindustrie zusammengeschlossen.

Schwenningen, staatliche Meister- u. Berufsfachschule für Feinmechanik, Elektromechanik u. Uhrmacherei, kurz „Feintechnikschule" Schwenningen, am 1. Mai 1900 eröffnet, unter der Leitung von Prof. Dr. Göpel, Prof. Sander, Fachschuldirektor Meidinger, Schlee u. Prof. Gittinger, jetzt unter Leitung von Fachvorsteher Ernst, erblickt ihre Aufgabe darin, gründlich ausgebildete Praktiker zu erziehen, in einem Grund- u. einem Fortbildungslehrgang für Gehilfen u. Facharbeiter in den Fachrichtungen: Uhrmacherei, Feinmechanik u. Elektromechanik. s. Schulen.

Schwerkraft, auch Schwere genannt, versucht alle Körper in Richtung zum Erdmittelpunkt (lotrecht) anzuziehen. Ihre Größe wird gemessen durch die Beschleunigung, die sie einem frei fallenden Körper erteilt, Erdbeschleunigung (s. dort). Infolge der Abplattung der Erde (s. Erdmaße) ist sie an den Polen am stärksten, am Äquator am kleinsten, da dort der Erdmittelpunkt am weitesten entfernt ist. In unseren mittleren Breiten, z. B. für Berlin, beträgt sie 9,8125 m/sec². s. Pendel.

Schwerkrafthemmung nennt man solche, bei denen der Antrieb durch Gewichthebel oder ähnliches erfolgt (Tiede). Geschieht der Antrieb durch Federn, dann spricht man von Federhemmung (Riefler, Straßer).

Schwerkraftpendel, kurz Pendel genannt, erhält seinen Antrieb durch die Schwerkraft, die Erdanziehung oder Erdbeschleunigung (s. dort), im Gegensatz zum „Federkraft-Pendel", das durch die Kraft der Spiralfeder angetrieben wird, die Unruh. s. Pendel.

Schwerpunkt, eines Körpers, ist jener Punkt eines festen Körpers, in dem die ganze Schwere zusammengefaßt erscheint, der allein unterstützt werden muß, wenn der Körper nicht dem Gesetz der Schwere folgend sich dem Erdmittelpunkt nähern, d. h. fallen soll (Jongleur). Da man sich in diesem Punkt die Summe der Massenteilchen vereinigt denken kann, heißt er auch Massenmittelpunkt (s. dort). Hängt man einen Körper frei auf, so liegt der Schwerpunkt in der Ruhe lotrecht unter dem Aufhängungspunkt. Stützt man einen Körper, so muß der Stützpunkt lotrecht unter dem Schwerpunkt liegen, d. h. diese Lotrechte muß noch in die Unterstützungsebene (s. dort) fallen.

Schwerpunkt der Unruh, eine vielfach angewendete Bez.; denn einen Schwerpunkt hat jeder Körper (s. dort), also auch jede Unruh. Nur soll er bei einer fein ausgewogenen Unruh genau auf den Mittelpunkt fallen. Wenn der Uhrmacher vom „Schwerpunkt" einer Unruh spricht, so will er damit nur andeuten, daß der Schwerpunkt außerhalb der Mittelachse liegt.

Schwerpunktverlagerung, bei der Spiralfeder, erfolgt deshalb, weil die Windungen der Spirale in keinem Punkt den gleichen Halbmesser besitzen u. daher der Schwerpunkt der Spirale nie in der Mitte liegen kann. Dadurch wird in den Lagen der Uhr (s. dort) stets eine Schwerpunktunterlagerung an der Unruh stattfinden, die eine Verzögerung, bzw. eine Beschleunigung der Unruhschwingungen u. damit ein Nach- oder Vorgehen der Uhr bewirkt.

Schwilgué, Johann, Baptist, 1776 bis 1856, stammt aus Beamtenfamilie, wurde Gymnasialprofessor u. Mathematiker. In der Zeit von 1838 bis 1842 wurde von ihm die dritte Kunstuhr auf dem Straßburger Münster vollständig neu gebaut. Wer dieses Werk je einmal gesehen hat, der muß zugeben, daß ein derartiger Kunstwerkbau nur dadurch ermöglicht wurde, daß der Hersteller in mühsamer Arbeit u. eingehender Berechnung alle Schwierigkeiten überwand, die sich ihm in den Weg stellten. Nicht nur Kunst, sondern auch Idealismus gehörten zu dieser Arbeit. Erwähnt soll vor allem werden, daß die Uhr in der Woche nur einmal aufgezogen wird u. daß ihr Gang beinahe nicht zu hören ist.

Schwindmaß, die Verringerung der Größen an gegossenen Metallteilen beim Erkalten. Daher müssen Modell u. Gußform um den Schwindbetrag größer gemacht werden, damit das fertige Gußstück die richtigen Maße aufhält. Der Schwund beträgt bei Gußeisen 1%, Stahl 2%, Nichteisenmetallen etwa 1,5%.

Schwingkreis: unentbehrlicher Bestandteil jeder Schaltung zur Verstärkung von Hochfrequenzschwingungen. Jeder Schwingkreis besitzt eine Kapazität (C) u. eine Induktivität (L). Der el. Schwingkreis liefert gedämpfte Schwingungen, sofern nicht durch eine bes. Vorrichtung dafür gesorgt wird, daß die durch die Reibungswiderstände verminderte Amplitude jeweils auf den ursprünglichen Wert gebracht wird. Amplitude u. Elektronenröhre.

Schwingung von Pendel u. Unruh, ein Hin- u. Rückschwung des Gangreglers, eine Vollschwingung oder zwei Halbschwingungen, Schläge.

Schwingungsbogen, bei Pendel u. Unruh, bezeichnet den Gesamtwinkel, den ein Gangregler durchläuft, bestehend aus dem Hebungs- u. dem Ergänzungsbogen. s. Hemmungen, Grundbegriffe.

Schwingungsdauer des Pendels, T, errechnet sich aus der Wurzel eines Bruches, dessen Zähler die Länge des Pendels ist, l, und dessen Nenner die für die Breite gültige Erdbeschleunigung g, also $\sqrt{\frac{l}{g}}$ ist, das Ganze vervielfacht mit $\pi = 3{,}14$, demnach

$$T = \pi \cdot \sqrt{\frac{l}{g}}$$

z. B. Schwingungsdauer für ein Sekundenpendel l = 994 mm, in der Gegend von Mainz (50° nördliche Breite) g = 9810,79 mm/sec, ergibt sich

$$T = \pi \cdot \sqrt{\frac{l}{g}} = 3{,}14 \cdot \sqrt{\frac{994}{9810{,}79}}$$

$= 0{,}99852$ sec $= 1$ sec.
($l : g = 994 : 9810{,}79 = 0{,}1013$
$\sqrt{0{,}1013} = 0{,}318, \quad 3{,}14 \cdot 0{,}318 = 0{,}99852$)

Schwingungsdauer des Pendels, T, und Pendellänge, berechnet sich aus

$$\frac{l}{g} = \frac{\text{Länge}}{\text{Erdbeschleunigung}}$$

daraus die Wurzel ziehen und mit π (3,14) vermehrt, nach der Formel

$$T = \pi \cdot \sqrt{\frac{l}{g}}$$

Durch Umformen läßt sich auch die Länge l berechnen:

$$T = \pi \cdot \sqrt{\frac{l}{g}}$$

(Alle Glieder werden quadriert)

$$T^2 = \pi^2 \cdot \sqrt{\frac{l^2}{g^2}} \quad \text{(Wurzel entfällt)}$$

Schwingungsdauer für das Sek.-Pendel
$T = 1$ sec, $g = 9810$ mm/sec,

$$\text{ergibt: } 1^2 = \pi^2 \cdot \frac{l}{g} = 3{,}14^2 \cdot \frac{l}{9810}$$

Durch Umstellung erhält man

$$l = \frac{1 \cdot 9810}{3{,}14^2} = 994 \text{ mm.}$$

(s. Formeln Ziffer 5)

Schwingungsmittelpunkt, des Pendels, der nur gedachte „schwere Punkt", der an einem „gewichtslosen Faden" frei schwingt (s. Pendelbegriff). Der Schwingungsmittelpunkt liegt zwischen dem Linsenmittelpunkt u. dem Schwerpunkt (s. dort) des Pendels. s. mathematische Pendellänge.

Schwingungszahl des Pendels, Schlägezahl aus der bekannten Schlägezahl des Sekundenpendels N = 60/sec. u. seiner Länge L = 994 mm, sowie der bekannten Länge eines Pendels, nach der Formel $n^2 = \frac{L \cdot N \cdot N}{l}$,

$$n^2 = 994 \cdot \frac{60}{l} \cdot 60,$$

$$n = \sqrt{994 \cdot \frac{60}{l}} : 60,$$

(s. Formel Ziffer 4)

Schwingungszeit des Pendels, s. Schwingungsdauer.

St

Stackfreed hieß die erste Einrichtung, um die mittlere Kraft der Zugfeder auszunützen, eine exzentrische Scheibe im Eingriff mit der Federachse. Bei Vollaufzug wirkte er stark, beim Ablaufen immer schwächer.

Stahlabschrecken beim Härten: 1. In Wasser von etwa 20⁰, wärmeres Wasser wirkt milder, ebenso Zusätze von Kalkmilch oder Glyzerin, während Beimischungen von Kochsalz und Säuren die Wirkung verschärfen. 2. In Öl (Ruböl, Mineralöl, tierisches Öl), vielfach eine Mischung verschiedener Öle mit Tran und Petroleum. 3. In flüssigem Blei, Zinn oder Salz (Zyankali). 4. Durch Preßluft für hochlegierte Stähle. Zur Erzielung der richtigen Wirkung muß der Flüssigkeitsbehälter groß genug sein, außerdem muß bei Erhöhung der Temperatur frische Flüssigkeit zulaufen können. Lange Werkstücke werden senkrecht zur Achse eingetaucht, massige Teile voraus, außerdem müssen die Werkstücke in der Flüssigkeit bewegt werden.

Stahlakkumulatoren: Verwendung finden als Plusplatte Nickelhydroxydulplatten. Die Negativplatte ist als Taschenplatte ausgebildet und enthält entweder Eisenhydroxydul oder Cadmiumhydroxydul. Als Elektrolyt wird 21prozentige Kalilauge verwendet. Stahl-A. können überlastet werden und vertragen sogar zeitweiligen Kurzschluß. Auch können sie längere Zeit unbenutzt stehen, ohne daß sie Schaden leiden.

Stahl auf Stahl, ergibt ungünstigere Reibungsverhältnisse wie zwei verschiedenartige Werkstoffe, z. B. Stahl auf Messing oder Stahl auf Stein. Weiterhin ist die Zusammenarbeit von Stahl auf Stahl, wie etwa der Zylinderradspitzen auf dem Stahlzylinder den Störungen durch auftretenden Magnetismus mehr ausgesetzt. Daher ist es zweckmäßig, Zylinderuhren vor Beginn der Reparatur zu entmagnetisieren. S. Zylinderhemmung.

Stahlguß, Kurzzeichen Stg, Wichte 7,85, Schmelzpunkt bei 1600⁰, Zugfestigkeit 38 bis 60 kg/mm², Schwindmaß 2%, ein in Formen gegossener Flußstahl, Bessemer- oder Siemens-Martin-Stahl. Zur Erzielung der notwendigen Dünnflüssigkeit wird phosphorhaltiges Roheisen verwendet. Um die auftretenden Gußspannungen zu beseitigen, werden die Gußstücke noch geglüht. Stahlguß bis zu 0,2% Kohlenstoff kann eingesetzt, bis zu 0,7% Kohlenstoff kann vergütet werden (s. Einsetzen, vergüten, Eisensorten).

Stahlglühen: 1. Zum Härten bis auf Kirschrotglut, 770 bis 800⁰ und nachfolgendem Abschrecken. 2. a) Weichglühen, um gehärteten Stahl wieder weich zu machen, um ihn gut bearbeiten zu können; b) Normalglühen, zum Ausgleich der beim Walzen, Schmieden oder Einsetzen des Stahles entstandenen ungleichmäßigen Gefühls. c) Spannungsfreiglühen, zur Beseitigung von Spannungen, die beim Walzen, Schmieden oder Schweißen entstanden sind. Hierbei werden die Stücke auf 6 bis 800⁰ erwärmt und langsam abgekühlt.
Einrichtungen zum Glühen: 1. Offene Schmiedefeuer mit Holzkohle, Schmiedekohle oder hartem Koks. Bei Verwendung von Schmiedekohle darf der Stahl erst dann in das Feuer gebracht werden, wenn die Kohle durchgeglüht, also schwefelfrei ist, da sonst auf dem Stahl Weichflecken von Schwefeleisen

entstehen. 2. Glühöfen, Plattenöfen oder besser Muffelöfen mit verschlossenen Chamottekästen. 3. Salz- und Bleibäder el. oder mit Gas geheizt, welche eine rasche und gleichmäßige Erwärmung bewirken. Achtung auf die Beseitigung der dabei entstehenden giftigen Gase! s. Glühfarben.

Stahl, härtbar, Werkzeugstähle mit 0,6 bis 1,8% Kohlenstoff, unlegierte Werkzeugstähle, niederlegierte Werkzeugstähle mit 20 m/min Schnittfähigkeit, hochlegierte Werkzeugstähle, Schnellschnittstähle, Edelstähle mit 32 m/min Schnittfähigkeit.

Stahlhärten, s. Abbrennen in Öl, Abkühlen, Abschrecken in Wasser, Öl, Salz, Blei, Anlassen, Anlaßfarben, Einsatzhärten, Federhärte, gebrochene Härtung, Glühen, Glühfarben, Härtefehler, Härteprüfung, Härtepulver, Oberflächenhärtung, tempern.

Stahlhärten, gebrochene oder gestufte Härtung, zur Vermeidung von Rissen und Verziehen, zunächst in ein Zwischenbad von Öl, flüssigem Salz, Blei oder Zinn gebracht und nach einer gewissen Abkühlung erst in einer zweiten Flüssigkeit völlig abgekühlt, angewendet bei hochlegierten Stählen.

Stahlhärten, Glühfehler: 1. Das Stück nicht zu rasch erhitzen, 2. nicht zu stark erhitzen, da bei Weißglut der Kohlenstoff im Stahl verbrennt, 3. nicht zu lang erhitzen, da sich hierbei der Sauerstoff mit dem Kohlenstoff verbindet und dadurch die Qualität des Stahls vermindert wird. Dasselbe tritt ein, wenn der zur Steigerung der Hitze zugeführte Luftstrom das Werkstück unmittelbar trifft. 4. Feine Teile, wie Federn und Bohrer werden zum Schutz gegen Verbrennung in Metallkapseln und Holzkohlenpulver gepackt. 5. Bei Kohlenfeuer ist darauf zu achten, daß dieses zunächst völlig durchgeglüht, also schwefelfrei ist.

Stahlhärten, Härte- und Anlaßfehler: 1. Härterisse bei starken Querschnittveränderungen. 2. Hohle Werkstücke zur Vermeidung von Spannungen mit Lehm füllen. 3. Feine, vorspringende Teile verbrennen bei zu starker Erhitzung. 4. Zu kaltes Wasser kann Spannungen und Härterisse verursachen. 5. Bei waagrechter Lage kühlt die untere Hälfte eher ab, das Stück verbiegt sich. 6. Für ausgedehnte Stücke, die gleichmäßig erwärmt werden sollen, ist die Verwendung eines Sandbades, des Anlaßbleches oder von Salz-, Blei- und Ölbädern zu empfehlen.

Stahl, Kohlenstoffgehalt. Kein Kohlenstoff, weich und zäh, 0,05—0,6 % Kohlenstoff, schmiedbar, Stahl 0,6 bis 1,8 % Kohlenstoff, härtbar, 1,8—2,5 % Kohlenstoff, technisch nicht verwendbar, 2,5—5 % Kohlenstoff, dünnflüssig, gießbar. S. Eisensorten. Normung von Stahl und Eisen.

Stahllufthärter, im Preßluftstahl abgekühlt, hochlegierte Stähle, Schnellschnittstähle, die eine etwa 4-fache Schnittgeschwindigkeit gestatten und beim Drehen rotglühend werden können, ohne weich zu werden.

Stahlölhärter, niedrig oder mittellegierte Stähle, die in Öl abgekühlt werden und weniger zum Verziehen neigen.

Stahlwasserhärter, unlegierte Stähle mit 0,5 bis 1,5 % Kohlenstoff (bisher Kohlenstoffstähle gen.), mit geringen Zusätzen von Wolfram oder Chrom, härten nicht vollkommen durch und neigen zum Verziehen.

Stand der Uhr, die Zeitangabe, um welche die Zeiger einer Uhr zu einer bestimmten Zeit abweichend von der für uns gültigen Zeit (MEZ) stehen. S. Feinstellung der Uhren.

Stanniol (lat. stannum) = Zinn, Sn, fein ausgewalzte Zinnblätter von 0,008 bis 0,2 mm Dicke, heute meist ersetzt durch Aluminiumfolien, verwendet zum Einpacken von Lebensmitteln.

stanzen, das Ausschneiden beliebiger Formen aus Blechen von wechselnder Stärke und verschiedenem Material, auch von Kunststoffen. Das hierzu benötigte Schnittwerkzeug besteht aus der Schnittplatte, der Matrize, und dem Schnittstempel; der Patrize, der genau in den Hohlraum der Schnittplatte passen muß. Mit Hilfe dieser durch den Werkzeugmacher gefertigten Stanzwerkzeuge lassen sich neben verschieden geformten Uhrteilen u. a. auch fertige Zahnräder in der Massenfabrikation herstellen.

Stargard/Görlitz, am 15° östlicher Länge gelegen, mit ihrer mittleren Ortszeit maßgebend für die Mitteleuropäische Zeit (MEZ), welche für die Zone vom 7. Grad ö. L. bis zum 22. Grad ö. L. maßgebend ist, in deren Mitte annähernd der Meridian von Stargard und Görlitz liegt. S. Zeitarten.

Starkstromanlagen: Anlagen mit einer Betriebsspannung von höchstens tausend Volt (darüber ist Hochspannung). Die untere Grenze liegt bei 49 bzw. 61 Volt. Es ist jedermann verboten, Starkstromanlagen herzustellen, zu verändern u. in Betrieb zu nehmen, der nicht von einem Elektrizitätswerk konzessioniert ist oder der nicht die Meisterprüfung im Elektroinstallateur-Handwerk bestanden hat. Dem Nichtfachmann ist es lediglich gestattet, die Verteilersicherungen auszuwechseln (flicken ist verboten). Auch die Hauptsicherung ist tabu.

statisches Gleichgewicht: Gleichgewicht der Ruhe. Dieses Gleichgewicht stellen wir mit der Unruhwaage her. Hierbei wird ein Fehler im Gleichgewicht durch einen oder zwei gegenüberliegende kompensiert. Streng genommen ist dies für bewegte Teile nicht richtig, so daß man hier, wie man es auch in anderen Zweigen der Technik, etwa beim Auswuchten von Kurbelwellen tut, das dynamische Gleichgewicht, das Gleichgewicht der Bewegung herstellen müßte.

Staubschutz an der Aufzugkrone, ein kleines Futter in der Krone von Armbanduhren, dessen Hals durch einen kurzen Ansatz im Gehäuse festgehalten wird.

Steckschlüsselaufzug, mit einem Hohlviereck, das zügig auf das Viereck des Aufzugzapfens paßt, am anderen Ende mit einem breiten Blatt als Hebelgriff versehen ist. S. Aufzüge.

Steigrad, auch Gangrad, s. Hemmungsrad.

Steigung des Gewindes, auch Ganghöhe h, der Abstand von einem Gewindegang zum nächsten, zugleich die Strecke, um welche sich ein Gewinde bei einer Umdrehung hebt oder senkt. Bei mehrgängigen Gewinden laufen innerhalb dieser Steigung mehrere Gewindegänge.

Steinefassen für Steinlager, beginnt mit der Ausdrehung eines Bettes für den Stein, um deren Rand eine Fase gestochen wird, die nach dem Umlegen den Stein hält. Um möglichst viel vom Stein sichtbar zu machen, erfolgt von der Oberseite aus die Aufdeckung des Steines. Man unterscheidet: die Glashütter von der Oberseite aus, die Schweizer Fassung, von der Innenseite aus, die englische Fassung ohne Einstich. S. Fassungen.

Steine in der Uhr, verwendet wegen ihrer Härte, ihrer durch feine Politur erzeugten Oberflächendichte, geringen Abnutzung und in Verbindung mit dem Öl stark verminderten Reibung und der durch Zusammenwirken dieser günstigen Verhältnisse bedingten Unveränderlichkeit der Eingriffe, weiterhin wegen der guten Ölhaltung, bes. bei Verwendung von Decksteinen, unter Abschluß der Luft und Ausnützung der Kapillarkraft. Endlich wegen des schönen Aussehens der aus polierten Fassungen funkelnden Steine, deren Anzahl als ein Gradmesser für die Qualität gelten kann. Nachdem früher meist dafür natürliche Rubine verwendet wurden, heute noch die Bez. „Rubis". s. Edelsteine, Lagersteine.

Steinfassungen: s. englische, Glashütter, Schweizer, Schiebefutter oder Chaton, Einpreßstein, Einpreßstein in Schiebefutter.

Steinheil, Karl August, 1801 in Rappoltsweiler geb., 1870 in München gest. Elektrotechnischer Fachmann von größtem Weitblick. Baute 1829 die erste elektromagnetische Zeigerwerkanlage, ist der wissenschaftliche Erfinder der elektromagnetischen Telegrafie, schafft 1836 den ersten Drucktelegrafen. Macht 1838 die wichtige Entdeckung, daß zur Herstellung eines Stromkreises zwischen zwei Stationen nur ein Draht nötig ist, weil zur Rückleitung die Erde benützt werden kann. Befaßte sich auch als erster mit der Verwendung der Elektrizität zur Zeitmessung.

Steinkohle, verkokte Pflanzenteile, Holzmassen, und Moordecken, die unter großer Hitze und dem gewaltigen Druck der darauf lagernden Erd- u. Gesteinsmassen versteinerten. Beste Kohle ist der Anthrazit, die magere, ältere Steinkohle mit etwa 95% Kohlenstoff und 7500 WE (Wärmeeinheiten oder Kalorien), bei 3% Asche, während geringere Kohlensorten 20% und mehr Aschenrückstand aufweisen. Bei der trockenen Destillation der Steinkohle entstehen u. a. Benzol, Teer, Ammoniak, Anilinfarbstoffe, Arzneimittel, Sprengmittel usw. S. feste Brennstoffe.

Steinkohlenöle, gewonnen aus dem Kocksofenteer als wichtigstes Erzeugnis, das Benzol, ein stets zunehmender Ersatz für das teure Benzin.

Steinlager in Uhren, zur Verminderung der Reibung und wegen der geringen Abnutzung. Als Material heute meist der synthetische Rubin verwendet, wegen seiner gleichmäßigen Dichte, seiner Rissefreiheit und seiner guten Polierfähigkeit. Der Form nach unterscheidet man flache und gewölbte Steine von verschiedener Dicke und Lochlänge, die durch das Olivieren (s. dort) verringert wird. Anstatt des zeitraubenden Steinefassens werden heute vielfach fertig gefaßte Schiebefutter verwendet.

Steinlupe, mit 2 Gläsern, für ganz feine Arbeiten, u. a. zur Untersuchung von Uhrsteinen. S. Lupe.

Stellknöpfe für Weckerzeiger müssen fest auf der Welle sitzen, auch wenn sie nur auf ein Viereck aufgesetzt werden. Gewindestellknöpfe können nicht ganz fest angeschraubt werden. Sie sollen eine Drehung in der falschen Richtung verhindern. Jedoch ist es besser, den Stellknopf unter Festklemmen der Welle gut aufzuschrauben.

Stellstifte sichern den gleichen Sitz von Kloben und Brücken beim Wiederaufschrauben und verhindern zugleich eine zeitliche Verschiebung der Werkteile.

Stellung für Zugfeder, begrenzt die vorhandenen 5 bis 6 Umgänge der

Zugfeder auf die 4 mittleren, annähernd gleichmäßigen nutzbaren Federumgänge. Das Stellungskreuz, seiner Form entsprechend „Malteser Kreuz" genannt, besitzt zu diesem Zweck 4 hohle Ausfräsungen, an denen die Kreisscheibe des Stellungsfingers durchgleiten kann, und ein erhabenes Teil, an dem die Ecke dieser Kreisscheibe aufsitzt und so das weitere Aufziehen, bzw. den weiteren Ablauf der Zugfeder hemmt. S. Zugfeder.

Stellung mit Finger, bestehend aus zwei zahnradartig gefrästen Stellungsrädern mit ungleichen Zahnzahlen. Das Getriebeteil auf dem Federkern besitzt einen längeren Zahn, der bei vollendetem Aufzug und beim Ablauf der Feder in zwei weniger tief gefräste Lücken eingreift und dadurch die Umgangszahl der Feder begrenzt.

Stellungsfinger, bei der Zugfederstellung, eine kreisrunde Scheibe, die mittels Vierkantpassung auf dem Federkern befestigt ist und einen über den Scheibenumfang vorstehenden Finger besitzt, der in eine gleich breite Ausfräsung des Malteserkreuzes (s. dort) eingreift. S. Stellung.

Stellwinkel, mit Maßstab und Winkelmesser mit Gradeinteilung, zum Anreißen und Nachmessen von Winkeln an Drehstählen. S. Anreißen.

Sternjahr, im Gegensatz zum Sonnenjahr von 365 Tagen, besitzt 366 Tage, was dadurch entsteht, daß jeder Sterntag um 3 Minuten, 55,9 Sekunden kürzer ist als ein Sonnentag, das ergibt im Jahr rund 4 Minuten · 30 · 12 = ≈ 24 Stunden oder einen vollen Tag. S. Jahr.

Sterntag, Sternzeit, der Zeitraum zwischen zwei aufeinander folgenden gleichen Stellungen der Erde gegenüber einem Fixstern oder einer einfachen Umdrehung der Erde. Da diese auf ihrer Bahn gleichzeitig vorwärts schreitet, braucht sie noch eine Drehung von 3 Minuten 55,9 Sekunden, um gegenüber der Sonne wieder genau den gleichen Stand einzunehmen, also für einen Sonnentag. Daher ist der Sterntag um diesen Betrag von etwa 4 Minuten kürzer, was im Jahr 4 Minuten · 30 · 12 oder 24 Stunden, d. i. 1 Tag ausmacht. S. Zeitarten.

Sternuhren hat es bereits 600 v. Chr. gegeben. Große Ähnlichkeit mit waagrechter Sonnenuhr waren bildliche Darstellungen deutlich sichtbarer Sterne; durch Vergleich zwischen Firmament und Uhr wurde die Zeit bestimmt. Im Berliner Museum ist eine solche Uhr zu sehen.

Sternzeituhr, nicht nach der mittleren Sonnenzeit gehend, ausgestattet mit einem 24-stündigen Zifferblatt für 24 Sternzeitstunden oder einen Sterntag. Sie besitzt ein kürzeres Pendel als eine normale Sekundenpendeluhr, da es in 23 Stunden 56 Minuten 4 Sekunden 43 200 Pendelschläge ausführt. S. Zeitarten.

Stichelflachschleifer, aus Messing, mit einem viereckigen Loch in der Mitte und zwei Schrauben, welche den Stichel der entsprechenden schrägen Richtung festhalten, während der Stichel auf der Schleifplatte oder einem breiten Stein geschliffen wird. S. Drehen.

Stichelform für Handstichel, Grundform: Spitze in der Mitte, Spitze links und rechts, abgerundet und flach, Anschliff für unten. Für Supportstichel: Planstichel, Eckstichel links und rechts, Abstechstichel, Lochstichel. S. Drehen.

Stickstoff, N, (lat. nitrogen) = Salzbildner, chem. Grundstoff, bildet 78% der Luft, ein farbloses, geruch- und geschmackloses Gas, enthalten in Salpeter, Ammoniak, Nitriden und allen Eiweißstoffen. Stickstoff bringt im Gegensatz zu Sauerstoff jede Verbrennung zum Ersticken, ebenso die Atmung. Gewonnen wird er in großen Mengen aus der Luft, zwecks Herstellung von Ammoniak. Verwendung findet Stickstoff für Düngemittel, Sprengstoffe und in der chem. Industrie, zur Erzeugung von Salpetersäure NHO_3, weiter zu Salmiakgeist, d. i. in Wasser gelöstes Ammoniak und zu Salmiak, NH_4Cl, das als Lötmittel gebraucht wird. S. Salpetersäure.

Stiftankerhemmung, 1741 vom Franzosen Amant erfunden, hat sich bis heute gehalten. Durch Verwendung in billigen Armbanduhren immer weiter verbreitet.

Stiftankerhemmung für Wecker, eine freie Ankerhemmung, bei der die schrägen Zahnflächen ausschließlich die Hebung an den Stiften bewirken. Um die Stifte zum Radgrund ziehen zu können, erhalten die Radzähne an der Vorderseite eine Unterschneidung zur radialen Richtung. Die Stifte müssen sicher auf Ruhe fallen, d. h. etwas unterhalb der Kante, die durch Hebungs- und Unterschneidungsfläche gebildet wird. Die Stifte müssen unbedingt senkrecht zum Ankerkörper stehen, d. h. parallel zur Ankerwelle. Damit jeder Zahn sicher abfallen kann, darf der Fallwinkel nicht zu klein sein. Die Auslösung erfolgt durch den Hebestift in der Unruh. Durch den Zahngrund ist meist bereits die Begrenzung der Ankerbewegung gegeben, manchmal sind auch zu beiden Seiten der Gabel außerdem Begrenzungsstifte angebracht. Auf den guten Zustand der Körnerspitzen ist bes. zu achten. Damit sie sich nicht zu rasch einlaufen, werden sie leicht abgerundet. Die St. findet außer in Weckern auch in billigen Taschenuhren Anwendung (Roskopfuhren). s. Hemmungen mit Unruh, Roskopfuhren.

Stiluhr, (lat. stilus) = der Griffel, die Schreibart, in der Kunst, die bei verschiedenen Nationen im Wandel der Zeiten herrschende Art und Weise der zur Darstellung gebrachten geistigen und formalen Anschauungen. Eine Stiluhr ist also eine in diesem Sinne geformte Uhr.

Stirnradgetriebe, das normale Uhrgetriebe, wobei die Achsen von Rad und Trieb parallel stehen, das treibende und getriebene Rad in einer Ebene liegen. S. Getriebearten.

Stirnradwinkelgetriebe, mit senkrecht zu einander stehenden und sich schneidenden Achsen. Beide Getriebeteile sind Stirnräder, wobei das größere Rad durch das kleinere geführt wird, ein technisch nicht einwandfreies Getriebe, das beim Wippenaufzug angewendet wird. S. Getriebearten.

Stirnradzapfen, auch Tragzapfen (s. dort), von zylindrischer Form, mit einer senkrecht zum Zapfen verlaufenden Ansatzfläche, der ebenfalls polierten Stirnfläche. Diese besitzt den doppelten Durchmesser des Zapfens, die Welle den dreifachen. Die Länge des Zapfens soll doppelt so groß sein wie sein Durchmesser. S. Zapfen.

Stoppautomaten, durch el. Kontakte direkt oder über ein Relais gesteuert, unter Ausschaltung aller persönlichen Fehler in der Betätigung, eine objektive Zeitmessung unter Benützung von Schnelläufern, $^1/_{30}$, $^1/_{50}$, $^1/_{100}$ Sekunde. S. Stopparten.

Stoppstundenzähler, verwendbar als Kronen- und Additionsstopper, jedoch mit einem zusätzlichen Zählblatt bis 12 Stunden. S. Stoppuhren.

Stopp-, Taschen- und Armbanduhren, irrtümlich vielfach als „Chronographen" bez., enthalten ein normales 36-stündiges Uhrwerk, das unabhängig vom gleichbleibenden Gang der Uhr mit einem einschaltbaren Stopphebel und Zeigerwerk durch Ein- oder Ausrücken zweier feinverzahnter Räder (Chronographenräder genannt) gekoppelt werden kann, für Zeitbeobachtungen bis zu $^1/_5$ sec. zu gebrauchen. S. Stoppuhren.

Stoppuhren, Übersicht: Additionsdoppelstopper, Additionsstopper, Kronenstopper, Kronendoppelstopper, „Simplex-Stopper", Stoppautomaten, Stoppstundenzähler, Stopp-Taschen- u. Armbanduhren.

Straßburger Münster hat 1354 die erste Kunstuhr erhalten. Bereits großes Kunstwerk. Der Erbauer ist nicht nachweisbar. Unter Bisch. Joh. von Falkenberg aufgestellt. Bekam 1547 bis 74 seine zweite Kunstuhr, welche die erste gewaltig übertraf. Erbauer: Gebr. Habrecht unter Mitwirkung von Mich. Heer,

Nikodemus Bruckner u. Christ. Heerelein. 1838 bis 42 dritte Konstruktion aufgestellt durch Johann Baptist Schwilgué, wohl die berühmteste Kunstuhr (s. dort).

Strasser, Ludwig, geb. 1853 zu Würzburg, Professor und Direktor der Uhrmacherschule in Glashütte, hatte während seines Lebens das Bestreben, die Wissenschaft mit den genauesten Zeit-

messern zu versehen. Unermüdlich berechnete, forschte und konstruierte er, um dieses Ziel zu erreichen. Seine bekanntesten Erzeugnisse: Zuerst eine Präzisionsstanduhr mit konstanter Kraft und vollständig neuer Hemmung, die seinen Namen trägt. Diese ist vollständig frei von jeder Ruhereibung. Nach der Erfindung des Invarstahls durch Dr. E. Guillaume, Paris, ging er sofort daran, ein Nickelstahlpendel zu bauen für Sternwarten u. dergl., weil er wie Riefler den großen Wert dieser Erfindung erkannte. Außerdem wurde von Strasser sehr viel dazu beigetragen, das Wesen des Isochronismus' in Verbindung mit Hugo Müller dem einfachsten Uhrmacher leicht verständlich zu machen. Er gab ein Buch darüber heraus.

Strasserhemmung, eine freie Großuhrhemmung, mit unveränderlicher (konstanter) Kraft, d. i. die Federkraft einer bes. ausgebildeten Pendelfeder mit zwei ineinander gelagerten Federfassungen. Die beiden Ankerarme tragen in einer festen Fassung eingesetzt die zweiteiligen Klauen, die gesondert eingestellt werden können. Das Hemmungsrad fällt hier zunächst auf die Hebungsklaue auf Hebung, an deren Ende erst die feine Ruheklaue zur Wirkung kommt. Ein völlige Unabhängigkeit der Pendelschwingungen von den

veränderlichen Einwirkungen des Räderwerkes sichert dieser von Prof. Ludwig Strasser (s. dort) im Jahre 1898 konstruierten Pendelhemmung ausgezeichnete Gangleistungen. S. Hemmungen mit Pendel.

Strecken von Rädern, auf einem Flachamboß, mit der glatten und flachen Hammerbahn, durch leichte Schläge auf die Zähne, nicht aber den Radkranz. Eine zweite Möglichkeit, mittels eines größeren Eingriffszirkels, dessen eine Seite oben einen kleinen Amboß und dessen andere Seite einen kleinen Streckmeisel erhält, der in der Mitte des Radkranzes kleine Rillen einschlägt und so den Radumfang vergrößert, ohne die Zähne zu verändern.

Streiflichtuhren, 300 Jahre v. Chr. in Gebrauch, hatten schräge Auffangflächen und wurden gewissermaßen als Taschenuhren benützt.

Strichschliff, im Gegensatz zum kreisförmigen, wilden Schliff, dadurch erzielt, daß der das Werkstück andrükkende Finger an einem Holzlineal entlang geführt wird. Für kleinere Flächen und Werkstücke benutzt man den Flachschleifer oder auch eine kleine Lackscheibe.

Stroboskop: Geräte auf stroboskopischer Grundlage verwendet man zur Feststellung des Gangs von Uhren. Auf einer rotierenden Scheibe befindet sich eine Lichtquelle. Die Scheibe wird von einem Synchronmotor angetrieben. (Ihre Umdrehungszahl beträgt dabei ein Einfaches oder ein ganz Vielfaches der Schlagzahl der zu prüfenden Uhr.) Über ein Mikrophon, welches die Schläge der Uhr abnimmt und diese über Verstärker in el. Impulse verwandelt, wird nun die Lichtquelle kurzzeitig zum Aufleuchten gebracht. Geht die Prüfuhr genau, so fallen ihre Schläge genau mit der Umdrehung der Scheibe zusammen und der Lichtpunkt wird immer an der gleichen Stelle stillstehend erscheinen. Geht die Uhr vor, dann wird schon vor der vollen Umdrehung der Scheibe der Lichtpunkt aufleuchten. Die Leuchterscheinung wird also wandern und dies um so stärker, je größer die Abweichung ist. Zu Beginn der Messung stellt man eine Skala auf den Leuchtpunkt ein. Die Skala läßt sich so eichen, daß nach Ablauf einer Minute die Stellung des Lichtpunktes die Abweichung in 24 Stunden abgibt.

Stromquellen: a) Magnetische Stromquellen wie Generatoren und Dynamomaschinen (s. d.) liefern Wechselstrom (s. d.), Drehstrom (s. d.) oder Gleichstrom (s. d.), den wir aus unseren Leitungen entnehmen. Diese Stromarten stehen heute fast überall und in fast unbegrenzter Menge zur Verfügung und lassen sich sehr leicht in eine andere Stromart verwandeln oder in eine Spannung herauf oder herunterspannen. b) Chem. Stromquellen: primäre und sekundäre Elemente. Erstere liefern den Strom auf Grund einer einmaligen, nicht umkehrbaren Zersetzung ihrer Bestandteile. (Naß- und Trockenelemente, s. dort). Die Sekundärelemente, sog. Stromspeicher werden mittels Gleichstrom erst aufgeladen, wobei ein ganz bestimmter chem. Zustand herbeigeführt wird. Bei der Entladung verläuft dieser Vorgang in umgekehrter Richtung, wobei der Ausgangszustand wieder hergestellt wird, wodurch der Vorgang beliebig oft wiederholbar ist (Akkumulatoren, s. dort). c) Thermische Stromquellen. Erhitzt man zwei Drähte verschiedener Metalle, welche an ihren Enden zusammengedreht sind über der Verbindungsstelle, so kommt ein schwacher Stromfluß zustande. Dieser ist aber nur sehr schwach und ist nur für Meßzwecke geeignet.

Stromsammler: s. Akkumulator.

Strontium: Chem. Grundstoff mit dem Atomgewicht 87,63. Ordnungszahl 38. Zeichen Sr.

Stützzapfen, auch Kehl- oder Trompetenzapfen, stützt sich in bestimmten Lagen der Uhr mit seinem abgerundeten, arrondierten Zapfenende auf die ebene Fläche des nicht gebohrten Decksteines oder auf ein gehärtetes Stahlplättchen, was zu einer Verminderung der Reibung und damit zu einer abweichenden Schwingung in den Lagen (s. dort) führen kann. Um diese Reibung der im Lagerloch auftretenden Reibung anzugleichen, wendet man vielfach „olivierte" (s. dort) Lagersteine an. S. Zapfen.

Stufenfutter, auch Dreibacken- oder Universalfutter, gestattet mit seinen stufenförmigen Absätzen das sichere und zentrische Einspannen von Werkstücken, Scheiben und Rädern, deren Loch in der Mitte des Umfangs liegen muß.

Stufenscheibe, eine Scheibe mit stufenförmigen Absätzen, z. B. die 3-stufige Schnurrolle, zur Regelung verschiedener Umlaufzahlen. S. Antrieb des Drehstuhls.

Stunde: war in Antike kleinste Tagesteilung, Minuten und Sekunden unbekannt. Babylonier 6er Teilung, Ägypter 12er Teilung. Unsere Teilung geht auf letztere zurück, da bei uns erst 1927 die 24er Teilung eingeführt. Stunde als Wort gab es schon etwa 3000 v. Chr. Nachgewiesen durch Funde von Schriftstücken in den Pyramiden. Stunde (lat. hora), Kurzzeichen h. 1 Stunde = 1 h = 60 min. = 3600 sec. S. Zeitmaße.

Stundenrad, das zweite Rad im Räderwerk mit feststehender Umlaufzahl, in 12, bzw. 24 Stunden, veranschaulicht durch die Umdrehung des auf dem Stundenrohr sitzenden Stundenzeigers, unter Zwischenschaltung des von der Minutenwelle aus angetriebenen Zeigerwerks. S. Minutenrad, Gruppen im Räderwerk.

Stundenstaffel im Rechenschlagwerk, eine Scheibe mit 11 stufenförmigen Einschnitten von je 2° Höhe, entsprechend der Teilung der Rechenzähne. Die Stundenstaffel sitzt auf dem Stundenrad, dreht sich mit diesem vor- und rückwärts und sichert auf diese Weise die Übereinstimmung von Schlagwerk und Zeigerstellung. s. Rechenschlagwerk, Schaltwerke.

Stutzuhr, eine Tischuhr mit Feder und Unruh, in kurzem Gehäuse. Solche Uhren wurden nach Erfindung der Taschenuhr gebaut und besaßen vielfach vergoldete Gehäuse aus Messing, mit waagrechtem Zifferblatt, auch als Reiseuhren benutzt. Heute wird die Bez. „Stutzuhr" auch auf kleine Pendeluhren, „Pendulen" angewendet.

T

Tachimeter (Einteilung), Skala auf Chronographen, die es gestattet, die Geschwindigkeit abzulesen. Die Basis beträgt in der Regel ein km, so daß es genügt, die Zeit abzustoppen, die zur Zurücklegung eines km benötigt wird, um über der gestoppten Zeit die Geschwindigkeit ablesen zu können.

Tachometer: Geschwindigkeitsmesser für Fahrzeuge, insbesondere Kraftfahrzeuge. Über eine biegsame Welle (Tachometerwelle) wird die Umdrehungszahl eines Rads in das Gerät übertragen, in welchem ein als Rotationskörper ausgebildeter Dauermagnet angetrieben wird. Über diesem befindet sich eine Aluminiumscheibe, welche unter dem Einfluß einer Spiralfeder in der Ruhelage verharrt. Die Kraftlinien des Magneten versuchen nun die Scheibe, auf dessen Welle der Zeiger sitzt, aus seiner Ruhelage zu bringen und es gelingt dies in höherem Maße, je größer die Umdrehungszahl des Magneten ist.

Tag (lat. dies), Kurzzeichen „d", z. B. $1^d = 1$ Tag. $1^d = 24^h = 1440^m = 86\,400^s$ (s. Zeitmaße).

Tagesbeginn für bürgerlichen und astronomischen Tag war bis 1924 verschieden. Im bürgerlichen Leben begann der neue Tag um Mitternacht, für die Astronomen jedoch am Mittag. Erst von diesem Zeitpunkt ab besteht für beide Tagesanfänge Gleichheit.

Tageseinteilung war je nach Zeiten und Völkern verschieden. Die alten Völker z. B. rechneten mit 24 Stunden, von Sonnenauf- bis Untergang. Mit ersterem war es Tag, mit letzterem Nacht ohne Rücksicht auf die Stunde. In Afrika hatte die Stunde im Sommer 70 und im Winter 50 Minuten.

Tageslichtlampe: Im Gegensatz zum natürlichen Licht ist beim Licht der Glühfadenlampe der Anteil der gelben und roten Strahlung zu groß. Tageslichtlampen versuchen nun dem Tageslicht näherzukommen, indem sie (mit einem blauen Überzug versehen) den gelben und roten Lichtanteil ausfiltern, und geben dem Licht jene mehr insGelblich-Bläuliche spielende Färbung. Auch Quecksilberdampflampen, deren blaugrünes Licht durch eine gelbrote Zusatzlampe zu natürlichen Farben gebracht werden, bemühen sich mit den mit Kohlensäuregas gefüllten Leuchtröhren um die Lösung des Problems Tageslicht.

Tag- und Nachtgleiche, im Frühjahr am 21. März und im Herbst am 23. September (s. Äquinoktium).

Talmigold: Kupferlegierung bestehend aus: 86,4% Kupfer, 12,2% Zink, 1,1% Zinn, 0,2% Eisen. Wird als Blech oder Draht zu Schmuckwaren verarbeitet. Dient als Basismetall für Plaqué- oder Doubléeware.

tambour de barillet: Federhaus.

Tampon: franz. Pfropf. Bezeichnung für den Spund des Zylinders. Viele bringen den Namen mit einem der Erfinder der Zylinderhemmung dem Engländer Tompion in Zusammenhang (s. Spund, s. Tompion).

Tangente: Berührungslinie, eine Gerade, die den Kreis in einem Punkt berührt. Der an diesem Berührungspunkt gezogene Halbmesser steht auf der Tangente senkrecht, eine Möglichkeit zur Konstruktion der Tangente. Der Eingriff des Sperrkegels in das Sperrrad und des Hemmungsankers in das Hemmungsrad erfolgen auf der Tangente, also stets im rechten Winkel zu dem an den Eingriffspunkt gezogenen Halbmesser (s. grundlegende Konstruktionen).

Tantal, Geschichte: Da es erst nach jahrelangen vergeblichen Versuchen und stets neuen Fehlschlägen hergestellt werden konnte, gab ihm der Erfinder (1801) den Namen des aus der griechischen Mythologie bekannten „Tantalus", der dauernd genarrt wurde.

Tantal (lat. Tantalum), Ta, Wichte 16,6 bis 16,9, Schmelzpunkt 2800°, ein bläulich grauer, metallischer Grundstoff, sehr hart, dehnbar, läßt sich zu dünnen Fäden ausziehen, an der Luft beständig. Es wird verwendet zu chirurgischen Instrumenten, künstlichen Schädeldecken, Schreibfedern, Spinndüsen, Uhrfedern, früher auch zu Drähten für elektrische Glühbirnen (s. seltene Metalle).

Tantalgleichrichter (s. Gleichrichter).

Tara: Verpackungsgewicht, Differenz zwischen dem Brutto- und Nettogewicht.

Taschenuhr erfindet 1510 Peter Henlein in Nürnberg. Trotz Meinungsverschiedenheiten darüber, urkundlich nachgewiesen. Als Spiralfeder hat er Schweinsborsten verwendet, an welchen der Stift der Unruh anschlug und zurückgefedert wurde.

Taschenuhren, auch Sackuhren genannt, weil sie ab 1600 nicht mehr am Hals, sondern in der Hosentasche („im Hosensack") getragen wurden.

Tastermaß (s. Meßwerkzeuge).

Tastschloßscheibe mit radialen, geraden Einschnitten, in welche der Einfallhebel beim Halbschlag frei einfallen muß (s. Schloßscheibe).

Tauchvergoldung mittels Goldsud von 70 bis 80° Temperatur, in den die chemisch reinen Gegenstände 3 bis 10 Sekunden unter dauernder Bewegung getaucht werden. Die dadurch erhaltene Vergoldung ist sehr dünn und wenig haltbar.

Teer, ein flüssiger Rückstand bei der Destillation von Braun- und Steinkohle, der Verkokung (s. Koks, flüssige Brennstoffe).

Teilbarkeit der Zahlen, erleichtert beim Fachrechnen das Auffinden von gemeinsamen Faktoren beim Kürzen von Brüchen, z. B.

$$\frac{3960 : 10}{11\,880 : 10} = \frac{396 : 9}{1188 : 9} = \frac{44 : 11}{132 : 11} = \frac{4 : 4}{12 : 4} = \frac{1}{3}$$

Dieses stückweise Kürzen läßt sich vereinfachen, wenn man in der Teilbarkeit der Zahlen Bescheid weiß. Abgesehen von der „0" ersieht man aus den beiden letzten Zahlen 96 und 88 den Faktor 4, aus den Quersummen $3 + 9 + 6 = 18$ und $1 + 1 + 8 + 8 = 18$ den Faktor 9 aus den Wechsel = Quersummen $3 + 6 = 9$ und 9 und $1 + 8 = 9$ und $1 + 8 = 9$ den Faktor 11, also $4 \cdot 9 \cdot 11 = 396$ auf einmal.

Teilbarkeit der Zahlen. Eine Zahl ist teilbar durch 2, wenn die letzte Zahl durch 2 teilbar ist, durch 4, wenn die letzten 2 Zahlen durch 4 teilbar sind, durch 8, wenn die letzten 3 Zahlen durch 8 teilbar sind, durch 3, wenn die Quersumme durch 3 teilbar ist, durch 9, wenn die Quersumme durch 9 teilbar ist, durch 11, wenn die Wechselquersummen gleich sind, z. B. 396. $3 + 6 = 9$ und $9 = 9$ (s. Kürzen von Brüchen).

Teilen im Fachrechnen, Dividieren einer Zahl, des Dividenden, durch eine andere, den Divisor, das Ergebnis heißt Quotient. Zur Probe kann das Ergebnis wieder mit dem Divisor vervielfacht werden, dann muß sich nach Hinzufügen des Restes wieder der Dividend ergeben. Beim Teilen mit Dezimalbrüchen stellt man zunächst die gleiche Stellenzahl her, damit dann das Komma unberücksichtigt bleiben kann (s. Grundrechnungsarten).

Teilkreisdurchmesser. 1. für Rad und Trieb aus dem Achsenabstand a und der Zähnezahl berechnen (s. Zentrale, Formeln Ziff. 10).
2. von Trieben, aus ihrem Volldurchmesser und der Zähnezahl (s. Umkehrung der Formeln für die Triebgrößenberechnung Ziff. 12 und Formeln Ziff. 13).

Teilkreis für Zahnräder, auch wirksamer Kreis, auf dem die Teilung des Rads erfolgt, weiterhin die erste Berührung von Rad- und Triebzahn stattfindet, die Wirkung des Eingriffes beginnt. Bei einem richtig gebauten Eingriff müssen sich die Teilkreise von Rad und Trieb berühren. Beim Aufzeichnen von Räderwerken werden die Räder und Triebe lediglich durch ihre Teilkreise als strichpunktierte Linien gekennzeichnet (s. Vollkreis, Grundkreis, Verzahnungen).

Teilung im Fachrechnen. 1. mittels des Moduls m, wird dadurch erhalten, daß man den Modul mit $\pi = 3{,}14$ vervielfacht: $t = m \cdot \pi$ (s. Formeln im Fachrechnen Ziff. 7 c).
2. aus dem Teilkreisdurchmesser d oder d', Umfangsteilung, wird berechnet, indem man den Teilkreisumfang ($d \cdot \pi$ oder $d' \cdot \pi$) durch die Anzahl der Zähne (z oder z') teilt.

$$t = \frac{d \cdot \pi}{z} \quad \text{oder } t = \frac{d' \cdot \pi}{z'}$$

Die Teilung ist für Rad und Trieb gleich, sie umfaßt einen Bogen auf dem Teilkreis, vom Anfang eines Zahns bis zum Anfang des nächsten, also Zahn + Lücke (s. Formeln im Fachrechnen Ziff. 7 a Modul und Verzahnungen).
3. aus dem Vollkreisdurchmesser d'_k, der größer ist als der hierfür zuständige Teilkreisdurchmesser. Damit würde sich eine zu große Teilung ergeben, wenn nicht eine kleine Korrektur in der Formel erfolgen würde. a) man teilt den Vollkreisumfang nicht durch die Zahnzahl, sondern durch $(z + \pi)$, damit ergibt sich

$$\text{Teilung } t = \frac{\text{Vollkreisumfang}}{\text{Zahnzahl} + 3{,}14} = \frac{d_k \cdot \pi}{z + \pi} \text{ oder}$$

b) man benützt für die Berechnung des Umfanges nicht die Zahl $\pi = 3{,}14$, sondern nur 3, dann ergibt sich Teilung $t = \frac{d_k \cdot 3}{z}$, mit einem annähernd gleichen Ergebnis (s. Formeln im Fachrechnen Ziff. 7 b).

Teilung des Hemmungsgrades t. Radteilung, wird ausgedrückt in Winkelgraden und ergibt sich, indem der Kreisumfang von 360° durch die Zahnzahl geteilt wird. Somit beträgt die Teilung für ein Rad von 15 Zähnen 360° : 15 = 24°, von 30 Zähnen 360° : 30 = 12°, von 36 Zähnen 360° : 36 = 10°. Je nach der Anzahl der durch den Anker umspannten Zähne läßt sich daraus der Durchgangswinkel berechnen, z. B. 2,5 Teilungen bei 15 Zähnen der freien Ankerhemmung ergibt einen Winkel von 2,5 · 24° = 60° Ankerweite (s. Hemmungen, Grundbegriffe).

Teilungswinkel, bei der Verzahnung, der Winkel von der Weite einer Teilung, gemessen auf dem Teilkreis mit dem Scheitelpunkt im Rad- oder Triebmittel.

Telemeter(-einteilung), Skala auf Chronographen, die es ermöglicht auf Grund der bekannten Geschwindigkeit des Schalls (333 m/s) und der gestoppten Zeit die Entfernung einer Schallquelle abzulesen (Gewitterherd, Kanonendonner u. dgl.).

Teleskop: griech. Fernseher. Bezeichnung für Fernrohr. Der Ausdruck wird heute überall dort verwendet, wo genau ineinanderpassende, verschiebbare Rohre verwendet werden. Teleskopfederung, Teleskopstoßdämpfer.

Tellsapfel, die meisten Platinen der älteren Schweizer Uhren tragen als Marke einen Kreis, der von einem langen Pfeil durchbohrt ist. Dies ist der sog. „Tellsapfel", der die Schutzmarke der größten Rohwerkfabrik gewesen ist.

Tellur: Chem. Grundstoff. Symbol Te. Atomgewicht 127,61. Ordnungszahl 52.

Temperaturkoeffizient (s. Ausdehnungskoeffizient).

Temperguß, Kurzzeichen Te, Wichte 7,4, Schmelzpunkt bei 1300°, Zugfestigkeit 35 bis 40 kg/mm², Schwindmaß 1,5%, hergestellt aus weißem Roheisen, durch Entzug von Kohlenstoff, so daß statt 2,5 bis 4% nur mehr 1 bis 1,5% zurückbleiben. Die daraus gefertigten dünnwandigen Gußstücke (bis zu 10 mm Wandstärke) werden dadurch begrenzt schmiedbar (s. Gußeisen).

Tempern von Roheisen bezweckt einen Entzug von Kohlenstoff, eine Verminderung von 2,5 bis 4% auf 1 bis 1,5% Kohle an der Oberfläche, wodurch Gußstücke (Temperguß) eine höhere Zugfestigkeit und Dehnungsfähigkeit erhalten, sogar begrenzt schmiedbar werden. Das Tempern erfolgt durch tagelanges Glühen bei etwa 900° in geschlossenen Eisenkästen unter Beigabe von Eisenoxyden, Roteisen-Erz- und Hammerschlag (s. Eisen).

Tenon nannte man den Wechselradstift; Tenonzange war plump und ohne Hieb und diente zum Festschrauben in der Platine.

Terbium: Chem. Grundstoff. Ordnungszahl 65. Atomgewicht 159,2. Zeichen Tb.

Terpentinöl, kurz Terpentin genannt, eine farblose bis gelbliche, dünnflüssige, harzig riechende Flüssigkeit, gewonnen durch Destillation von Harz, das nach dem Anritzen von Nadelhölzern (Kiefern, Lärchen, Tannen, Fichten) als honigähnliche Masse ausfließt. Terpentin löst Harz, Öl und Kautschuk, es dient zur Herstellung von Lacken, Firnissen und Ölfarben. Als Rückstand bei der Destillation bleibt Kolophonium, das als Flußmittel bei feinen Lötungen verwendet wird.

Tertie: ältere Bezeichnung für den 60. Teil einer Sekunde (siehe Tertienzähler).

Tertienzähler, auch Mikrograph genannt. Stoppuhr oder Doppelstoppuhr ohne Zeitangabe, Tagesstoppuhr, die Hundertstel der Sekunde anzeigen. Dabei dreht sich ein Zeiger einmal pro Sekunde vor einem in Hundertstel Sekunden unterteilten Zifferblatt. Ein zweiter Zeiger gibt die Sekunden und ein dritter die Minuten an. Als Hemmung wird meist eine Ankerhemmung mit sehr leichter Unruh und sehr starker Spirale verwendet, welche 50 Schwingungen in der Sekunde macht.

Thallium: Chem. Element. Atomgewicht 204,39. Ordnungszahl 81. Symbol Tl.

Thermo, elektr. Pyrometer (s. Pyrometer).

Thermosicherung: Eine vom Strom durchflossene Wicklung umschließt einen Bimetallstreifen. Wird die Stromstärke zu groß, erwärmt sich die Wicklung und ebenfalls der Streifen. Dieser biegt sich durch und öffnet den Stromkreis.

Thermostat: Vorrichtung, welche die Temperatur auf einer bestimmten Höhe hält. Dies kann mechanisch oder elektrisch erfolgen. Die Schwingquarze der Quarzuhren oder der Uhrenprüfgeräte (Vibrograf) werden mittels eines Thermostaten auf stets gleichbleibender Temperatur gehalten. Hierbei wird die elektr. Heizung mittels eines hochempfindlichen Temperaturmessers nach Bedarf ein- oder ausgeschaltet. Hochwertige Therm. halten die Temperatur auf + 0,01° C konstant.

Thomasbirne, ähnlich konstruiert wie die Bessemerbirne, jedoch mit Kalkfutter, welches den in deutschen Erzen vielfach enthaltenen Phosphor aufnimmt (Phosphat). Das gemahlene phosphorhaltige Kalkfutter bildet ein wertvolles Düngemittel (s. schmiedbares Eisen).

Thorium: Chem. Grundstoff. Atomgewicht 232,12. Ordnungszahl 190. Zeichen Th. Thorium ist radioaktiv.

Thulium: Chem. Grundstoff mit dem Atomgewicht 169,4. Ordnungszahl 69. Zeichen Tm.

Thyratron: Glimmlampe mit Glühkathode, bei der der Einsatz der Entladung durch eine entsprechende Spannung am Gitter gesteuert werden kann.

Schematische Darstellung von einigen Prüfergebnissen:

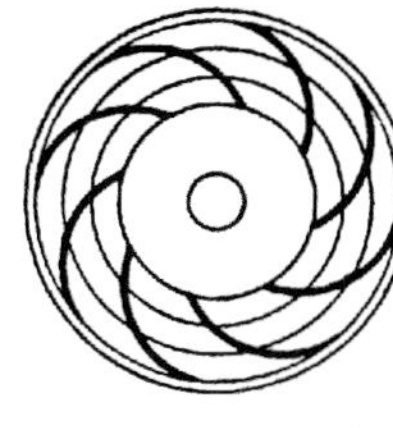

Uhr geht 6 min. nach Schlagzahl 4

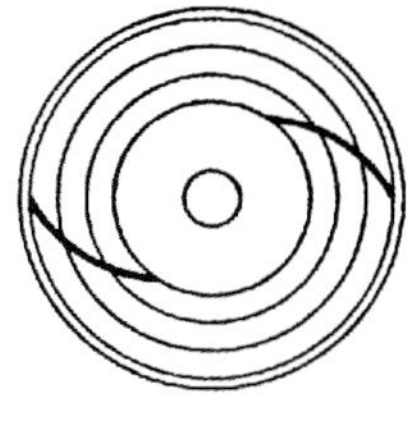

Uhr geht 7 min. 20 sec. vor – Schlagzahl 1

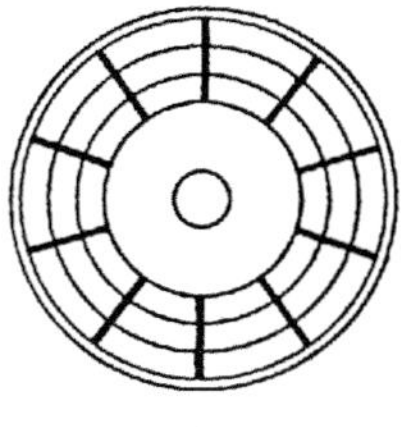

Uhr geht genau Schlagzahl 5

Uhr geht 2 min. nach Ausgangspalette des Ankers schadhaft Schlagzahl 5

Tick-O-Graf, registrierende Zeitwaage. Mittels selbstanlaufendem Synchronmotor wird eine waagerechte Drehscheibe angetrieben, welche zur Aufnahme der Diagrammblätter dient. Auf diesen zeichnet die Schreibelektrode, welche von innen nach außen wandert, die Schläge der Uhr auf. Als Zeitnormale findet eine Schwinggabel Verwendung, welche aus dem Krupp'schen Edelstahl WT 11 besteht und einen Temperaturkoeffizienten von $5 \cdot 10^{-6}$ besitzt und mit einer Frequenz von 50 Hz pro Sekunde schwingt. Die so gewonnene Frequenz wird zum Antrieb des die Drehscheibe antreibenden Synchronmotors verwendet. Die Drehscheibe macht 30 Umdrehungen pro Minute. Die Schreibblätter sind in 48 Segmente mit je 6 Teilstrichen geteilt. Der Meßvorgang dauert eine Minute, während dieser Zeit wandert die Schreibelektrode vom inneren zum äußeren Rand der Scheibe, wo sie nach genau 30 Umdrehungen abgeschaltet wird. Im Rhythmus der Uhrschläge der zu prüfenden Uhr werden durch Funkenbildung Strahlen aufgezeichnet und zwar bei der normalen Schlagzahl (300 pro Minute) 10 Strahlen zu je 30 Markierungen. Geht die Uhr richtig, haben diese Strahlen radiale Richtung, geht die Uhr vor, sind sie nach rechts, geht die Uhr nach, sind sie nach links geneigt, wobei sie eine Krümmung erfahren. Eine Verschiebung von Anfang und Ende jedes Stahls um einen Teilstrich, entspricht einem Gang der Uhr von 10 Sekunden pro 24 Stunden. Alleinhersteller: Tick-O-Graf, Elektrophysikalische Werkstätten, W. Bandelin KG., Berlin-Schöneberg, Feurigstr. 59.

Tiegelstahl, Edelstahl, der in einem dem Siemens-Martin-Ofen ähnlichen Tiegelschmelzofen gewonnen wird, indem bis zu 120 mit Graphit ausgekleidete, luftdicht verschlossene Schmelztiegel aus Schamotte untergebracht sind. Während des 4- bis 5stündigen Schmelzvorgangs tritt eine vollständige Reinigung und eine innige Vermischung mit den beigegebenen Legierungsmetallen ein. Die Erzeugnisse sind Gußstahl, unlegierter und legierter Maschinenbaustahl und Werkzeugstahl, hart, schwer schmiedbar, mit mattgrauer, samtartiger Bruchfläche (s. Edelstähle).

Tierkreisbilder: 1. Frühlingszeichen: Widder, Stier, Zwillinge; 2. Sommerzeichen: Krebs, Löwe, Jungfrau; 3. Herbstzeichen: Waage, Skorpion, Schütze; 4. Winterzeichen: Steinbock, Wassermann, Fische. Seit ältester Zeit 12 Stück bekannt. Sie fallen aber nicht mehr mit den Sternbildern gleichen Namens zusammen. Vor etwa 2000 Jahren war hier Übereinstimmung. In vergangener Zeit jedoch sind sie um etwa 30 Grad westlich abgewandert.

Tierkreis(-zeichen). Man nennt den Sonnenpfad am Himmel die Ekliptik oder den Tierkreis. Die Ebene dieses Kreises ist mit der Ebene der Erdbahn identisch. Die zwölf Tierkreiszeichen sind: Wassermann (21. 1.), Fische (19. 2.), Widder (20. 3.), Stier (20. 4.), Zwillinge (21. 5.), Krebs (21. 6.), Löwe (22.7.), Jungfrau (23. 8.), Waage (23. 9.), Skorpion (23. 10.), Schütze (22. 11.), Steinbock (21. 12.). Die Ziffern stellen das Datum dar, in welchem im Jahre 1952 die Sonne in die betreffenden Sternbilder eintrat. Diese Zeiten weichen von denen ab, welche die Astrologie verwendet.

tige de remontoir (franz.): Aufzugswelle.

tirette (franz.): Winkelhebel.

Titan: Chem. Grundstoff mit dem Atomgewicht 47,90. Zeichen Ti. Ordnungszahl 22.

Toleranz, Duldung, in der Metallindustrie die zulässige Abweichung vom Nennmaß (s. Passungen).

Toluol, Methyl-Benzol, wird wie Benzol aus Steinkohlenteer gewonnen, eine wasserhelle, lichtbrechende Flüssigkeit, die bei 110,3° siedet und Fette sowie Harze löst, als Reinigungsmittel verwendet. S. fettlösende Reinigungsmittel.

Tombak, eine Abart des Messings, mit 70 bis 90% Kupfer, z. B. Ms 85 = 85 % Kupfer und 15 = Zink. S. Messing.

Tompion, Thomas, 1638 bis 1713, engl. Uhrmacher, hat um 1690 die erste ruhende, reibende Hemmung konstruiert, welche in ihrem Wesen um 1720

von Graham verbessert wurde. Es handelt sich hier um die Zylinderhemmung. Ursprünglich konnte sie nicht befriedigen und fand nicht viel Anerkennung. Die Hauptquellen ihrer Unzuverlässigkeit waren: Zylinderrad aus Messing, sehr leichte Unruh und zu dicke Zapfen. Erst nach Verbesserung durch Graham führte sie sich allgemein ein.

Tonerde, Gruppe Korund (s. dort), Aluminiumoxyd Al_2O_3, kristallisiert als Rubin und Saphir (s. dort), verunreinigt als Schmirgel (s. dort).

Tonfeder, s. Klangkörper.

Tonne, ein Kubikmeter oder 1 m^3 als Raummaß, mit dem Einheitsstoff Wasser gefüllt entspricht eine Tonne, 1 t = 1000 kg oder 10 dz oder 20 Zentner, als Einheit für große Gewichte. Eine Brutto-Register-Tonne = 1 Br. Reg. T = 2,8316 m^3, das Raummaß im Schiffsbau.

Tonnenzapfen, in Schwarzwälder Holzuhren, besitzen keine zylindrische Form, sondern sind in der Mitte ausgewölbt, wodurch sich einerseits eine geringere Reibungsfläche ergibt und anderseits auch etwas schief stehende Wellen nicht klemmen. S. Zapfen.

Torf, das Vermoderungsprodukt von Pflanzenfasern unter Wasserabschluß, als Brennstoff nur in seinen Herstellungsarten verwendet. S. feste Brennstoffe.

Torsionspendel auch Drehpendel (s. dort), ein ganz langsam waagrecht schwingendes Pendel, beruht auf der Verdrehung eines Stahlbandes. Findet bei Uhren Verwendung, deren Hemmung in der Minute nur 2 bis 8 mal ausgelöst wird. Man sieht es bei Jahresuhren, bei der Atmos usw.

tote Sekunde: s. zentrale Sekunde.

tour (le): (franz.) Drehstuhl.

tour à pivoter: (franz.) Zapfenrollierstuhl.

Tourbillon, Drehganguhr, dreht sich mit allen Teilen um das auf der Werkplatte feststehende Sekundenrad, wobei die Unruhachse genau über dem Sekundentrieb liegt. Alle Gangteile befinden sich in einem bes. leicht gearbeiteten Gestell, das mit dem Sekundenradtrieb fest verbunden ist, sodaß es die Achse des Ganggestells bildet. Der Zweck dieser von Louis Bréguet konstruierten Anordnung ist, den Gang der Taschenuhr unabhängig zu machen von den Störungen, wie sie durch eine nicht vollkommen ausgewogene Unruh auftreten können. Außerdem kommen die Hemmungsteile im Laufe der Umdrehung in alle erdenklichen Lagen, wodurch auch sonstige Lagenfehler ausgeglichen werden sollen. Die Erwartung, auf diese Weise eine Uhr konstruieren zu können, die ohne weitere Kompensations-Einrichtungen genau gehen würde, hat sich nicht erfüllt.

Trägheitsgesetz, Beharrungsvermögen, das Bestreben eines Körpers, im Zustand der Ruhe oder einer geradlinigen, gleichförmigen Bewegung zu verharren, so lange er nicht durch äußere Kräfte gezwungen wird, diesen Zustand zu ändern. Das Gesetz ist die Grundlage der ganzen neuzeitlichen Physik.

tragbare Sonnenuhr, ein aufklappbares Futteral, das leicht in die Tasche gesteckt werden konnte. Ein beim Öffnen gespannter Faden diente zugleich als Schattenzeiger für die Horizontal- und Vertikaluhr. Ein Kompaß ermöglichte die Einstellung der Sonnenuhr in die Mittagslinie.

tragbare Uhren, Unruhuhren, die im Gegensatz zu den ortsgebundenen Pendeluhren in allen Lagen gehen, daher auch am Körper getragen werden können. Zur Überwindung der dabei auftretenden Störungen in den Schwingungen des Gangreglers, erhält dieser

Schlaguhr, antike Wanduhr mit Stundenschlag

Dr. phil. Siegmund Riefler

Ferdinand Adolf Lange

Taschenuhr mit Minutenzeiger, 17. Jahrhundert

Neon-Leuchtuhr

Incabloc-Stoßsicherung

Incaflex-Stoßsicherung

Novochoc-Stoßsicherung

Lochstein zwischen Federn gelagert

„Novochoc“

Thomas Mudge

Claudius Saunier

Repetieruhr, Taschenuhr mit Repetierschlagwerk und Musikwerk um 1800, Sammlung Triebold, Hann.

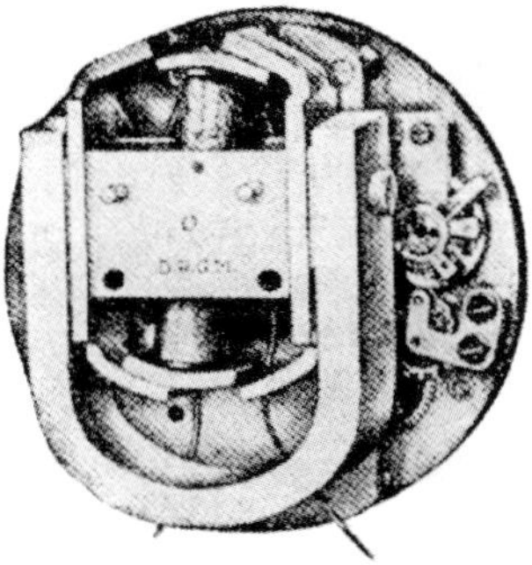

Perma-Uhr

Spirograph

Rattrappanten-Zeiger

olivierter Lochstein

einen größeren Schwingungsbogen zwischen 120 und 540 Grad.

tragbare Uhren, Geschichte, bezeichnet allgemein den Nürnberger Schlossermeister Peter Henlein (s. dort) als den ersten Hersteller so kleiner Uhrwerke, daß sie auch am Körper getragen werden konnten. Nachdem verschiedentlich schon die Erstmaligkeit Peter Henleins in Zweifel gezogen wurde, erhalten wir in neuester Zeit ganz bestimmte Nachrichten, daß bereits etwa 20 Jahre früher in Italien solche kleine Werke geschaffen wurden. Die Untersuchungen in dieser Richtung sind noch nicht abgeschlossen.

Tragzapfen, auch Stirnzapfen (s. dort) mit flachem Ansatz, der im Gegensatz zum Stützzapfen Welle und Rad ausschließlich in den Lagern trägt, während der Stützzapfen in bestimmten Lagen der Uhr auf dem abgerundeten Zapfenende ruht (s. Zapfen).

Transformator: Umwandler, Umspanner. Dient zum Umformen eines Wechselstromes in einen gleichartigen Wechselstrom anderer Spannung. Er besteht aus einem lamellierten Eisenkörper und zwei Wicklungen. Der Primärwicklung (Eingangsseite und der Sekundärwicklung) Ausgangsseite. Zwischen diesen beiden Wicklungen besteht keine leitende Verbindung, sondern lediglich eine induktive Kopplung. Das Verhältnis der Primärspannung zur Sekundärspannung ist das Übersetzungsverhältnis. Dieses wird bestimmt durch das Verhältnis der Wicklungen zu einander. $E1 : E2 = W2 : W1$. Hat also die Primärspule 100 Windungen und die Sekundärspule deren 10, dann verhalten sich die Spannungen wie 10 : 1. Umgekehrt nimmt die Stromstärke im gleichen Verhältnis zu. Es verhalten sich also die Spannungen umgekehrt, wie die Windungszahlen und die Stromstärken umgekehrt, wie die Spannungen. Der Wirkungsgrad beträgt 90 bis 98%. Primär fließt nur dann ein nennenswerter Strom, wenn der Tr. sekundärseitig belastet ist, so daß ein Tr. primärseitig dauernd angeschlossen sein kann, wie dies ja auch bei Klingeltransformatoren und Dauerladern der Fall ist.

Transportpendel, ein einfaches Uhrpendel, bei dem der Pendelstab mit einer leicht lösbaren Verbindung ausgestattet ist, wodurch der untere Teil der Pendelstange mit der schweren Pendellinse ausgehängt werden kann, so daß Beschädigungen der empfindlichen Pendelfedern beim Aus- und Einhängen des Pendels nicht erfolgen können.

Treibsitz (s. Passungen).

Trichterscheibe, beim Drehen, eine Hilfseinrichtung, welche die freie Bearbeitung eines Zapfens bis zum Ende ermöglicht.

Triebe, Räder zwischen 6 bis 20 Zähnen, ihrer Wälzung nach unterschieden in rund- und spitzgewälzte Triebe, ihrem Aufbau nach eingeteilt in 1. Volltriebe, massive oder Flankentriebe, als Triebstahl gezogen oder aus dem vollen Rundstahl herausgefräst, wobei neben der Triebwälzung auch die für das Abrollen der Radwälzungen wichtige Triebflanke entsteht; 2. Hohltriebe, Stock- oder Laternentriebe, die anstelle der Zähne zylindrische Stahlbolzen besitzen, Triebstöcke genannt, die durch zwei kreisrunde Scheiben zusammengehalten werden (s. Hohltriebe).

Triebflankenverzahnung. Volltriebeingriff, wobei das treibende Rad mit der Wälzung des Zahnes auf den geraden Flanken des Triebes abrollt.

Über die Konstruktion dieser Radzahnwälzungen und Triebzahnflanken (s. Rollinien, Rollkreise, Zykloiden, Verzahnungen).

Triebgrößenberechnung mittels Modul (s. Formeln im Fachrechnen Ziffer 9. B.).

Triebgrößenberechnung für ungerade Zahnzahlen, (7, 9, 11, 13, 15) muß berücksichtigen, daß beim Messen des vollen Triebdurchmessers nie der wirkliche Voll- oder Spitzenkreisdurchmesser festgestellt werden kann, sondern ein etwas kleinerer Wert, der gemessene Durchmesser [d'_k], da stets einem Triebzahn zwei andere gegenüberstehen und somit der Durchmesser des Spitzenkreises nicht erfaßt werden kann. Daher ist stets eine Korrektur notwendig: 1. Hat man d'_k verrechnet (gleichviel ob d'_{k1}, d'_{k2}, d'_{k3}, d'_{k4}), so kann man mit dieser Größe das Trieb nicht auswählen, sondern der gemessene Durchmesser [d'_k] ist etwas kleiner zu wählen, beim 7er-Trieb z. B. 0,950 mal so groß. 2. Hat man umgekehrt ein Trieb mit ungerader Zahnzahl ausgemessen und man will mit diesem zu kleinen Wert [d'_k] weiter rechnen, etwa zum Raddurchmesser, so muß dieser Wert zunächst einen Zuschlag erhalten, beim 7er-Trieb z. B. 1,05 · [d'_k] (s. Formeln im Fachrechnen Ziff. 14).

Triebgrößen im Fachrechnen, volle Triebdurchmesser vom Triebteilkreisdurchmesser aus, ergibt nach den beiden Triebformen, rund und spitz, nach den beiden Zahnzahlengruppen „bis 9" und „ab 10" vier Möglichkeiten:

1. Volldurchmesser d'_{k1}, rundgewälzt, bis 9 Zähne, 2. Volldurchmesser d'_{k2}, rundgewälzt, ab 10 Zähne, 3. Volldurchmesser d'_{k3}, spitzgewälzt, bis 9 Zähne, 4. Volldurchmesser d'_{k4}, spitzgewälzt, ab 10 Zähne. Die einschlägigen Formeln s. Formeln im Fachrechnen Ziff. 12.

Trieb kürzen, bei zu langen Trieben, wobei der Stichel nur wenig angreifen darf und sicher gehalten werden muß, um nicht festzuhaken und dadurch Triebstäbe auszubrechen.

Triebstockverzahnung (s. Hohltrieb).

Triebteilkreis im Fachrechnen (siehe Formeln Ziff. 13).

Triebwerk, im Aufbau der mechanischen Uhr, umfaßt die Antriebseinrichtung, den Gewichts- oder Federzug, mit der hierfür benötigten Aufzugsvorrichtung.

Triebzahn, Breite, bis 9 Zähne, besitzen eine Breite von $^1/_3$ t, ab 10 Zähne von $^2/_5$ t.

Triebzahnflanken, laufen geradlinig zum Triebmittelpunkt, also radial.

Triebzahnlücken, bis 9 Zähne, besitzen eine Breite von $^2/_3$ t, das ist $^4/_6$ t, ab 10 Zähne von $^3/_5$ t, das ist $^6/_{10}$ t. Damit ergibt sich gegenüber der Radzahnbreite von $^1/_2$ t im ersten Fall ein Luftraum von $^1/_6$ t, im zweiten Fall von $^1/_{10}$ t.

Triebzahn, Wälzungshöhe, bei rundgewälzten Trieben (Halbkreis) die halbe Zahnbreite, bis 9 Zähne $^1/_2 \cdot {}^1/_3$ t $= {}^1/_6$ t, ab 10 Zähne $^1/_2 \cdot {}^2/_5$ t $= {}^1/_5$ t, bei spitzgewälzten Trieben $^3/_4$ der Zahnbreite, bis 9 Zähne $^3/_4 \cdot {}^1/_3$ t $= {}^1/_4$ t, ab 10 Zähne $^3/_4 \cdot {}^2/_5$ t $= {}^3/_{10}$ t.

Trigonometrie, die Berechnung von Längenmaßen eines Dreiecks aus den zugehörigen Winkeln und umgekehrt der Winkel aus den Seitenlängen des Dreiecks.

Tripel, zusammengesetzt aus etwa 90% Kieselsäure mit etwas Ton und Eisenoxyd. Er wird gewonnen durch Zermahlen der Kieselpanzer von kleinen Schalentierchen. Mit Öl oder Wasser angerührt wird Tripel verwendet zum Vorschleifen von weichen Metallen, Silber, Gold und für halbglänzenden Schliff auf Stahl (s. Schleif- und Poliermittel).

Trockene Destillation (s. Destillation).

Trocknen gereinigter Werkteile, erfolgt in warmer Luft oder in Sägespänen, wozu wegen der enthaltenen Gerbsäure keine Eichen- oder Tannenholzspäne, sondern trockene Ahorn- oder Pappelholzspäne zu verwenden sind. Ein einwandfreies und vollkommenes Trocknen ist unerläßlich, da die geringsten Feuchtigkeitsspuren bereits auf Stahlteilen einen Rostansatz verursachen. Nicht zu übersehen ist dabei das durch Verdunstung der Reinigungsmittel und die damit verbundene Abkühlung der Werkteile eintretende Beschlagen der Teile, das durch Erwärmen wieder zu beseitigen ist (s. Reinigungsmittel).

Trompetenzapfen, Kehl- oder Stützzapfen, angewendet bei Unruhwellen, zur Verstärkung des feinen zylindrischen Zapfenendes. Die Hohlkehle ist etwa 2 bis 3 mal so lang wie der Zapfendurchmesser. Das Zapfenende ist fein abgerundet und poliert (s. Zapfen).

Tulasilber, nach dem russ. Ort Tula genannt, auch als Niello bezeichnet, von ital. nigellus = schwärzlich, eine mit schwarzem, eingeschmolzenem Metallkitt ausgefüllte Gravierung auf Gold-, Silber-, Kupfer- und Stahlflächen. Der Kitt besteht aus einer durch Schwefel und Kohle gefärbten Mischung von geschmolzenem Silber, Kupfer und Blei, die pulverisiert und durch Salmiak flüssig gemacht wird. Nach dem Schleifen erscheint die Zeichnung hell auf schwarzem Grund. Diese Kunst wurde früher zum Schmuck von Waffen verwendet, später auch für Zifferblätter und Uhrgehäuse. Diese Kunst blühte besonders in dem russischen Ort Tula, daher die Bezeichnung „Tulasilber".

Turmuhren. 1. mit freischwingendem Pendel baute 1826 Johann Mannhardt, München, 1842 bekam der Dom zu München eine und 1870 das Rathaus Berlin. 2. neuzeitliche, erhalten ihre Kraft nicht durch das große Gewicht, sondern durch eine konstante Kraft, die zwischen Laufwerk und Hemmung eingebaut ist. Alle Minuten wird dieses kleine Gewicht vom großen aufgezogen und damit macht das Zeigerwerk einen Sprung von 1 Minute. Solange dieses kleine Gewicht durch die eigene Schwerkraft nach unten wirkt, gibt es der Hemmung die notwendige Kraft.

Tycho Brahe, 1546 bis 1601, Astronom der dänischen Sternwarte auf der Insel Hven. Benützte neuartige Instrumente zur Beobachtung des Sternhimmels, die in seinem Werk „Astronomiae instruratan progymnasmata" beschrieben und abgebildet sind. Besonders sind hier zu nennen: Sextant, Quadrant, Armillarsphären usw. Zur Zeitbestimmung hatte er noch Diopter Instrumente. In seiner Sternwarte befanden sich vier Räderuhren, die Minuten und Sekunden anzeigten. Die größte davon hatte nur drei Räder, von denen das größte 1 m ⌀ und 1200 Zähne besaß.

U

U = elektrische Spannung.

UBAH: Union des branches annexes de l'horlogerie. Vereinigung der Schweizer Firmen, welche Teile für Uhren herstellen (Gehäuse, Zifferblätter, Steine usw.), jedoch nicht die Hersteller der Rohwerke (Ebauches S. A., siehe dort).

Überkompensation, ein stärkerer Ausgleich als er zur Beseitigung der durch die Erwärmung hervorgerufenen Veränderung notwendig war, so daß der Gangregler in der Wärme voreilt, anstatt nachzugehen (s. Kompensation).

Übersetzung i, 1. einfach, bezeichnet die Umdrehungszahl des zweiten, des getriebenen Rades, wenn das erste, das treibende Rad eine Umdrehung ausführt. Sie errechnet sich aus den beiden Teilkreishalbmessern $\frac{r'}{r}$, den beiden Teilkreisdurchmessern $\frac{d'}{d}$, den beiden Teilkreisumfängen $\frac{u'}{u}$, den beiden Zahnzahlen $\frac{z'}{z}$ und endlich aus den Umdrehungszahlen $\frac{n}{n'}$ (umgekehrt). Die Übersetzung bezeichnet ein Verhältnis, z. B. $\frac{z'}{z} = \frac{10}{80}$ oder 1 : 8.

Ist das Trieb der Treiber, wie im Zeigerwerk zwischen dem Viertelrohr z'_v und dem Wechselrad z_w, so ergibt die Übersetzung eine ganze Zahl, z. B.

$$i = \frac{z_w}{z'_v} = \frac{48}{12} = \frac{4}{1},$$

d. h. das Viertelrohr dreht sich auf eine Umdrehung des Wechselrads 4 mal (s. Fachrechnen).

2. zusammengesetzt, mit zwei oder mehr Räderpaaren, gestattet eine rasche Steigerung der Umdrehungszahlen auf kleinem Raum, z. B. bei einer Sekundenpendeluhr mit folgenden Zahnzahlen: $z_m = 96$, $z'_z = 12$, $z_z = 90$, $z'_h = 12$, $z_h = 30$

$$i_1 = \frac{z'_z}{z_m} = \frac{12}{96} = {}^1/_8$$

$$i_2 = \frac{z'_h}{z_z} = \frac{12}{90} = \frac{1}{7{,}5}$$

Gesamtübersetzung

$$i = i_1 \cdot i_2 = \frac{1}{8} \cdot \frac{1}{7{,}5} = \frac{1}{60} \ (1 : 60)$$

Übersetzung. 1. von Rad und Rad ergibt keine großen Übersetzungen, da das getriebene Rad zugleich wieder treibendes Rad für den nächsten Eingriff bildet. Maßgebend für eine Übersetzung sind nur der erste Treiber und der letzte Getriebene, die übrigen sind Zwischenräder und heben sich als Treiber und Getriebene gegenseitig auf; z. B. greifen ein: $z_1 = 60$, $z_2 = 30$, $z_3 = 50$, $z_4 = 40$, $z_5 = 20$. $i = ?$

$$i = \frac{z_2 \cdot z_3 \cdot z_4 \cdot z_5}{z_1 \cdot z_2 \cdot z_3 \cdot z_4}$$

$$i = \frac{30 \cdot 50 \cdot 40 \cdot 20}{60 \cdot 30 \cdot 50 \cdot 40} = \frac{1}{3} \ (1 : 3)$$

Angewendet wird eine solche Räderübersetzung zur Umleitung einer Bewegung an eine entfernt liegende Stelle des Räderwerks, z. B. bei Kunstuhren mit ewigem Kalender, Mondbewegung, Planetenwerk usw.

2. von Rad und Trieb, zur Erzielung hoher Übersetzungen, z. B. $z_1 = 144$, $z_1' = 12$, $z_2 = 75$, $z_2' = 10$, $z_3 = 80$, $z_3' = 10$,

$$i = \frac{z'_1 \cdot z'_2 \cdot z'_3}{z_1 \cdot z_2 \cdot z_3} = \frac{12 \cdot 10 \cdot 10}{144 \cdot 75 \cdot 80} = \frac{1 \cdot 1 \cdot 1}{12 \cdot 7{,}5 \cdot 8} = \frac{1}{720} \ (1 : 720)$$

dabei dreht sich die erste Welle 1 mal, die zweite Welle $\frac{12}{144}$ = 12 mal, die dritte Welle $\frac{10}{75}$ = 7,5 · 12 mal = 90 mal, die vierte Welle $\frac{10}{80}$ = 8 · 7,5 · 12 mal = 720 mal.

Uhr. 1. als Bezeichnung = neuhochdeutsch; lateinisch = hora; spätlateinisch = ora; altfranzösisch = (h)ore; mittelniederländisch = ure; althochdeutsch (1100 bis 1500) = ur(e).

Uhr, 2. Begriff. Ein Gerät zum Messen und Registrieren der abgelaufenen Zeit, mit den Maßeinheiten Sekunde, Minute, Stunde und Tag.

Uhr, Name, aller Wahrscheinlichkeit nach von dem lat. hora = Stunde. Solche Einrichtungen wurden z. Zt. Peter Henleins Horlein, später Orlein genannt, während große Uhren kurz als „Or" bezeichnet wurden, woraus sich das heutige Wort „Uhr" gebildet haben mag.

Uhrarten, I. Übersicht. 1. Mechanische Uhren, unter Ausnutzung mechanischer Vorgänge für die Zeitmessung: a) ortsfeste Uhren: Außen-, Turm-, Straßen-, Innen-, Stand-, Wand-, Tischuhren;

Tischuhr König August III. von Polen

b) tragbare Uhren: Chronometer und andere Schiffsuhren, Taschen- und Armbanduhren. Bei a) und b) mit Zusatzwerken verschiedener Art: Selbstaufzug (Automatic), Stopp- und Signalwerk, Wecker, Schlagwerk, elektrische Zusatzeinrichtungen, elektrische Aufzüge, Synchronisierungseinrichtungen, selbständige Zeigerstellung u. ä.

2. Elektrische Uhren: Zeitmessung mittels elektr. Kraft: a) elektr. Antrieb des Gangreglers, Atouhr, elektrisch angetriebene Unruh; b) Zeitmessung durch elektr. Schwingungen, Synchronuhr. 3. Sonstige physikalische Kräfte: Wärme, Ausdehnung der Luft, Schwingung des Quarzes u. ä.

II. nach Antrieb: Gewichts-, Federzug-, elektr. Uhren, durch warme Luft oder Quarz-Schwingungen angetriebene Uhren.

III. nach Größe: Turm-, Außenuhr, Innenuhr, Haus-, Stand-, Wand-, Tischuhr, Wecker, Taschen- Armband-, Ringuhr.

IV. Spezialeinrichtungen: Kunst-, Signal- und Kalenderuhren, Stoppuhren, Chronographen, wassergeschützte, stoßgesicherte, selbstaufziehende Uhren, Stil-, Musik-, Schmuckuhren.

V. nach Verwendungszweck: Turm- und sonstige öffentliche und Firmenuhren, astronomische (Sternzeit) Uhren, Schiffsuhren, Zimmer-, Wand-, Stand-, Tisch-, Kamin-, Küchenuhren, Wecker, Eisenbahner-, Auto-, Flugzeug-, Sportuhren. Geschwindigkeitsmesser (Tachometer), Kilometerzähler, Öluhr, Kontrolluhren für Autofahrer, Wächter, Industriebetriebe, Stempel- und Signaluhren. Kurzzeitmesser für Ärzte, Fotografen, Friseure, Uhrwerke für Zeitzünder u. ä.

Uhrenfette: Vaseline, gewonnen bei der Destillation des Erdöls, ein Gemisch hochmolekularer Kohlenwasserstoffe, ein Mineralfett, das als Schmiermittel und gereinigt als Grundstoff für die Salbenherstellung verwendet wird. Von einem guten Uhrfett wird verlangt, daß es bis 50° C nicht flüssig und bis —20° C nicht talgähnlich fest wird. Fett wird verwendet zu den Aufzugsteilen in Taschen- und Armbanduhren, für Steigräder in Hausuhren, für den Zapfen der Stiftenhemmung, für kleinere und mittlere Zugfedern als Rostschutz (siehe Schmiermittel).

Uhrenöle (s. Schmiermittel).

Uhrgläser fehlten bei den ersten Taschenuhren, sie kamen erst 1600 auf. Über jeder Stundenzahl am Zifferblatt waren kleine Wölbungen vorhanden. Durch Abtasten — wie bei Blindenuhren — war die Zeit feststellbar.

Uhrgläser aus Kunststoff (siehe Ultraglas, Elbedauerglas, Astralon).

Uhrmacher, Name, zur Zeit Peter Henleins „Hormacher", vermutlich vom lateinischen hora = Stunde, gelegentlich auch als „orelmacher" und „ormacher" bezeichnet, woraus das heutige Wort „Uhrmacher" entstanden sein dürfte.

Uhrmacheraufgabe. 1. Herstellung ganzer Uhren, Turmuhren, Pendeluhren, Chronometer und Zeitmesser für besondere Zwecke, heute aus wirtschaftlichen Gründen meist Aufgabe der Uhrenindustrie. 2. Verteilung der serienmäßig hergestellten Uhren an den Verbraucher, unter entsprechender fachlicher Beratung, Prüfung auf Zuverlässigkeit und Beobachtung vor und nach Abgabe an den Käufer. 3. Wiederinstandsetzung, Reparaturen von Uhren aller Art, unter Ersatz einzelner Teile wie Wellen, Triebe, Hebel, Zapfenlager, Schrauben usw. mit abschließender Regulierung, heute meist die Hauptaufgabe des Uhrmachers.

Uhrmacherberuf (s. Beruf des Uhrmachers).

Uhrmacherbohrer (s. Bohrer).

Uhrmacherei ist wie die Optik ein junger Beruf. Früher wurden Uhren vielfach in Klöstern hergestellt, dann von Schlossern gebaut und erst später gab es spezialisierte Uhrmacher.

Uhrmacherfachschulen, die ersten wurden 1824 in Genf, 1850 in Furtwangen, 1878 in Glashütte, 1900 in Schwenningen a. N. gegründet (s. Schulen).

Uhrstand (s. Stand der Uhr).

Uhrstein, Geschichte und Herstellung: 1704 wird dem Schweizer Fatio ein Patent erteilt auf gebohrte Lagersteine. Verwendung fanden zunächst echte Saphire und Rubine. Erst im Jahre 1910 gelang die Herstellung von synthetischen Steinen. Als Ausgangspunkt dient Tonerde, der auf chem. Weg der Alaun entzogen wird. Diesem werden Metalloxyde zugesetzt, um den gewünschten Farbton zu erhalten. Die fein pulverisierte Masse rieselt durch eine Knallgasflamme (2000 bis 3000°) auf einen Schamottstift, auf dem das verflüssigte Pulver kristallisiert. Das so gewonnene Material wird geschnitten und zu Rondellen verarbeitet und so entstehen in über 40 Arbeitsgängen die Uhrsteine.

Ulmer Rathausuhr, 1580 von Jsaak Habrecht hergestellt, 1905 von der Firma Philipp Hörz, Turmuhrenfabrik in Ulm, vollständig erneuert, da das Werk ausgelaufen war. Im März 1945 durch Luftangriff zerstört und 1949 wieder neu angefertigt, Zifferblatt renoviert. Seit 1953 wieder vollständig und im Gang. Von Jsaak Habrecht wurde 1595 eine ähnliche Uhr für Heilbronn geliefert.

Ultraglas, ein nicht härtbarer Kunststoff aus Kohlenwasserstoffen, läßt sich in der Wärme biegen (s. Kunststoffe aus Kohlenwasserstoffen).

Ultra plat: (franz.) extra flach.

Ultraschall: Schallschwingungen von hoher Frequenz, welche jenseits der Aufnahmefähigkeit des menschlichen Ohres liegt.

Ultraviolett: unsichtbarer Bestandteil des sichtbaren Lichtes mit einer Wellenlänge von rund einem millionstel Millimeter (10^{-4} bis 10^{-5} cm).

Umbördeln von Steinfassungen durch Umlegen des beim Einstich rund um die Fassung entstandenen feinen Grates an die Steinfläche, wodurch der Stein festgehalten wird.

Umdrehungszahlen, n, von Bohrern, ergeben sich aus der zulässigen Schnittgeschwindigkeit v, geteilt durch den Umfang des Bohrers $d \cdot \pi$.

$$n = \frac{v \text{ mm/min}}{d \cdot \pi}$$

Umfang drehen, runddrehen am Support, ohne Änderung in der Stellung des Drehstahls mittels des Langzugs.

Umfangsgeschwindigkeit, der Weg, den ein Punkt am Umfang eines Rades zurücklegt. Für eingreifende Räder sind die Umf. gleich, wodurch die Umdrehungszahl des kleineren Rades im umgekehrten Verhältnis der Umfänge größer wird. Für ein auf der gleichen Welle sitzendes Rad und Trieb ist hingegen die Umdrehungszahl gleich, aber nicht die Umfangsgeschwindigkeit.

Umfangsteilung, kurz Teilung (siehe dort).

Umkehrpunkt des Gangreglers, der im Laufe einer Schwingung erreichte äußerste Punkt, von dem aus er nach kurzem Verharren durch die Schwerkraft bzw. den Zug der Spiralfeder, in entgegengesetzter Richtung weiterschwingt.

unendlicher Dezimalbruch, entsteht dadurch, daß der Nenner des Bruches nicht in 10 oder seinem Vielfachen (100, 1000 usw.) aufgeht. z. B. $^3/_8$ = 3 : 8 = 0,375, ein endlicher Bruch. Aber $^8/_3$ = 8 : 3 = 2,666 . . . kein Ende. Die regelmäßig wieder erscheinende Zahl heißt Periode (6).

ungedämpfte Schwingungen: s. unter Amplitude.

ungerade Triebe, s. Triebgrößen mit ungeraden Zahnzahlen und Formeln Ziff. 14.

ungleicharmiger Anker, entsteht dadurch, daß man den Führungswinkel beiderseits rechts der Ankerumspannungslinien aufträgt. Damit wird der Ankerarm am Ausgang deutlich länger und doch ist er in seiner Wirkung gleicharmig. S. freie Ankerhemmung für Spitzzahn.

universal, allgemein anwendbar, z. B. Universalfutter oder Dreibackenfutter, zum Einspannen aller möglichen Formen brauchbar. S. Spannfutter.

Universalfutter, beim Drehen, auch Dreibackenfutter (s. dort).

Universal-Ringsonnenuhr, 1470 von Johann Müller gebaut. Dieser Ring hatte 4 Einzelringe.

unlegierte Stähle, früher Kohlenstoffstähle gen., enthalten außer 0,6 bis 1,7 % Kohlenstoff keine weiteren Beimischungen.

Unruh, auch Federkraftpendel mit Spiralfeder, der Gangregler für Kleinuhren, erfunden von Huygens 1674. Lagerung in einfachen Uhren mittels Körnerspitzen, in besseren mit Kehl- oder Trompetenzapfen. Wesentlich für die einwandfreie Schwingung sind das Flachlaufen und das Rundlaufen, letzteres durch Auswuchten auf der Unruhwaage festgestellt. Durch Verstellen der Unruhschrauben kann ein Ausgleich bewirkt werden. Für Arbeiten an der Unruh ist der Galgen (s. dort) ein wichtiges Hilfsmittel. S. Gangregler.

Unruh, Arten: Einfache Radunruh, dreischenklig, vorgetäuschte Schraubenunruh, nicht aufgeschnitten, mit angedeuteten Schrauben, Schraubenunruh, einmetallisch und zweimetallisch, Ausgleichsunruh, zweimetallisch, aufgeschnitten, mit Gewichts- und Regulierschrauben, Ausgleichsunruh mit Feinausgleich.

Unruhhebelscheibe, mit Haftsitz auf der Unruhwelle befestigt, dient zur Aufnahme des Unruhhebelsteins. Bei der Glashütter Ankerhemmung sitzt dieser auf dem Unruhschenkel. Dem Unruhhebel wird über den Hebelstein der Impuls vermittelt, außerdem betätigt er zusammen mit der Gabel die Auslösung aus der Ruhelage.

Unruhhebelscheibe beim Chronometer, trägt den Hebelstein, dessen

Spitze im Kreisumfang der Hebelscheibe liegt, die mit geringem Spiel zwischen zwei Zahnspitzen durchschwingen muß. Eine Aussparung beiderseits des Hebelsteines gestattet dem Radzahn freien Durchgang beim Antrieb.

Unruhkompensation, s. Kompensationsunruh.

Unruhschläge abzählen, s. Schläge der Unruh abzählen.

Unruhschwerpunkt, muß in der Unruhmitte liegen. Ist dies nicht der Fall, so schwingt die Unruh nach der betreffenden Seite ungleichmäßig. Wenn man in der Uhrmacherei von einem „Schwerpunkt" spricht, so ist das eine unzutreffende Ausdrucksweise, denn einen Schwerpunkt (s. dort) hat jeder Körper, auch die feinst abgewogene Unruh, nur liegt er evtl. nicht in der Mitte.

Unruhwaage, zur Prüfung des Gleichgewichts der Unruh. Falls sie mit Stahlschneiden ausgestattet ist, können diese notfalls nachgearbeitet werden, was bei Steinschneiden nicht zutrifft. An den Enden der Schneiden können kleine Kerben eingeschliffen werden, die ein Herabfallen der Unruh verhindern, was bes. für schwere Unruhen wichtig ist. Die Unruhwaage besitzt 3 Füße, damit sie leichter waagrecht gestellt werden kann.

Unruhwelle, der Träger für die Unruh, auf dessen unteren, etwas konischen Teil der Welle die Doppelrolle von unten aufgedrückt wird, während der Teller eine Auflage für die Unruh bietet und der darüber liegende längere Ansatz die Spiralrolle aufnimmt. Der obere und untere Unruhzapfen hat Trompetenform. In der Zylinderuhr kommt dem Zylinder (s. dort) die Aufgabe zu, Unruh und Spirale zu tragen.

Unterdrehungen, auch Unterstechungen, werden bei Trieben angebracht, um den harten Stahl gut umnieten zu können. Sie werden auch auf der anderen Triebseite angebracht.

Unterschneidung von Radzähnen, eine leichte Schrägstellung der wirksamen Vorderflächen an Hemmungsrad und Sperradzähnen, sodaß erstere nur mit den Zahnspitzen auf die Ankerfläche fallen und letztere die entsprechend geschliffene Vorderfläche des Sperrkegels in das Sperrad ziehen und dort festhalten.

Unterstützungsebene, jene Fläche, in die ein vom Schwerpunkt (s. dort) gefälltes Lot noch treffen muß, wenn der Körper im Ruhezustand verbleiben soll. Trifft dieses Lot außerhalb der Unterstützungsebene, so fällt der Körper um. Aus diesem Grunde wird vielfach eine Unterstützung in 3 Punkten gewählt (Stativ), weil man die Unterstützungsebene dabei meist leicht vergrößern kann und 3 Punkte auch auf einem unebenen Boden stets sicher zu stützen sind, im Gegensatz zu 4 Punkten (Wackeln eines vierbeinigen Tisches).

Unze, Handelsgewicht für Feingold auf dem Weltmarkt. Eine Unze = 31,103 Gramm. Es gibt außerdem noch die Unze mit 28,3495 Gramm. Beim Kauf und Handel ist jedoch die erste maßgebend, wie der dadurch in London errechnete Preis.

Uran, ein dem Eisen ähnliches Schwermetall, chem. Zeichen = U Wichte 18,7, Schmelzpunkt 1690°. Es kommt vor im Uranpecherz und wird gefunden im Sächsischen Erzgebirge, bei Joachimstal in Böhmen, bei Vichy in Frankreich und Colorado in den USA. Heute ist es der begehrteste Rohstoff zur technischen Verwertung der Atomenergie und findet außerdem Verwendung in der Stahlfabrikation und als Färbemittel in der Glas- und Porzellanindustrie. S. seltene Metalle.

Urmeter, der 10 millionste Teil eines Erdmeridianquadranten, von 1/4 des über die Pole gemessenen Erdumfanges, Länge = 10 002 287,5 m (s. Erdmaße). Als Urmaß dient ein Stab aus 90 % Platin und 10 % Iridium von etwa kreuzähnlichem Querschnitt, der 1799 in Paris hergestellt wurde und dort aufbewahrt wird. 1875 erhielten die an der „Int. Meterkonvention" beteiligten 18 Staaten je eine Nachbildung dieses Urmeters, einen Kontrollmeter (s. dort). S. Fachrechnen.

V

VA.: Abk. für Volt-Ampère Maßbez. für die Scheinleistung (s. dort) von Wechselstromkreisen.

Vakuum: luftleerer Raum.

Vanadium, ein metallischer Grundstoff, stahlgrau, luftbeständig, sehr hart, Schmelzpunkt bei 1715°. Verwendet als wertvoller Zusatz zu legierten Stählen (s. dort) oder Edelstählen.

Variation: (lat.) Veränderung. In der Uhrmacherei die durchschnittliche tägliche Abweichung vom mittleren Gang.

Vaseline, ein Gemisch hochmolekularer Kohlenwasserstoffe, ein Mineralfett, gewonnen bei der Destillation des Erdöls. S. Öl.

V. D. E.: Verband deutscher Elektrotechniker. Von seinen Ausschüssen werden die Vorschriften ausgearbeitet, die bei der Errichtung von el. Anlagen beachtet werden müssen. Gültig ab 1. 7. 1928.

vegetabilische Bindemittel, bedeutet aus der Pflanzenwelt stammende Stoffe zur Bindung von Schleifkörnern, wie Gummi, Harz u. ä. S. Schleifmittel.

Verbindung der Werkgestelle, s. Werkgestell.

Verbindungen, lösbare, feste, bilden eine haltbare Vereinigung einzelner Teile, die sich gleichwohl notfalls ohne große Schwierigkeit lösen läßt, wie etwa Verstiftungen, Verschraubungen, Klemm- und Bajonettverbindungen.

Verbindungen, nicht lösbare, feste, bewirken eine Vereinigung einzelner Teile, die sich nur mehr durch bes. Eingriffe wieder lösen läßt, wie Verlötungen, Verlappungen, Verbördelungen u. ä.

Verbrennung, ist die rasche Verbindung eines Stoffes mit Sauerstoff (Oxydation) unter Entwicklung von Licht- und Feuererscheinungen u. großer Wärme.

verdeckte Hebesteine, am Anker der freien Ankerhemmung, franz. „Levées invisibles", wörtlich „unsichtbare Steine", in Einfräsungen der Ankerklauen eingesetzte, von oben nicht sichtbare Ankersteine.

Verdichtung des Gefüges, durch Hämmern der Platten und Harttreiben der Lager mittels Halbrundpunzen, oder durch Härten (s. Stahl) oder durch Aushärtung von Aluminium-Kupfer-Mangan-Knet-Legierungen oder Beryllium-Legierungen durch Wärmebehandlung und Altern.

Verdrehungsfestigkeit, s. Torsion, Torsionspendel.

verdünnte Säuren, s. Säuren.

Verengen von Löchern, mittels eines Rundpunzens, der in die Ölsenkung gesetzt wird, während die Platte auf einem flachen Amboß aufliegt. Nachteilig ist die Verkürzung des Lochs und die einseitige Verengung. Durch

Verwendung eines Ringpunzens, der innen angesetzt wird, kann dieser Nachteil vermieden werden. S. Futter.

Vergoldung, s. 1. Anreibevergoldung, 2. Blattvergoldung, Walzgold, Gold-Doublée, 3. Feuervergoldung, 4. Galvanische Vergoldung oder Plaqué. S. Goldüberzüge.

Vergrößern von Rädern, s. Strecken von Rädern.

vergüten, bedeutet grundsätzlich jede Behandlung des Stahls, die eine Verbesserung seines Korngefüges und damit seiner mechanischen Eigenschaften bewirkt. Als Vergütungsstahl wird Maschinenbaustahl mit geringem Kohlenstoffgehalt (0,2 bis 0,6 %) verwendet, der nach dem Abschrecken so stark angelassen wird (auf 500—700° C), daß sich seine Zähigkeit und seine Festigkeit wesentlich steigern. S. Eisensorten, Normung von Stahl und Eisen.

Verhältnisgleichung, s. Proportion.

Verhältnis im Fachrechnen, die Gegenüberstellung von zwei gleichartigen Größen in Form eines gemeinen Bruches, z. B. Maßstab 1/10 oder als Division angeschrieben: 1 : 10 (eins zu zehn). S. Verhältnisgleichung, Proportion und Fachrechnen.

Verharzen des Öls, besser als ein Verdicken des Öls bez., hervorgerufen durch feine Beimischungen von Schwefel und Phosphor im Automatenstahl, wie er in der Massenfabrikation von Körnerschrauben, Zylindern u. ä. verwendet wird. Dadurch besteht die Gefahr, daß die Zapfen kleben. Vermindert wird diese Erscheinung durch Zumischen von Mineralöl zum fetten Öl, da eine solche Mischung für die Zersetzung weniger empfindlich ist. S. Öl.

Verkaufstätigkeit (Grundforderung), verlangt vom Uhrmacher ein gründliches praktisch-theoretisches Wissen und Können, da nur dann eine fachmännische Beratung möglich ist; notwendig sind hiefür Kenntnisse über die einzelnen Uhrenarten, ihre Hemmungen, deren Vor- und Nachteile, über die verarbeiteten Werkstoffe und ebenso Kenntnisse der gesetzlichen Bestimmungen, der Buch- und Rechnungsführung. Die Verkaufstätigkeit verlangt weiter einen gesunden Sinn für gefällige und zweckmäßige Anordnung der Ware im Schaufenster wie im Laden, endlich eine sorgfältige Pflege der Person und gute Umgangsformen mit Kunden. Nebenbei darf der Verkäufer auch die notwendige Vorsicht bezüglich der Sicherung seiner Person sowie der angebotenen Ware nicht außer acht lassen, er muß trotz aller Zuvorkommenheit dem Kunden mit einer gewissen Zurückhaltung begegnen und ihn dauernd aufmerksam beobachten.

Verkokung, ein Glühen unter Luftabschluß, auch trockene Destillation eines Stoffes, wobei kein Verbrennen des Körpers erfolgen kann, sondern die pflanzlichen oder tierischen Fasern in Kohlenstoff umgewandelt werden, z. B. Holz-, Knochen-, Steinkohle. S. Koks.

verlorener Weg, bei der Gabelbewegung, der geringe Weg, den Anker und Gabel vom Abfall des Zahnes bis zum Anliegen an den Begrenzungsstift noch zurücklegen kann. Er dient als Sicherheit dafür, daß der Zahn tatsächlich abfällt, und er kann umso kleiner sein, je genauer Hebesteine und Hemmungsrad zusammenarbeiten. S. Gabeleingriff.

Vernietung, eine unlösbare, feste Verbindung von zwei Werkteilen (Pfeiler und Platinen, Rädern und Trieben), beruht auf der Möglichkeit, die kleinsten Teile eines Werkstoffes zu verschieben, kalt zu verformen, ohne daß der Zusammenhang zerrissen wird. In glühendem Zustand ist die Dehnbarkeit und

Verschiebbarkeit stark erhöht, auch eine geringe Anwärmung erleichtert bereits die Verformung, weiche Metalle, wie Kupfer, Messing, Weicheisen, weisen auch in kaltem Zustand eine ausreichende Dehnbarkeit auf.

Verrechnen im Fachrechnen, macht das Rechnen mehr oder weniger zwecklos, es ist dann besser nur zu schätzen (s. dort), um zu einem brauchbaren Ergebnis zu gelangen. Dieser annähernde Wert ist praktisch weit mehr zu gebrauchen, als etwa die durch fehlerhafte Behandlung der Stellenwerte 10-fach oder gar 100-fache falsche Zahl, das durch falsches Vervielfachen, Teilen, Wurzelziehen stark abweichende Ergebnis. S. Fachrechnen.

Verre optique: franz. optisches (Uhr)-glas.

Verriegelung bei Feststellwerken: Winkelhebel auf der Aufzugwelle, Riegelschraube für Zifferblattbefestigung, Spiralverschluß, Werkbefestigung, Gehäuseschluß, s. Feststellwerke.

Verschraubungen, lösbare, feste Verbindungen von Pfeilern, Kloben und Brücken, mittels Zylinderkopfschrauben wobei die Länge des Gewindebolzens kleiner sein muß als das Gewindeloch. Zur Sicherung des gleichförmigen Sitzes sind bei Brücken- und Klobenverschraubungen Stellstifte angebracht.

Verstiftungen, lösbare, feste Verbindungen, mittels eines kegelförmigen Stiftes, der in dem ähnlich gestalteten Loch durch die Reibung festgehalten wird.

vertikal, (lat.), senkrecht, lotrecht, in der Richtung des Schwerkraftzuges, d. i. zum Mittelpunkt der Erde verlaufend.

vervielfachen, multiplizieren, erfordert zunächst die Beherrschung des kleinen „1×1" und im weiteren ein ordentliches Anschreiben, eine Grundbedingung für Richtigrechnen. Die beiden zu vervielfachenden Zahlen heißen Faktoren, wobei die größere Zahl auch als Multiplikand, die kleinere als Multiplikator bez. wird. Das Ergebnis beim Multiplizieren ist das Produkt. An Dezimalstellen sind so viele abzuschneiden, als beide Faktoren zusammen besitzen. S. Grundrechnungsarten.

vervielfachen, mit gemeinen Brüchen: a) mit einer ganzen Zahl, z. B.

$$\frac{3}{8} \cdot 2 = \frac{3 \cdot 2}{8} = \frac{6}{8} = \frac{3}{4} = 0{,}75$$

Berührt wird hierbei nur der Zähler, die Zahl, nicht aber der Nenner, die Benennung, gemäß folgender Anschreibung:

3 Achtel · 2 = 6 Achtel = $^{3}/_{4}$ = 0,75.
b) Bruchzahl mit Bruchzahl, z. B.

$$\frac{1}{4} \cdot \frac{1}{2} = \frac{1 \cdot 1}{4 \cdot 2} = \frac{1}{8} = 0{,}125$$

Das Viertel wird nicht einmal genommen, sondern nur $^{1}/_{2}$ mal, das ergibt $^{1}/_{8}$ · Nachweis mittels Dezimal-Brüchen: 0,25 · 0,5 = 0,125 ($^{1}/_{8}$). S. Bruchzahlen.

Verzahnungen, s. Aufbau des Rad- u. Triebzahnes, ausgehende und eingehende Reibung, Führungswinkel, Grundkreis, Teilkreis, Teilung, Teilungswinkel, Vollkreis, Winkelgeschwindigkeit, Zahnflanke, Zahnfuß, Zahnkopf, Zahnluft, Zahnräder, Zahnstärke, Zahnwälzungen.

Verzahnungen, Aufgabe: 1. Die zwangsläufige Gleichschaltung der Umlaufzahlen zwischen Treiber und Getriebenen. 2. Die gleichmäßige Kraftübertragung bei gleicher Winkelgeschwindigkeit während der Zahnführung. 3. Die störungsfreie Zahnführung während des Abrollens von Rad und Trieb.

Verzahnungen der Räder, in der Uhrmacherei allgemein entsprechend den Radlinien oder Zykloiden geformt, ausnahmsweise nach der Evolventen- (Fadenlinien-) Wälzung. Nach der Form des Triebes unterscheidet man: Triebflankenverzahnung mit massiven oder Volltrieben, Hohltriebverzahnung mit Triebstöcken, auch als Laternenverzahnung bez. S. Getriebearten.

Vibrax: Stoßsicherung mit gefedertem Deckstein und festem Lochstein.

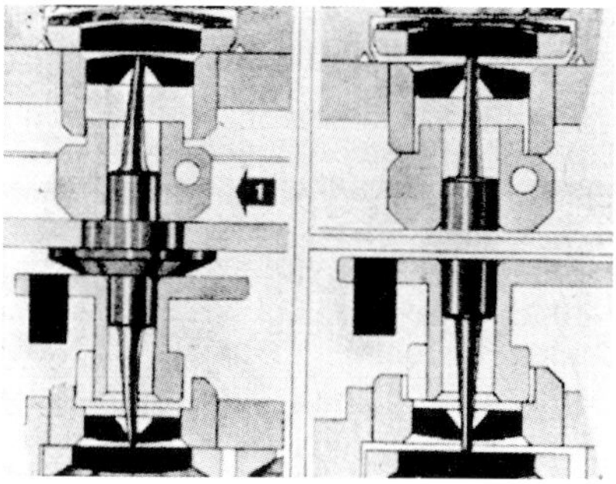

Die seitlichen Stöße werden durch die sehr langen und dünnen Zapfen abgefangen.

Vibrochoc: Stoßsicherung (fabrik-

eigen) der Phenix. Lochstein in Feder gelagert (s. Shock-Resist).

Vibrograf: Gerät zum raschen Feststellen von Gangabweichungen. Hierbei wird eine konstante Bewegung mit einer veränderlichen verglichen. Als Zeitnormale dient ein schwingender Quarzkristall, dessen Schwingungen bei 87 480 pro Sekunde liegen. Mittels eines Thermostaten wird die Temperatur des Quarzes konstant gehalten, um Gangabweichungen zu vermeiden. Genau wie bei einer Quarzuhr (s. dort) wird nun über Frequenzteiler eine Frequenz von 60 Hz zum Antrieb eines Synchronmotors verwendet. Über ein Kristallmikrophon werden die Schwingungen der zu prüfenden Uhr abgenommen, in el. Impulse umgeformt und im Gerät verstärkt. Die verstärkten Impulse betätigen im Rhythmus der Uhrschwingungen einen Schreibbügel, welcher die gedruckten Zeichen durch ein Farbband auf einen Papierstreifen aufträgt. Dieser Papierstreifen läuft kontinuierlich aus dem Gerät heraus und zwar mit einer Geschwindigkeit von 125 mm/min. Der Ablauf des Streifens wird vom Synchronmotor betätigt. Unter dem

Papierstreifen befindet sich ein Druckzylinder, welcher mit in Schraubenlinien verlaufenden Kämmen versehen ist. 6 solcher Kämme besitzt der Druckzylinder, welcher durch den Quarz gesteuert, 10 Umdrehungen pro Sekunde ausführt, sodaß 60 Kämme in der Sekunde unter dem Papierstreifen vorbeigehen. Geht die zu prüfende Uhr genau, dann macht der Zylinder zwischen zwei Schlägen genau zwei Umdrehungen und auf dem Streifen erscheint eine gerade Linie senkrecht übereinanderstehender Punkte. Geht die Uhr vor, dann erscheint der nächste Punkt zu früh, der Zylinder hat noch nicht ganz zwei Umdrehungen gemacht, sodaß der Schraubenkamm noch etwas zurückliegt. Die Punktreihe wird eine nach rechts geneigte Linie. Geht die Uhr nach, dann neigt sich die Linie nach links. Unterhalb dem Papierstreifen befindet sich eine Scheibe mit parallelen Schlitzen, welche von unten beleuchtet werden, sodaß auf dem Papierstreifen helle und dunkle Linien erscheinen. Die Scheibe läßt sich drehen und zwar dreht man sie solange bis die Schlitze parallel zu der gedruckten Linie des Diagramms verlaufen. An der feststehenden Skala liest man nun die Gangabweichung ab. Hersteller: Le Porte Echappement Universel SA. in La Chaux-de-Fonds (Schweiz).

Viereck(8-Eck)konstruktion, geometr. ein Quadrat (s. dort), aus dem Kreis (Zylinder) durch Einzeichnen der senkrechten und waagrechten Durchmesser, wodurch der Kreis in vier gleiche Teile zerlegt wird, mit je einem Bogen und Zentriwinkel von 90° (s. Kreisteilungen).

Viereckschlüssel, zur Übertragung der Aufzugskraft, erfordern ein zügiges Passen von Hohlviereck- und Viereckzapfen des Federkerns. Zu weite Schlüssel verderben bald die Kanten des Vierecks. Da bei Schlüsseluhren der gleiche Schlüssel auch zur Zeigerstellung benützt wird, müssen beide Vierecke das gleiche Maß besitzen.

Viereckzapfen, als freistehendes Wellenende zur Aufnahme des Schlüssels oder der Kurbel, bei Schlagwerken auch zur Befestigung von Schloßscheibe und von Anrichtteilen (s. Zapfen).

Viertelrohr im Zeigerwerk, auch Minutenrohr genannt, auf der Welle zügig drehbar angebracht, erhält durch Zusammendrücken der „Laterne" (siehe dort) eine federnde Drehung und durch den in die Kerbe der Welle gedrückten Teil zugleich etwas Halt in axialer Richtung. Auf einem Ansatz des Minutenrohres ist der Minutenzeiger befestigt (siehe Zeigerwerk).

Viertelschlagwerk auf Turmuhr wurde erstmalig 1389 in Rouen von Jean de Felains gebaut.

Vierviertelschlagwerk, meist mit einer Spielwalze ausgestattet, schlägt jede Viertelstunde eine Notenfolge. Das Viertelwerk wird gesteuert durch eine Schloßscheibe, deren Vollstufe schnekkenförmig ansteigt (s. Schlagwerke).

vis: (franz.) Schraube, vis de pont: Brückenschraube, vis de tirette: Winkelhebelschraube, vis de rochet: Sperradschraube, vis de couronne: Kronradschraube, vis de coqueret: Deckplattschraube, vis de piton: Spiralklötzchenschraube.

Viskosität des Öls, sein Flüssigkeitsgrad, abhängig von dem inneren Widerstand, den die einzelnen Ölteilchen ihrer Verschiebung bei der Bewegung entgegensetzt (s. Uhrenöle).

volle Größen a) von Rädern (s. Radgrößen, Formeln Ziff. 8), b) von Trieben (s. Triebgrößen, Formeln Ziff. 12), c) und mittels Modul (s. Formeln, Ziff. 9 B).

Vollkreis bei Rad und Trieb, auch Spitzenkreis genannt, verläuft über die Zahnspitzen und gibt das Maß für die volle Rad- oder Triebscheibe an, vor dem Einfräsen der Zähne. Dieser Kreis ist nicht maßgebend für die Teilung, er ist stets etwas größer als der Teilkreis (s. dort) und würde eine zu große Teilung ergeben (s. Verzahnungen).

Vollschwingung des Gangreglers, Doppelschwingung, wissenschaftl. kurz als „Schwingung" bezeichnet, umfaßt einen Hin- und Rückgang oder zwei Halbschwingungen oder Schläge. Abgezählt werden bei der normalen Kleinuhr die Doppelschwingungen, das sind 150/min.

Volt (das), Einheit des elektrischen Stroms. Ein Volt ist die Spannung, die erforderlich ist, um einen Strom von einem Ampère durch einen Widerstand von einem Ohm hindurch zu leiten.

Volta'sche Säule: eine Trockenbatterie von aufeinander geschichteten kleinen Voltaelementen. (Zink- und Kupferplatten, getrennt durch angesäuerte Tuchlappen). Die elektrische Spannung wächst proportional zur Elementenzahl.

Voltmeter: Spannungsmesser. Wird so geschaltet, daß er mit einem Anschluß am Pluspol und mit dem andern am Minuspol anliegt.

Volumenberechnung, Rauminhalt (s. Körperberechnung).

Volumenmaße, auch Raummaße (s. Körpermaße).

Vorgelege beim Drehen, mit je drei Stufen vom Motor zum Vorgelege und ebenso vom Vorgelege zur Drehbank, wobei stets die größte Rolle der kleinsten gegenübersteht. Auf genau parallele Anordnung der einzelnen Wellen und senkrecht hierzu laufende Schnur ist besonders zu achten (s. Antriebsvorrichtungen beim Drehen).

Vorschub beim Drehen, kann groß sein, wenn ohne Rücksicht auf eine glatte Drehfläche viel Material abzunehmen ist. Zum Fertigdrehen feiner und glatter Drehflächen ist der Vorschub klein zu wählen, da nur ein kleiner Span abzunehmen ist (s. Drehen).

vorzeitliche Zeitmessung gab es nicht. Damals schlug der Mensch mit Steinaxt die Phasen des Mondes in Wände der Höhlen ein. Diese Runen waren ihm neben Sonne: Uhr und Kalender.

Vulcain cricket: Armbanduhrwecker, hergestellt von der Firma Fabrique Vulcain, La Chaux-de-Fonds (Schweiz).

Vulcain cricket

Vulkanfiber, Hydralzellulose, ein Kunststoff, entstanden durch Behandlung der reinen Zellulose mit konzentrierter Schwefelsäure. Durch Auswässern und Pressen werden sehr feste Platten gewonnen, ähnlich dem Kernleder. Verwendet wird dieser Kunststoff zu Behältern, Dichtungsringen usw. und in der Uhrmacherei zu Zahnrädern für geräuschlose Getriebe (s. Kunststoffe aus Zellulose).

V2A: Edelstahl der Krupp AG. Essen. Wurde für Uhrgehäuse verwendet (s. Edelstahl).

W

Waag, der Gangregler für die ältesten mechanischen Räderuhren, ein Waagbalken mit Kerben zur Aufnahme von Schwunggewichten. Ab 1740 durch das Pendel ersetzt.

waagrechte Stundenziffern, nicht in Kreisform, wurden gelegentlich bei Uhren angewendet. Ein Reiter bewegt sich an der Reihe entlang und zeigt mit der Lanze die Zeit an.

Wächterkontrolluhr, zuerst 1805 in Triberg konstruiert und in Handel gebracht.

Wächterkontrolluhren dienen zur Überwachung der in Fabriken, Anlagen usw. eingesetzten Wächter. Der Wächter nimmt auf seinem Rundgang eine Wächterkontrolluhr mit, welche eine auf der Stundenachse und sich mit dieser drehenden Papierscheibe besitzt. An mehreren Orten der zu bewachenden Anlagen sind Schlüssel untergebracht. Passiert der Wächter auf seinem Rundgang diesen Ort, so bringt er durch Einführen des Schlüssels in die Uhr am Papierzifferblatt eine Marke an. Die Schlüssel sind verschiedenartig, so daß sich aus der Marke und ihrer zeitlichen Lage sehr genau ermitteln läßt, zu welchem Zeitpunkt der Wächter den betreffenden Ort passiert hat.

Wächteruhr 1392 in Sebalduskirche in Nürnberg aufgestellt. Sie ist die älteste Turmuhr mit Wecker und befindet sich heute im Germanischen Museum.

Wälzen von Rädern, mittels Wälzfräser auf der Wälzmaschine, wobei die Fräserebene auf die Mitte der anderen Achse zeigen muß. Der Fräser ist so auszusuchen, daß er leicht zwischen zwei Radzähnen durchgeführt werden kann. Unter ruhigem Drehen des Schwungrades wird das Rad ringsum so lange gewälzt, bis der Fräser nicht mehr angreift.

Wälzmaschine, zur Berichtigung der Zahnform mittels genau passender feiner Wälzfräsen, die das Rad selbsttätig Zahn um Zahn weiterschalten. Hierzu dient ein Gewinde- oder Schneckengang, der kleine Mitnehmer muß in der Mitte der nächsten Zahnlücke stehen, wenn der gezahnte Fräserteil den vorhergehenden Zahn verlassen will.

Wärmeausdehnung (s. Ausdehnungskoeffizient).

Wärmeeinheit, W. E. oder Kalorie. 1 Kilo Kalorie = 1 kcal, bedeutet jene Wärmemenge, die nötig ist, um 1 kg Wasser (1 Liter) um 1 Grad C zu erwärmen (s. spezif. Wärme, Schmelzbzw. Erstarrungstemperatur, Siedebzw. Verflüssigungstemperatur).

Wärmemesser: Thermometer. Reaumur, Celsius, Gefrierpunkt 0 Grad; Fahrenheit plus 32 Grad. Siedepunkt Reaumur 80, Celsius 100, Fahrenheit 212. Celsius allgemein eingeführt (siehe Thermometer).

Wärmemessung, erfolgt bei mittleren Temperaturen durch das Thermometer (zwischen —39° C und + 360° C, dem Verdampfungspunkt des Quecksilbers). Die tiefste zu messende Temperatur liegt bei —273° C, dem absoluten Nullpunkt. Für Temperaturen unter —39° C wird anstelle des starr werdenden Quecksilbers eine Alkoholfüllung verwendet. Für sehr hohe Temperaturen in Schmelz- und Glühöfen gebraucht man Segerkegel, optische und thermo-elektrische Pyrometer.

wahre Ortszeit (Sonnenzeit), berücksichtigt die Zeitdifferenz auf Grund des Längenkreises für den betr. Ort, im Vergleich zum Meridian von Stargard und Görlitz (15° ö. L.), wobei 1° Längenunterschied eine Zeitdifferenz von je 4^m ergibt. Außerdem ist die für den Tag gültige Zeitgleichung als Abweichung von der Sonnenzeit in Rechnung zu setzen. Somit ergibt sich gegenüber der durch unsere Zeitmesser angezeigten MEZ von Stargard-Görlitz eine zweifache Korrektur (s. Zeitarten).

wahrer Mittag (s. Mittag).

wahre Sonnenzeit, ergibt sich nach Rückführung der für unsere Zone gültigen Uhrzeit (MEZ) auf die durch die Zeitgleichung und den Ortsunterschied korrigierte, natürliche Sonnenzeit nach dem tatsächlichen Stand der Sonne (s. Zeitarten).

Walze, Walzenrad an der Gewichtswalze, zum Aufrollen der Zugschnur oder Saite für das Zuggewicht beim Aufziehen der Gewichtsuhr, wodurch beim Ablauf des Gewichtes in Verbindung mit dem Walzenrad die Gangdauer der Uhr bestimmt wird.

Walzgold (s. Golddoublée), Platindoublée auf Silbergrundlage, Silberdoublée.

Walzmessing, Druckmessing, Ms 63 = 63% Kupfer + 37% Zink (s. Messing).

Walzwerk, ein System von schweren Stahlwalzen, in dem glühende Stahlblöcke zu Platten, Blechen, Flach-, Rund- und Profileisen, Trägern, Schienen usw. ausgewalzt werden. Die Walzerzeugnisse zeigen gleichmäßige Querschnitte und erhalten durch den starken Druck eine hohe Oberflächenfestigkeit. Der Anlage nach unterscheidet man Duowalzwerke (zwei Walzen, die auch als Kehrwalzen gebaut sein können) und Triowalzwerke, bei denen je ein Paar ohnehin entgegengesetzt läuft.

Wandelstern (s. Planet).

Wandermutter: Zur Steuerung des Aufzugkontaktes von elektr. Uhren, welche mittels Motor eine starke Feder spannen und dies in größeren 12 bis 30 Stunden umfassenden Intervallen. Auf der verlängerten Federhauswelle ist ein Gewinde aufgeschnitten, zur Aufnahme der Wandermutter. Diese besitzt zwei exzentrische Bohrungen, durch welche zwei am Federhaus befestigte Stifte hindurchgehen. Beim Ablauf des Uhrwerks dreht sich das Federhaus und der Federkern steht still. Die Stifte drehen dabei die Wandermutter mit, welche hierdurch auf dem Federkern wandert. Hat diese eine bestimmte Stelle erreicht, schließt sie den Stromkreis. Der Aufzugsmotor tritt in Tätigkeit und zieht die Uhr auf. Hierbei dreht sich der Federkern und die Wandermutter wandert in entgegengesetzter Richtung so lange, bis sie den Kontakt wieder öffnet.

Warnen beim Schlagwerk, das Geräusch des Anlaufrades, wenn die Uhr zum Schlagen auslöst. Hebt einer der am Viertelrohr des Zeigerwerks angebrachten Auslösungsstifte den Auslösungsarm mit dem Warnungshebel, so wird dadurch auch der Einfallarm gehoben und der Anlaufstift gleitet unter der Nase des Einfallarmes weg. Das Räderwerk dreht sich etwas, bis der Anlaufstift durch den Warnungshebel festgehalten wird. Diese Bewegung des Anlaufrades erfolgt etwa 5 Minuten vor dem Schlagen und das hierbei entstehende Geräusch nennt man das „Warnen der Uhr" (s. Schlagwerke).

Wasserstein, ein bläulicher Schiefer, mit dünnem Öl für feine Messing- und Goldschleifarbeiten verwendet (siehe Schieferstein).

Wasserstoff, Hydrogenium H, der leichteste chemische Grundstoff, farb-, geruch- und geschmacklos, verbrennt mit heißer, bläulicher Flamme bei Zuführung von Sauerstoff mit einer Temperatur von 2000 bis 2500° C. Eine Mischung von Wasserstoff und Sauerstoff, das Knallgas, entzündet sich mit lautem Knall, es explodiert. Wasserstoff ist ein Hauptbestandteil des Leuchtgases und der Kraftgase. Beim Verbrennen des Wasserstoffs bildet sich Wasser, weshalb sich auf Metallstücken bei der Erwärmung über einer offenen Gasflamme kleine Wassertröpfchen bilden, Räume mit Gasheizung stets etwas feucht werden. Als leichtestes Gas wird Wasserstoff zur Füllung von Luftschiffen benützt, in neuerer Zeit wurde es jedoch durch das zwar etwas schwerere, aber nicht brennbare Heliumgas verdrängt.

Wasseruhren wurden 1400 v. Chr. bereits gebaut. Durch den Ablauf des Wassers aus einem Behälter ging der Spiegel zurück, um an Skalen die Zeit anzuzeigen. In China bis Anfang des 19. Jahrhunderts verwendet.

waterproof = wasserdicht (engl.).

Watt (W): Maßeinheit der elektrisch. Leistung. 1 Watt ist die Leistung, die von der Stromstärke 1 A bei einer Spannung von 1 Volt hervorgebracht wird.

Wattsekunde = **Ws.** Die allgemeine Formel für die Leistung (N = A : t) gilt auch für den Bereich der Elektrizität. Und zwar errechnet sich die elektr. Arbeit aus U · J und die Leistung, also Arbeit bezogen auf die Zeit.

Wechselrad im Zeigerwerk, wechselt den Drehsinn des Minutenrohres (Viertelrohres) und trägt meist mit diesem zusammen einen Teil der Gesamtübersetzung von 12 bzw. 24 (s. Zeigerwerk).

Wechselstrom: Im Gegensatz zum Gleichstrom, der stets in einer Richtung fließt, findet beim Wechselstrom ein ständiger Wechsel der Richtung statt. Die graphische Darstellung des Wech-

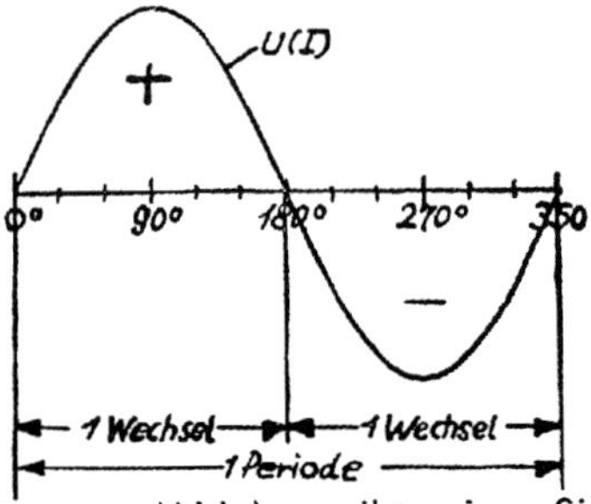

selstromes (Abb.) ergibt eine Sinuslinie. Zu Beginn des ersten Wechsels ist die Spannung gleich Null, sie erreicht einen bestimmten Höchstwert und fällt am Ende des ersten Wechsels auf Null zurück. War nun der erste Wechsel positiv, dann wiederholt sich das gleiche beim zweiten Wechsel, nur mit dem Unterschied, daß dieser nun negativ ist. Zwei solcher Wechsel nennen wir eine Periode, und die Anzahl der Perioden pro Sekunde die Frequenz des Wechselstromes. Diese beträgt in unsern Starkstromnetzen 50 Hz = 50 Perioden = 100 Wechsel pro Sekunde. Wenn wir von der Spannung eines Wechselstromes sprechen (etwa 220 V), dann müssen wir uns immer vergegenwärtigen, daß dies nur ein Mittelwert ist. Durch das An- und Abschwellen der Spannung (ihr Höchstwert bedeutend höher) wird der Effektivwert niedriger als der höchste Momentanwert. Dabei ist der Effektivwert immer das 0,707fache des Höchstwertes. Befinden sich in einem Wechselstromkreis nur Verbraucher mit rein Ohmschem Widerstand, wie Glühlampen und Heizgeräte, so verlaufen die Sinuslinien von Stromstärke und Spannung vollkommen gleichzeitig, d. h. Spannung- und Stromstärke sind zur gleichen Zeit null und erreichen auch gleichzeitig ihre Höchstwerte. Für diesen Fall ermitteln wir die Leistung: N = U · J (Watt). Befinden sich in einen Wechselstromkreis induktive Verbraucher (Motoren, Spulen etc.), dann fallen die Höchstwerte für Stromstärke mit dem der Spannung nicht mehr zeitlich zusammen. Wir sprechen von Phasenverschiebung (s. dort). Der Wechselstrom verdankt seine große Verbreitung in erster Linie der Tatsache, daß man ihn fast verlustfrei mittels Transformatoren (s. dort) in jede beliebige Spannung herauf und herunter transformieren kann.

Weckerhemmung (s. Stiftankerhemmung).

Weckerhemmung: 1. geräuscharm, zur Minderung der als störend empfundenen Geräusche beim Aufprall des Zahns auf den Stift, beim Fall und durch die notwendige Luft im Gabeleinschnitt, die durch das Metall der Hemmungsteile noch verstärkt wird. Zunächst wurden Hemmungsrad und Anker aus Kunststoff gefertigt, weiterhin der Aufprall des Zahns auf den Ankerstift gedämpft, indem man diesen flachpreßte, sodaß er etwas federte. Endlich wurden schwächere Zugfedern verwendet und die Zahl der Unruhschwingungen verringert, so daß eine kleinere Gesamtübersetzung im Räderwerk genügte (s. Stiftankerhemmung). 2. lautlos, schaltet den Fall aus durch ein zweiteiliges, innen und außen gezahntes Hemmungsrad bei nur einem Stift, der wechselweise mit den Rädern zusammenarbeitet. Am Ende einer Hebung erfolgt kein Fall, sondern der nächste Zahn schließt sofort mit einer Ruhefläche an. Weiterhin ist die Schwingungszahl der Unruh stark vermindert, so daß auch hier eine schwache Zugfeder verwendet werden kann (siehe Stiftankerhemmung).

Weichglühen von gehärtetem Stahl, zum Zweck der besseren Bearbeitungsmöglichkeit, erfolgt durch ein Glühen von mehreren Stunden mit anschließendem langsamen Abkühlen (s. Glühen).

Weichholz, s. feste Brennstoffe.

Weichlöten, Arbeitsvorgang, metallisch blanke Lötstellen durch Schmirgeln, Feilen, Schaben, mit Lötwasser bestrichen, damit sich bei der Erwärmung nicht neuerdings Oxydschichten bilden können, die eine Verbindung der Metallteile verhindern würden. Mit der auf dem Salmiakstein gereinigten und verzinnten Spitze des Lötkolbens wird etwas Lot abgeschmolzen und auf der Lötstelle verteilt. Der Lötkolben darf nicht zu warm sein, weil sonst das Lot verbrennt, während bei zu geringer Erwärmung kein „Fluß" zustande kommt und das Lot nur klebt. Die Lotschicht muß so dünn wie möglich sein. Zur Verhinderung der Korrosion sind die Lötstellen nach dem Löten zu reinigen und die Lötstellen trocken zu reiben.

Weichlote, auch Weiß-, Schnell- oder Zinnlote genannt, bestehen aus einer Legierung von Zinn und Blei, Schnell-Lote erhalten einen Zusatz von Wismut. Der Schmelzpunkt der Weichlote liegt unter 330°. Eine Verbindung mit Weichlot ist gut biegsam, besitzt jedoch geringe Festigkeit. Die Zinn-Blei-Lote sind genormt nach DIN-Blatt 1707, wobei die angegebene Kennziffer stets den Zinngehalt bezeichnet.

Weichlote, Übersicht:

Benennung:	Kurzzeichen:	Verwendung:
Lötzinn 25,	Sn L 25,	für Kolben nicht geeignet,
Lötzinn 30,	Sn L 30,	für Klempner,
Lötzinn 33,	Sn L 33,	für Zinn und verzinkte Bleche,
Lötzinn 40,	Sn L 40,	für Messing u. Weißblech,
Lötzinn 50,	Sn L 50,	für Konservenbüchsen,
Lötzinn 60,	Sn L 60,	feine Lötungen, elektr. Leitungen,
Lötzinn 90,	Sn L 90	für Eßgeräte.

Sparlote mit weniger als 15 % Zinn, Spezialweichlote, Schnellote für Sicherungen, automatische Feuermelder usw. S. Lötzinn.

weißes Roheisen, manganhaltiges Roheisen mit weißem, strahligem Bruch. S. Roheisensorten.

Weißgold, eine Nickel-Goldlegierung, die bei 10 bis 20 % Nickel große Härte erhält und sich infolgedessen nur sehr wenig abnutzt. Das Aussehen ist platinähnlich. Verwendung findet diese Legierung für Gehäuse und Schmuckwaren. S. Gold.

Weißsieden des Silbers, Beseitigung der rötlichen Farbe, die Silbergegenstände von mehr als 50 % Kupfergehalt zeigen. Dabei wird der Gegenstand an der Luft geglüht und das entstandene Kupferoxyd durch Auskochen in stark verdünnter Schwefelsäure aufgelöst, sodaß die Oberfläche wieder silberweiß wird.

Wellenlänge: Die Ausbreitungsgeschwindigkeit aller elektromagnetischen Wellen (s. dort) beträgt 300 000 km/sek. Die Wellenlänge einer Schwingung errechnet sich dabei aus dem zurückgelegten Weg geteilt durch die Anzahl der Schwingungen:

$$\frac{\text{Ausbreitungsgeschwindigkeit}}{\text{Frequenz}}$$

Weltgrößenverhältnisse: Die Sonne ist 1 253 000 mal so groß wie die Erde, der Mond ist 50 mal so klein wie sie und bewegt sich in 27 Tagen, 8 Stunden einmal um die Erde. Diese hat einen ⌀ von 12713,8 km. Die kleinste Entfernung der Erde von der Sonne ist 146, die mittlere 149½, die größte 151 Millionen Kilometer.

Weltzeit gibt die Zeiten nicht für die in den einzelnen Ländern gültigen Systeme an (MEZ, OEZ usw.), sondern eine für die ganze Welt einheitliche Zeit, ausgehend von der WEZ, der Zeit des 0-Meridians, mit Tagesbeginn um 0 Uhr Mitternacht für astronomische und bürgerliche Zeit. Eine Weltzeituhr zeigt dann beispielsweise auf dem 0-Meridian (in London) mittags 12 Uhr, für die MEZ 11 Uhr, für die OEZ 10 Uhr. S. Zeitarten.

Wendelfeder: Bez. für zylindrische Spiralfeder.

Werbungskosten, sind Kosten die zur Erreichung des Einkommens aufgewendet werden müssen.

Werkaufbau der Kleinuhr: s. Brükkenwerk, Dreiviertelplatinenwerk, Halbplatinenwerk, Pfeilerwerk, Plattenwerk.

Werkformen für Kleinuhren, rund, quadratisch, rechteckig mit gebrochenen Ecken, tonnenförmig, ovalisiert, oval, Fasson.

Werkgestell, zur Lagerung der für den Aufbau der Uhr nötigen Teile. Es besteht aus Werkplatten, Brücken, Kloben und Pfeilern. Als Werkstoffe werden hierzu verwendet: Holz, Gußeisen, meist Messing, weiterhin Neusilber, Nickelin, Stahl, Zink- und Leichtmetalllegierungen. Die Oberflächen werden veredelt durch Körnung, mit matter Vergoldung und Versilberung, oder vernickelt auf feinem Schliff. S. Aufbau der mechanischen Uhr.

Werkgestellverbindung. Durch entsprechend starke Pfeiler, welche den notwendigen Abstand zwischen den Werkplatten sichern und eine seitliche Verschiebung verhindern.

Werkgrößen, Abmessungen, bei Großuhren bestimmt durch die Plattengröße in mm, für runde Werke durch den Durchmesser, bei Taschen- und Armbanduhren entsprechend den in der Schweiz als dem führenden Herstellungsland üblichen Maß in Linien (s. dort), 1 Pariser Linie = 1''' = 2,256 mm. Glashütter Uhrenfabriken verwenden zur Größenbez. seit Jahrzehnten mm, wobei man sich ohne weiteres eine klare Vorstellung über die Abmessungen machen kann.

Werkstoffe, Übersicht: s. Grundstoffe oder Elemente, Metalle, Nichtmetallische Austauschstoffe, Hilfsstoffe, Edelsteine, Leuchtfarben.

Werkzeug, Behandlung, in erster Linie Ordnung halten: Für jedes Werkzeug einen Platz und jedes Werkzeug stets wieder an seinen Platz. Das Heraussuchen einzelner Stücke aus einer größeren Werkzeugmenge verursacht leicht Beschädigungen. Empfindliche Werkzeuge bes. Meßwerkzeuge sollen zur Schonung in einem Futteral aufbewahrt werden. Auch an den nicht dauernd benützten Werkzeugen darf sich kein Rostfleckchen befinden. Zweckmäßig werden sie mit einem Fetthauch überzogen. Wer an Handschweiß (s. dort) leidet, soll versuchen, dieses Übel zu beseitigen.

Westeuropäische Zeit, WEZ, die mittlere Ortszeit des Meridians von London bzw. seiner Sternwarte Greenwich (0-Meridian). Sie gibt gegenüber der MEZ um eine volle Stunde weniger an und gilt für England, Frankreich und Spanien. S. Zeitarten.

Westminsterschlagwerk, besitzt für jeden Takt 4 Töne, die beim Viertelschlag in absteigender Tonfolge geschlagen werden. Im Verlauf einer Stunde wiederholt sich die Notenfolge zweimal, sodaß die Spielwalze in einer Stunde zwei Umdrehungen ausführen muß. S. Schlagwerke.

Westminster Uhr, eine der größten bis jetzt konstruierten Turmuhren, nach den Plänen von Denison durch den Uhrmacher E. J. Dent gebaut. Nach fünfjährigem Probegang in seiner Werkstatt wurde die Uhr im nördlichen Turm des Parlamentsgebäudes zu London aufgestellt. Das Pendel wiegt 390 kg, der Zeiger 101,1 kg bei 4,2 m Länge. Ein Schlaggewicht ist 1500 kg schwer. Das Uhrwerk, das alle 4 Tage aufgezogen wird, arbeitet so genau, daß es im Laufe eines Jahres kaum einige Sekunden von der Zeit der Sternwarte abweichen soll.

Wh: Wattstunde = 3600 Wattsekunden.

Whittingtonschlagwerk, besitzt für jeden Takt acht Töne, die beim Viertelschlag in absteigender Folge geschlagen werden. S. Schlagwerke.

Wichte, auch Einheitsgewicht, früher spezifisches Gewicht, Kurzzeichen γ = Gamma. Die Wichte gibt an, wieviel mal so schwer ein Körper ist, wie die gleiche Wassermenge, wobei als Maß chem. reines Wasser von der größten Dichte, bei 4° C, zugrunde gelegt ist. 1 dm³ dieses Wassers wiegt 1 kg, 1 cm³ dieses Wassers wiegt 1 g. Die in nachstehender Übersicht angegebenen Zahlen bedeuten, wieviele kg, g ein dm³, cm³ des betreffenden Stoffes wiegt. Die Zahlen unter 1,0 bez. Stoffe, die leichter sind als Wasser und daher auf ihm schwimmen.

Wichte der bekanntesten festen und flüssigen Stoffe:

Achat	2,5 bis 2,8	Leder	0,86 bis 1,02
Alaun	1,7	Lithium	0,534
Alkohol	0,711	Magnesium	1,75
Aluminium	2,7	Mangan	7,3
Al. Bronze	7,7	Marmor	2,7
Antimon	6,67	Mauerwerk	1,5 bis 2,5
Arsen	5,72	Mennige	9,0
Äther	0,717	Messing	8,1 bis 8,7
Asbest	2,4	Molybdän	10,2
Benzin	0,72	Natrium	0,971
Benzol	0,88	Neusilber	8,3
Bernstein	1 bis 1,1	Nickel	8,85
Beryllium	1,84	Öl	0,915 bis 0,961
Beton	1,8 bis 2,5	Osmium	22,48
Blei	11,34	Palladium	11,5
Bleiglätte	8,0	Papier	0,7 bis 1,2
Bor	1,73	Paraffin	0,9
Borax	1,7	Perlen	2,7
Brauneisenstein	3,7	Petroleum	0,79 bis 0,82
Braunstein	4,2	Phosphor	1,83
Brom	3,14	Platin	21,4
Bronze	8,6	Porzellan	2,3 bis 2,5
Cadmium	8,64	Quecksilber	13,551
Calzium Karbid	2,3	Quarz	2,6
Cerium	6,77	Rubin	4,0
Chrom	7,14	Salpeter	2,1
Diamant	3,5	Salpetersäure	1,045 bis 1,99
Duralumin	2,8	Salz	2,2
Eis	0,92	Sand	1,7
Elfenbein	1,9	Sandstein	2,4
Eisen	7,86	Saphir	3,9
Erde	1,3 bis 2	Schiefer	2,7
Fette	0,92 bis 0,94	Schlacke	2,8
Flußstahl	7,85	Schnee	0,1
Gips	1,8 bis 2,2	Schwefel	2,07
Glas	2,5 bis 2,9	Schwefelsäure	1,18
Glimmer	2,9	Silber	10,5
Glycerin	1,26	Soda	1,5
Gold	19,25		
Granat	3,8		
Graphit	2,2		
Gummi	1 bis 2		

Gußeisen	7,25	Tantal	16,6
Harz	1,1	Topas	3,5
Holz	0,5 bis 1,2	Torf	0,6
Holzkohle	0,4	Uran	18,7
Iridium	22,4	Vanadium	5,7
Jod	4,942	Wolfram	19,1
Kalinin	0,862	Zement	0,8 bis 2
Kalk	1,4 bis 2,6	Ziegel	1,4 bis 1,8
Kaolin	2,2	Zink	7,2
Kautschuk	0,92 bis 0,96	Zinn	7,1
		Gasförmige Stoffe:	
		Bezogen auf Luft = 1	
Kobalt	8,83		
Koks	1,4	Chlor	1,07
Kohle	1,5	Helium	0,164
Kolophonium	1,1	Leuchtgas	0,43
Kork	0,24	Luft	1,0
Kreide	1,8 bis 2,6	Sauerstoff	1,14
Kupfer	8,933	Stickstoff	1,027
Kupfervitriol	2,27	Wasserdampf	0,693

Widerstand (elektr.): Jeder Leiter setzt dem Fließen des elektr. Stroms einen Widerstand (R) entgegen. Die Maßeinheiten des Widerstandes sind: Das Ohm (Ω), das Kiloohm (k Ω) = 1000 Ohm, das Megohm (M Ω) = 1 000 000 Ohm, 1 Ohm ist der Widerstand, den ein Quecksilberfaden von 1,063 m Länge und dem Querschnitt 1 mm² dem Stromfluß bei einer Temperatur von 0° C entgegensetzt. Der Widerstand eines Leiters ist abhängig von seiner Länge, seinem Querschnitt und seinem Material. Der Widerstand eines Leiters ist seinem spez. Widerstand (ϱ) und seiner Länge (1 in m) direkt und seinem Querschnitt F (in mm²) umgekehrt proportional. Der spezifische Widerstand (ϱ) ist eine Zahl, welche uns angibt, welchen elektr. Widerstand ein Draht von 1 m Länge und einem mm² Querschnitt bei einer Temperatur von 15° besitzt. Je größer nun der spez. Widerstand eines Materials ist, umso kleiner ist seine Leitfähigkeit (χ). Diese ist der reziproke Wert des spez. Widerstandes. Der Temperaturkoeffizient (φ): Alle Metalle und fast alle Metallegierungen erhöhen ihren Widerstand bei steigender Temperatur. Kohle dagegen und Flüssigkeiten verringern ihren Widerstand bei steigender Temperatur, ihr Temperaturkoeffizient ist daher negativ (siehe Tabelle). Schaltung von Widerständen: a) Hintereinanderschaltung: Werden mehrere Widerstände hintereinandergeschaltet, so wächst der Widerstand mit jedem neu hinzugefügten Widerstand. Werden die Teilwiderstände mit r_1, r_2 r_3 usw. bezeichnet, so ist der Gesamtwiderstand R: $R = r_1 + r_2 + r_3 + \ldots$ Werden mehrere Widerstände parallel geschaltet, so ist der Gesamtwiderstand kleiner als der kleinste Einzelwiderstand. Die Formel:

$$\frac{1}{R} = \frac{1}{r_1} + \frac{1}{r_2} + \frac{1}{r_3} + \frac{1}{r_4} + \text{usw.} \ldots$$

Tabelle der spez. Widerstände und der Temperaturkoeffizienten

	spez. Widerstand (15° C)	Temperaturkoeffizient
Aluminium	0,03	0,004
Blei	0,208	0,00387
Eisen	0,10–0,12	0,0048
Kohle	64	0,00030
Kupfer	0,0178 (20° C)	0,004
Platin	0,094	0,00243
Quecksilber	0,95	0,0009
Silber	0,016	0,00377
Zinn	0,14	0,0037

Widia, ein von der Firma Krupp entwickeltes Hartmetall, eine Legierung aus Kobalt, Chrom und Wolfram, kommt in seiner Härte dem Diamanten nahe (Härte 10), daher die Bezeichnung „**Wie Dia**mant" (s. Hartmetalle).

Wiener Kalk, gebrannter Kalkmergel, für Messing mit Öl oder Stearin, für Stahl mit Spiritus angerührt. Nicht offen stehen lassen, da er aus der Luft Feuchtigkeit aufnimmt, dadurch zerfällt und als Schleifmittel unbrauchbar wird (s. Schleif- und Poliermittel).

Windfang beim Schlagwerk, eine auf der letzten Triebwelle mit Federung befestigte Fläche, welche das zu rasche Ablaufen des Laufwerkes durch den Luftwiderstand bremst und bei seiner federnden Befestigung eine Beschädigung des Schlagwerkmechanismus' bei plötzlichem Anhalten verhindert (siehe Schlagwerke, Regulator).

Windrosen und Windfahnen in Uhren in feuervergoldeter Bronze und reich verziert für Land- und Seereisen, 1600 von Klieber und Schißle, Augsburg, Schniep und Perune, München, sowie Habermel, Nürnberg, gebaut.

Winkel, die Neigung zweier Geraden zu einander, deren Schnittpunkt als Scheitel bezeichnet wird. Der rechte Winkel umfaßt 90°, die beiden Schenkel stehen senkrecht aufeinander. Kleinere Winkel als 90° nennt man spitze, größere, stumpfe Winkel (s. grundlegende Konstruktionen).

Winkel an Drehstählen, Keilwinkel spitz, 30 bis 50°, Spanwinkel von der Keilvorderseite, der Spanfläche bis zur Waagerechten, der Freiwinkel von der Keilrückseite bis zur Senkrechten, der dem Stahl ein freies Schneiden gestattet und schädliche Reibungen an der Arbeitsfläche ausschaltet.

Winkelgeschwindigkeit, der Winkel, um den ein Trieb bei einer Radbewegung um 1° weitergeführt wird, z. B. bei einem Rad von 80 und einem Trieb von 8 Zähnen beträgt die Winkelgeschwindigkeit 10°. Wenn dieses Verhältnis während der Führung eingehalten wird, so ist die Winkelgeschwindigkeit gleichmäßig.

Winkelgeschwindigkeit: Sekundlicher Weg eines Punktes im Abstand 1 von der Achse eines drehenden Rades.

Winkelgeschwindigkeit der Verzahnung, verhält sich umgekehrt wie die Zahnzahlen der Getriebeteile, z. B. Verhältnis Rad 120 : Trieb 12 = 10 : 1 aber Winkelgeschwindigkeit Rad : Trieb = 1 : 10 (s. Verzahnungen).

Winkelhalbierende, die Mittellinie eines Winkels, deren Punkte von jedem Schenkel den gleichen senkrechten Abstand besitzen. Konstruktion: Mit beliebiger Zirkelöffnung vom Scheitelpunkt aus auf beiden Schenkeln gleiche Abschnitte auftragen und von diesen Schnittpunkten aus Kreisbogen im Winkelraum schlagen. Ihr Schnittpunkt ergibt, verbunden mit dem Scheitel, die Winkelhalbierende.

Winkelkonstruktion für kleine Winkel, bis etwa 10°, gründet auf die Überlegung, daß jeder Kreis 360° Winkel besitzt, aber nur ein bestimmter Kreis 360 mm Umfang. Diesen geteilt durch 3,14, ergibt einen Durchmesser von 114,6 mm oder einen Halbmesser von 57,3 mm. Hier entsprechen 360° Winkel auch 360 mm Umfang, also 1° Winkel zugleich 1 mm Strecke. Bei doppeltem Halbmesser 114,6 mm 1° Winkel = 2 mm Strecke (s. Kreis- und Winkelteilungen).

Winkelmesser mit Gradeinteilung, zum Messen und Anreißen bestimmter Winkel (s. Meßwerkzeuge).

Winnerl Josef Thaddäus, in Mureg (Steiermark) am 25. 1. 1799 geb., ließ sich 1829 als Uhrmacher in Paris nieder. Vorher arbeitete er bei verschiedenen berühmten Uhrmachern, u. a. auch bei Bréguet. Im Jahre 1844 wurde Winnerl Ritter der Ehrenlegion und 1855 Offizier dieser Körperschaft. Seine Hauptarbeit galt dem Bau von Marinechronometern. Berühmt sind seine Schriften über Pendeluhren und Sekundenzähler, über den Isochronismus bei Pendelschwingungen und die Pendelfeder. 1898 fertigte er die erste Pendeluhr mit elektr. Kontakt mit einer von Thomas Reid übernommenen, sehr geschickt abgeänderten Hemmung. Winnerl starb 1866 und ist auf dem Friedhof des Dorfes Andrésy (Frankreich) beigesetzt.

Winnerlunruh in der Form völlig von allen anderen Unruhen abweichend, ist nicht rund, hat drei Schenkel nebeneinander und einen querlaufend. An den beiden äußeren Schenkeln sitzen am Ende zwei Schrauben im Winkel von 45 Grad aufwärtsstrebend und tragen ein kegelförmiges Schwunggewicht.

Wippenaufzug, der einfacher herzustellende Kronenaufzug, bei dem die Umschaltung durch eine Wippe, einen zweiarmigen Hebel erfolgt.

Wippenhemmung beim Chronometer (s. Chronometerhemmung).

wirksame Federhausumgänge, die größtmögliche nutzbare Umdrehungszahl ergibt eine Zugfeder, wenn der innere Durchmesser der abgelaufenen Feder gleich ist dem äußeren Durchmesser der aufgezogenen Feder. Bei dieser Aufteilung ist die von der aufgezogenen Feder bedeckte Kreisringfläche ebenso groß wie die von der abgelaufenen Feder bedeckte Ringfläche (s. Zugfedergröße).

wirksamer Kreis, weil auf ihm die Wirkung eines guten Eingriffs beginnt (s. Teilkreis).

Wirkungsgrad: 1. allgemein: der W. ist eine unbenannte Verhältniszahl, die ausdrückt, wie sich die zugeführte Energie zur abgegebenen verhält. Wirkungsgrad: $\frac{\text{Abgabe}}{\text{Aufnahme}}$ Da bei jeder Maschine die abgegebene Energie kleiner ist als die zugeführte, ist der Wirkungsgrad stets kleiner als 1, bzw. kleiner als hundert, wenn wir den Wirkungsgrad in Prozent errechnen. Wirkungsgrad = (Abgabe : Aufnahme) · 100 Prozent.
2. elektrischer: Verhältnis der zugeführten elektr. Energie zur abgegebenen (bei Transformatoren) oder Verhältnis der zugeführten Energie zur abgegebenen Leistung (bei Elektromotoren).
3. thermischer: Wirkungsgrad von Verbrennungsmotoren.

Wirtschaftliche Voraussetzungen für den Uhrmacherberuf, keine Bevorzugung des Wohlhabenden zu Ungunsten der fachlichen Eignung, jedoch aus einem Gesellschaftskreis, der den jungen Uhrmacher so zu versorgen vermag, daß er dafür nicht auf die Erziehungsbeihilfe angewiesen ist, deren größter Teil für die allmähliche Werkzeugbeschaffung verwendet werden soll. Ein Nachweis des dafür nötigen Kapitals vor Eintritt in die Lehre läßt sich bei der gegenseitigen Geldknappheit praktisch nicht durchführen (siehe Beruf des Uhrmachers).

Wismut (lat. Bismutum), Bi, Wichte 9,8, Schmelzpunkt bei 270°, ein stark glänzendes, rötlich-weißes Metall, das sich beim Erstarren ausdehnt. Es ist der Hauptbestandteil von leicht schmelzenden Legierungen (z. B. bei elektr. Sicherungen) und wird ferner als Spiegelbelag bei Lampenreflektoren verwendet.

Wöhler Friedrich, geb. 31. 7. 1800, Professor der Chemie in Göttingen, entdeckte das Aluminium, das er durch Einwirkung von Kalium auf Chloraluminium gewann. Durch ein ähnliches Verfahren stellte er die beiden neuen Elemente Yttrium und Beryllium her (s. Aluminium).

Wolfram, ein graues, sehr hartes Metall, Wichte 19,1, Schmelzpunkt 3370°, verwendet zur Herstellung von Schnelldrehstählen und von Drähten für Glühlampen. Sein Name wird zurückgeführt auf das Wort „Wolf", weil es bei der Förderung von Zinn dieses zerstörte, also in gewissem Sinn ein Wolf unter den Erzen war (s. seltene Metalle, legierte Stähle und Schnelldrehstähle).

Ws: Wattsekunde, Maßeinheit der elektr. Arbeit (s. Wattsekunde).

Wucht (s. Bewegungsenergie).

Wurzelziehen oder radizieren, die Umkehrung des Potenzierens (s. dort), indem man zur Potenz die Grundzahl sucht, die gemäß der Hochzahl (2) mit sich selbst multipliziert die Potenz ergeben hat, d. h. man sucht hierzu die Basis oder Wurzel. In der Regel ist die Quadratwurzel zu ziehen, Zeichen: $\sqrt{}$, sprich Wurzel aus. Soll die 3. Wurzel gezogen werden, so ist dies ausdrücklich anzugeben „$\sqrt[3]{}$", ebenso bei der 4., 5. usw. Wurzel. Das Verfahren beim Ziehen der Quadratwurzel kann im Rahmen dieser kurzen Besprechung nicht ausführlich erläutert werden, jedoch soll der Rechenweg beschrieben werden.

Wurzelziehen, Verfahren für Quadratwurzel, z. B. $\sqrt{9604}$, d. i. Quadratwurzel aus 9604.

1. vom Komma nach links je 2 Stellen abschneiden 96/04,
2. $\sqrt{1.}$ Abteilung $= \sqrt{96} = 9$, Rest 15.
3. Nächste Abteilung herunter : 1504.
4. Letzte Stelle abtrennen: 150/4.
5. Der Rest geteilt durch das doppelte bisherige Ergebnis: 2×9.
6. $150 : 18 = 8 \times$, diese Zahl ist $3 \times$ anzuschreiben: a) zum Ergebnis 9 : 98, b) zum Divisor 18 : 188, c) letztere Zahl ist mit derselben Zahl 8 zu vermehren: $188 \times 8 = 1504$.
7. Abziehen, geht auf, bei Resten ist die nächste Abteilung anzufügen und damit beginnt die Rechnung wie ab Ziff. 3. Es ergibt sich folgendes Rechnungsbild:

$$\begin{array}{l} \sqrt{96/04} = 98 \\ \quad 150/4 \; : \; 188 \cdot 8 \\ \quad 1504 \end{array}$$

(siehe Fachrechnen).

Wyk, Heinrich von, stammt aus Vic bei Chateau-Salins (Lothringen). Wurde hauptsächlich bekannt durch den Bau einer Turmuhr mit Schlagwerk, die er in Paris 1370 für König Karl V. herstellte.

X

Xenon: Chem. Grundstoff mit dem Atomgewicht 131,3, Ordnungszahl 54. Zeichen: X.

Y

Ytterbium: Chem. Grundstoff mit dem Atomgewicht 173,04. Ordnungszahl 70. Zeichen: Yb.

Yttrium: Chem. Grundstoff. Atomgewicht 88,92. Ordnungszahl 39. Zeich.: Y.

Z

Zähigkeit, die Eigenschaft eines Werkstoffs, große Formveränderungen zu ermöglichen, ohne daß dabei die Zusammenhangskraft (die Kohäsion) überschritten wird, d. h. ohne daß der Stoff reißt oder bricht.

Zählwerk, jener Teil des Räderwerks, der die abgelaufene Zeit durch genau bestimmte Umdrehungen zählt und mittels aufgesetzter Zeiger sichtbar macht. Feststehende Umdrehungszahlen besitzen das Stundenrad, 1 Umdrehung = 12 bzw. 24 Stunden, Minutenrad, 1 Umdrehung = 1 Stunde, Sekundenrad, 1 Umdrehung = 1 Minute (s. Fachrechnen).

Zahlensystem, ein Zehnersystem, auch dekadisches oder Dezimalsystem, das im Stellenwert je um das Zehnfache weiterschreitet: Einer E, Zehner Z, Hunderter H usw. Eine wesentliche Rolle spielt dabei der Wert 0, der lediglich den Stellenwert bezeichnet. Höhere

Zahlenwerte sind Potenzen von 10, z. B. $10^2 = 10 \cdot 10 = 100$, $10^3 = 10 \cdot 10 \cdot 10 = 1000$, $10^6 = 10 \cdot 10 \cdot 10 \cdot 10 \cdot 10 \cdot 10 = 1\,000\,000$ (1 Million), $10^9 = 1\,000\,000\,000$ (1 Milliarde), $10^{12} = 1\,000\,000\,000\,000$ (1 Billion). In den Dezimalbrüchen (s. dort) setzt sich das Zehnersystem nach unten fort.

Zahnferse bei der Kolbenzahnankerhemmung, das äußere Ende der verbreiterten Zahnspitze. Der Zahnfersenkreis ist der volle Radkreis. Durch die inneren Ecken der Kolbenzähne geht der wirksame Kreis. Bei der Zylinderhemmung bezeichnet man als Ferse die breitere Fläche an der Zahnrückseite, die vom Ende der gewölbten Zahnhebefläche radial zum Radmittelpunkt verläuft. Hier bezeichnet man den durch die Zahnspitzen gedachten Kreis als den wirksamen (siehe Hemmungen, Grundbegriffe).

Zahnflanken, die geradlinig und radial verlaufenden Seiten des Zahnfusses, im Gegensatz zu den gewälzten Flächen des Zahnkopfes. Beim Eingriff rollt dieser auf den geraden Triebflanken ab, während andererseits die Triebzahnwälzung nur mit der Radzahnflanke in Berührung kommen soll. Berühren sich die beiden Wälzungen, so ist der Eingriff zu seicht, berühren sich jedoch die beiden Flanken, so ist er zu tief (s. Verzahnungen).

Zahnfuß, der untere, zwischen Teilkreis und Grundkreis liegende Teil des Zahnes, beiderseits begrenzt durch die geraden Flanken (s. Verzahnungen).

Zahnkopf, der obere, zwischen Teilkreis und Spitzenkreis liegende Teil des Zahnes, beiderseits begrenzt durch die gewölbten Zahnkopfflächen, deren Wälzung durch die Aufradlinie oder Epizykloide bestimmt wird. Die Höhen von Zahnkopf und Zahnfuß betragen je $^1/_2$ Teilung, bei der „korrigierten" Zykloidenverzahnung (s. dort) mit einer kleinen Abweichung (s. Verzahnungen).

Zahnluft, ein für jeden Eingriff notwendiger kleiner Zwischenraum bei Zahn und Lücke, zu errechnen aus der Radzahnbreite von $^1/_2$ t im Vergleich zur Triebzahnlücke.

Von 6 bis 9 Zähnen:

Triebzahnlücke $l' = \frac{2}{3} t = \frac{20}{30} t$

ab Radzahnbreite $s = \frac{1}{2} t = \frac{15}{30} t$

verbleibt Luft $= \frac{5}{30} t = \frac{1}{6} t$

Von 10 Zähnen ab:

Triebzahnlücke $l' = \frac{3}{5} t = \frac{6}{10} t$

ab Radzahnbreite $s = \frac{1}{2} t = \frac{5}{10} t$

verbleibt Luft $= \frac{1}{10} t$

Zahnräder: 1. als Mittel zur Kraftübertragung waren bereits im Altertum bekannt, schon 350 v. Chr. bei Arostotes und 250 v. Chr. verwendete sie Archimedes in einer Wasseruhr. Auch später gebaute Wasseruhren und Automaten enthielten Zahnräder, jedoch keine Hemmung.

2. Begriff: Kreisrunde Scheiben, auf deren Umfang durch Einschneiden von Lücken die Zähne stehen bleiben, welche in die Lücken einen anderen Radscheibe greifen und dadurch eine gleichartige Fortbewegung sichern, d. i. die gleiche Umfangsgeschwindigkeit (s. Verzahnungen und Getriebe).

Zahnstärke beim Eingriff Rad-Rad: etwas geringer als $^1/_2$ t, damit die notwendige Luft gegeben ist. Daher werden Radzahnlücken etwas breiter gefräst, nämlich $^{11}/_{20}$ t, so daß für die eingreifenden Radzähne $^9/_{20}$ t verbleiben und somit $^2/_{20}$ t oder $^1/_{10}$ t Luft.

Zahnstärke beim Rad: 1/2 Teilung beim Trieb: bis zu 9 Zähnen 1/3 Teilung, ab 10 Zähnen 2/5 Teilung (s. Zahnluft, Verzahnungen).

Zapfen, gut poliert, damit möglichst wenig Kraft durch Reibung verloren geht, also Hochglanzpolitur sowohl für den Zapfen selbst, als auch für das Zapfenende und den Ansatz, ebenso für die Körnerspitzen, die leicht abgerundet werden (s. Zapfenformen: 1. Tonnenzapfen, 2. Stirn- od. Tragzapfen, 3. Kehl- oder Trompetenzapfen, 4. Körnerspitzen, 5. Viereckzapfen).

Zapfen einbohren, eine Kunst, die viel Arbeit, Zeit und Kosten erspart, da nicht eine ganze Welle oder ein Trieb zu ersetzen ist, sondern nur ein Zapfen. Die Verwendung einer Zapfenbohrmaschine erspart das Ankörnen, da der Bohrer zentrisch geführt wird. Der Bohrer soll möglichst hart sein, also höchstens gelb angelassen, während andererseits die Welle durch vorsichtiges Anlassen etwas weicher gemacht wird. Der neue Zapfen wird in seiner endgültigen Dicke eingebohrt, mit einer Länge vom dreifachen Zapfendurchmesser, er wird ohne Luft eingesetzt, gekürzt, überpoliert und arrondiert.

Zapfenendmaß, zur raschen Feststellung der Größe eines Zapfenlochs, aus Messing, Neusilber oder Hartaluminium (s. Meßwerkzeuge).

Zapfenfeilen, Polierfeilen aus sehr hartem Stahl, mit einem feinen Querhieb, welcher durch Abziehen auf einem Schmirgel- oder Schellackstein erhalten wird. Auch Bleiplatten, in der Längsrichtung leicht gewölbt, eignen sich hierzu. Für Kehlzapfen bekommt die Rundung der Teile ebenfalls einen Querhieb (siehe Zapfen).

Zapfenlager: 1. Zylindrische Löcher in massiven Messingplatten, 2. Messingfutter in Holzplatten von Schwarzwälderuhren, vielfach mit Tonnenzapfen, 3. Einpreßfutter, fertig in verschiedenen Außendurchmessern und Lochbohrungen, mit vorstehender Kante, 4. Steinlager in Schweizer, Glashütter oder englischer Form, 5. Schiebefutter, Chaton mit gefaßtem oder eingepreßtem Stein, 6. Decksteine oder Deckplättchen aus Stahl als Stützlager, zur Begrenzung der axialen Bewegungsmöglichkeit für Wellen.

Zapfen polieren, mittels Zapfenfeilen, unter Verwendung von Öl, wobei die Zapfen durch den feinen Querhieb glatt gefeilt und ebenso die Oberflächenform verdrückt werden und damit die Oberfläche härter wird (s. Zapfen).

Zapfensenker (s. Senker).

Zaponlack, eine durchscheinende, süßlich riechende Flüssigkeit, eine Lösung von Nitrozellulose in Butyl-Amyl-Azetat, zum Überziehen von Metallgegenständen mit einer Schutzschicht. Zaponlack wird verwendet bei billigen Taschen- und Armbanduhren, bei Wekker- und Großuhrplatinen und Rädern, sowie bei silbernen Gebrauchsgegenständen.

Zehntelmaß, auch Tastermaß, ein zangenähnliches Meßwerkzeug, dessen verlängerter Schenkel ein Ablesen von 1/10 mm auf der im Verhältnis der Hebelarme vergrößerten Bogenskala (s. Meßwerkzeuge).

Zeichengerät für Fachzeichnen: Reißbrett, möglichst aus Lindenholz, Reißschienen, Winkel, vielfach aus Bakelit, Maßstab mit eingeschnittener mm- und 1/2mm-Teilung, Zirkel mit feinen Spitzen, 0-Zirkel, gut geschliffene und polierte Reißfedern. Alle Geräte sind zu schonen und zu pflegen, u. a. gut zu reinigen. Als Zeichenpapier gut geleimtes, glattes, weißes Papier, auch mit mm-Teilung, Transparentpapier für Pausen (s. Fachzeichnen, Übersicht).

Zeichnungsnormen und grundlegende Konstruktionen, siehe: Anordnung der Ansichten und Schnitte DIN 6, Blattgrößen DIN 823, Bruchlinien DIN 36, Maßlinien, Maßpfeile, Maßzahlen DIN 406, Maßstäbe DIN 823, Schnittverlauf Schnittflächen DIN 36. Weitere wichtige DIN-Blätter: Gewinde DIN 202, Kegel DIN 254, Linien DIN 15, Oberflächen DIN 140, Passungen DIN 774/775, Schrauben DIN 27, Schrift DIN 16, Schriftfeld und Stückliste DIN 28.
Grundlegende Konstruktionen: Bögen, Kreis- und Winkelteilungen, Gebrauch des Winkelmessers, Sehnen, Tangenten, Mittelsenkrechte, Winkelhalbierende, Vielecke (s. Fachzeichnen, Übersicht).

Zeiger, Einrichtungen zur Sichtbarmachung der abgelaufenen Zeit. In allen Uhren befand sich nur ein Zeiger zur Angabe der Stunden. Zwischen 1680 bis 90 bürgert sich der Minutenzeiger ein, ab 1800 erhalten die Kleinuhren Sekundenzeiger (s. Aufbau der Uhr).

Zeigerstellung, mittels Druckstift, der nicht über die „Olive" des Gehäuses vorstehen soll. Bei billigen Uhren mit grober Verzahnung im Zeigerwerk und einer größeren Bewegung des Zeigerstellhebels wird der Druckstift etwas über die „Olive" herausstehen.

Zeigerstellung beim Kronenaufzug (s. dort).

Zeigerstreifen, hängen bleiben, ein kleiner Fehler, der die Uhr zum Stehen bringen und damit die beste Reparaturarbeit zwecklos machen kann.

Zeigerwerk, das Zählwerk für die abgelaufene Zeit, meist angetrieben durch das Viertelrohr, d. i. durch ein Trieb, über Wechselrad und -Trieb zum Stundenrad, das als letztes Glied dieses in sich geschlossenen Räderwerks in der Stunde $^1/_{12}$, bzw. $^1/_{24}$ Umgang ausführt. Diese Gesamtübersetzung teilt sich in 3 · 4 oder 4 · 3 oder 2 · 6 usw. Findet zwischen Viertelrohr keine Übersetzung zum Wechselrad statt bei gleichen Zahnzahlen ($i = ^1/_1$), so muß die Gesamtübersetzung zwischen Wechseltrieb und Stundenrad erfolgen (12 oder 24). Das Wechselrad wechselt den Drehsinn des Viertelrohrs und bewirkt meist einen Teil der Übersetzung. Das Viertelrohr ist mit sanfter Reibung, mittels der Laterne (s. dort) auf der Minutenwelle drehbar. Die Zahnsummen der beiden Räderpaare: Viertelrohr + Wechselrad ($z'_V + z_W$) und Wechseltrieb + Stundenrad ($z'_W + z_{St}$) soll möglichst gleich sein, damit sie bei gleichem Achsenabstand auch möglichst die gleiche Zahnteilung erhalten.
a) Berechnung (s. Gruppen im Räderwerk, Formeln Ziff. 2 D).
b) Geschichte, früher nur 1 Rad, das mit Rad der Federwelle im Eingriff war und den einen Zeiger trug.

Zeit, ein Begriff, der erst Gestalt und Inhalt bekommt in Beziehung zu einer Aufeinanderfolge von Ereignissen, Bewegungen, Veränderungen. Früher wurde sie gemessen an der scheinbaren Bewegung der Himmelskörper, Sonne, Mond und Sterne. Diese Grundlage wird auch heute noch zur Zeitbestimmung verwendet, Sonnenzeit, Sternzeit, erstere berichtigt in der mittleren (siehe dort) und Zonenzeit (s. dort), die durch Umdrehungen von Zahnrädern, gleichförmig gestaltet, durch Gangregler (s. dort) sichtbar gemacht und registriert durch Zeiger und Zifferblatt (s. dort), verschiedentlich auch hörbar angezeigt durch das Schlagwerk (s. dort).

Zeitarten, siehe Sternzeit, Sternzeituhr, Sterntag, Sternjahr, wahre Sonnenzeit, Sonnentag, Sonnenjahr, Jahr, mittlere Sonnenzeit, Zeitgleichung, Ortszeit, Mittag, Sonnenkulmination, Zonenzeit, Stargard-Görlitz, MEZ, OEZ, WEZ, Zeitfunksignale, Weltzeit, Kalender, Julianischer, Gregorianischer, Sommerzeit, einfache, doppelte, Jahreszeiten, Tag- und Nachtgleiche.

Zeitball, ein schwarz überzogener, weithin sichtbarer Ball aus Korbgeflecht oder Stahlgerippe mit etwa 1,5 m Durchmesser,. der meist um 12 Uhr infolge elektr. Auslösung niedergeht und zur Korrektur der Seechronometer benutzt wurde. Als Warnsignal erfolgten vor dem Niedergehen einige Glockenschläge (s. Zeitsignale).

Zeitfunksignale, rasch und genau, übertragen durch den Rundfunk unter Benutzung der verschiedenen Zeitsignale: Kurzzeitzeichen 5 Sekunden München, Kurzzeitzeichen 30 Sekunden Hamburg, ONOGO-Zeitzeichen Hamburg (s. dort), Koinzidenzzeitzeichen Hamburg (s. dort). Diese Zeitzeichen gestatten eine laufende Überwachung der Normaluhren (s. Zeitarten).

Zeitgleichung, gibt für jeden Tag den Unterschied zwischen der wahren und mittleren Sonnenzeit an (s. dort). Sie ist mit dem Vorzeichen „+" zur mittleren Sonnenzeit zuzuzählen, mit dem Vorzeichen „—" von der mittleren Sonnenzeit abzuziehen. Von einem Tag zum nächsten beträgt der Unterschied zur wahren Sonnenzeit nur 20 bis 30 Sekunden, im Laufe von mehreren Wochen bis zu 16 Minuten, viermal im Jahr ist sie ungefährt 0, d. h. mittlere Zeit und Sonnenzeit fallen zusammen.

Zeitkontrolle durch Meridianfernrohr mit Fadenkreuz läßt sich nur in der Ebene des zuständigen Meridians bewegen. In dem Augenblick, in dem dieses vor dem gleichen Fixstern steht wie tags zuvor, ist eine Umdrehung vollendet und 23.56.4.09 Stunden vorüber.

Zeitmikrograph von Gibbs (s. Gibbs'scher Zeitmikrograph).

Zeitmaße, Tag, lat. dies, Kurzzeichen d = 24 Stunden (1^d), Stunde, lat. hora, Kurzzeichen h = 60 Minuten (1^h), Minute, lat. hora sexagesima, = $^1/_{60}$ Stunde (1^m), Sekunde, lat. minima hora pars = 1^s. Der kleinere Stundenteil, auch minuto secundo genannt, der zweite Minutenteil = $^1/_{60}$ Minute. Weiterhin rechnet man mit $^1/_{10}$, $^1/_{100}$ und $^1/_{1000}$ Sekunde (s. Fachrechnen).

Zeitlupe, eine kinematographische Aufnahmekamera, die pro Sekunde bis zu 3000 Bilder aufnehmen kann. Wenn solche Filme mit der üblichen Geschwindigkeit von 18 bis 24 Bildern pro sec. ablaufen, so erscheint die Bewegung unnatürlich langsam. Man kann die einzelnen Phasen beobachten und so den Verlauf einer technischen oder körperlichen (sportlichen) Bewegung studieren und verlässige Vergleiche bezüglich der Geschwindigkeiten durchführen (s. Zeitraffer).

Zeitraffer, eine kinematographische Aufnahmekamera, die von einem Laufwerk angetrieben, in längeren oder kürzeren gleichen Abständen Aufnahmen macht, zwischen Bruchteilen von Sekunden bis zu mehreren Stunden Abstand. Wenn solche Filme mit der üblichen Geschwindigkeit von 18 bis 24 Bildern pro Sekunde ablaufen, so zeigen sie einen an sich lange dauernden Vorgang (z. B. das Wachstum einer Pflanze) in verkürzter, geraffter Zeit (s. Zeitlupe).

Zeitunterschied nach der geographischen Länge, für 1 Grad Längenunterschied je 4 Minuten Zeitdifferenz, 360° Längenunterschied ergibt 24 Stunden Zeit oder 24 · 60 = 1440 Minuten. 1° Längenunterschied ergibt 1440 : 360 = 4 Minuten. Für die Länge einer Zone beträgt die Zeitdifferenz von der Ost- zur Westgrenze 15 · 4 = 60 Minuten = eine volle Stunde (s. Zeitarten).

Zeitwaage: 1. allgemein: Gerät zur raschen Feststellung der Gangabweichungen von Uhren. Die von einem Mikrophon abgenommenen und verstärkten Schläge der zu prüfenden Uhr werden mit einer Zeitnormalen verglichen. Diese ist entweder eine (mit einer Kontakteinrichtung versehene) Taschenuhr hoher Präzision oder ein Schwingquarz. Je nach der Bauweise des Geräts erhalten wir eine akustische Anzeige (Koinzidenzverfahren), eine optische Anzeige (Kathodenstrahloszillograph, Swissaphon, Stroboskop) oder eine graphische Anzeige der Gangabweichung (Vibrograf, Tick-O-Graf). Neben der Gangabweichung lassen sich bei graphischer Darstellung aus dem Schriftbild auch eine ganze Reihe von Fehlern der Uhr ermitteln, wie Fehler im Gleichgewicht der Unruh, im Abfall, in der Einstellung der Hemmung, den Eingriffen usw. (s. Feinstellung der Uhren, Siemens-Zeitwaage, Vibrograf, Gibb'scher Zeitmikrograph, Koinzidenzverfahren, Tick-O-Graf, Swissaphon).

2. Zeitwaage von Siemens: Die Schläge der Normaluhr und die der zu prüfenden Uhr werden über Kontakte bzw. Mikrophon in elektr. Impulse umgewandelt. Jede der beiden Impulsquellen arbeitet auf ein Ionensteuerrelais. Diese Relais sind so geschaltet, daß bei der Erregung des einen das andere abgeregt wird. In der Leitung des einen befindet sich ein stark gedämpfter Strommesser, der das arithmetische Mittel des durchfließenden Stroms anzeigt. Bringt z. B. ein Impuls der Normalfrequenz das dazugehörige Relais, in dessen Kreis sich der Strommesser befindet, zum Ansprechen, so gelangt ein Strom zur Anzeige. Bringt nun ein Impuls der Prüfuhr, das ihr zugeordnete zweite Relais zum Ansprechen, wird das erste Relais abgeregt und der Anzeigestrom unterbrochen. Der nächste Impuls der Normalfrequenz läßt den Strom wieder fließen. So entsteht eine Reihe von Stromstößen, deren Länge durch die jeweilige Phasenlage der beiden Impulsreihen bestimmt wird. Bei gleichbleibender Phasenlage wird im Strommesser ein konstanter Ausschlag angezeigt. Das Maß der Änderung in einem bestimmten Zeitabschnitt (drei Minuten), wird als Maß für den Gang der Prüfuhr verwendet. Das Ergebnis kann auch mittels eines Schreibgerätes auf einem mit konstanter Geschwindigkeit ablaufendem Papierstreifen festgehalten werden, wodurch sich erst ein genaues Bild über den Gang der Uhr in 24 Stunden, der so mit Sekundengenauigkeit ermittelt werden kann. Eine genau gehende Uhr zeichnet einen genau senkrechten Strich Rechtsbewegung = vorgehen, Linksbewegung = nachgehen. Wie bei allen schreibenden Gangprüfgeräten lassen sich aus dem Schriftbild eine sehr große Anzahl von Fehlern der Uhr feststellen. Seien es nun Gangfehler, Eingriffsfehler, Prellen, schlechte Zapfen usw.

Zeitzeichen: akustische Signale, welche von Funkstationen ausgestrahlt werden. Bei Rundfunkstationen werden diese (z. T. von Quarzuhren gesteuerten) Pfeiftöne meist in das Programm eingestreut oder man verwendet eine sog. sprechende Uhr. Hier ist das Zeitzeichen mit der Zeitansage auf Tonband aufgenommen und der Ablauf wird von einer sehr genau gehenden Uhr (Quarzuhr) gesteuert. Während man nun mit der sprechenden Uhr jede Zwischenzeit ansagen kann (sie wird auch in etwas abgewandelter Form von Fernsprechämtern benutzt und meldet sich, wenn eine bestimmte Nummer gewählt wird), werden die Zeitzeichen zu ganz bestimmten Zeiten gegeben und bezeichnen in der Regel die volle Stunde. So besteht z. B. das kleine Zeitzeichen des Bayer. Rundfunks aus 6 Punkten, wobei der erste zur 55. Sekunde ertönt und der letzte Punkt die volle Stunde angibt. Beim großen Zeitzeichen werden von der 30. bis zur 50. Sekunde 11 Punkte gegeben und anschließend das kleine Zeitzeichen (s. ONOGO-Signal).

Zellon, ein Kunststoff ähnlich dem Zelluloid, jedoch wird zu seiner Herstellung anstatt der Kollodiumwolle das Di-Azetat der Zellulose verwendet und anstatt des Kampfers das Trikresylphosphat. Zellon ist ähnlich verwendbar wie Zelluloid, jedoch ist es nicht so feuergefährlich (s. Kunststoffe aus Zellulose).

Zelluloid, Nitrozellulose, einer der ältesten organischen Kunststoffe, hergestellt aus Kollodiumwolle, die durch Kampfer weich gemacht und mit Alkohol verknetet wird. Dieser wird durch Destillieren wieder beseitigt. Der Teig wird zwischen Walzen zu dünnen Platten ausgezogen, die kalt bearbeitet und in der Wärme in Matrizen verformt werden können. Zelluloid ist außerordentlich feuergefährlich (siehe Kunststoffe aus Zellulose).

Zellulose, ein Grundmaterial für Kunststoffe, gewonnen aus Baumwollzellulose und Holzzellulose (s. Kunststoffe aus Zellulose).

Zementieren des Stahls (s. Einsetzen des Stahls).

Zentrale für Rad und Trieb, früher Zentrale c, jetzt Achsenabstand a, die Entfernung von einem Radmittel zum anderen. Sie besteht aus den Teilkreishalbmessern von Rad und Trieb zusammen: $a = r + r'$. Daraus folgt $2 \cdot a = 2 \cdot r + 2 \cdot r'$ oder $2 \cdot a = d + d'$. Weiterhin unter Berücksichtigung der Zahnzahlen z, z':

$$d = \frac{2 \cdot a \cdot z}{z'} \quad \text{und} \quad d' = \frac{2a \cdot z'}{z}$$

(s. Formeln Ziff. 10).

zentrale Sekunde: Sekundenzeiger, der im Zifferblatt zentral angeordnet ist. Als Antriebsarten kennen wir bei Kleinuhren zwei Arten: Die sog. tote Sekunde und die kraftflüssige. Bei der ersten Art ist der obere Zapfen des Kleinbodenrades verlängert und nimmt ein Rad auf, welches das in dem durchbohrten Minutentrieb lagernde Sekundentrieb antreibt. Dieses Sekundentrieb läuft leer mit und wird durch eine schwache Bremsfeder am „Springen" gehindert. Der Vorteil dieser Anordnung besteht darin, daß man ein und

zentrale (tote) Sekunde

dasselbe Kaliber sowohl für kleine als auch für große Sekunden verwenden kann. Die kraftflüssige Sekunde verwendet dagegen ein Sekundenrad, welches über dem Minutenrad angeordnet ist und dessen unterer Zapfen im Minutentrieb lagert. Hier steht der Sekundenzeiger im Kraftfluß, der ja vom Kleinbodenrad über das zentrale Sekundenrad zum Gangrad verläuft. Eine andere Lösung verwendet lediglich ein zentrales Sekundentrieb, welches von einem doppelten Kleinbodenrad angetrieben wird. Hierbei greifen beide (konzentrisch übereinander auf dem Kleinbodentrieb sitzende) Räder in das Sekundentrieb ein. Aber nur eines dieser Räder ist mit dem Kleinbodentrieb vernietet, während sich das andere frei drehen könnte, wenn es nicht gleichzeitig auch in das exzentrische Sekundentrieb eingreifen würde.

Zentrifugalkraft: Lassen wir einen Körper an einer Schnur im Kreise herumschwingen, so verspüren wir einen

Zug in der Hand. Diesen Zug, den der schwingende Körper in der Richtung auf den Mittelpunkt ausübt, nennt man seine Flieh- oder Zentrifugalkraft, den von der Hand zur Überwindung dieser Kraft aufgewendete Gegenzug die Zentripedalkraft. Der Körper sucht Kraft seiner Trägheit in der Tangente weiterzulaufen, entfernt sich dadurch vom Kreis und nun ist stets eine Kraft notwendig, ihn wieder in den Kreis hineinzuziehen. Es dient also die aufgewendete Zentripedalkraft nicht zur Überwindung einer Kraft, sondern zur Überwindung des Trägheitsmomentes.

Zentripedalkraft (s. Zentrifugalkraft).

Zentriwinkel, bei Kreis- und Winkelteilungen, mit dem Scheitel im Kreismittelpunkt, wichtig für die Konstruktion von Winkeln an Hemmungsrädern, für die Ankerweite, Führungswinkel, Palettenbreite und Fallwinkel (s. Kreis- und Winkelteilungen).

Zentrumsekunde = zentrale Sekunde (siehe dort).

Zer, lat. Cerium, chem. Zeichen Ce, Wichte 6,77, Schmelzpunkt 630°, ein metallischer Grundstoff, silberglänzend, es gehört zur Gruppe der seltenen Erden und wird aus Monazit gewonnen, wobei man Zeroxyd erhält. Die Zeriumsalze werden zusammen mit Thoriumsalzen verwendet zur Herstellung von Glühstrümpfen für das Auerlicht, und mit Eisenfeilspänen vermischt zu Feuersteinen für Feuerzeuge (siehe seltene Metalle).

Zerreißprobe, für einen Metallstab in der Zerreißmaschine unter fortlaufender Steigerung des axialen Zuges. Dabei wird der Stab zunächst gedehnt und gestreckt, der Querschnitt wird verringert, bis er nach Erreichung der Höchstbelastung mit einem hörbaren Knall abreißt.

Ziehen von Hohlkörpern, z. B. Weckergehäusen aus dem ebenen Material über einer hohlen Unterform (Matrize) durch den niedergehenden Stempel (Patrize), wobei das Material an den Rändern festgeklemmt wird. Bei größeren Tiefen werden entstandene Spannungen durch Glühen zwischen den einzelnen Arbeitsgängen wieder beseitigt.

Ziehen von Stahl, bis zu einem Durchmesser von 5 mm durch Walzen, zur Gewinnung dünnerer Drähte bis zu 0,2 mm Durchmesser auf der Leierziehbank durch das Zieheisen, eine gehärtete Stahlplatte mit verschieden großen Löchern gezogen. Für sehr feine Drähte wird auch durchbohrter Diamant verwendet. In der Uhrmacherwerkstatt kann mittels eines Zieheisens Draht für Futter, Stifte usw. gehärtet werden. Er bleibt dabei rund, wird blank und glatt und genau maßhaltig.

Zifferblatt (Geschichte), 3500 v. Chr. in Mesopotamien eingeführt. Nachbildung der Kreise, in denen die Sonne die Erde umkreist. Großer Zeiger hieß Mondzeiger und kleiner Sonnenzeiger.

Zifferblatt, als Aufbauteil der Uhr, dient zusammen mit den Zeigern, die abgelaufene Zeit sichtbar zu machen. Auf ihre Ausführung wurde in alten Zeiten viel Sorgfalt verwendet, kostbare Stoffe, Gold und Silber, kunstvolle Arbeit, getrieben und graviert, seit Erfindung des Emails 1632 mit künstlerischer Miniaturmalerei versehen. Als Ziffern wurden früher vielfach die römischen verwendet, später die arabischen, auch Zahlenbalken oder Punkte. Entsprechend den neuzeitlichen praktischen Bedürfnissen sind sie heute einfach emailliert, durch Anreibeversilberung und -vergoldung gekörnt oder in verschiedenen Farbtönen gespritzt, zwecks Zeitablesung bei Dunkelheit mit Leuchtziffern, -Punkten und -Zeigern versehen.

Zifferblattgrößen: Berliner Rathausuhr 5 m Durchmesser, Westminster London 6,86 m Durchmesser, Michaelskirche Hamburg 8 m Durchmesser, Petersturm Zürich 9,60 m Durchmesser, Turmuhr Philadelphia 10 m Durchmesser, Malines-Belgien 13,5 m Durchmesser, Stundenzeiger 3,62 m Länge, Ziffern 1,96 m Höhe.

Ziffern, Zahlenbilder: 1. arabische Ziffern (s. dort), 2. römische Ziffern (s. dort).

Zink, lat. Zincum, Zn, Wichte 7,2, Schmelzpunkt bei 419° C. Korrosionsbeständig an der Luft, gegen Säuren und Salze geringe Widestandsfähigkeit, besitzt von allen festen Metallen den größten Ausdehnungskoeffizienten. Verwendet wird es als Blech, zum Überzug von Eisenteilen, Drähten, Bohrern und vor allem für Legierungen. Beim Biegen und Falzen ist es auf 100 bis 150° C anzuwärmen.

Zink-Legierungen, mit Kupfer oder Aluminium, zur Steigerung der Härte mit etwas Magnesium versetzt, z. B. 1 Teil Zink + 4 Teile Aluminium + 1 Teil Kupfer + Magnesium. Zinkspritzmetall DIN 1743 88% Zink + 4% Kupfer + 8% Blei oder fester als Zinkspritzguß 98% Zink + 2% Kupfer + 0,03% Magnesium, in seinen Eigenschaften fest wie Messing.

Zink, Nachteile: 1. Schrauben, Muttern, Räder werden bei dauernder Belastung auf Druck oder Zug verformt. 2. Öle verfärben sich in Zinklagern und verdicken, besser Messingfutter. 3. Die starke Wärmeausdehnung bringt bei Werkplatten Gefahren für die Eingriffe. 4. Die leichte Oxydierbarkeit wird durch Galvanisieren oder Lackieren beseitigt.

Zinksulfid, als Schwefelzinkkristalle der Leuchtmasse bei Leuchtfarben zugesetzt. Sie verursachen beim Auftreffen von Alphastrahlen (s. dort) ein Aufblitzen und damit ein dauerndes Leuchten. Dieses erschöpft sich insofern, als die einmal durch Alphateilchen getroffenen Stellen nicht mehr aufleuchten, sondern nur die frischen Stellen des Kristalls. Desto mehr Zinksulfid in der Leuchtmasse enthalten ist, umso länger wird diese leuchten (s. Leuchtfarben).

Zinn, lat. Stannum, Su, Wichte 7,1, Schmelzpunkt bei 232° C, sehr korrosionsbeständiges, silberweißes, weiches Metall, verwendet zum Überziehen von Blechen (Weißblech), ausgewalzt als Stanniol zum Einpacken von Lebensmitteln (0,008 bis 0,2 mm Dicke), heute vielfach durch Aluminiumfolien ersetzt, Hauptbestandteil der Weichlote (siehe dort, siehe Legierungen).

Zinnlegierungen, DIN 1742. Zinnspritzmetall 60% Zinn + 13% Antimon + 23% Blei + 4% Kupfer. Die Legierung besitzt geringe Festigkeit, jedoch erhalten die daraus gefertigten Gegenstände scharfe Kanten (s. Legierungen).

Zinnplatte, aus Feinzinn, als Unterlage beim Polieren, durch kreuzweisen, nicht zu feinen Feilstrich aufgerauht. Die gut geknetete Diamantine wird mit dem Knöchel eingerieben und anschließend wird mit mäßigem Druck poliert (s. Schleif- und Polierplatten).

Zinsberechnung, wird bestimmt durch das Kapital K, den Zinsfuß in % und die Zeit in Tagen Tg. Als Tageszins wird der 360. Teil des Jahreszinses verrechnet, z. B. Zins von 650,— DM zu 8% für 3 Tg.

100 DM erg. in 360 Tg. 8 DM Zins

1 DM erg. in 360 Tg. $\frac{8}{100}$ DM Zins

650 DM erg. in 360 Tg. $\frac{8 \cdot 650}{100}$ DM Zins

650 DM erg. in 1 Tg. $\frac{8 \cdot 650}{100 \cdot 360}$ DM Zins

650 DM erg. in 3 Tg. $\frac{8 \cdot 650 \cdot 3}{100 \cdot 360}$ DM
= 0,43 DM Zins

Zirkel, Spitzzirkel zum Aufreißen von Kreisen, zur Einteilung der Radscheiben für die Schenkelung u. ä.

Zodiacautographic: Automaticuhr von Zodiac, welche einen Gangreserveanzeiger besitzt (Abb.).

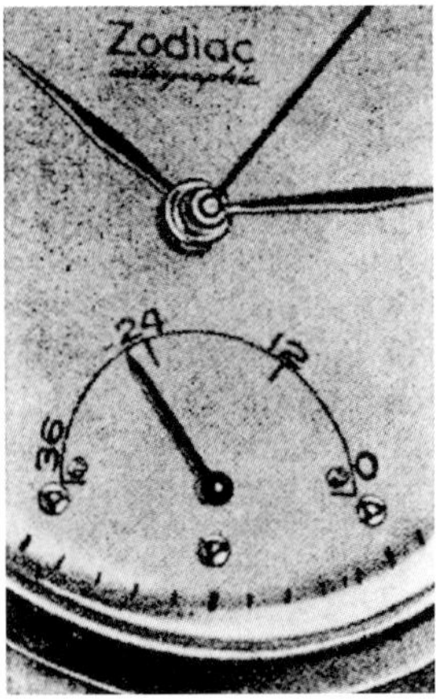

Zoll englisch, 1 engl. Fuß = 1' = 12 Zoll = 12", 1 engl. Zoll = 1" = 10 Linien = 10'". 1 engl. Fuß = 1' = 804,79 mm, 1 engl. Zoll = 1" = 25,4 mm, 1 engl. Linie = 1'" = 2,54 mm (s. Fachrechnen).

Zoll französisch, 1 Pariser Fuß = 1' = 12 Zoll = 12", 1 Pariser Zoll = 1" = 12 Linien = 12'", 1 Pariser Linie = 1'" = 12 Douzièmes = 12"".
1 Pariser Fuß = 1' = 324,84 mm,
1 Pariser Zoll = 1" = 27,07 mm,
1 Pariser Linie = 1'" = 2,256 mm,
1 Pariser Douzième = 1"" = 0,188 mm.
Alte französische Werkbezeichnung: 15 r — 19 — 28 bedeutet: 15steinig — 19'" Werkdurchmesser — 28 mm Werkhöhe (siehe Fachrechnen).

Zoll rheinisch, 1 Zoll = 1" = 26,16 mm.

Zonenzeit, eingeführt am 1. 6. 1891, ein einheitliche Zeit für je einen 15° breiten Streifen der Erdoberfläche, die abweichend von der örtlichen Sonnenzeit für sämtliche Zeitmesser der betr. Zone gilt. Die Mitteleuropäische Zeit (MEZ), vom 7. bis 22. Grad ö. L. bez. die mittlere Sonnenzeit des etwa in der Mitte laufenden Meridians 15 Grad ö. L., in dessen Nähe die Orte Stargard und Görlitz liegen. Anschließend an die MEZ rechnen die westlich des 7. Grades ö. L. liegenden Länder nach WEZ (s. dort) und die östlich des 22. Grades gelegenen Länder nach OEZ (s. dort). Die WEZ geht gegenüber der MEZ um eine Stunde nach, die OEZ um eine Stunde vor (s. Zeitarten, Weltzeit).

Zuchtperlen: In die einer Perlmuschel entnommenen Weichteile wird ein Perlmutterkern eingewickelt und das ganze einer Perlmuschel einverleibt. Dieses Perlmutterkügelchen wird von der Perlmuschel nach und nach mit einer Perlschicht überzogen.

Zügelunruh, eine Ausgleichsunruh wie gewöhnlich, mit einer zusätzlichen Einrichtung, so daß die beiden freien Reifenenden mit den feststehenden durch eine dünne Stahlfeder (Zügel) verbunden sind. Bei Temperaturveränderung wird die Kompensationsbewegung der zweimetallischen Reifenhälften etwas gehindert oder gehemmt und auf diese Weise erfolgt ein geringerer Ausgleich.

Zugfeder, die Antriebskraft für die Mehrzahl unserer Uhren, aus zähem Federstahlband, gleichmäßig elastisch, an den Kanten abgerundet, die Oberflächen fein poliert, gehärtet und violett angelassen (bei etwa 285°), absolut rostfrei und möglichst antimagnetisch.

a) Äußere Befestigung, bei Großuhren, ähnlich wie innen, an einem Haken, ebenso bei Kleinuhren mit Stellung, bei denen die Zugfeder nicht voll ausgenutzt wird. Im übrigen wird ein besonderer Federzaum (s. dort) verwendet, welcher der Zugfeder eine zentrische Entwicklung gestattet, während eine starre Befestigung eine Knickung in der Klinge verursachen und das Federpaket zur Seite ziehen würde.

b) Breite, ergibt sich aus der lichten Höhe des Federhauses, abzüglich eines entsprechenden Spielraumes, etwa $^5/_{10}$ mm für Großuhren und etwa $^1/_{10}$ mm für Kleinuhren.

c) Innere Befestigung, am Federkern, mittels eines eingebohrten oder ausgefrästen Federhakens, in den die Zugfeder an einem rechteckigen Loch im Federende eingehängt wird. Der geglühte Teil muß genügend lang sein und allmählich in den gehärteten Teil der Federklinge übergehen. Das Lochen der angeglühten Federklinge erfolgt mittels der Federlochzange. Federhaken müssen festsitzen und gut unterschnitten sein, damit die Feder nicht abrutschen kann.

d) Klingenstärke, richtet sich zunächst nach der alten Feder, bei Markenuhren ist die Originalfeder zu wählen. Als Richtlinie kann $^1/_{35}$ bis $^1/_{50}$ des inneren Federhaushalbmessers gelten.

e) Kraft, erreicht nach eingehenden Untersuchungen bei einer Aufzugumdrehung bereits ihre halbe Größe. Bei weiteren Umdrehungen steigt die Kraft bis zur vollen Stärke. Gegen Ende des Aufzugs erfolgt noch eine besondere Steigerung der Spannung. Bruchgefahr! Für den Antrieb der Uhr verwendet man die 4 bis 5 „mittleren Umgänge" (s. dort), die annähernd gleich sind und durch die Stellung (s. dort) begrenzt werden.

f) Länge, kann berechnet werden, indem man das Quadrat des Federkernhalbmessers (r^2) vom Quadrat des lichten Federhaushalbmessers (R^2) abzieht, mit $\frac{\pi}{2} = 1{,}57$ vervielfacht und durch die Klingenstärke s teilt. Somit ergibt

$$L = \frac{1{,}57 \cdot (R^2 - r^2)}{s}$$

g) Schmierung erfolgt mit Öl Nr. 4 oder Fett B-O-X. Sehr große Federn erhalten eine Graphitschmierung.

Zugfeder für Uhren wurden um 1400 in Frankreich erfunden. Erfinder unbekannt. Als Kraftquelle für Uhren kannte man vorher nur Gewichte. Durch die Erfindung war die Möglichkeit gegeben, tragbare Uhren zu bauen.

Zugfedergröße ist dann richtig, wenn die Feder im abgelaufenen wie im aufgezogenen Zustand den gleichen Flächenraum bedeckt, annähernd je $^1/_3$ des inneren Federhausraumes. Der Durchmesser des Federkerns beträgt $^1/_3$ des inneren Federhausdurchmessers, z. B. bei 27 mm Innendurchmesser 9 mm. Dann ist aber nicht der äußere Durchmesser der aufgezogenen Feder 18 mm, sondern 20 mm, sodaß für den Ring der abgelaufenen Feder 7 mm : 2 = 3,5 mm verbleiben, während der Ring der aufgezogenen Feder 11 mm : 2 = 5,5 mm breit wird. Bei dieser Anordnung ergibt sich die größte Anzahl von wirksamen Federumgängen (s. dort).

Zugfestigkeit, wird bezogen auf je einen Querschnitt von 1 mm² des betr. Werkstoffes. Ihre Größe ist je nach Zusammensetzung und Behandlung des Werkstoffes sehr verschieden. So beträgt bei Eisen die Zugfestigkeit für Gußeisen 18 bis 22 kg/mm², Temperguß 35 bis 40 kg/mm², Stahlguß 60 kg/mm², legierten Stählen 100 bis 145 kg/mm² (siehe Festigkeit).

Zugwinkel, an den Vorderflächen der Paletten für die freie Ankerhemmung, mit der Aufgabe, den Anker in das

Gangrad zu ziehen. S. Anzug, Unterschneidung.

Zulagegewichte beim Pendel, schmale Streifen aus Aluminiumblech, für tägliche Gangunterschiede von 1 sec., 0,5 sec., 0,2 sec., 0,1 sec. und 0,05 sec. auf ein in der halben mathematischen Pendellänge angebrachtes kleines Tellerchen. Dabei ist es nicht nötig, diese genau gehenden Uhren, Beobachtungsuhren, Normaluhren, anzuhalten, da die feinen Lamellen, an denen die langen, schweren Pendel aufgehängt sind, leicht verbogen werden können, und es Tage dauern würde, bis das Pendel wieder seinen früheren Gang aufgenommen hätte. S. Pendel.

Zusammenhangskraft, Kohäsion, die Kraft, welche die kleinsten Teile eines Körpers zusammenhält. Sie ist am größten bei harten und zähen festen Körpern, klein bei Flüssigkeiten und gleich Null bei gasförmigen Stoffen.

zusammenzählen, allgemein, oder addieren, kann nur dann leicht u. sicher ausgeführt werden, wenn die Stellenwerte (Einer, Zehner, Hunderter usw.), die Dezimalkomma und Dezimalwerte (Zehntel, Hundertstel usw.) genau untereinander geschrieben werden, am besten jede Zahl getrennt in eine Spalte von quadriertem Papier. Zusammengezählt wird gewöhnlich von unten nach oben, zu Nachprüfung nochmals von oben nach unten. Grundsatz: Die Summe muß richtig sein, meist geht es ja dabei um Geld. S. Grundrechnungsarten.

zusammenzählen von gemeinen Brüchen bei gleichen Nennern: Durch Zusammenzählen der Zähler, z. B. $^1/_8 + ^3/_8 = ^4/_8 = 0{,}5$, oder Nenner als Benennung: 1 Achtel und drei Achtel = 4 Achtel = 0,5. Anders bei ungleichnamigen Brüchen, die zunächst gleichnamig zu machen sind, z. B. $^1/_2 + ^1/_4 + ^1/_8$, Hauptnenner 8, gibt $^4/_8 + ^2/_8 + ^1/_8 = ^7/_8 = 0{,}875$. Probe durch Umrechnung in Dezimalbrüche: $^1/_2 = 0{,}500$, $^1/_4 = 0{,}250$, $^1/_8 = 0{,}125$ (1 : 2, 1 : 4, 1 : 8) also:

$$\begin{array}{rl} & 0{,}500 \\ & 0{,}250 \\ + & 0{,}125 \\ \hline = & 0{,}875 \end{array}$$

wie oben. S. Bruchzahlen.

Zusatzgewichte bei Kurzpendeluhren, ein in der Mitte der Pendellinse angebrachtes, verschiebbares Gewicht zum Ausgleich kleiner Abweichungen im Gang der Uhr. S. Pendel.

Zuschläge bei Eisengewinnung, Kalkstein, Sand u. ä., die in bestimmten Mengen mit dem Erz und Koks in den Hochofen gebracht werden, die Verunreinigungen aufnehmen und mit ihnen die Schlacke bilden, die auf dem Roheisen schwimmt. S. Eisengewinnung.

Zustandsformen der Körper, abhängig von der Größe der Zusammenhangskraft, erscheinen als 1. feste, 2. flüssige, 3. gasförmige Stoffe.

Zweiweggleichrichter: s. Gleichrichter.

Zyankali, in Wasser gelöst und ebenso fertige Reinigungsmittel wie Renovirin, lösen Oxyde von Metallteilen, gutes Nachspülen mit Wasser und Spiritus mit anschließendem Trocknen. Wegen der starken Giftigkeit der Lösung ist besondere Vorsicht geboten (s. oxydlösende Reinigungsmittel).

Zykloide, griech. Radlinie, Kurven, welche ein Punkt am Umfang eines Rades (Kreises) beschreibt, je nachdem dieses auf einer Geraden (Orthozykloide), auf einem Kreis (Epizykloide) oder in einem Kreis (Hypozykloide) abrollt. S. Rollinien.

Zylinder, der Anker für die Zylinderhemmung, ein Stahlrohr mit polierter Außen- und Innenwand, oben u. unten

Spunde eingeschlagen als Träger für die Unruhzapfen. Im unteren Teil des Zylinders ist dieser zur Schaffung der Zylinderlippen bis auf etwa 0,58 des Außendurchmessers ausgefräst, darunter sogar bis auf 1/4 für den Durchgang, die schwächste Stelle des Zylinders.

Zylinder aussuchen, so groß, daß er zwischen zwei Radzähnen, und daß der Radzahn im Zylinder gleichmäßig Luft hat (s. Zylinderhemmung).

Zylinderfallwinkel, ergibt sich dadurch, daß der Zylinder etwas kleiner ist als die Zahnlücke, und ebenso der Radzahn etwas kürzer, als der innere Zylinderdurchmesser. Äußerer u. innerer Fall. S. Zylinderhemmung.

Zylindergrößenberechnung, 0,119 mal gemessener Zylinderraddurchmesser.

Zylinderhebung, an der flacher geschliffenen Eingangslippe etwa 6°, an der steiler geschliffenen Ausgangslippe aber 10°. Die Haupthebung erfolgt an dem gewölbten Zahnrücken des Hemmungsrads mit 25 bis 30°. S. Zylinderhemmung.

Zylinderhemmung, 1695 durch Thomas Tompion (1638 bis 1713), dem Lehrer Grahams in London erfunden. 1720 durch Graham verbessert, wurde erst dann eingeführt. Die durch Tompion konstruierte Hemmung wies noch erhebliche Mängel auf, Hemmungsräder aus Messing, ebenso die Lager, dazu dicke Zapfen, eine leichte Unruh usw.

Zylinderhemmung, allgemein, eine ruhende, reibende Hemmung. Hebung ist sowohl an den beiden Lippen wie an der Rückseite des Zylinderrads vorhanden. Zylinder hat eine Weite von 190 Grad. Die Eingangslippe ist schwach gerundet; Ausgangslippe hat nach dem Mittelpunkt verlaufende Schrägung. Ruhe am Eingang 10 Grad, am Ausgang 6 Grad. Die Ausgangslippe ist größer wie die am Eingang. Unruhdurchmesser soll sich zu dem des Zylinders wie 16 : 1 verhalten. Zahnhebung beträgt rund 20 Grad. Die Hemmung ist verwandt mit der Grahamhemmung, der Anker greift nur über 1/2 Teilung. Sie ist leicht herzustellen und wird ihrer einfachen Behandlung wegen auch heute noch viel verwendet. Besprechung der Einzelteile nachstehend.

Zylinderlippen, oberhalb der Passage angeschliffene kleine Hebungsflächen von 6° am Eingang und 10° am Ausgang, wodurch die Ruhe an den Eingangslippen etwa 10°, an den Ausgangslippen etwa 6° beträgt. S. Zylinderhemmung.

Zylindermaß, ein Meßwerkzeug zur Nachprüfung des äußeren Zylinderraddurchmessers und des dazu passenden Zylinders mittels entsprechender Ausdrehungen bzw. Bohrungen. Auch an Hand von Tabellen lassen sich die einschlägigen Größen unschwer ablesen oder berechnen. S. Zylinderhemmung.

Zylindermaße beim Eindrehen eines neuen Zylinders umfassen: Außendurchmesser, Gesamthöhe und Durchgangshöhe (Passage). S. Zylinderhemmung.

Zylinderprelleinrichtung, zur Verhinderung des Ausschwungs bei einer Vergrößerung der Unruhschwingung über 180 bis 240°. Dazu dient der in den Unruhreifen eingesetzte Prellstift und ein meist an der Zylinderbrücke angebrachter Prellbock, durch dessen Anschlag verhindert wird, daß der Zylinderradzahn hinter die Lippe greift.

Zylinderrad, ein Hemmungsrad, dessen Zähne in einer Ebene über dem Radbogen liegen, der in der Mitte der Passage liegen muß, während die höher gelegenen Zähne in die Zylinderlippen greifen. Die keilförmigen Zähne besitzen vorn Spitzen, die sich auf dem wirksamen Kreis bewegen, entgegengesetzt die verbreiterte Zahnferse, zwischen beiden verläuft die gewölbte Hebungsfläche. Um dem Zylinder genügend Raum zu gewähren, ist der Radboden zwischen den Zahnstegen kreisförmig ausgefräst. S. Zylinderhemmung.

Zylinderräder aus Stahl statt Messing stellte Urban Jürgensen, Kopenhagen, 1776 bis 1830 her. Derselbe baute auch den ersten Taschen-Chronometer, der sich jedoch nicht bewährte. Weiterhin wurde das Rostpendel durch ihn verbessert.

Zylinderruhe, an den flacher geschliffenen Eingangslippen etwa 10°, an den steiler geschliffenen Ausgangslippen etwa 6°.

Zylinderschiebekloben, zur Verstellung der Eingriffstiefe, ruht in einer Aussparung der Werkplatte und ist so mit dieser verschraubt, daß er sich in seiner Längsrichtung verschieben läßt, wobei sich auch der damit verbundene obere Unruhkloben in gleicher Weise verschiebt.

Zylindrische Spirale, in Marinechronometern verwendet, mit schraubenförmig verlaufenden Umgängen von gleichem Durchmesser. Das untere Ende ist in der Spiralrolle verstiftet, das obere Ende am Klötzchen befestigt. Beide Enden verlaufen in Kurven von entgegengesetzter Richtung. S. Spiralfeder.

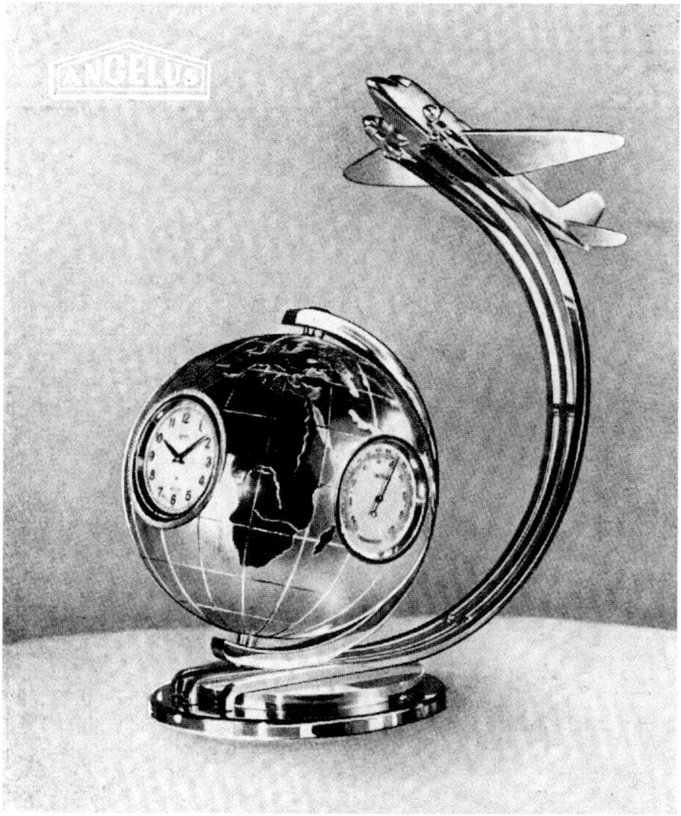

Angelus-Uhren

sind eine Spezialität unseres Hauses. Immer wenn formschöne und gediegene Stiluhren in Frage kommen, verlangt man

Angelus-Stiluhren,

die schnellstens geliefert werden von

L. von der Burg
G. m. b. H.

Schwenningen
a. Neckar

BIFORA
Qualitäts Uhren
Anker-werke
J. BIDLINGMAIER
Spezialfabrik für Armband-Uhren
SCHWÄBISCH GMÜND

Nivarox
die weltbekannte,
bewährte Temperatur-
Ausgleichs-Spiralfeder
Nivaflex
die garantiert bruch-
sichere Aufzugsfeder
CH
CARL HAAS, SPIRALFEDERNFABRIK SCHRAMBERG (SCHWARZWALD)

Historische Uhrenbücher

Im Jahre 2003 wurde unser kleiner Verlag gegründet, der sich mit dem Erhalt von alter Uhrenliteratur beschäftigt. Damit sollte der kleine Kreis von Uhrenliebhabern mit Uhrentechnik-Informationen versorgt werden. Zusätzlich wurde auch an die Bedürfnisse in der Uhrmacherausbildung gedacht, da auf diesem Gebiet in den letzten Jahrzehnten leider kaum neue Bücher erschienen.

Im Laufe der Zeit sind einige neue Bücher auf der Grundlage von Bewährtem entstanden. Aber auch alte Bücher sind als hochwertige Reprints wieder zu neuem Leben erweckt worden.

Um auch bei kleinsten Auflagen (30–100) kostendeckend arbeiten zu können, werden unsere Bücher im Wesentlichen nur direkt beim Verlag bestellbar sein. Dabei versuchen wir, möglichst hochwertige Bücher anzubieten. Unsere Bücher sollen immer folgende Ausstattungsmerkmale aufweisen (wenn nicht anders vermerkt):

- Hardcover
- Fadenbindung
- Offsetdruck
- Buchherstellung in Deutschland

Allerdings haben wir aus Kostengründen inzwischen auch Broschuren im Angebot.

Zuverlässigkeit, Qualität und Seriosität meines Verlages knüpfen an unsere Familientradition an. Garant dafür ist Michael Stern, der als Fachberater und Autor dem Verlag zur Seite steht.

Ihr

Florian Stern

Historische Uhrenbücher
Baseler Str. 83A
12205 Berlin
www.uhrenliteratur.de
bestellung@uhrenliteratur.de
Tel/AB: 0049 (0)30 83203842
Fax: 0049 (0)30 83202674

Jendritzki / Stern
Der Uhrmacher an der Drehbank, Berlin 2015

Jendritzki/Stern/Heydt
Die Armband- und Taschenuhr in der Reparatur
Handbuch für Uhrmacher und Uhrenliebhaber, Berlin 2014

Grosch/Dietzschold/ Hüttig
Praktisches Handbuch für Uhrmacher und zur Regulierung der Uhren, 1907

Eyermann/Reutebuch
Chemisch-technisches Rezept- und Nachschlagebuch, 1952

Lehotzky
Technische Grundlagen der mechanischen Uhren *von der Turm bis zur Armbanduhr,* Berlin 2008

Rösling
Der Thurm-Uhren-Bau, 1843

Irk
Der Chronometergang, 1923

Auch
Handbuch für Landuhrmacher, 1858

Martens
Beschreibung der Hemmungen der höheren Uhrmacherkunst + Beschreibung der neuen freien Chronometer-Hemmung, 1858/1875

Jendritzki
Der moderne Uhrmacher, 1962

Jendritzki
Reparatur antiker Pendeluhren,1991

Stern
Die Uhrmacherei Bd. 1, Berlin 2008

Viele weitere interessante Titel mit ausführlichen Beschreibungen und Leseproben finden Sie im Internet unter

www.uhrenliteratur.de